国家出版基金项目
NATIONAL PUBLICATION FOUNDATION

中 外 物 理 学 精 品 书 系

经 典 系 列 · 10

固体物理学

重排本

黄 昆 编著

北京大学出版社
PEKING UNIVERSITY PRESS

图书在版编目(CIP)数据

固体物理学:重排本/黄昆编著.—2版.—北京:北京大学出版社,2014.9
(中外物理学精品书系)
ISBN 978-7-301-24664-1

Ⅰ.①固… Ⅱ.①黄… Ⅲ.①固体物理学 Ⅳ.①O48

中国版本图书馆CIP数据核字(2014)第196814号

书　　名:**固体物理学(重排本)**
著作责任者:黄　昆　编著
责 任 编 辑:顾卫宇
标 准 书 号:ISBN 978-7-301-24664-1/O·0998
出 版 发 行:北京大学出版社
地　　址:北京市海淀区成府路205号　100871
网　　址:http://www.pup.cn　新浪官方微博:@北京大学出版社
电 子 邮 箱:编辑部 lk1@pup.cn　总编室 zpup@pup.cn
电　　话:邮购部 010-62752015　发行部 010-62750672　编辑部 010-62752038
出版部 010-62754962
印 刷 者:天津中印联印务有限公司
经 销 者:新华书店
730毫米×980毫米　16开本　18印张　304千字
2009年9月第1版
2014年9月第2版　2024年1月第8次印刷
定　　价:50.00元

"中外物理学精品书系"
编 委 会

序　言

物理学是研究物质、能量以及它们之间相互作用的科学。她不仅是化学、生命、材料、信息、能源和环境等相关学科的基础，同时还是许多新兴学科和交叉学科的前沿。在科技发展日新月异和国际竞争日趋激烈的今天，物理学不仅囿于基础科学和技术应用研究的范畴，而且在社会发展与人类进步的历史进程中发挥着越来越关键的作用。

我们欣喜地看到，改革开放三十多年来，随着中国政治、经济、教育、文化等领域各项事业的持续稳定发展，我国物理学取得了跨越式的进步，做出了很多为世界瞩目的研究成果。今日的中国物理正在经历一个历史上少有的黄金时代。

在我国物理学科快速发展的背景下，近年来物理学相关书籍也呈现百花齐放的良好态势，在知识传承、学术交流、人才培养等方面发挥着无可替代的作用。从另一方面看，尽管国内各出版社相继推出了一些质量很高的物理教材和图书，但系统总结物理学各门类知识和发展，深入浅出地介绍其与现代科学技术之间的渊源，并针对不同层次的读者提供有价值的教材和研究参考，仍是我国科学传播与出版界面临的一个极富挑战性的课题。

为有力推动我国物理学研究、加快相关学科的建设与发展，特别是展现近年来中国物理学者的研究水平和成果，北京大学出版社在国家出版基金的支持下推出了"中外物理学精品书系"，试图对以上难题进行大胆的尝试和探索。该书系编委会集结了数十位来自内地和香港顶尖高校及科研院所的知名专家学者。他们都是目前该领域十分活跃的专家，确保了整套丛书的权威性和前瞻性。

这套书系内容丰富，涵盖面广，可读性强，其中既有对我国传统物理学发展的梳理和总结，也有对正在蓬勃发展的物理学前沿的全面展示；既引进和介绍了世界物理学研究的发展动态，也面向国际主流领域传播中国物理的优秀专著。可以说，"中外物理学精品书系"力图完整呈现近现代世界和中国物理科学发展的全貌,是一部目前国内为数不多的兼具学术价值和阅读乐趣的经典物理丛书。

“中外物理学精品书系”另一个突出特点是,在把西方物理的精华要义“请进来”的同时,也将我国近现代物理的优秀成果“送出去”。物理学科在世界范围内的重要性不言而喻,引进和翻译世界物理的经典著作和前沿动态,可以满足当前国内物理教学和科研工作的迫切需求。另一方面,改革开放几十年来,我国的物理学研究取得了长足发展,一大批具有较高学术价值的著作相继问世。这套丛书首次将一些中国物理学者的优秀论著以英文版的形式直接推向国际相关研究的主流领域,使世界对中国物理学的过去和现状有更多的深入了解,不仅充分展示出中国物理学研究和积累的“硬实力”,也向世界主动传播我国科技文化领域不断创新的“软实力”,对全面提升中国科学、教育和文化领域的国际形象起到重要的促进作用。

值得一提的是,“中外物理学精品书系”还对中国近现代物理学科的经典著作进行了全面收录。20 世纪以来,中国物理界诞生了很多经典作品,但当时大都分散出版,如今很多代表性的作品已经淹没在浩瀚的图书海洋中,读者们对这些论著也都是“只闻其声,未见其真”。该书系的编者们在这方面下了很大工夫,对中国物理学科不同时期、不同分支的经典著作进行了系统的整理和收录。这项工作具有非常重要的学术意义和社会价值,不仅可以很好地保护和传承我国物理学的经典文献,充分发挥其应有的传世育人的作用,更能使广大物理学人和青年学子切身体会我国物理学研究的发展脉络和优良传统,真正领悟到老一辈科学家严谨求实、追求卓越、博大精深的治学之美。

温家宝总理在 2006 年中国科学技术大会上指出,“加强基础研究是提升国家创新能力、积累智力资本的重要途径,是我国跻身世界科技强国的必要条件”。中国的发展在于创新,而基础研究正是一切创新的根本和源泉。我相信,这套“中外物理学精品书系”的出版,不仅可以使所有热爱和研究物理学的人们从中获取思维的启迪、智力的挑战和阅读的乐趣,也将进一步推动其他相关基础科学更好更快地发展,为我国今后的科技创新和社会进步做出应有的贡献。

“中外物理学精品书系”编委会　主任
中国科学院院士,北京大学教授
王恩哥
2010 年 5 月于燕园

内容简介

本书由作者根据他1964年以前在北京大学讲授固体物理学时的讲义手稿修改而成。曾由高等教育出版社1966年排版、人民教育出版社1979年付印，侧重于基础性和普遍意义较大的内容。这一次重新出版，另由夏建白院士对照其保留的当年的听黄昆先生讲课的笔记，特增加了书上没有列入而课上讲到过的部分内容，更能再现黄昆先生讲课的精湛、透彻和深刻，以满足广大年青学者的需要。

前　　言

北京大学出版社的“中外物理学精品书系”要将黄昆先生在上世纪五十年代为教学准备的《固体物理学》列入其中的经典系列，这是一件很有意义的事情。这本书的经历还是很复杂的，正如北京大学出版社 2009 年再版前言中所说的：“黄昆先生的‘固体物理’讲课手稿，在‘文化大革命’以前 1966 年就整理好了，准备由人民教育出版社排版出版，但由于‘文化大革命’开始而未付印。‘文化大革命’以后，1979 年为了适应读者需要，按原版印刷了 85 000 册①，受到广大读者的欢迎，很快就销售一空，后来也没有再印。这次为了纪念黄昆先生的九十寿辰，我们决定重版此书，除了纪念意义以外，更是为了满足广大年青学者的需要。这本书虽然写于 50 年前，但固体物理的一些基本概念还没有变，还是黄昆先生讲得最透彻、最深刻。所以它的出版是有现实意义的。”

上世纪 50 年代，新中国刚成立，紧接着抗美援朝，与美国等西方国家的关系恶化，西方国家对中国采取了封锁政策，中国则采取了向苏联一边倒的政策。在大学里以前好的、但出自西方国家的教材一概不用，而一律采用当时苏联的教材。如：斯米尔诺夫的高等数学、福里斯的普通物理、布洛欣采夫的量子力学、塔姆的电学等。可惜的是苏联没有固体物理教材和半导体物理教材。当时黄昆先生和谢希德先生不甘落后，学习了俄语，并参考当时苏联约飞学派的书籍和文章，编写了《半导体物理学》。当时好像也没有苏联的固体物理教材，黄昆在英国学的和研究的就是固体物理，所以他很快地就开出了“固体物理”课。这门课在物理系是大课，在一教或二教的大教室上课，听课的不仅有本系的学生，而且还有许多外校的学生。

下面介绍一下当年上“固体物理”的盛况。厦门大学陈金富教授在《名师风范》一书中提到的，黄昆教授在教学上体现了下列独特风格：(1) 严谨、清晰地阐述物理概念和物理模型。(2) 教学过程中，培养学生提炼科学模型的思维能力。(3) 臻于至善的教学效果。他说道：“当年听黄昆教授讲授‘半导体物理’和‘固体物理’在全国是首次，听课的师生中除‘五校联合半导体专门化’的师生外，还有清华大学进修生，更有乘早班火车从天津赶往北大听课的南开大学部

---

① 黄昆编著，《固体物理学》，人民教育出版社，1979 年。

分师生，可谓盛况空前，无与伦比。”“听课师生课堂上基本理解，记住教学内容，是黄昆教授教学效果的另一例证。当时在没有任何现成教材可供预习、参考的‘空白’背景下，仅依靠听课和笔记就能记住、理解授课内容，特别是领悟其教学风格，足以显示黄昆教授卓越的教学效果。”①

我本人对黄昆先生的“固体物理”课也记忆犹新。我在《自主创新之路》一书中回忆道：1959 年科研“大跃进”，每天晚上开夜车。“就在这种情况下，下午安排了‘固体物理’课。吃完午饭走进教室，大家都昏昏欲睡。”“即使在当时那种头脑发昏的情况下，黄昆先生的课还是深深地吸引了我。我变得特别有精神，专心听课，认真作笔记，给我留下了深刻的，也是一辈子的印象。”“1962 年我大学毕业后，正好遇上可以考研究生的机会，我就想考黄昆先生的研究生。我记得就考一门‘固体物理’。‘固体物理’是在 1959 年学的，已经过了 3 年。我赶紧把以前的讲义和笔记找出来，复习了一星期，结果考得还挺好，据说得了 100 分。黄昆先生到最近还记得这件事。”②可以为我作证的是我当年听“固体物理”作的笔记本。中间经过了“文化大革命”，下鲤鱼洲，调到四川乐山 585 所，又回到北京中科院半导体所，搬了十次以上的家，其它东西有的都丢了，惟独这本笔记本和北大其他教授讲课的笔记本还保存完好。我当时几乎每一句话、每一个公式和每一张图都老老实实地记下来。看到这些词句，就好像昨天黄昆先生还在和我们上课一样，感到分外亲切。

其实当时西方国家是有好的固体物理教材的，其中最著名的是 Kittel 的《固体物理学》，比较详细地介绍了当时国际固体物理研究的最新成果。它前后一共出版了近 10 版，由于固体物理研究发展很快，所以内容不断充实，篇幅越来越大。黄昆先生的《固体物理学》有他自己的特点，就是把固体物理的一些最基本原理分析透彻，为学生将来从事固体物理研究打下一个坚实的基础，而不追求很多的研究结果。从上世纪 50 年代开始，固体物理的书出了许多，大部分都是追求内容全面系统，结果部头越来越大，学生不知从何学起。如果按照这种思路写固体物理，那现在要包括进去的内容有：高温超导、半导体超晶格、量子线、量子点、纳米材料、有机材料、自旋电子学、碳纳米管、石墨烯、拓扑绝缘体等，足够写成一本百科全书。

2009 年再版《固体物理学》时，因为黄昆先生已经不在，我根据我的笔记做了一些补充。因为在讲课时，黄昆先生和广大学生面对面，有一个互动过程。

---

① 陈辰嘉、虞丽生主编，《名师风范》，北京大学出版社，2008 年，第 40 页。

② 夏建白、陈辰嘉、何春藩主编，《自主创新之路》，科学出版社，2006 年，第 280 页。

他要想法把课讲得生动、吸引人，听众当堂就能理解，因此有些问题讲得深入一些，有的就省略了。此次再版，我把上课讲的比较重要的东西，而书中又没有的补充了进去，希望大家在看这本书的时候，就像听他本人讲课一样，学到更多的东西。为了不至于与原来书的内容混淆，新添加的内容用仿宋体字印刷，公式用(Q1)、(Q2)等表示，图用图 F1、图 F2 等表示，以示区别。

添加的内容主要分三类：

1. 介绍性的。

如这本书没有引言，一上来就开门见山第一章。而黄昆先生在讲第一堂课时，讲了一段固体物理发展概况，我把它作为本书引言加了进去。这段话不长，只有 276 个字，但是简单扼要地说明了上两个世纪固体物理的发展概况。

2. 加深概念理解的。

在讲第五章"晶格振动和晶体热学性质"时，为了加深对"格波"概念的理解，在讲完一维晶格振动、三维晶格振动和非线性振动后，又回过来，专门补充讲了"格波"(我笔记上记的是"补充材料")，深入介绍了格波描述和位移描述的关系。

第七章"金属电子论"，在 7-3 节讲"分布函数和玻尔兹曼方程"以后，又以几个实例：电流的磁效应(霍尔效应)、温差电效应、电子热传导效应等说明玻尔兹曼方程的实际应用。

在讲第八章"半导体电子论"时，先介绍了如何由吸收光谱了解半导体的能带结构，引入直接带隙和间接带隙半导体的概念，接着介绍了"空穴"概念是如何得到的，以及各向异性有效质量、态密度等。

3. 和实验、应用的结合。

第一章"晶体的几何"，在介绍了原胞、原胞基矢、倒格矢等概念以后，讲了 X 射线衍射法、劳厄法、如何利用倒格矢求衍射方向等，使学生既加深了对基矢、倒格矢的理解，又学到了用 X 射线衍射方法测量晶体结构。

在讲第八章"半导体电子论"时，最后还讲到了半导体的应用。虽然已经过了 50 年，但这些应用在当前能源危机下又都成了热门，如光伏、温差电、探测器等，其基本原理是不变的。而黄昆先生却用很简短的语言、形象的图以及基本的公式讲解得非常清楚。

原书中有些表述和现在的书有些差别，需要指出以引起读者注意。书中普朗克常数有时用的是 h，而不是现在通用的 $\hbar$，两者相差 2π，因此书中的波矢 k 也和现在的波矢相差 2π。"满带"就是"价带"，"光敏电阻"就是"探测器"。有些实验事实已经过时，但决不影响阅读本书。书中有三章是原来课上没有讲的，它们是：第三章“相图”、第十章“固体的介电性”和第十一章“超导电的基本现象和基本规律”，大概是由于时间关系来不及讲了。

关于听课笔记，现在看50年前记的笔记，我都奇怪，怎么字体这么端正，图这么标准，数学公式这么精确。想起当年黄昆先生以及他们那一代教授讲课的情形，讲课的一个主要方式是板书。老师非常认真地板书，写完这一黑板，推上去，再接着写另一块黑板，边写边讲。学生们则边听边记边想。这样一堂课下来，真正做到了像陈金富教授所说的那样：“听课师生课堂上基本理解，记住教学内容。”板书占掉了上课的一些时间，但是值得的，收到了很好的效果。正因为如此，老师在课堂上不能什么都讲，只能挑最本质、最精髓的讲，这正是黄昆先生这本《固体物理学》的特点。尽管50年来固体物理学有了飞速的发展，新的分支学科层出不穷，但固体物理学的基础是基本不变的，都包含在这本书中。

杨振宁先生在接受《知识通讯评论》采访时说：“如果我们谈到理论物理学家的风格，可以把当时最要做数学的，最不要做数学的，和后来的规范场论，说成三个方向，一个在右，一个在左，一个在中间。我一直认为在中间的较容易成功。”①黄昆先生和杨振宁先生是属于同一种风格的，他们既有很深的物理基础，又有十分高超的数学技巧，所以他们是成功的。学习这本《固体物理学》可以加深我们的物理基础；还要学习的是黄昆先生的学术论文——《黄昆文集》②，以提高我们用数学解决物理问题的能力。让我们永远学习黄昆先生，继承他的优秀传统，为发展我国的科学事业做出更大的贡献。

夏建白

2014年8月

---

① 科学新闻，2009年第10期，第56页。

② 秦国刚、甘子钊、夏建白、朱邦芬、李树深编，《黄昆文集》，北京大学出版社，2004年。

目　　录

引言　固体物理学发展概况

最早发展的是矿石学，为了鉴别矿石，产生了晶体学，在 19 世纪发展到相当完善的地步．此外，由于冶金的发展，产生了金属学，对固体的电学、磁学、光学的性质也进行了细致的研究．不仅如此，对晶体的微观结构也有研究，如将晶体外形的规则性与内部原子的规则排列联系起来．

20 世纪开始，电子论有很大的发展，对固体的电学、磁性、光学性质发展了理论，然而是较简单的．由于 X 射线的发现，对原子结构有了很好的了解，并且用 X 射线研究了原子排列，使得对原子如何结合成为晶体的认识大大地深入一步．量子力学提高了经典的电子论，使得能更深刻地理解固体的电学、磁学、光学性质．此外，技术的发展大大利用了固体的性质．

第一章　晶体的几何

固体有晶体、非晶体，本课主要讨论晶体，非晶体不是不重要，而是太复杂.

晶体分为单晶体、多晶体.

多晶体是由很多晶粒组成的，表面看来是无规则的. 多晶体的形成是由于同时由许多晶核开始生长起来，例如金属. 所以多晶体的特点是由生长条件——冷却条件、杂质、获得方式、加工处理等所决定.

单晶体是整个的一块晶体，例如天然矿石. 单晶体在技术上的应用越来越广泛，如：半导体、铁氧体等.

一些天然矿物晶体，如岩盐、石英等，具有规则的几何外形，这是一般熟知的. 利用这个特点来鉴别矿物资源，已发展成为重要的方法. 正是由于这个缘故，在 18、19 世纪之中，晶体的几何规则性的研究有很大的发展. 当时，已经从理论上推断，晶体的这种宏观的规则性，是晶体中原子、分子规则排列的结果. 在 20 世纪，X 射线衍射方法的发展，直接验证了这一结论. 通过几十年的工作，已经测定了大量晶体原子排列的具体形式.

原子的规则排列以及由此产生的几何规则性，是晶体物质共同的也是最基本的特点，是研究晶体的宏观性质和各种微观过程的重要基础. 本章将简要地阐明晶体中原子规则排列的一些基本规律和基本概念.

1-1　晶格及其周期性

(1) 一些晶格的实例

晶体中原子的规则排列一般称为晶体格子，或简称为晶格. 这一节先介绍几个最常遇到和比较基本的实例.

把晶格设想成为原子球的规则堆积，有助于我们比较直观地理解晶格的组成.

图 1-1(a)表示，在一个平面内，规则排列原子球的一个最简单的形式. 如果把这样的原子层叠起来，各层的球完全对应，就形成所谓简单立方晶格. 没有实际的晶体采取简单立方晶格，但是一些更复杂的晶格可以在简单立方晶格基础

上加以分析. 简单立方晶格的原子球心显然形成一个三维的立方格子的结构，往往用图 1-1(b)的形式表示这种晶格结构，它表示出这个格子的一个典型单元，整个格子可以看做这样一个单元沿着三个方向的重复排列. 按照同样的理解，图 1-1(c)表示所谓体心立方晶格，有相当多的金属，如 Li，Na，K，Rb，Cs，Fe 等元素，具有体心立方晶格.

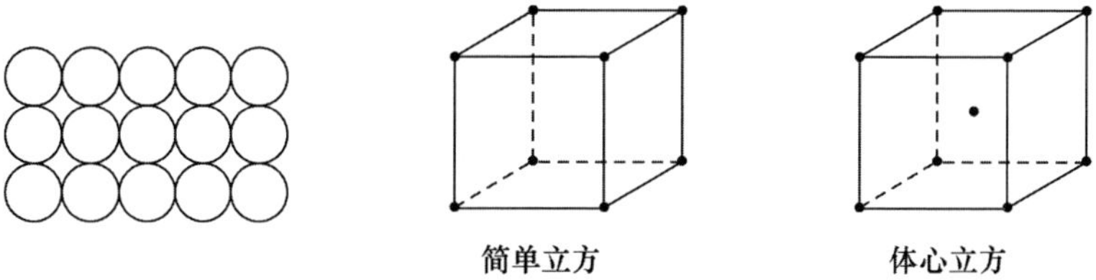

(a)　(b)　(c)

图 1-1

图 1-2 表示原子球在一个平面内最紧密排列的方式，常称为密排面. 把密排面叠起来可以形成原子球最紧密堆积的晶格. 为了堆积最紧密，在堆积时应当把一层的球心对准另一层的球隙. 仔细分析就会发现，这样实际上可以形成两种不同的最紧密的晶格排列. 首先我们注意到，密排原子层的间隙可以分成两套，图 1-2 把它们分别涂黑和留为空白. 如称原来的密排层为 A，另一密排层可以对准其中任一套间隙，我们分别称为 B 和 C. 两种密排的晶格可以表示为

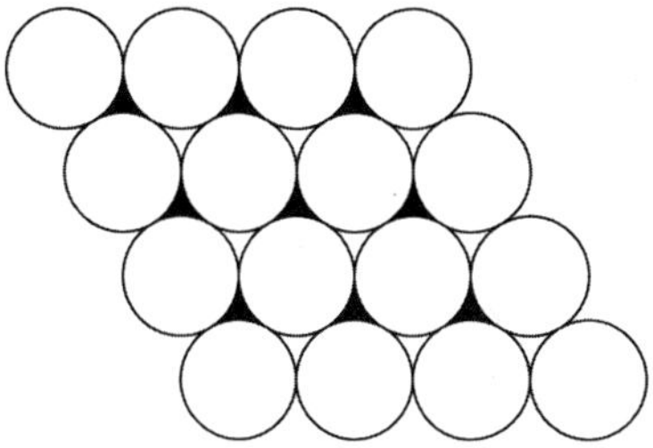

图 1-2

$ABABAB\cdots$　　(六角密排)，

$ABCABCABC\cdots$　　(立方密排，或面心立方).

前一种晶格称为六角密排晶格，常常用图 1-3 的六角单元表示这种结构；后一种称为立方密排，或面心立方晶格. 图 1-4(a)表示这种晶格的典型单元，它和简单立方相似，但在每个立方面中心有一个原子，图 1-4(b)表示面心立方晶格的原子密排面. 很多金属元素具有两种密排结构之一，例如 Cu，Ag，Au，Al 具有面心立方结构，Be，Mg，Zn，Cd 则具有六角密排的结构.

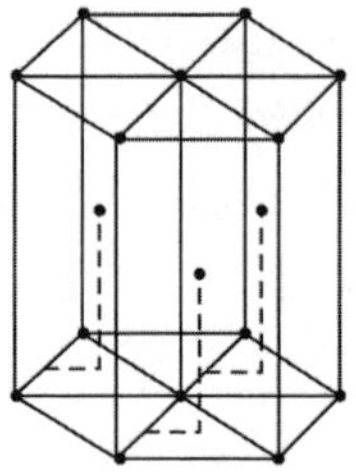

图1-3 六角密排

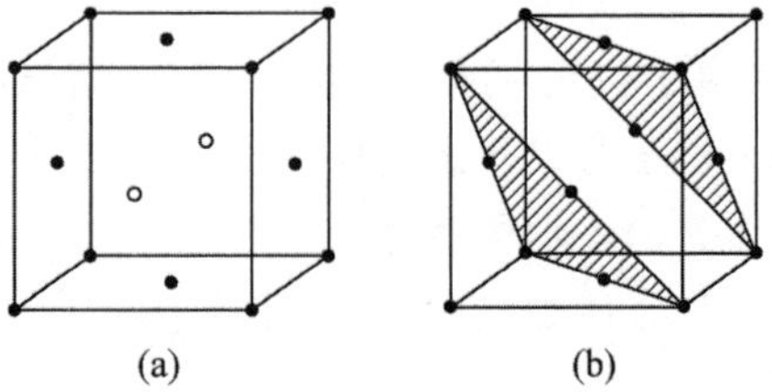

图 1-4 立方密排

由碳原子形成的金刚石晶格是另一个重要的基本晶格结构. 它的典型单元往往用图 1-5 表示. 由面心立方的单元的中心到顶角引 8 条对角线，在其中 4 条的中点上各加一原子就得到金刚石的结构. 这个结构的一个重要特点是：每个原子有 4 个最近邻，它们正好在一个正四面体的顶角位置，如图 1-5 所示. 除金刚石外，重要的半导体硅和锗也具有这种晶格结构.

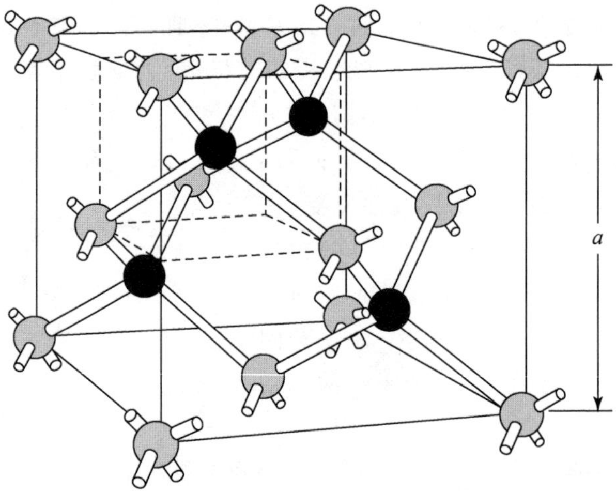

图 1-5 金刚石晶格

以上所介绍的都是同一种原子组成的元素晶体. 下面介绍几种化合物晶体的结构.

最熟知的是岩盐 NaCl 结构，它好像是一个简单立方晶格，但每一行上相间地排列着正的和负的离子 Na^+ 和 Cl^-，如图 1-6 所示. 碱金属 Li，Na，K，Rb 和卤族元素 F，Cl，Br，I 的化合物都具有 NaCl 结构.

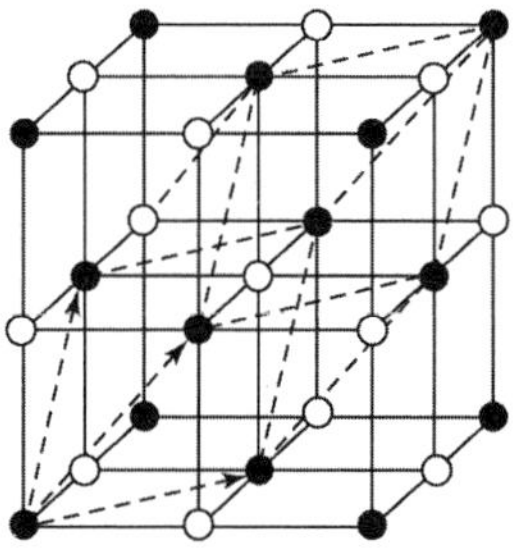

图 1-6 NaCl 的晶体结构

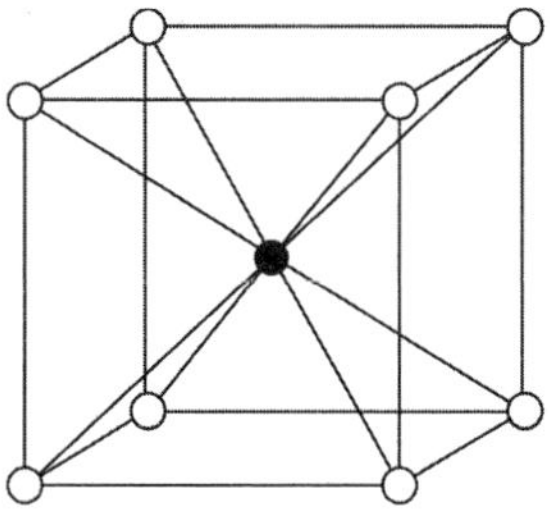

图 1-7 CsCl 晶格

另一基本的化合物晶体结构是 CsCl 晶格，如图 1-7 所示，它和体心立方相仿，只是体心位置为一种离子，顶角为另一种离子. 如果把整个晶格画出来，体心的位置和顶角位置实际上完全等效，各占一半，正好容纳数目相等的正负离子.

闪锌矿 ZnS 的晶格是另一种常见的化合物晶体结构. 只要在图 1-5 的金刚石立方单元的对角线位置上放一种原子，在面心立方位置上放另一种原子，就得到闪锌矿结构.

以上都是一些常见的典型晶格结构. 熟悉这些结构不仅有助于了解下面的讨论，而且，在实际中也是很有用的.

(2) 原胞、基矢量、布拉维格子

所有晶格的共同特点是具有周期性，它们都可以看做是由一个平行六面体的单元沿三个边的方向重复排列而成. 以上各图用一个典型单元来表示各种结构便体现了晶格这一基本特点.

一个晶格最小的周期单元称为晶格的原胞，它的三个棱可选为描述晶格的基本矢量，用 $\boldsymbol{a}_1, \boldsymbol{a}_2, \boldsymbol{a}_3$ 表示. 图 1-8 用实线表示出简单立方、体心立方、面心立方、六角密排晶格的原胞和基矢量. 简单立方晶格的立方单元也就是最小的周期单元——原胞，它的基矢沿三个立方边，长短相等. 体心立方和面心立方的立方单元都不是最小的周期单元. 在体心立方晶格中，可以由一个立方顶点到最近的三个体心得到基矢 $\boldsymbol{a}_1, \boldsymbol{a}_2, \boldsymbol{a}_3$，以它们为棱形成的平行六面体构成原胞. 可以验证：如果立方体边长为 a，则原胞体积是 $\frac{1}{2}a^3$，只有立方单元体积的一半. 在面心立方晶格中，可以由一个立方体顶点到三个近邻的面心引基矢 $\boldsymbol{a}_1, \boldsymbol{a}_2, \boldsymbol{a}_3$，并导出相应的原胞如图 1-8 所示，可以验证原胞的体积为 $\frac{a^3}{4}$，只有立方单元体积的$\frac{1}{4}$. 六角密排晶格的原胞可以选取为图 1-8 所示的菱形柱体，基矢 $\boldsymbol{a}_1$，$\boldsymbol{a}_2$ 在密排面内，互成 120°角，$\boldsymbol{a}_3$ 沿垂直方向. CsCl 晶格的原胞就可以取为图 1-7 中的立方体. NaCl 晶格的原胞在图 1-6 中由虚线描出，形状和面心立方的原胞相似.

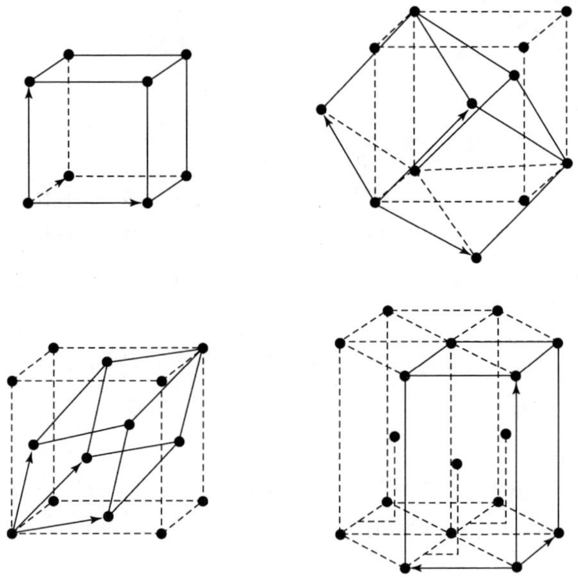

图 1-8　原胞

原胞和基矢具体概括了一个晶格结构的周期性. 显然，如果把整个晶格都划分为原胞，那么，不同原胞中的情况将是完全相似的. 任意两个原胞位置的差别，用基矢表示将具有下列形式：

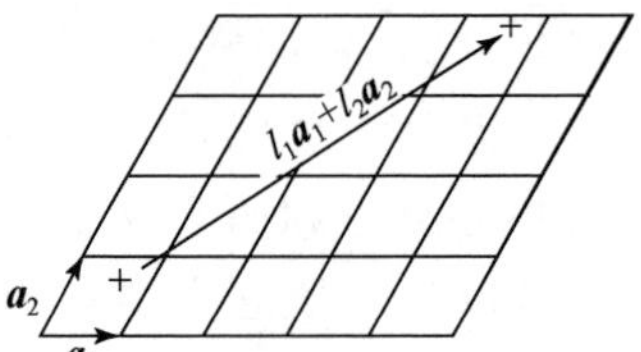

图 1-9　晶格的周期性

$$l_1\boldsymbol{a}_1 + l_2\boldsymbol{a}_2 + l_3\boldsymbol{a}_3,$$

l_1, l_2, l_3 为整数. 晶格中 $\boldsymbol{x}$ 点和 $\boldsymbol{x}+l_1\boldsymbol{a}_1+l_2\boldsymbol{a}_2+l_3\boldsymbol{a}_3$ 点的情况将完全相同，因为它们表示两个原胞中相对应的点(见图 1-9 的二维示意图). 如 $V(\boldsymbol{x})$表示 $\boldsymbol{x}$ 点某一物理量(例如静电势能、电子云密度等)，则有

$$V(\boldsymbol{x}) = V(\boldsymbol{x} + l_1\boldsymbol{a}_1 + l_2\boldsymbol{a}_2 + l_3\boldsymbol{a}_3), \tag{1-1}$$

(1-1)式表示 $V(\boldsymbol{x})$是以 $\boldsymbol{a}_1$，$\boldsymbol{a}_2$，$\boldsymbol{a}_3$ 为周期的三维周期函数.

还可用另外一个形式来概括晶格的周期性：把一个晶格平移

$$l_1\boldsymbol{a}_1+l_2\boldsymbol{a}_2+l_3\boldsymbol{a}_3 \quad (l_1,l_2,l_3\text{ 为任意整数}),$$

结果将与原来晶格完全重合,而没有任何改变.显然,这种描述和(1-1)式所描述的是完全一致的.从这种观点出发,晶格的这个基本特点被称为晶格的平移对称性.$l_1\boldsymbol{a}_1+l_2\boldsymbol{a}_2+l_3\boldsymbol{a}_3$ 常称为晶体的布拉维格子.在下面我们进一步讨论晶格的宏观对称时,就会看到,为什么要采用这种形式来概括晶格的基本特点.

按照以上所讲,布拉维格子表征了一个晶格的周期性,或者说,它的平移对称性.根据前面对原胞的描述,CsCl 晶格和简单立方晶格具有相同的原胞、基矢和布拉维格子,所以从周期性来讲,CsCl 晶格和简单立方晶格是完全相似的.NaCl 晶格则和面心立方晶格具有相同的布拉维格子,也就是说它们具有完全相似的周期性.

实际晶体的晶格又可以区分为简单晶格和复式晶格.在简单晶格中,每一个原胞有一个原子;在复式晶格中,每一个原胞包含两个或更多的原子.具有体心立方结构的碱金属和具有面心立方结构的金、银、铜晶体都是简单晶格.虽然从图上看每个原胞在八个顶角都有原子,但是每个原子为八个原胞共有,所以每个原胞平均只有一个原子.CsCl 和 NaCl 结构则是复式晶格:CsCl 晶格可以看做是在 Cl^- 离子的简单立方原胞中心加一个 Cs^+ 离子,所以,一个原胞包含一个 Cs^+ 离子和一个 Cl^- 离子;NaCl 晶格可以看做是在 Na^+ 离子的面心立方原胞中心加一个 Cl^- 离子,所以,一个原胞包含一个 Na^+ 离子和一个 Cl^- 离子.

简单晶格中所有原子是完全"等价"的,也就是说,它们的性质相同并在晶格中处于完全相似的地位.用比较生动的比喻来说,如果我们占在一个原子上或另一个原子上将察觉不出任何差别.复式晶格实际上表示晶格包含两种或更多种等价的原子(离子).NaCl 晶格包含 Na^+ 和 Cl^- 两种等价离子,不同 Na^+ 离子之间是完全等价的,不同 Cl^- 离子之间也是完全等价的.原胞内有几个原子,就表明晶格由几种等价原子构成.复式晶格的结构也可以这样看:每一种等价原子形成一个按该晶格的布拉维格子排列的简单晶格,复式晶格就是由各等价原子的晶格相互穿套而成.例如,CsCl 的布拉维格子是简单立方,它可以看成是由一个 Cs^+ 的简单立方格子和一个 Cl^- 的简单立方格子穿套成的;NaCl 的布拉维格子是面心立方,它可以看成是由一个 Na^+ 的面心立方格子和一个 Cl^- 的面心立方格子穿套而成的.

应当知道,即使是元素晶格,所有原子都是一样的,也可以是复式晶格,这是因为原子虽然相同,它们占据的格点在几何上可以是不等价的.例如,具有六角密排结构的 Be,Mg,Zn 或具有金刚石结构的 C,Si,Ge 都是这种情形. 六角密排的原胞中,一个格点处在上述的 A 层中,另一个格点处在 B 层中,A 原子和 B 原子的几何处境是不相同的,例如,从一个 A 原子来看,上下两层的原子三角形是朝一个方位,但从一个 B 原子来看,上下两层的原子三角形则是朝着另一个方位. 金刚石结构中同样可以区分为 A 和 B 两类几何上不等价的格点,把图 1-5中立方内的格子点和处在立方面上的格点分别称为 A 和 B,则可以看出 A 格点的近邻四面体和 B 格点的近邻四面体在空间具有不同的方位. 仔细考查一下,还可以看出,金刚石结构中 A 格点和 B 格点各形成一个面心立方晶格. 这表明金刚石结构具有面心立方的布拉维格子,原胞中包含两个格点,一个 A 格点和一个 B 格点.

(3) 倒格矢

根据基矢 $\boldsymbol{a}_1,\boldsymbol{a}_2,\boldsymbol{a}_3$ 可以引入三个新的矢量

$$\boldsymbol{b}_1=\frac{\boldsymbol{a}_2\times\boldsymbol{a}_3}{\boldsymbol{a}_1\cdot(\boldsymbol{a}_2\times\boldsymbol{a}_3)},\ \boldsymbol{b}_2=\frac{\boldsymbol{a}_3\times\boldsymbol{a}_1}{\boldsymbol{a}_2\cdot(\boldsymbol{a}_3\times\boldsymbol{a}_1)},\ \boldsymbol{b}_3=\frac{\boldsymbol{a}_1\times\boldsymbol{a}_2}{\boldsymbol{a}_3\cdot(\boldsymbol{a}_1\times\boldsymbol{a}_2)},\tag{1-2}$$

称为倒格矢(我们注意各分母是相同的,其绝对值等于原胞的体积). 以后将看到,引入倒格矢使我们能够更加简化地从理论上分析许多晶格的问题,这主要是由于它们具有下列基本性质:

$$\boldsymbol{a}_i\cdot\boldsymbol{b}_j=\delta_{ij}\begin{cases}=1,当\ i=j,\\=0,当\ i\neq j\end{cases}(i,j=1,2,3).\tag{1-3}$$

[由倒格矢的定义(1-2)式可以很简单地验证上述关系式.]

现在举例说明倒格矢的简单应用.

在晶格问题中,往往需要把矢量 $\boldsymbol{x}$ 按基矢来表示,即写成

$$\boldsymbol{x}=\xi_1\boldsymbol{a}_1+\xi_2\boldsymbol{a}_2+\xi_3\boldsymbol{a}_3.\tag{1-4}$$

有关的分量 ξ_1,ξ_2,ξ_3 就可以根据(1-3),简便地用倒格矢写出:

$$\xi_1=\boldsymbol{x}\cdot\boldsymbol{b}_1,\ \xi_2=\boldsymbol{x}\cdot\boldsymbol{b}_2,\ \xi_3=\boldsymbol{x}\cdot\boldsymbol{b}_3.\tag{1-5}$$

一个具有晶格周期性的函数

$$V(\boldsymbol{x})=V(\boldsymbol{x}+l_1\boldsymbol{a}_1+l_2\boldsymbol{a}_2+l_3\boldsymbol{a}_3)$$

可以用倒格矢方便地写成傅里叶级数. 设想把 $\boldsymbol{x}$ 按分量 ξ_1,ξ_2,ξ_3 表示,则 V 作为 ξ_1,ξ_2,ξ_3 的函数将是周期为 1 的周期函数,因此可以写成傅里叶级数:

$$V(\xi_1,\xi_2,\xi_3)=\sum_{h_1,h_2,h_3}V_{h_1h_2h_3}\mathrm{e}^{2\pi\mathrm{i}(h_1\xi_1+h_2\xi_2+h_3\xi_3)},\tag{1-6}$$

其中系数:

$$V_{h_1h_2h_3}=\int_0^1\mathrm{d}\xi_1\int_0^1\mathrm{d}\xi_2\int_0^1\mathrm{d}\xi_3\,\mathrm{e}^{-2\pi\mathrm{i}(h_1\xi_1+h_2\xi_2+h_3\xi_3)}V(\xi_1,\xi_2,\xi_3),\tag{1-7}$$

根据(1-5)，傅里叶级数可以直接用矢量 $\boldsymbol{x}$ 表示出来：

$$V(\boldsymbol{x}) = \sum_{h_1, h_2, h_3} V_{h_1 h_2 h_3} e^{2\pi i(h_1 \boldsymbol{b}_1 + h_2 \boldsymbol{b}_2 + h_3 \boldsymbol{b}_3) \cdot \boldsymbol{x}}, \tag{1-8}$$

系数也可以相应地写成

$$\frac{1}{|\boldsymbol{a}_1 \cdot (\boldsymbol{a}_2 \times \boldsymbol{a}_3)|} \int d\boldsymbol{x} e^{-2\pi i(h_1 \boldsymbol{b}_1 + h_2 \boldsymbol{b}_2 + h_3 \boldsymbol{b}_3) \cdot \boldsymbol{x}} V(\boldsymbol{x}), \tag{1-9}$$

积分表示在一个原胞内的体积分.

傅里叶级数中指数上的各矢量

$$h_1 \boldsymbol{b}_1 + h_2 \boldsymbol{b}_2 + h_3 \boldsymbol{b}_3 \quad (h_1, h_2, h_3 = \text{整数}) \tag{1-10}$$

构成一个以 $\boldsymbol{b}_1, \boldsymbol{b}_2, \boldsymbol{b}_3$ 为基矢的格子，往往称为原来晶格的倒格子. 在以后的讨论中，我们还要用到这个概念.

(4) 晶体学的单胞和单胞的基矢量

图 1-10 的平面示意图中，阴影的面积表示两个形状不同的原胞，它们都是格子的最小周期单元. 显然，可以有无穷多方式选取原胞，它们都同样可以概括格子的周期结构. 在一般的理论分析中，往往并不需要具体确定如何选取原胞. 但是，在具体研究某一种晶体时，就需要把原胞和基矢规定下来. 原胞选取得适当，就可以便利问题的分析，而特别重要的是，要能反映出整个格子的对称性. 例如，图 1-10 中方形的原胞就能反映出格子的方形对称特点，而歪斜的原胞则不能. 为了这种目的，在晶体学中，已对各种类型的布拉维格子如何选取周期单元做了统一的规定.

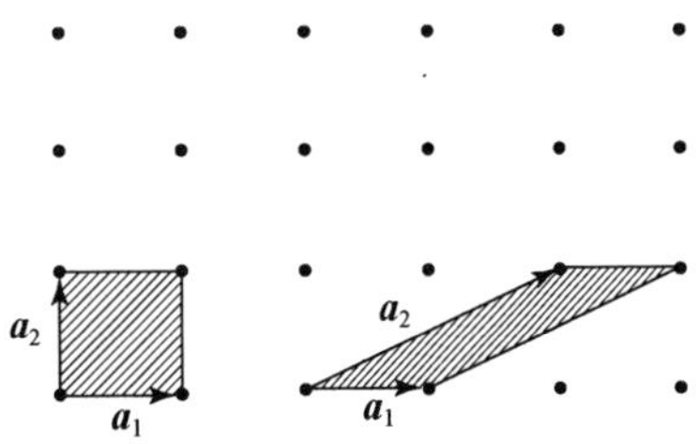

图 1-10　原胞的选取

有的格子，无论怎样选取原胞，都不能直接反映出整个格子的对称性. 体心和面心立方格子就是这种情形，在图 1-6 中，画出的原胞已经选得尽可能对称，但并不反映整个格子的立方对称性. 在这种情况下，晶体学选取的单元便是图 1-7 中的立方，也就是说，为了反映格子的对称性，选取了较大的周期单元. 我们将称晶体学中选取的单元为单胞. 所以单胞在有些情况下是原胞，在另一些情况下则不是原胞. 沿单胞的三个棱所作的三个矢量通常称为单胞的基矢.

1-2 晶向、晶面和它们的标志

布拉维格子的格点可以看成分列在一系列相互平行的直线系上,这些直线系称为晶列.图 1-11 用实线和虚线表示出两个不同的晶列,由此可见,同一个格子可以形成方向不同的晶列.每一个晶列定义了一个方向,称为晶向.如果从一个原子沿晶向到最近的原子的位移矢量为

$$l_1\boldsymbol{a}_1 + l_2\boldsymbol{a}_2 + l_3\boldsymbol{a}_3,$$

则晶向就用 l_1, l_2, l_3 来标志,写成 $[l_1 l_2 l_3]$.

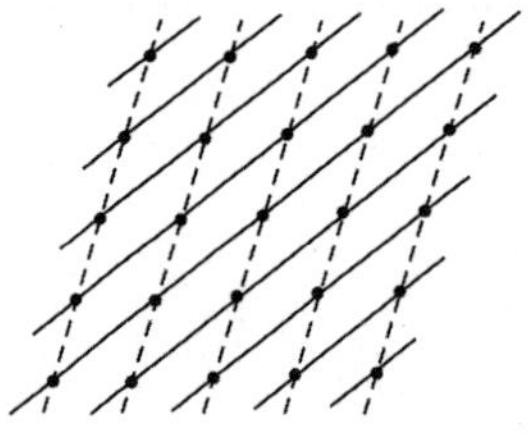

图 1-11

布拉维格子的格点还可以看成分列在平行等距的平面系上.这样的平面称为晶面.和晶列的情况相似,同一个格子可以有无穷多方向不同的晶面系,图 1-12 以简单立方为例画出了三个方向不同的晶面.

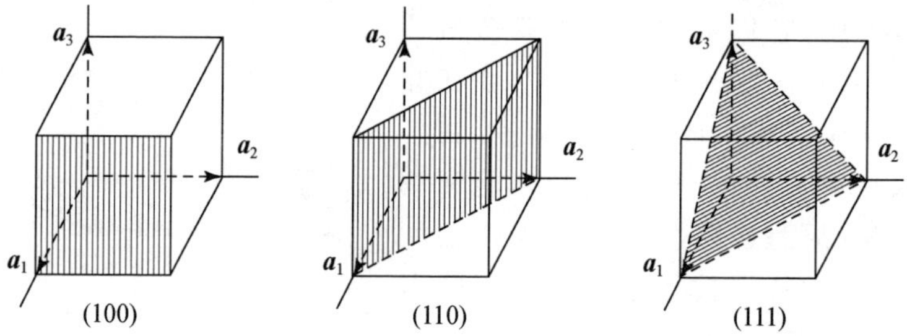

图 1-12 晶面

具体讨论晶体问题时,常常要谈到某些具体晶面,因此,需要有一定的办法标志不同的晶面.常用的是所谓米勒指数.米勒指数可以这样来确定:设想选一格点为原点并作出沿 $\boldsymbol{a}_1, \boldsymbol{a}_2, \boldsymbol{a}_3$ 的轴线.我们注意,所有格点都在晶面系上,所以必然有一晶面通过原点,其它晶面既然相互等距,将均匀切割各轴.如果,我们从原点顺序地考查一个个面切割第一轴的情况,显然必将遇到一个面切割在 $+\boldsymbol{a}_1$ 或 $-\boldsymbol{a}_1$,因为在 $\pm\boldsymbol{a}_1$ 存在着格点.假使,这是从原点算起的第 h_1 个面,那么晶面系的第一个面的截距必然是 $\pm\boldsymbol{a}_1$ 的分数,可以写成

$$\boldsymbol{a}_1/h_1,$$

h_1 为正或负的整数.同样可以论证第一个面在其它两个轴上的截距将为

$$\boldsymbol{a}_2/h_2 \quad 和 \quad \boldsymbol{a}_3/h_3 \quad (h_2, h_3 \text{ 是整数}).$$

平常就是用 (h_1, h_2, h_3) 来标记这个晶面系,称为米勒指数.$|h_1|, |h_2|, |h_3|$ 实际

表明等距的晶面分别把基矢 $\boldsymbol{a}_1$(或 $-\boldsymbol{a}_1$),$\boldsymbol{a}_2$(或 $-\boldsymbol{a}_2$),$\boldsymbol{a}_3$(或 $-\boldsymbol{a}_3$)分割成多少个等份.它们也是以 $|\boldsymbol{a}_1|$,$|\boldsymbol{a}_2|$,$|\boldsymbol{a}_3|$ 为各轴的长度单位所求得的晶面截距的倒数值.如果晶面系和某一个轴平行,截距将为 ∞,所以相应的指数将为 0.在图1-12中给出了立方晶体的几个晶面的米勒指数.

应用倒格矢可以简练地写出晶面系的方程式.下面我们验证晶面系(h_1, h_2,h_3)中各晶面的方程可以写成

$$(h_1\boldsymbol{b}_1 + h_2\boldsymbol{b}_2 + h_3\boldsymbol{b}_3) \cdot \boldsymbol{x} = n$$
$$(n = -\infty, \cdots, -1, 0, 1, \cdots, +\infty), \tag{1-11}$$

方程的几何解释表明

$$h_1\boldsymbol{b}_1 + h_2\boldsymbol{b}_2 + h_3\boldsymbol{b}_3$$

是各面的共同法线方向,而且各面与原点的垂直距离为

$$\frac{|n|}{|h_1\boldsymbol{b}_1 + h_2\boldsymbol{b}_2 + h_3\boldsymbol{b}_3|}. \tag{1-12}$$

从而知道,$|n| = 1, 2, 3, \cdots$顺序地表示,从通过原点的面算起的第一,第二,第三,……晶面.由(1-12)得到晶面之间的间距是

$$d = \frac{1}{|h_1\boldsymbol{b}_1 + h_2\boldsymbol{b}_2 + h_3\boldsymbol{b}_3|}. \tag{1-13}$$

在(1-11)中,代入

$$\boldsymbol{x} = \boldsymbol{a}_1,$$

就导出从原点画出的矢量 $\boldsymbol{a}_1$ 端点处在

$$n = h_1$$

的面上.这说明,第 h_1 个面通过 $\boldsymbol{a}_1$ 的端点,同样论证可用于另外两轴,可以证明,$\boldsymbol{a}_2$,$\boldsymbol{a}_3$ 将为(1-11)中各面勒为 h_2,h_3 段,从而验证了(1-11)所描述的正是米勒指数为(h_1,h_2,h_3)的晶面系.

(1-13)表明,指数小的晶面系,晶面有较大的间距.这样的晶面也是原子比较密集的晶面(因单位体积中原子数目是一定的,晶面愈稀疏,每个晶面上原子必定更多.常见的晶面正是这样的晶面).

我们知道,米勒指数原来是从米勒研究宏观晶体的表面的规律性中发展出来的.宏观晶体外形的规则性是由于,一种晶体的外表面总是由某些具有特定方位的平面形成的.米勒发现,如果选三个面的交线为轴,并用另一个面在它们上面的截距 a,b,c 作为沿各轴的长度单位,则任意其它的面在轴上的截距的倒数成简单整数比例,称为有理指数定律.从以上的讨论看出,他的这个发现反映了晶体原子排列的周期性(布拉维格子),同时也表明重要的实际

表面主要是由原子密集、间距大的晶面所构成的.

对六方晶体，往往采用单胞的基矢——轴矢量来标志晶向和晶面. 除了垂直于六方面的一根轴矢量 $\boldsymbol{c}$ 外，在六方面内，取三根互成 120°的矢量 $\boldsymbol{a}_1,\boldsymbol{a}_2,\boldsymbol{a}_3$ 作为轴矢量. 晶面标志则如图 F1 所示.

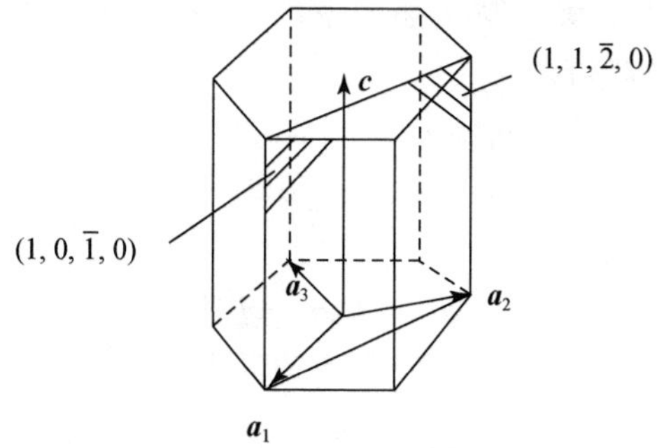

图 F1　六方晶体的晶面标志

晶向的确定. 由于平面上有 3 个向量，所以 l_1,l_2,l_3 不确定. 现加一限制条件：$l_1+l_2+l_3=0$，如图 F2 上两条虚线的晶向标志.

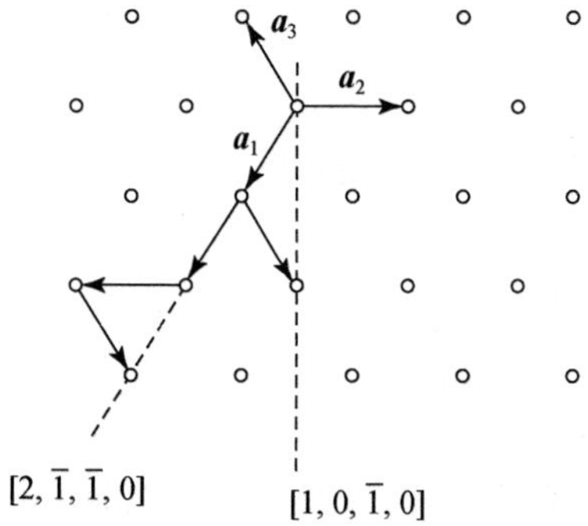

图 F2　六方晶体的晶向标志

相似面. 在立方晶体中，(1,0,0)、(0,1,0)、(0,0,1)、($\bar{1}$,0,0)、(0,$\bar{1}$,0)、(0,0,$\bar{1}$)晶面在晶体中是完全等价的，用{1,0,0}表示. 对等价的晶向，用⟨1,0,0⟩表示.

1-3 晶体的宏观对称和点群

一些晶体在几何外形上表现出明显的对称，如立方、六角等对称. 这种对称性不仅表现在几何外形上，而且反映在晶体的宏观物理性质中，对于研究晶体的性质有极重要的意义.

以介电常数为例，它一般地应表示为一个二阶张量 $\varepsilon_{\alpha\beta}(\alpha,\beta=x,y,z)$.

$$D_\alpha = \sum_\beta \varepsilon_{\alpha\beta}E_\beta \tag{1-14}$$

$\boldsymbol{D},\boldsymbol{E}$ 分别为电位移矢量和电场强度. 后面将要证明，在具有立方对称的晶体中，它必然是一个对角张量

$$\varepsilon_{\alpha\beta} = \varepsilon_0\delta_{\alpha\beta} \qquad (\text{立方对称}). \tag{1-15}$$

因而

$$D = \varepsilon_0 E, \tag{1-16}$$

也就是说，介电常数可以看成一个简单的标量. 在具有六角对称的晶体中，如果坐标轴选取在六角轴的方向和与它垂直的平面内，$\varepsilon_{\alpha\beta}$ 以矩阵形式写出，将有下列形式：

$$\begin{pmatrix} \varepsilon_{/\!/} & 0 & 0 \\ 0 & \varepsilon_\perp & 0 \\ 0 & 0 & \varepsilon_\perp \end{pmatrix} \quad (\text{六角对称}), \tag{1-17}$$

表明对于平行轴的分量 $E_{/\!/}$：

$$D_{/\!/} = \varepsilon_{/\!/}E_{/\!/}, \tag{1-18}$$

对垂直于轴的分量：

$$D_\perp = \varepsilon_\perp E_\perp. \tag{1-19}$$

我们知道，正是由于介电性在平行和垂直六角轴方向的差别，六角对称的晶体有双折射现象，而立方晶体，从光学性质来讲，是各向同性的.

从第一节列举的晶格可以看到，晶体具有各种宏观对称性，原因就在于原子的规则排列. 例如，在一个平面内密排的原子球自然地形成一个具有明显六角对称的晶格. 如把密排层堆积成三维密排结构则可以形成两种不同的对称：立方对称(面心立方晶格)和六角对称(六角密排晶格).

周期排列(布拉维格子)是所有晶体的共同性质，而正是在原子周期排列的基础之上产生了不同晶体所特有的各式各样的宏观对称性.

(1) 对称操作

对称性，特别是几何形状的对称性，是很直观的性质. 例如，图 1-13 中的 (a)圆形、(b)正方形、(c)等腰梯形和(d)不规则四边形，就有明显的不同程度的对称. 但是怎样用一种系统的方法才能科学地、具体地来概括和区别所有这些不同情况的对称性呢？我们可以结合图 1-13 的具体例子来答复这个问题.

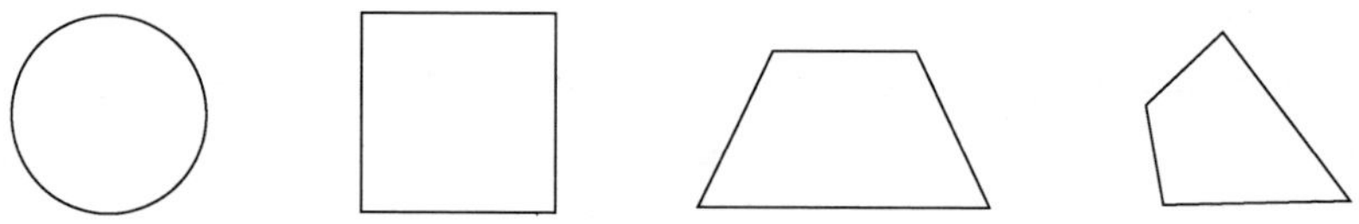

(a) 圆　(b) 正方形　(c) 等腰梯形　(d) 不规则四边形

图 1-13

首先，它们不同程度的对称性可以从图形的旋转中来分析. 显然，圆形对任何绕中心的旋转都是不变的，正方形则只有在旋转$\frac{\pi}{2}$，π，$\frac{3\pi}{2}$的情况下才会与自身重合，结果没有改变，而等腰梯形和不规则的四边形则在任何旋转下都不能保持不变.

上面的分析表明，考查图形在旋转中的变化可以具体地显示出(a)、(b)、(c)之间不同程度的对称，但是，还不足以区别(c)和(d)之间的差别. 为了进一步能显示出这样的区别，可以考查图形按一条直线作左右反射后发生怎样的变化. 显然，圆形对任意的直径作反射都不改变，正方形则只有对于对边中心的连线以及对角线作反射才保持不变，等腰梯形只有对两底中心连线反射不变，不规则四边形则不存在任何左右对称的线.

以上分析所用的方法，概括起来说，就是考查在一定几何变换之下物体的不变性. 我们注意上面所考虑的几何变换(旋转和反射)都是正交变换(保持两点距离不变的变换). 概括宏观对称性的系统方法正是考查物体在正交变换下的不变性. 在三维情况，正交变换可以写成

$$\begin{pmatrix} x \\ y \\ z \end{pmatrix} \longrightarrow \begin{pmatrix} x' \\ y' \\ z' \end{pmatrix} = \begin{pmatrix} a_{11} & a_{12} & a_{13} \\ a_{21} & a_{22} & a_{23} \\ a_{31} & a_{32} & a_{33} \end{pmatrix} \begin{pmatrix} x \\ y \\ z \end{pmatrix}, \tag{1-20}$$

其中矩阵$\{a_{ij}\}$是正交矩阵($i,j=1,2,3$)，它的行列式等于$+1$时，代表一个空间转动；等于-1时，代表一个空间转动加上通过原点的反演 (即由 $\boldsymbol{x} \longrightarrow -\boldsymbol{x}$). 如果，一个物体在某一正交变换下不变，我们就称这个变换为物体的一个对称

操作.为了说明一个物体的对称性就归结为列举它的全部对称操作.显然,一个物体的对称操作愈多,就表明它的对称性愈高.上面对图 1-13 所做的分析,实际上就是指出了各图形所具有的对称操作.下面考查几个三维的实例:

(i) 球体(或者说球形对称).显然,对称操作包括了全部正交变换.

(ii) 立方体(或者说立方对称).很容易验证,存在下列对称操作:

绕图 1-14(a)所示立方轴转动 $\pi/2,\pi,3\pi/2$ 三个立方轴,共 9 个对称操作;

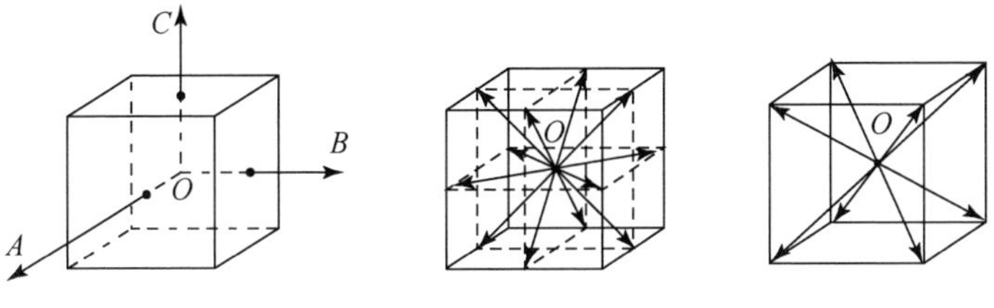

(a) (b) (c)

图 1-14 对称轴

绕图 1-14(b)所示面对角线转动 π:6 个不同的面对角线共 6 个对称操作;

绕图 1-14(c)所示立方对角线转 $2\pi/3,4\pi/3$:绕 4 个不同的立方对角线,共为 8 个对称操作.

以后将说明,正交变换

$$\begin{pmatrix} 1 & 0 & 0 \\ 0 & 1 & 0 \\ 0 & 0 & 1 \end{pmatrix}$$

即不动,也算一个对称操作.这样加起来,一共是 24 个对称操作.

显然,中心反演立方体保持不变,因此,以上每一个转动加一中心反演都仍是对称操作.

以上便是立方体所具有的全部对称操作,总共为 48 个.

(iii) 正六角柱.它所具有的对称操作:

绕中心轴线转 $\pi/3,2\pi/3,\pi,4\pi/3,5\pi/3$.共 5 个对称操作.

绕对棱中点连线转 π.如图 1-15 所示共有 3 个这样的连线(实线),共 3 个对称操作.

绕图示相对的面中心的连线(虚线)转 π.这样的

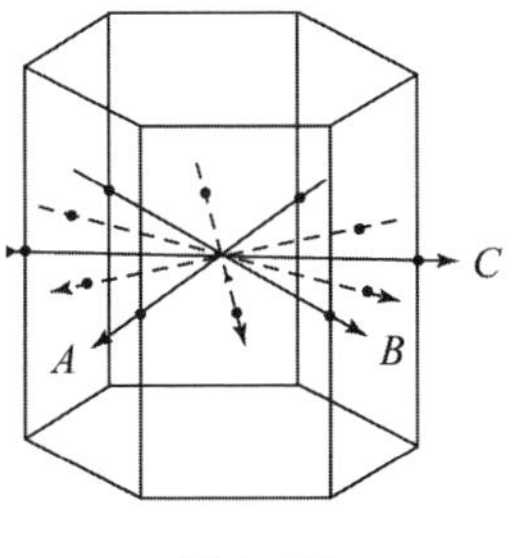

图 1-15

连线共有 3 条，共 3 个对称操作.

加上不动，共有 12 个对称操作.

以上每一对称操作加上中心反演仍为对称操作. 这样得到全部 24 个对称操作.

在具体概括一个物体的对称性时，为了简便，有时不去一一列举所有对称操作，而是描述它所具有的所谓“对称元素”. 如果一个物体绕某一个轴转 $2\pi/n$ 以及它的倍数不变时，这个轴便称为物体的 n 重旋转轴. 如果不是简单转动，而是附加反演，就称为旋转-反演轴. 一个物体的旋转轴或旋转-反演轴统称为物体的“对称素”. 显然，列举出一个物体的对称元素和列举对称操作一样，只有更为简便. n 重旋转轴和 n 重旋转反演轴有时简单用 n 和 $\bar{n}$ 标记.

最后，我们粗浅地说明一下对称操作群的概念.

首先我们注意两个操作 A 和 B，它们先后连续进行，效果将相当于另一个操作 C. 例如，参见图 1-16 的立方，考虑先后绕 OA 和 OC 旋转 $\pi/2$，很容易验证，顶角 S 将回到原处，而顶角 T 将转到 T' 处. 整个变化可以看作一个转动，S 和 O 未动，表明它们是在一个旋转轴上，绕这个轴转动 $2\pi/3$ 使 T 转到 T'. 如果以矩阵表示，代表 A，B 两个操作连续进行的操作 C，它的矩阵就等于 B 和 A 的矩阵的乘积，

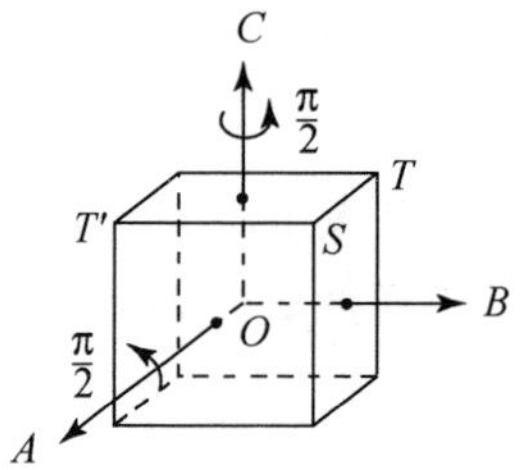

图 1-16

$$C = BA.$$

显然如果 A 和 B 是一个物体的对称操作，物体先后经历 A 和 B 是不改变的. 这表明两个对称操作 A 和 B 的“乘积”C 也是物体的一个对称操作. 这样，一个物体的全部对称操作将构成一个闭合的体系，其中任意两个“元”相乘，结果仍包含在这个体系之中. 前面指出，我们把“不动”也列为物体的对称操作之一，很容易看到，只有这样，才能保证对称操作的上述闭合性.

实际上，一个物体的对称操作构成数学上的“群”，上面说明的闭合性正是群的最基本的性质，对称性的系统理论就是建立在群的数学理论基础之上的.

(2) 立方对称晶体的介电常数——对称性和宏观物理性质的特例

作为一个例子，我们应用对称操作的概念，证明具有立方对称的晶体的介电性可以归结为一个标量介电常数.

按照一般的表示：

$$D_\alpha = \sum_\beta \varepsilon_{\alpha\beta} E_\beta \quad (\varepsilon_{\alpha\beta} = \varepsilon_{\beta\alpha}), \tag{1-21}$$

其中 α,β 表示沿 x,y,z 轴的分量,我们选取 x,y,z 沿立方晶体的三个立方轴的方向.

显然,一般地讲,如果把电场 $\boldsymbol{E}$ 和晶体同时转动,$\boldsymbol{D}$ 也将作相同转动,我们将以 $\boldsymbol{D}'$ 表示转动后的矢量.

设 $\boldsymbol{E}$ 沿 y 轴,这时(1-21)将归结为

$$D_x = \varepsilon_{xy}E,\ D_y = \varepsilon_{yy}E,\ D_z = \varepsilon_{zy}E. \tag{1-22}$$

现在考虑把晶体和电场同时绕 y 轴转动 $\pi/2$,使 z 轴转到 x 轴,x 轴转到 $-z$ 轴;$\boldsymbol{D}$ 将作相同转动,因此

$$\left.\begin{aligned} D'_x &= D_z = \varepsilon_{zy}E, \\ D'_y &= D_y = \varepsilon_{yy}E, \\ D'_z &= -D_x = -\varepsilon_{xy}E. \end{aligned}\right\} \tag{1-23}$$

但是,转动是以 $\boldsymbol{E}$ 方向为轴的,所以,实际上电场并未改变,同时,上述转动是立方晶体的一个对称操作,所以转动前后晶体应没有任何差别. 所以电位移矢量实际上应当不变:

$$\boldsymbol{D}' = \boldsymbol{D}, \tag{1-24}$$

代入(1-22)和(1-23)就得到

$$\varepsilon_{xy} = \varepsilon_{zy} \quad 和 \quad \varepsilon_{zy} = -\varepsilon_{xy},$$

表明

$$\varepsilon_{xy} = \varepsilon_{zy} = 0. \tag{1-25}$$

如果取 $\boldsymbol{E}$ 沿 z 方向并绕 z 轴转 $\pi/2$,显然将可以按相同的办法证明:

$$\varepsilon_{xz} = \varepsilon_{yz} = 0. \tag{1-26}$$

这样,我们就证明了,$\varepsilon_{\alpha\beta}$ 的非对角元都等于 0,(1-21)式将化为

$$D_\alpha = \varepsilon_{\alpha\alpha}E_\alpha \quad (\alpha = x,y,z). \tag{1-27}$$

再取电场沿[111]方向,则

$$\begin{pmatrix} D_x \\ D_y \\ D_z \end{pmatrix} = \begin{pmatrix} \varepsilon_{xx} \\ \varepsilon_{yy} \\ \varepsilon_{zz} \end{pmatrix} \frac{1}{\sqrt{3}}E. \tag{1-28}$$

绕[111]转动 $2\pi/3$,使 z 轴转到原 x 轴,x 轴转到原 y 轴,y 轴转到原 z 轴;电位移矢量转动后应写成

$$\begin{pmatrix} D'_x = D_z \\ D'_y = D_x \\ D'_z = D_y \end{pmatrix} = \begin{pmatrix} \varepsilon_{zz} \\ \varepsilon_{xx} \\ \varepsilon_{yy} \end{pmatrix} \frac{1}{\sqrt{3}}E. \tag{1-29}$$

和前面论证一样，电场实际未变，晶体所经历的是一个对称操作，晶体也完全不变，所以，$\boldsymbol{D}'$应和$\boldsymbol{D}$相同，从而，由(1-28)和(1-29)得到

$$\varepsilon_{xx} = \varepsilon_{yy} = \varepsilon_{zz} = \varepsilon_0. \tag{1-30}$$

这样，我们就证明了，在具有立方对称的晶体中，

$$\varepsilon_{\alpha\beta} = \varepsilon_0 \delta_{\alpha\beta}. \tag{1-31}$$

以上对于介电常数的论证和结论显然适用于一切具有对称二阶张量形式的宏观性质（如电导率、热导率等）. 另外，还值得注意，以上的论证，并未引用立方对称的全部对称操作，一个正四面体也具有以上用到的对称操作，因此，对于只具有四面体对称的晶体，以上的结论也是成立的.

(3) *点群*

已经指出，晶体的宏观对称是在晶体原子的周期排列基础之上产生的. 一个重要的后果是宏观对称所可能有的对称操作是受到严格限制的.

前面已经看到晶体的周期性是用一定的布拉维格子

$$l_1\boldsymbol{a}_1 + l_2\boldsymbol{a}_2 + l_3\boldsymbol{a}_3$$

来表征的. 晶体本身既然经历对称操作后不变，那么，表征它的周期性的布拉维格子显然经过对称操作也必须和原来的重合. 设想有任意对称操作，转角为θ. 我们画出布拉维格子中垂直转轴的晶面，在这个晶面内可以选取基矢$\boldsymbol{a}_1$，$\boldsymbol{a}_2$，面上所有布拉维格点均可表示为

$$l_1\boldsymbol{a}_1 + l_2\boldsymbol{a}_2. \tag{1-32}$$

称位于原点的格点为A，由它画出$\boldsymbol{a}_1$达到的格点为B，如图 1-17. 如绕A转θ，则将使B格点转到B'的位置，由于转动不改变格子，在B'处必定原来就有一格点. 因为B和A完全等价，所以转动也同样可以绕B进行，设想，绕B作$-\theta$转动，这将使A格点转至图中A'位置，说明A'处原来也必有一格点. $\overrightarrow{B'A'}$应可以按(1-32)表示，但是由图可见，它与$\boldsymbol{a}_1$平行，所以只能是$\boldsymbol{a}_1$的整数倍：

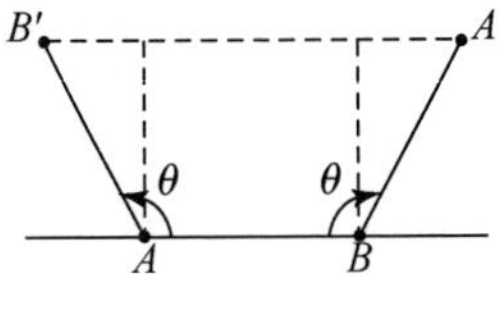

图 1-17

$$\overrightarrow{B'A'} = n\overrightarrow{AB}, \tag{1-33}$$

其中n为整数. 根据图形的几何关系得

$$\overline{B'A'} = \overline{AB}(1-2\cos\theta),$$

或

$$n = 1 - 2\cos\theta.$$

因为$\cos\theta$必须在 1 到-1之间，n只能有$-1,0,1,2,3$五个值，相应地

$$\theta = 0°, 60°, 90°, 120°, 180°.$$

由于以上论证只假设了布拉维格子的存在，这就表明，不论任何晶体，它的宏观对称只可能有下列 10 种对称元素：

$$1,2,3,4,6,$$
$$\bar{1},\bar{2},\bar{3},\bar{4},\bar{6}.$$

值得指出，对称元素 $\bar{2}$ 代表先转动 π 再对原点作中心反演，如图 1-18 所示. 参见图中所示 A 点经转动到 A'，再经反演到 A''，很容易看出，A'' 正好是 A 点在通过原点垂直转轴的平面 M 的镜像. 因此，$\bar{2}$ 实际表明在一个平面内作镜反射，因此，这个对称元素一般称为镜面，并另引入符号 m 表示.

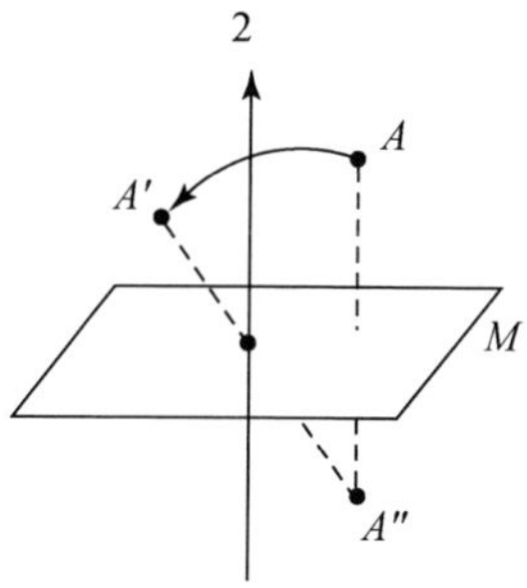

图 1-18

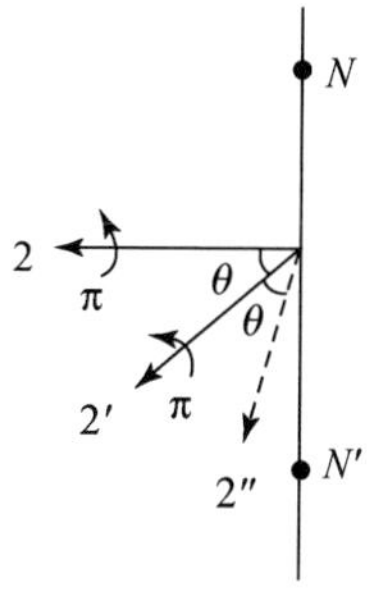

图 1-19

在以上 10 种对称元素的基础上组成的对称操作群，一般称为点群. 由对称元素组合成群受到很严格的限制. 可以用一个很简单的例子来说明：设想一个群包含两个二重轴 2 和 2′，如图 1-19，它们的夹角用 θ 表示. 考虑先后绕 2 和 2′ 转动 π，称它们为 A 和 B，显然，与它们垂直的轴上的任意点 N 先转到 N'，最后又转回到原来位置 N，这表明 B，A 相乘得到的对称操作

$$C = BA$$

不改变这个轴，因此只能是一个绕垂直 2 和 2′ 的轴的转动. C 的转角可以这样求出：2 轴在操作 A 中显然未动，经过操作 B 将转到图中虚线所示 2″ 的位置，2 和 2″ 的夹角是 2θ，表明 C 的转角是 2θ. 因为 C 也必须是点群操作之一，2θ 只能等于 60°，90°，120°或 180°. 从而我们得到结论，任何点群中两个二重轴之间的夹角只能是 30°，45°，60°，90°. 以上的论证显然同样适用于 4 重轴和 4 重旋转-反演轴，也就是说一个点群所包含的对称素 2，4 或 $\bar{4}$ 相互夹角都必须符合上列要求.

具体的分析证明，由于对称元素组合时受到的严格限制，由 10 种对称元素只能组成 32 个不相同的点群. 这就是说，晶体的宏观对称只有 32 个不同类型，分别由 32 个点群来概括.

现在介绍一些常见的点群.

最简单的点群只含一个元 1,有时用 C_1 标记.它表征没有任何对称的晶体.

只包含一个转轴的点群称为回转群,标记为 C_2,C_3,C_4,C_6.C_n 表示有一个 n 重旋转轴.

包含一个 n 重旋转轴和 n 个垂直的二重轴的点群称为双面群,标记为 D_n.这样的点群有 D_2,D_3,D_4,D_6.

还有许多点群是由上述点群增加反演中心或一些镜面而成,用以上的点群标记增加一定的角码来表示,如 C_{nh},C_{nv},D_{nh} 等.

正四面体有 24 个对称操作,它们构成所谓正四面体群,标记为 T_d.

在正四面体群的 24 个对称操作中有 12 个是纯转动(正交矩阵行列式=1),构成 T 群.

正立方体的 48 个对称操作构成立方点群 O_h.

立方点群的 48 个操作中有一半是纯转动,构成 O 群.

1-4 晶格的对称性

上节着重讨论晶体的宏观对称性,它是由原子构成的晶格的对称性的宏观表现,所以只是部分地反映了晶格结构本身的对称性.这一节着重讨论晶格的对称性,扼要介绍一些有关的概念和基本知识.

(1) 14 种布拉维格子和 7 个晶系

前面一节指出,由于任何晶格都具有由一定布拉维格子所表征的基本周期性,从而可以导出宏观对称所可能具有的类型——32 个点群.

现在我们反过来提出问题:晶体如果具有一定的宏观对称,它必须具有怎样的布拉维格子?也就是说,一个布拉维格子

$$l_1\boldsymbol{a}_1 + l_2\boldsymbol{a}_2 + l_3\boldsymbol{a}_3$$

如果要具有一定的点群对称,$\boldsymbol{a}_1$,$\boldsymbol{a}_2$,$\boldsymbol{a}_3$ 必须满足怎样的要求?具体分析证明,根据 32 个点群对布拉维格子的要求,布拉维格子总共可以分为 7 类,称为 7 个晶系.例如,C_1,C_i 对 $\boldsymbol{a}_1$,$\boldsymbol{a}_2$,$\boldsymbol{a}_3$ 完全没有任何要求;这种 $\boldsymbol{a}_1$,$\boldsymbol{a}_2$,$\boldsymbol{a}_3$ 的长度和方向完全没有规则的布拉维格子自成一个晶系,称为三斜晶系,这个晶系具有 C_1,C_i 对称.另外一个极端是对称性最高的几个点群:T,T_d,T_h,O 和 O_h,它们对布拉维格子的要求是相同的,能满足这样要求的布拉维格子有简单立方、体心立方和面心立方三种,称为立方晶系.我们在表 1-1 具体列出属于各晶系的各种布

拉维格子,以及它们所满足的点群对称.

前面曾经一般地指出,晶体学中根据对称性对各种布拉维格子都确定了标准的单胞和基矢.我们看到,布拉维格子按宏观对称分属于7个晶系,因此,晶体学单胞也是按晶系确定的,它们已具体表示在表1-1和图1-20中.单斜、正交、四方、立方晶系都由于可以在单胞中增加体心、面心或底心格点,包含着不止一种布拉维格子,使7个晶系共有14种布拉维格子.显然,凡有体心、面心或底心的情形,单胞与原胞是不同的.

表 1-1

晶系	单胞基矢的特性	布拉维格子	所属点群
三斜晶系	$\boldsymbol{a}_1\neq\boldsymbol{a}_2\neq\boldsymbol{a}_3$ 夹角不等	简单三斜	C_1, C_i
单斜晶系	$\boldsymbol{a}_1\neq\boldsymbol{a}_2\neq\boldsymbol{a}_3$ $\boldsymbol{a}_2\perp\boldsymbol{a}_1, \boldsymbol{a}_3$	简单单斜 底心单斜	C_2, C_s, C_{2h}
正交晶系	$\boldsymbol{a}_1\neq\boldsymbol{a}_2\neq\boldsymbol{a}_3$ $\boldsymbol{a}_1, \boldsymbol{a}_2, \boldsymbol{a}_3$ 互相垂直	简单正交 底心正交 体心正交 面心正交	D_2, C_{2v}, D_{2h}
三角晶系	$\boldsymbol{a}_1=\boldsymbol{a}_2=\boldsymbol{a}_3$ $\alpha=\beta=\gamma<120^\circ\neq90^\circ$	三角	$C_3, C_{3i}, D_3, C_{3v}, D_{3d}$
四方晶系	$\boldsymbol{a}_1=\boldsymbol{a}_2\neq\boldsymbol{a}_3$ $\alpha=\beta=\gamma=90^\circ$	简单四方 体心四方	$C_4, C_{4h}, D_4, C_{4v},$ D_{4h}, S_4, D_{2d}
六角晶系	$\boldsymbol{a}_1=\boldsymbol{a}_2\neq\boldsymbol{a}_3$ $\boldsymbol{a}_3\perp\boldsymbol{a}_1, \boldsymbol{a}_2$ $\boldsymbol{a}_1, \boldsymbol{a}_2$ 夹角 120°	六角	C_6, C_{6h}, D_6, C_{6v} $D_{6h}, C_{3h}, D_{3h},$
立方晶系	$\boldsymbol{a}_1=\boldsymbol{a}_2=\boldsymbol{a}_3$ $\alpha=\beta=\gamma=90^\circ$	简单立方 体心立方 面心立方	T, T_h, T_d, O, O_h

表面看起来,似乎还可以靠增加体心、面心、底心得到一些新的格子.实际上,仔细考查一下,就会发现,这样做的结果或者仍属于14种格子之一,或者得到的并不是一个布拉维格子(也就是不能用 $l_1\boldsymbol{a}_1+l_2\boldsymbol{a}_2+l_3\boldsymbol{a}_3$ 表征).

(2) 空间群

由于晶体的宏观性质只依赖于方向,与绝对位置无关,因此,分析宏观对称性只需要考虑转动(或转动+反演),不需要特别考虑平移.而全面分析晶格结

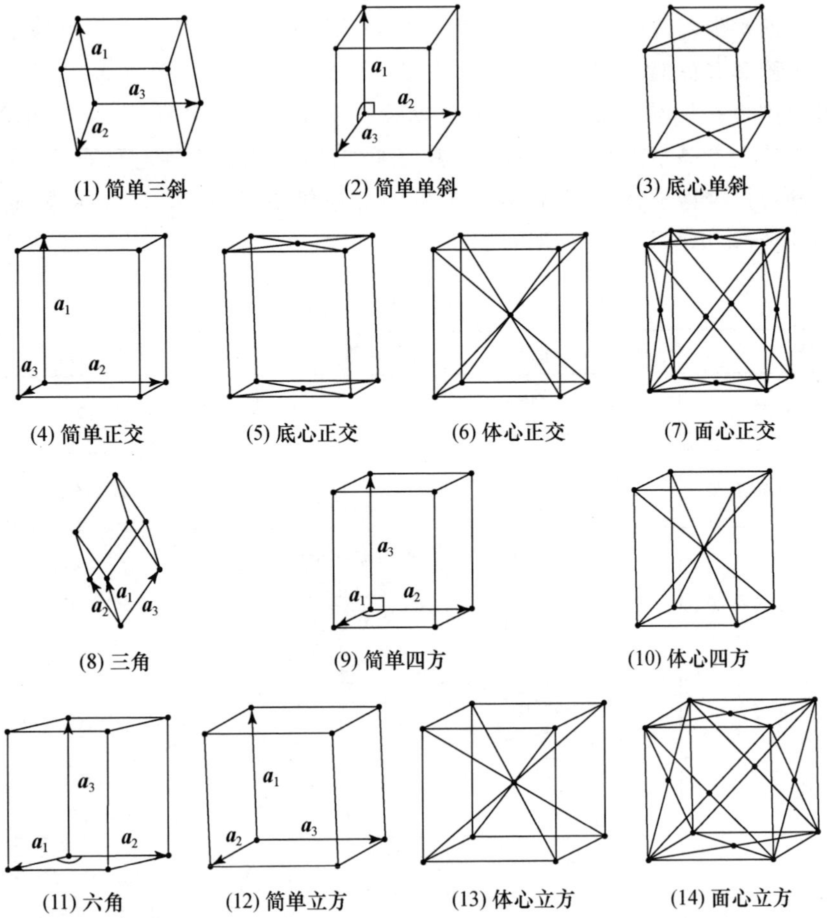

图 1-20　14 种布拉维格子

构的对称性必须考虑平移，所以用来概括晶格全部对称的是(转动＋平移)对称操作所构成的所谓“空间群”. 下面只做很简单的介绍.

在简单格子的情况，它的对称性基本上就归结为，由平移对称操作(布拉维格子)

$$t_{l_1 l_2 l_3} = l_1 \boldsymbol{a}_1 + l_2 \boldsymbol{a}_2 + l_3 \boldsymbol{a}_3$$

所表征的平移周期性，以及所属晶系的转动对称性. 如果，R 表示该晶系的点群对称操作，则它的一般对称操作可以写成：

$$(R \mid \boldsymbol{t}_{l_1 l_2 l_3}),$$

表示环绕格点进行 R,然后平移 $\boldsymbol{t}_{l_1l_2l_3}$,这样由点群对称操作和平移对称操作组合成的群称为点空间群.

有些复式晶格的对称性也可以由点空间群概括. 以 ZnS 晶格为例,它的布拉维格子是面心立方,属于立方晶系,所容许最高的点群对称是 O_h. 但是,具体考查环绕一个格点的转动,例如,环绕 Zn 转动,固然对所有 O_h 操作,Zn 格子都将复原,但在四面体顶点的 S 只有在 T_d 点群操作下才保持不变. 因此,它的点群对称是 T_d. 晶格的对称操作可以写成

$$(R \mid \boldsymbol{t}_{l_1l_2l_3}),$$

其中 R 为环绕格点的 T_d 群操作,$\boldsymbol{t}_{l_1l_2l_3}$ 表示面心立方的平移对称操作.

实际上所有原胞中各原子性质互不相同的复式晶格,都和 ZnS 晶格相似,可以由点群对称和布拉维格子表征的平移对称组合成的点空间群表征. 和简单晶格的差别在于,复式晶格的点群对称,并不完全由晶系决定,属于相同晶系的复式晶格可以有不同的点群对称. 例如,NaCl 和 ZnS 都具有面心立方的布拉维格子,同属立方晶系,但前者属立方点群,后者属于四面体群,因此,在有些宏观性质上,有根本的差别.

具体的分析表明,共有 73 种不同的点空间群.

复式晶格原胞中如有性质相同的原子,它的对称操作可以具有更一般的形式:

$$(R \mid t),$$

其中 R 仍旧表示绕一个格点的点群操作,但 t 不一定是一个平移对称操作.

对比 ZnS 和金刚石就可以了解为何有上述区别. 它们都可以看成由 A 和 B 两个面心立方格子相互穿套组成. 在 ZnS 的情况,A 格子上为 Zn,B 格子上为 S,但在金刚石的情况,A,B 格子上都是碳原子. 因此对于 ZnS 晶格,对称操作必须使 A 格子与 B 格子各自保持不变,而对于金刚石结构,除此以外还存在有使 A 格子与 B 格子互换的对称操作. 具体分析证明,对于 ZnS 晶格,R 只限于四面体点群操作,绕 A 格点操作后,A,B 格子各自保持不变,平移 $\boldsymbol{t}$ 必须是一个布拉维格子的位移 $\boldsymbol{t}_{l_1l_2l_3}$. 对于金刚石结构,当 R 是立方点群中不属于四面体点群的操作时,绕 A 格点操作后,A 格子保持不变,B 格子并不能复原,但只要把整个晶格平移立方对角线的 1/4,就能使 A 格子移入原来 B 格子的位置,同时,使 B 格子移入 A 格子的位置,由于两格子上都是同一种原子,这也相应于一个对称操作. 这时的平移 $\boldsymbol{t}$ 并不是平移对称操作. 因此,从宏观对称来看,金刚石具有立方点群 O_h 对称,和 ZnS 的四面体点群 T_d 对称不同. 金刚石的对称操作可以写成

$$(R \mid \boldsymbol{\tau}_R + \boldsymbol{t}_{l_1 l_2 l_3}),$$

其中 R 为立方点群操作,$\boldsymbol{t}_{l_1 l_2 l_3}$ 为面心立方格子的平移,对属于四面体点群的各操作 R,$\boldsymbol{\tau}_R$ 为 0,对其余的 R 为沿对角线平移 1/4.

金刚石和 NaCl 对比,它们的宏观对称性是相同的(O_h 点群),而且,都具有面心立方的布拉维格子. 尽管如此,它们的晶格的对称性是不同的,NaCl 的对称操作中对所有 R,$\boldsymbol{\tau}_R$ 皆为 0.

不同的空间群共 230 个(其中 73 个是点空间群),也就是说,所有的晶格结构,就它的对称性而言,共有 230 个类型,每一类由一个空间群描述.

1-5 X 射线衍射方法

20 世纪初,对 X 射线本性不了解. 1912 年劳厄提出假设:晶体是由原子规则排列组成,可以当作光栅,来检验 X 射线.

(1) 乌尔夫-布拉格公式

原子排列组成晶面,它可引起 X 射线的镜面反射. 一系列晶面所反射的光由于存在光程差,产生干涉现象. 当每两束光的光程差等于波长的整数倍时,则干涉加强. 由图 F3 可见,

$$\text{光程差} = \overline{AB} + \overline{BC} = 2d\cos\theta = n\lambda. \tag{Q1}$$

当 θ 或 λ 适当时,就能产生加强干涉.

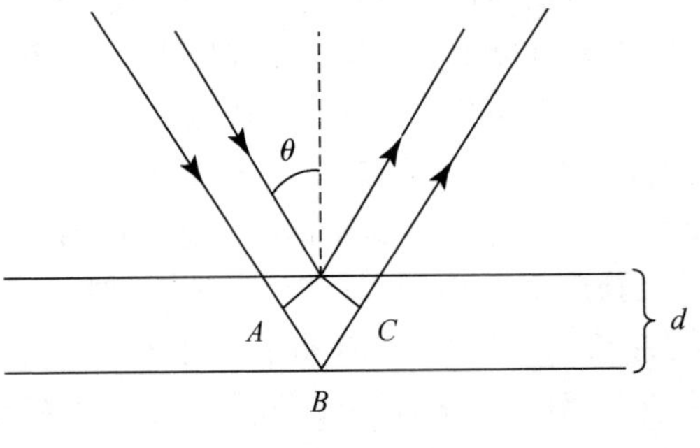

图 F3 X 射线衍射的光程差

(2) 晶面间距离和倒格矢

有平面 $Ax + By + Cz = 1$,则原点至平面的垂直距离为 $1/(A^2 + B^2 + C^2)^{1/2}$. 对于 (h_1, h_2, h_3) 晶面,若轴矢量为 $\boldsymbol{a}_1, \boldsymbol{a}_2, \boldsymbol{a}_3$,则倒格矢 $\boldsymbol{b}_1, \boldsymbol{b}_2, \boldsymbol{b}_3$ 为(1-2)式,它们的特性为(1-3)式. 可以证明平面方程为

$$(h_1\boldsymbol{b}_1 + h_2\boldsymbol{b}_2 + h_3\boldsymbol{b}_3)\cdot\boldsymbol{\chi} = 1. \tag{Q2}$$

其中 $\boldsymbol{\chi}$ 是坐标原点至晶面的任意矢量.

证明：令晶面在 $\boldsymbol{a}_1$ 轴上的一点为 $\boldsymbol{\chi}=\xi\boldsymbol{a}_1$，代入方程(Q2)，利用特性(1-3)式，得到 $h_1\xi=1,\xi=1/h_1$. 因此 $\boldsymbol{\chi}=(1/h_1)\boldsymbol{a}_1$. 同理，晶面与 $\boldsymbol{a}_2$ 轴交点为 $(1/h_2)\boldsymbol{a}_2$，与 $\boldsymbol{a}_3$ 轴交点为 $(1/h_3)\boldsymbol{a}_3$.

所以方程(Q2)决定的平面是最靠近原点的平面. 原点到此平面的距离即晶面间距，

$$d = \frac{1}{|h_1\boldsymbol{b}_1 + h_2\boldsymbol{b}_2 + h_3\boldsymbol{b}_3|}. \tag{Q3}$$

如果 h_1,h_2,h_3 很大，d 就很小.

要发生衍射，必须满足 $2d\cos\theta=n\lambda$. 当 $d<\lambda/2$ 时，永远不能衍射. 所以衍射实际上只是晶体少数小指数晶面引起的，其它大指数晶面将不起作用. 小指数面是原子排列很密的面，也是实际上最重要的面.

(3) 几种常用的晶体衍射方法

转动晶体法 见图 F4.

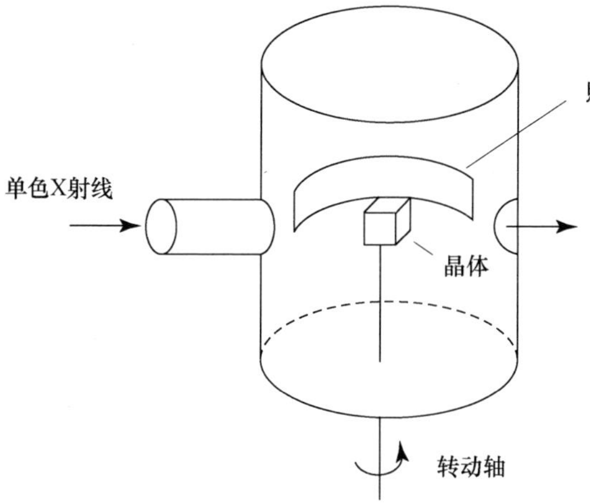

图 F4 转动晶体法

粉末法 装置与转动晶体法类似，惟样品是粉末. 粉末表示所有不同方向的晶体，每个晶面都引起相应的反射.

劳厄法 装置与前相同，用的是单晶体，X 射线是连续谱. 各个晶面总能找到适当的波长反射，得到照相如图 F5. 这方法用来检查晶体对称性.

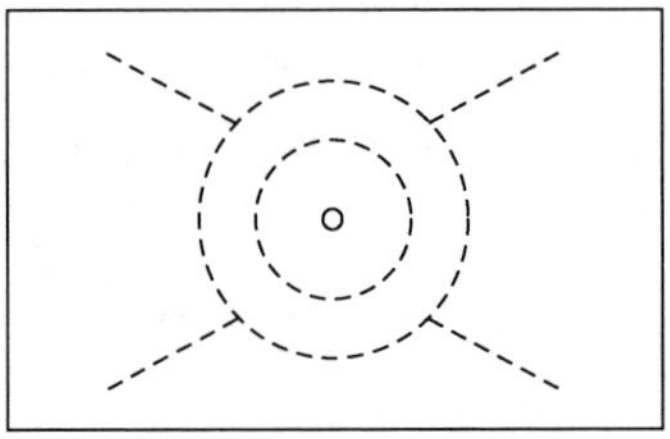

图 F5 晶体的劳厄相

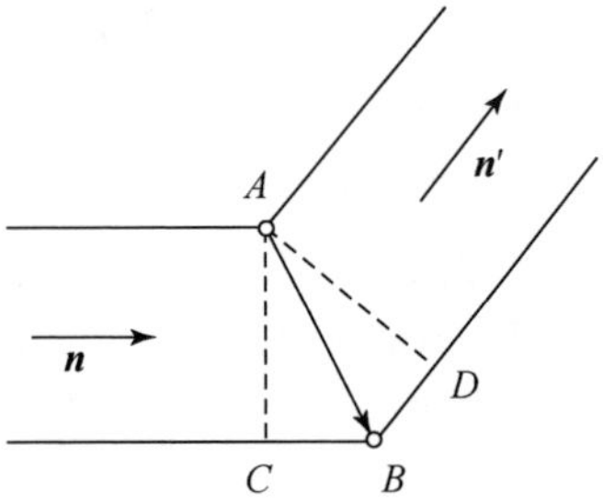

图 F6 原子次级辐射的干涉

(4) **劳厄方程**

当 X 射线射到原子上,原子中电子振荡,发出次级辐射,各方向强度是不同的.劳厄方程解决原子次级辐射的干涉问题.

先看两个原子 A,B(见图 F6).A,B 辐射光程差等于

$$\overline{CB}+\overline{BD}=\overrightarrow{AB}\cdot\boldsymbol{n}-\overrightarrow{AB}\cdot\boldsymbol{n}'=\overrightarrow{AB}\cdot(\boldsymbol{n}-\boldsymbol{n}').$$

各原子辐射为加强干涉的条件为

$$\overrightarrow{AB}\cdot\frac{(\boldsymbol{n}-\boldsymbol{n}')}{\lambda}=m. \tag{Q4}$$

其中 m 为整数.而 $\overrightarrow{AB}=l_1\boldsymbol{a}_1+l_2\boldsymbol{a}_2+l_3\boldsymbol{a}_3$(对于所有的整数 l_1,l_2,l_3),条件(Q4)又可写为

$$\boldsymbol{a}_1\cdot\frac{(\boldsymbol{n}-\boldsymbol{n}')}{\lambda}=m_1,\ \boldsymbol{a}_2\cdot\frac{(\boldsymbol{n}-\boldsymbol{n}')}{\lambda}=m_2,\ \boldsymbol{a}_3\cdot\frac{(\boldsymbol{n}-\boldsymbol{n}')}{\lambda}=m_3. \tag{Q5}$$

这就是劳厄方程.

(5) **劳厄方程求解法**

设 $(\boldsymbol{n}-\boldsymbol{n}')/\lambda=S_1\boldsymbol{b}_1+S_2\boldsymbol{b}_2+S_3\boldsymbol{b}_3$,其中 $\boldsymbol{b}_1,\boldsymbol{b}_2,\boldsymbol{b}_3$ 是倒格矢.代入劳厄方程(Q5),利用倒格矢的特性(1-3)式,得到 S_1,S_2,S_3 是整数.

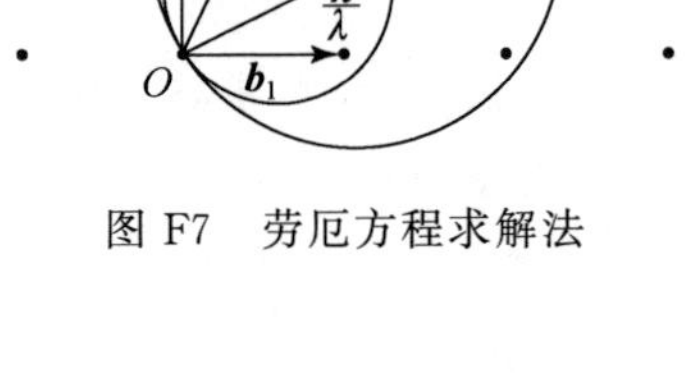

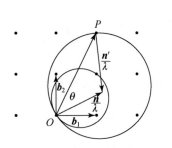

图 F7 劳厄方程求解法

将 $\boldsymbol{b}_1,\boldsymbol{b}_2,\boldsymbol{b}_3$ 作为元矢量,画一个晶格,称为倒格子,如图 F7 所示.由原点作矢量 $\boldsymbol{n}/\lambda$.在矢量的端点以 $1/\lambda$ 为半径作球,如果球面通过一个倒格点,代表劳厄方程有一个解.

如果是单色波,一般不容易发生反射干涉.如果是连续谱,波长由 $\lambda_1\to\lambda_2$,则可以以 $1/\lambda_1$ 和 $1/\lambda_2$ 为半径分别作两个球(见图 F7),在球面中间所包含的各格点都分别代表一个可能的反射干涉.

(6) 劳厄方程和乌尔夫-布拉格公式的关系

由图 F7 可见，$\overrightarrow{OP}=S_1\boldsymbol{b}_1+S_2\boldsymbol{b}_2+S_3\boldsymbol{b}_3$，即 $h_1\boldsymbol{b}_1+h_2\boldsymbol{b}_2+h_3\boldsymbol{b}_3$，它是晶面$(h_1,h_2,h_3)$的法线. $\boldsymbol{n}$ 和$\overrightarrow{OP}$以及 $\boldsymbol{n}'$和$\overrightarrow{OP}$成相同角，且三矢量在同一平面. 所以 $\boldsymbol{n}$ 和 $\boldsymbol{n}'$分别代表在(h_1,h_2,h_3)晶面上的入射方向和反射方向，

$$\overline{OP}=2\,\frac{1}{\lambda}\cos\theta,$$

$$\overline{OP}=n\mid h_1\boldsymbol{b}_1+h_2\boldsymbol{b}_2+h_3\boldsymbol{b}_3\mid=\frac{n}{d}.$$

因此得 $2d\cos\theta=n\lambda$，即乌尔夫-布拉格公式.

1-6 中子衍射和电子衍射

中子衍射的中子能量必须为 0.1 eV，随着原子能技术的发展能够得到. 与 X 射线衍射方法相比它有下列优点：

1. X 射线衍射对重、轻原子衍射强度相差很大，重原子强，轻原子弱. 而中子被轻、重原子核散射强度相差不大.

2. X 射线不能区分原子量接近的原子，而中子对相邻核的散射并不相同.

3. 中子被原子磁矩散射，所以中子被用来研究原子磁性的微观结构.

电子衍射有下列特点：由于电子受到原子的散射很强，所以电子束只能深入晶体几至几十层原子，这种方法适用于研究晶体表面内各层原子的结构.

第二章　晶体的结合

本章将阐明，原子依靠怎样的相互作用结合成为晶体. 我们将看到，原子结合为晶体有几种不同的基本形式. 晶体结合的基本形式与晶体的几何结构和物理、化学性质都有密切的联系，因此是研究晶体的重要基础. 下面将首先介绍晶体的基本结合形式，然后，根据原子的结构，讨论元素晶体和简单化合物晶体结合的基本特征. 最后将简单介绍晶体的结合能和弹性的关系.

2-1　晶体的基本结合形式

一般晶体的结合，可以概括为离子性结合、共价结合、金属性结合和范德瓦耳斯结合四种不同的基本形式. 我们进一步讨论元素和化合物晶体的结合时，将看到，实际晶体的结合是以这四种基本结合形式为基础的，但是，可以具有复杂的性质. 不仅一个晶体可以兼有几种结合形式，而且，由于不同结合形式之间存在着一定的联系，实际晶体的结合可以具有两种结合之间的过渡性质.

(1) 离子性结合

靠这种形式结合的晶体称为离子晶体或极性晶体. 最典型的离子晶体就是周期表中ⅠA 族的碱金属元素 Li，Na，K，Rb，Cs 和ⅦB 族的卤族元素 F，Cl，Br，I 之间形成的化合物.

这种结合的基本特点是以离子而不是以原子为结合的单元，例如，NaCl 晶体是以 Na^+ 和 Cl^- 为单元结合成的晶体. 它们的结合就是靠了离子之间的库仑吸引作用. 虽然，同电性的离子之间存在着排斥作用，但由于在离子晶体的典型晶格(如 NaCl 晶格，CsCl 晶格)中，正负离子相间排列，使每一种离子以异号的离子为近邻，因此，库仑作用总的效果是吸引的.

典型的离子晶体如 NaCl，正负离子的电子都具有满壳层的结构. 库仑作用使离子聚合起来，但当两个满壳层的离子相互接近到它们的电子云发生显著重叠时，就会产生强烈的排斥作用. 这种排斥力的产生可以追溯到泡利原理. 例如，我们知道，根据托马斯-费米统计方法，电子云的动能正比于(电子云密度)$^{2/3}$，相邻离子接近时发生电子云重叠使电子云密度增加，从而使动能增加，表现为强烈的排斥作用.实际的离子晶体便是在邻近离子间的排斥作用增强到和库仑吸引作用相抵而达到平衡.

离子性结合要求正负离子相间排列，因此，在晶格结构上有明显的反映. NaCl 和 CsCl 结构便是两种最简单和常见的离子晶体结构.

(2) 共价结合

以共价结合的晶体称为共价晶体或同极晶体.

共价结合是靠两个原子各贡献一个电子，形成所谓共价键.氢分子是靠共价键结合的典型例子.实际上，共价键的现代理论正是由氢分子的量子理论开始的.我们知道，根据量子理论，两个氢原子各有一个电子在 1s 轨道上，可以取正或反自旋，两个原子合在一起时，可以形成两个电子自旋取向相反的单重态，或自旋取向相同的三重态，如图 2-1 表示单重态和三重态的电子云分布(图示为等电子云密度线).单重态中，自旋相反的电子在两个核之间的区域有较大的密度，在这里它们同时和两个核有较强的吸引作用，从而把两个原子结合起来.这样一对为两个原子所共有的自旋相反配对的电子结构称为共价键.

共价结合有两个基本特征："饱和性"和"方向性".

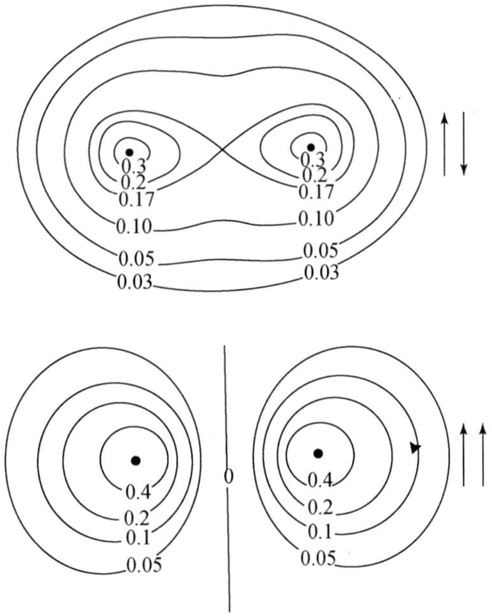

图 2-1　H_2 分子中电子云的等密度线图

"饱和性"是指一个原子只能形成一定数目的共价键，因此，依靠共价键只能和一定数目的其它原子相结合. 共价键只能由所谓未配对的电子形成，可以用氢原子和氦原子的对比来说明，氢原子在 1s 轨道上只有一个电子，自旋可以取任意方向，这样的电子称为未配对的电子，而在氦原子中，1s 轨道上有两个电子，根据泡利原理，它们必须具有相反的自旋，这样自旋已经"配对"的电子便不能形成共价键. 根据这个原则，价电子壳层如果不到半满，所有价电子都可以是不配对的，因此，能形成共价键的数目与价电子数目相等；当价电子壳层超过半满时，由于泡利原理，部分电子必须自旋相反配对，所以能形成的共价键数目少于价电子的数目. 下面我们将看到，ⅣB-Ⅷ族的元素依靠共价键结合，共价键的数目符合所谓 $8-N$ 定则，N 指价电子数目. 这是由于，它们的价电子壳层是由一个 ns 轨道，和 3 个 np 轨道组成，考虑到二种自旋，共包含 8 个量子态，价电子壳层为半满或超过半满时，未配对的电子数实际上决定于未填充的量子态，因此等于 $8-N$.

"方向性"指原子只在特定的方向上形成共价键. 根据共价键的量子理论，共价键的强弱决定于形成共价键的两个电子轨道相互交叠的程度，因此，一个原子是在价电子波函数最大的方向上形成共价键. 例如，在 p 态的价电子云具有哑铃的形状，因此，便是在对称轴的方向上形成共价键.

由于共价键的方向性，原子在形成共价键时，可以发生所谓"轨道杂化". 下面用一个重要的特例来说明"轨道杂化"的涵义.

碳原子有 6 个电子，在基态 4 个电子填充了 1s 和 2s 轨道(每个轨道有正反自旋的一对电子)，剩下两个电子在 2p 壳层. 在这种情况下只有两个 2p 电子是未配对的，但是在金刚石中，每个碳原子与 4 个近邻原子以共价键结合. 这种情况实际表明，金刚石中的共价键不是以上述碳原子的基态为基础的，而是由下列 2s 和 2p 波函数组成的新的电子状态组成的：

$$\left.\begin{aligned}\psi_1 &= \frac{1}{2}(\varphi_{2s}+\varphi_{2px}+\varphi_{2py}+\varphi_{2pz}),\\ \psi_2 &= \frac{1}{2}(\varphi_{2s}+\varphi_{2px}-\varphi_{2py}-\varphi_{2pz}),\\ \psi_3 &= \frac{1}{2}(\varphi_{2s}-\varphi_{2px}+\varphi_{2py}-\varphi_{2pz}),\\ \psi_4 &= \frac{1}{2}(\varphi_{2s}-\varphi_{2px}-\varphi_{2py}+\varphi_{2pz}).\end{aligned}\right\} \tag{2-1}$$

如图 2-2 所示，这些所谓“杂化轨道”的特点是它们的电子云分别集中在四面体的 4 个顶角方向. 原来在 2s 和 2p 轨道上的 4 个电子，分别放在 $\psi_1,\psi_2,\psi_3,\psi_4$ 杂化轨道上，都成为未配对电子，可以在四面体顶角方向形成 4 个共价键，这正是金刚石中碳原子共价结合的情形. 当然，电子放在(2-1)式所示的杂化轨道上，能量比碳原子基态提高了，换一句话说轨道杂化需要一定的能量. 但是，形成共价键时能量的下降足以补偿轨道杂化的能量.

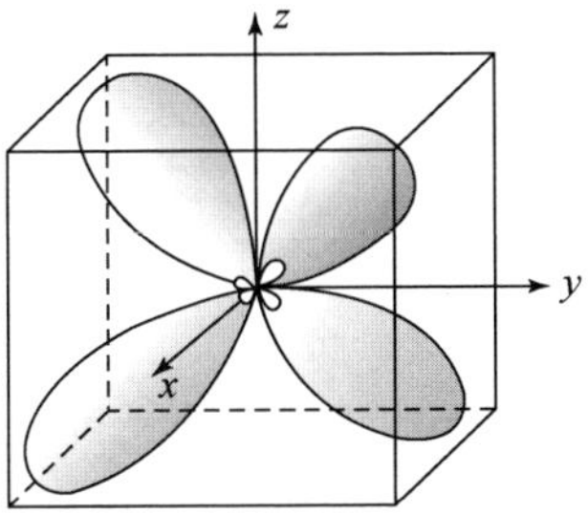

图 2-2　碳原子的杂化轨道

共价键的饱和性和方向性对共价晶体的结构有严格的要求. 例如，金刚石、Si，Ge 等ⅣB 族元素都是共价晶体，它们都采取金刚石晶格结构. 金刚石结构的基本特点就在于每个原子有 4 个近邻，它们处在四面体顶角方向，直接反映了共价键的要求. 随着半导体材料的发展，发现最好的半导体往往主要是以共价键为基础的，从而推进了对共价结合的了解.

(3) 金属性结合

金属性结合的基本特点是电子的“共有化”，也就是说，在结合成晶体时，原来属于各原子的价电子不再束缚在原子上，而转变为在整个晶体内运动，它们的波函数遍及于整个晶体. 这样，在晶体内部，一方面是由共有化电子形成的负电子云，另一方面是，浸在这个负电子云中的带正电的各原子实. 这种情况，我们示意表示在图 2-3 中. 晶体的结合主要是靠了负电子云和正离子实之间的库仑相互作用. 显然体积愈小负电子云愈密集，库仑相互作用的库仑能愈低，表明了把原子聚合起来的作用.

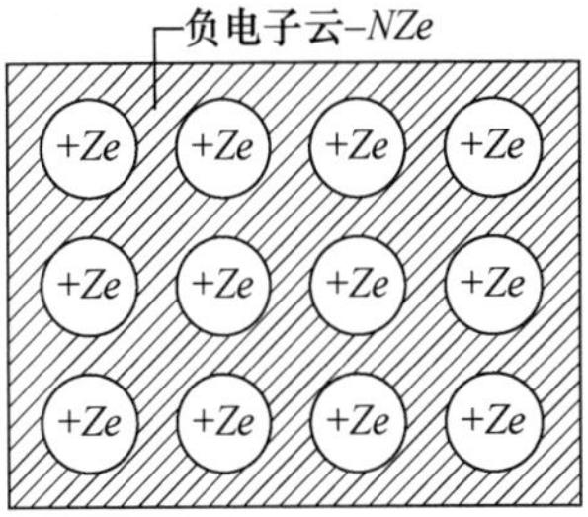

图 2-3

晶体的平衡是依靠一定的排斥作用与以上库仑吸引作用相抵. 排斥作用有两个来源：当体积缩小，共有化电子密度增加的同时，它们的动能将增加. 就如前面已经指出，根据托马斯-费米统计方法，动能正比于(电子云密度)$^{2/3}$. 另外，当原子实相互接近到它们的电子云发生显著重叠时，也将和在离子晶体中一样，产生强烈的排斥作用.

我们所熟悉的金属的特性，如导电性、导热性、金属光泽，都是和共有化电子可以在整个晶体内自由运动相联系的.

金属性结合和前两种结合对比，还有一个重要的特点，就是对晶格中原子排列的具体形式没有特殊的要求.金属结合可以说首先是一种体积的效应,原子愈紧凑,库仑能就愈低.由于以上的原因,很多的金属元素采取面心立方或六角密排结构,它们都是排列最密集的晶体结构,配位数(近邻的数目)都是12.体心立方也是一种比较普通的金属结构,也有较高的配位数8.

金属的一个很重要的特点是一般都具有很大的范性,可以经受相当大的范性形变,这是金属广泛用为机械材料的一个重要原因.以后,我们将看到范性是和在晶体内部形成原子排列上的不规则性相联系的.正是由于金属结合对原子排列没有特殊的要求,所以便比较容易造成排列的不规则性.

(4) 范德瓦耳斯结合

在上述几种结合中,原子的价电子的状态在结合成晶体时,都发生了根本性的变化:在离子晶体中,由原子首先转变为正负离子;在共价晶体中,价电子形成共价键的结构;在金属中,价电子转变为共有化电子.范德瓦耳斯结合则往往产生于原来具有稳固的电子结构的原子或分子之间,如具有满壳层结构的惰性气体元素,或价电子已用于形成共价键的饱和分子.它们结合为晶体时基本上保持着原来的电子结构.

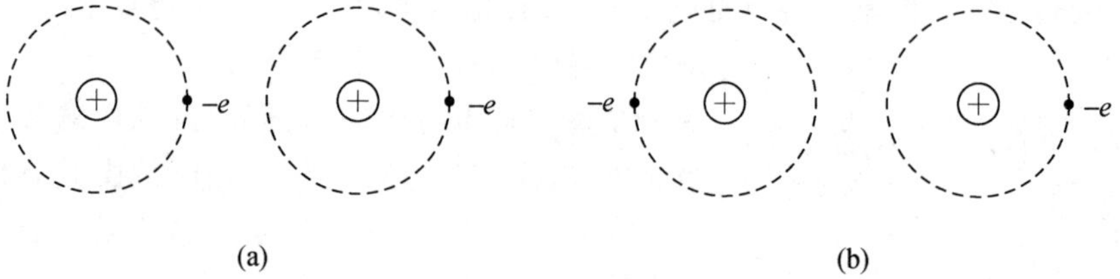

图 2-4 分子晶体中瞬间电偶极矩的产生示意图

简单讲,范德瓦耳斯结合是一种瞬时的电偶极矩的感应作用.可以结合图2-4两个原子的示意图定性说明产生这种作用的原因.(a)和(b)图分别表示电子运动中两个典型的瞬时状况.很容易看到,(a)的库仑作用能为负,(b)的库仑能为正,根据量子力学的变分原理,在它们的量子运动中,统计地讲,(a)的情况出现的概率将略大于(b),因此统计平均吸引作用将占优势.由于这个缘故,尽管两个原子都是中性的,但是将产生一定平均吸引作用,这就是所谓范德瓦耳斯吸引作用.具体分析证明,范德瓦耳斯作用可以归结为一个与距离6次方成反比的势能:

$$范德瓦耳斯作用=-\frac{C}{r^6}. \tag{2-2}$$

2-2 原子的负电性

除了外界条件如温度和压力可以有一定的影响外，晶体结合的性质决定于组成晶体的原子结构. 在下节中，我们将看到，晶体究竟采取哪一种基本结合形式，又主要决定于原子束缚电子的能力的强弱. 在具有 Z 个价电子的原子中，一个价电子受到带正电的原子实的库仑吸引作用，其它 $(Z-1)$ 个价电子对它的平均作用，可以看作是分布在原子实周围的负电子云起着屏蔽原子实的作用. 假使屏蔽作用是完全的，价电子将只受到 $+e$ 电荷的吸引力，但实际上，由于许多价电子属于同一壳层，它们的相互屏蔽只是部分的，因此，作用在价电子上的有效电荷，在 $+e$ 和 $+Ze$ 之间，随 Z 增大而加强. 根据这个简单的分析，可以料想，价电子被束缚的强弱与原子在周期表中的位置有密切的联系. 在同一个周期里原子束缚电子的能力从左到右应该不断增强.

原子的电离能是使原子失去一个电子所必需的能量，因此可以用来表征原子对价电子束缚的强弱. 表 2-1 给出周期表中两个周期中电离能的实验数值. 可以看到，从左到右，电离能不断增大的基本趋势十分显著(我们只给出ⅠA[①]族、ⅡA 族和ⅢB 至Ⅷ族的，因为其它族的元素，更内一层的电子对价电子的束缚有较复杂的影响).

表 2-1 电离能(eV)

ⅠA	ⅡA	ⅢB	ⅣB	ⅤB	ⅥB	ⅦB	Ⅷ
Na	Mg	Al	Si	P	S	Cl	Ar
5.138	7.644	5.984	8.149	10.55	10.357	13.01	15.755
K	Ca	Ga	Ge	As	Se	Br	Kr
4.339	6.111	6.00	7.88	9.87	9.750	11.84	13.996

另一个可以用来度量原子束缚电子能力的量是所谓亲和能，即一个中性原子获得一个电子成为负离子所放出的能量. 亲和能和电离能的差别只在于，亲和能联系着

$$\text{中性原子} + (-e) \longrightarrow \text{负离子},$$

---

① 作者参照的元素周期表在主族和副族标记上不同于现在的标准，有如下对照：

本书：	ⅠA	ⅡA	ⅠB	ⅡB	ⅢB	ⅣB	ⅤB	ⅥB	ⅦB	Ⅷ
标准：	ⅠA	ⅡA	ⅠB	ⅡB	ⅢA	ⅣA	ⅤA	ⅥA	ⅦA	0

请读者注意。

而电离能则联系着

$$正离子+(-e)\longrightarrow 中性原子.$$

为了比较不同原子束缚电子的能力，或者说得失电子的难易程度，常常用所谓原子的负电性，负电性综合了电离能和亲和能而定义为：

$$负电性=0.18(电离能+亲和能)\ (单位:eV).$$

(系数0.18的选择只是为了使Li的负电性为1，并没有原则上的意义.)表2-2给出3个周期中的负电性的数据.可以看到负电性也在一个周期内同样表现出由左到右不断增强的趋势.

表 2-2 负电性(eV)

ⅠA	ⅡA	ⅢB	ⅣB	ⅤB	ⅥB	ⅦB
Li	Be	B	C	N	O	F
1.0	1.5	2.0	2.5	3.0	3.5	4.0
Na	Mg	Al	Si	P	S	Cl
0.9	1.2	1.5	1.8	2.1	2.5	3.0
K	Ca	Ga	Ge	As	Se	Br
0.8	1.0	1.5	1.8	2.0	2.4	2.8

对比表中的各个周期，还可以看到以下两个趋势：

(i) 周期表由上到下，负电性逐渐减弱；

(ii) 周期表愈下面，一个周期内负电性的差别也愈小.

在下节中将看到，由轻元素到重元素的这种变化趋势，在实际晶体的结合中也有明显的反映.

2-3 元素和化合物晶体结合的规律性

周期表左端ⅠA族的元素Li,Na,K,Rb,Cs具有最低的负电性，它们的晶体是最典型的金属.由于金属性结合是靠了价电子摆脱原子的束缚成为共有化电子，负电性较低的元素对电子束缚较弱，容易失去电子，因此在形成晶体时便采取金属性结合.ⅠA,ⅡA,ⅠB,ⅡB,ⅢB族的元素都属于这种情况.

ⅣB—ⅦB族元素具有较强的负电性，它们束缚电子比较牢固，获取电子的能力较强.这种情况适于形成共价结合，因为形成共价键的原子并没有失去电子，成键的电子为两个原子所共有.这些负电性元素的共价结合体现了前面所讲的$8-N$定则，并且在它们的晶格结构上有明显的反映.下面分别讨论这几族元素结合的情况.

ⅣB 族元素最典型的结构是金刚石结构.除了由碳形成的金刚石，锗、硅晶体也具有金刚石结构，在锗下面的锡在 13℃ 以下稳定的相也具有金刚石结构，称为灰锡.前面已经着重说明，金刚石结构直接反映了共价结合的特点.

按 $8-N$ 定则，ⅤB 族元素的原子只能形成三个共价键.由于完全依靠每一个原子和三个近邻相结合不可能形成一个三维晶格结构，ⅤB 族的结合具有复杂的性质. ⅤB 族一个最典型的结构是砷、锑、铋所形成的层状晶体：晶体中的原子首先通过共价键结合成为如图 2-5 所示的层状结构，它实际包含上下两层，每层的原子通过共价键与另一层中三个原子结合，这种层状结构再叠起来通过微弱的范德瓦耳斯作用结合成三维的晶体.磷和氮则首先形成共价结合的分子，再由范德瓦耳斯作用结合为晶体.

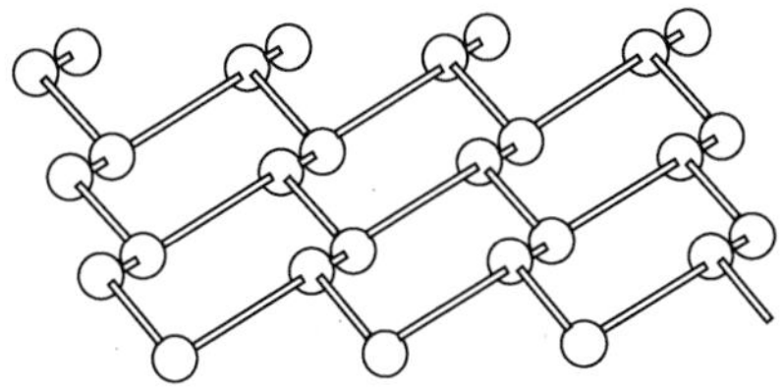

图 2-5 ⅤB 族元素 As，Sb 等的结构

根据 $8-N$ 定则，ⅥB 族原子只能形成两个共价键.因此依靠共价键只能把原子联结成为一个链结构.硫和硒都可以形成环状的分子，图 2-6 所示为 S_8，Se_8 环状结构，它们再靠范德瓦耳斯作用结合为晶体.图 2-7 则表示出硒和碲的以长链结构为基础的晶格，原子依靠共价键形成螺旋状的长链，长链平行排列靠范德瓦耳斯作用组成为三维晶体.

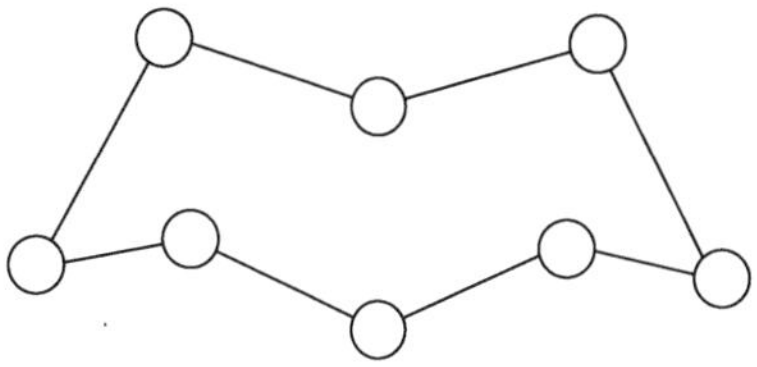

图 2-6

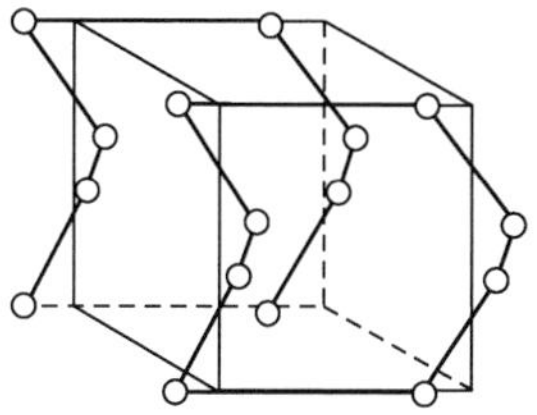

图 2-7 硒、碲结构图

ⅦB 族原子只能形成一个共价键，因此，它们靠共价键只能形成双原子分子，然后通过范德瓦耳斯作用结合为晶体.

Ⅷ族的惰性气体原子在低温下可以凝成晶体.由于它们具有稳固的满壳层结构，所以完全依靠微弱的范德瓦耳斯作用把原子结合起来，形成典型的范德瓦耳斯晶体.

前面已经指出，晶体的结合与晶体的导电类型有密切的联系，许多良好的半导体都是以共价结合为基础的，在元素晶体中，硅、锗、硒、碲都是重要的半导体材料.

ⅣB族的元素形成最典型的共价晶体，它们按C，Si，Ge，Sn，Pb的顺序，负电性不断减弱.负电性最强的金刚石具有最强的共价键，它是典型的绝缘体.负电性最弱的铅是金属.在中间的共价晶体硅和锗则是典型的半导体.锡则在边缘上，13℃以下的灰锡具有金刚石结构，是半导体，在13℃以上为金属性的白锡.这些元素晶体表明，从强的负电性到弱的负电性，结合由强的共价结合逐渐减弱，以至于转变为金属性结合，在电学性质上则表现为由绝缘体经过半导体过渡到金属导体.

不同元素的组合形成合金或化合物晶体.

不同的金属元素之间依靠金属性结合形成合金固溶体.由于金属性结合的特点，它们和一般化合物不同，所包含不同元素的比例不是严格限定的，而可以有一定的变化范围，甚至可以按任意比例形成合金，这个特点对于合金在技术上的广泛利用具有重要的意义.

周期表左端和右端的元素负电性有显著差别，左端的金属元素容易失去电子，右端的负电性元素有较强的获得电子的能力，因此它们形成离子晶体.ⅠA族的碱金属和ⅦB族的卤族元素负电性差别最大，它们之间形成最典型的离子晶体.ⅠA，ⅡA，ⅠB，ⅡB族元素和ⅦB族元素以及负电性较强的ⅥB族元素如氧、硫之间也形成离子晶体.

随着元素之间负电性差别的减小，离子性的结合逐渐过渡为共价结合.从ⅠA-ⅦB的碱金属卤化物到ⅢB-ⅤB之间形成的所谓Ⅲ-Ⅴ族化合物，这种变化十分明显.从晶格结构看，碱金属卤化物具有NaCl或CsCl的典型离子晶格结构，而Ⅲ-Ⅴ族化合物具有类似于金刚石结构的ZnS结构.碱金属卤化物是典型的离子晶体，一般为绝缘体，Ⅲ-Ⅴ族化合物则是良好的半导体材料.

周期表从上到下，负电性减弱以及同一周期内负电性差别减小的趋势也在化合物中有明显的反映.ⅡB和ⅥB族间的化合物，ZnS是绝缘体，CdSe是半导体，HgTe是导电较强的半导体.Ⅲ-Ⅴ族化合物，从AlP到InSb半导体导电性加强以致性质比较接近金属.

合金分替代式和间隙式，替代式是不同原子都在格点上，间隙式是另一种原子挤在原来原子的间隙中.间隙式是很少的，因为间隙很小，只有轻的原子(N，C，H)能挤进去.

二元合金是单相或复相的，随着两种原子比例不同而不同.在某种比例下是单相的，在其它范围是复相的，如图F8所示.单相状态称为固溶体，是金属结合，具有金属性质——导电、导热、范性等.但与纯金属不同，有特殊规律：如果两种原子半径相差大于15%，则溶解度很小，即α相的宽度很小.如果正负电性相差不太大，则容易形成合金.合金的状态由电子数目决定.如果电子数/原子数=3/2，则形成相似的相——体心结构，称为β相，如：CuZn，AgMg，Cu_3Al，Cu_5Sn，….电子数/原子数=21/13，称为γ相.电子数/原子数=7/4，也有相同的结构，称为ε相，如：$CuZn_3$，Cu_3Sn，$AgZn_3$，….这些用能带论能解释，如果电子填充到态密度的最大处，则能量最低，形成固溶体.

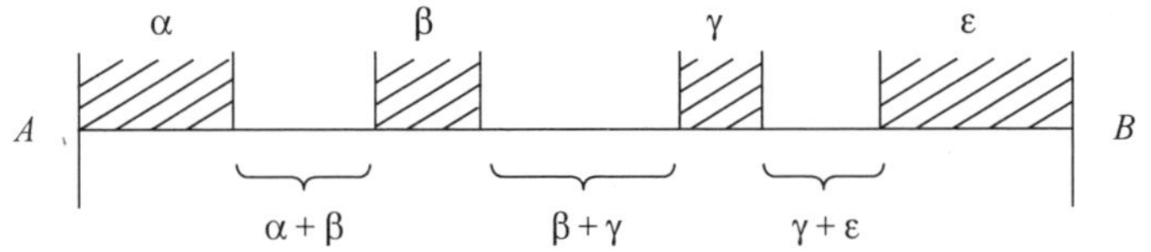

图 F8 合金的单相和复相由其组分 A,B 的比例而决定

有序化 当 A,B 成简单比例时，两种原子有规律排列，如 CuZn，组成像 ZnS 的结构.提高温度，又能使之混乱.

正负电性相差很大时，相范围很窄.这些与其称为合金，还不如看作金属间化合物.它们是共价键结合，金属性质很少，如：Mg_2Si，$MgGe_2$，是半导体.

2-4 结 合 能

上面对于结合类型的一般讨论，给我们提供了了解固体性质的一般基础.现在我们介绍有关固体结合的一个更为具体的问题——结合能问题.

(1) 内能函数与结合能

原子能够结合为晶体的根本原因，在于原子结合起来后整个系统具有更低的能量.设想把分散的原子(离子或分子)结合成为晶体，在这个过程中，将有一定的能量 W 释放出来，称为结合能.如果以分散的原子作为计量内能的标准，则 $-W$ 就是结合成晶体后系统的内能，显然，内能与晶体的体积有关.譬如，我们设想把原子按一定的晶格结构排列起来，开始原子相距很远，然后，逐渐缩短距离，亦即逐渐减小体积，系统的内能逐渐下降，体积紧缩到一定程度后，排斥的作用转变为主要的，这时内能将转为上升.所以一般晶体内

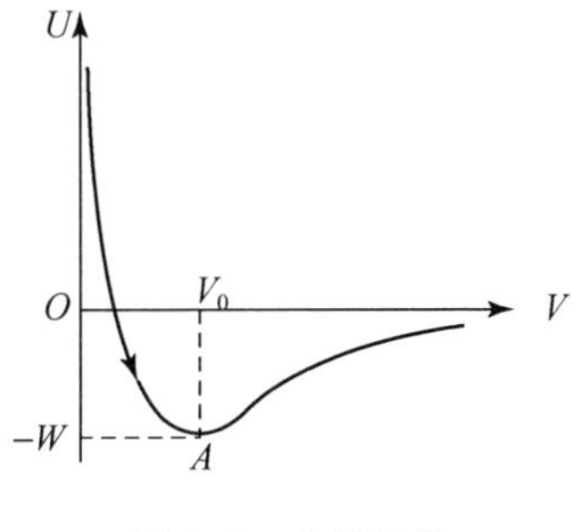

图 2-8 内能函数

能作为体积的函数应具有图 2-8 的形式.

实际来实现这种体积变化当然要依靠外施的压力(或张力)p. 根据功能原理(我们不考虑热学的效应,严格讲,相当于 0K 的情形),外界作功 $p(-\mathrm{d}V)$等于内能的增加 $\mathrm{d}U$. 则

$$p=\frac{-\mathrm{d}U}{\mathrm{d}V}. \tag{2-3}$$

在一般情况下,晶体受到的仅是大气压力 p_0,由上述关系有:

$$\frac{-\mathrm{d}U}{\mathrm{d}V}=p_0\approx 0. \tag{2-4}$$

这个关系确定了平衡晶体的体积. 由于数量级为大气压的压力对一般固体体积的影响很小,因此,p_0 可以近似看作 0. 这种平衡晶格的情况,显然对应于图 2-8 的 A 点,亦即系统内能的极小. 因此,如果已知内能函数$U(V)$就可以通过极值的条件确定平衡晶体的体积或晶格常数.

由结合能的定义及图 2-8 容易看出结合能 $W=-U(V_0)$.

弹性模量也完全由内能函数所决定. 体变模量显然可以一般地写为

$$\kappa=\frac{\mathrm{d}p}{\dfrac{-\mathrm{d}V}{V}}, \tag{2-5}$$

其中 $\mathrm{d}p$ 为应力,$-\mathrm{d}V/V$ 为相对体变. 代入(2-3),对于平衡晶体,就得到:

$$\kappa=\left(V\frac{\mathrm{d}^2U}{\mathrm{d}V^2}\right)_{V_0}. \tag{2-6}$$

从理论上分析平衡晶格常数以及晶格的弹性往往都是通过对于内能函数的研究来进行的. 在固体理论发展的过程中,在计算各类固体的结合能方面曾进行了许多研究. 离子晶体结合的性质比较简单,在近代微观理论发展初期,计算离子晶体的结合能获得很好的结果,对于验证理论起了重要的作用,所用的方法和概念,在处理许多问题中还常遇到. 下面作一些简单介绍.

(2) 离子晶体的库仑能和马德隆常数

为了具体起见,我们以 NaCl 晶体为例. 由于 Na^+,Cl^- 都是满壳层的结构,具有球对称,考虑库仑作用时,可以看作点电荷. 先考虑一个正离子的平均库仑能. 如果令 r 表示相邻离子的距离,这个能量可以表示为

$$\frac{1}{2}\sum_{n_1,n_2,n_3}{}' \frac{e^2(-1)^{n_1+n_2+n_3}}{(n_1^2r^2+n_2^2r^2+n_3^2r^2)^{1/2}}, \tag{2-7}$$

因为，如果以所考虑的正离子为原点，$(n_1^2r^2+n_2^2r^2+n_3^2r^2)^{1/2}$可以表示其它各离子所占格点的距离. 同时，很容易验证，凡负离子格点：

$$n_1+n_2+n_3=\text{奇数};$$

正离子格点：

$$n_1+n_2+n_3=\text{偶数}.$$

这样，式(2-7)中$(-1)^{n_1+n_2+n_3}$正好照顾到正负离子电荷的差别. 由于离子间的库仑作用为两个离子所共有，因此式子前面有因子 1/2. 负离子库仑能方法是完全相似的，只需要把正离子的结果(2-7)式中的电荷 e 改变符号就可以得到. 由于改变 e 的符号不影响上式，得到一对离子的能量，或一个原胞的能量恰为上述的 2 倍：

$$\frac{e^2}{r}\sum_{n_1,n_2,n_3}{}' \frac{(-1)^{n_1+n_2+n_3}}{(n_1^2+n_2^2+n_3^2)^{1/2}}=-\frac{\alpha e^2}{r}. \tag{2-8}$$

我们注意，其中加式为一无量纲的纯数值，完全决定于晶格结构；它是一个负值，因此写为$-\alpha$，α 称为马德隆常数. 如果，我们具体把加式写出来，就会发现，它既有正项，又有负项，如果逐项相加，并不能得到收敛的结果. 为此，马德隆特别发展了有效的数学方法来计算 α 的值. 下面给出几种常见的离子晶格的马德隆常数：

NaCl	CsCl	ZnS
1.748	1.763	1.638

(3) 重叠排斥能

如前面所讲，当邻近离子的电子云有显著重叠时，就出现陡峻上升的排斥作用. 这种重叠排斥作用，往往唯象地用下列形式的势能函数来概括：

$$b\mathrm{e}^{-r/r_0} \quad \text{或} \quad \frac{b}{r^n}, \tag{2-9}$$

上面两种形式都是实际中常采用的. 一般认为前一形式能更为精确地描述排斥力随 r 减小而陡峻上升的特点，但后一形式在较粗略的分析中，有更为简单的优点. 在下面，我们将采用后一种形式.

在 NaCl 晶格中，可以近似地只考虑近邻间的排斥作用. 由于正负离子情况完全相似，每离子有 6 个相距 r 的近邻离子，所以每原胞(即每对离子)的平均排斥能为

$$6\frac{b}{r^n}. \tag{2-10}$$

(4) 离子晶体的结合能和体变模量

设晶体包含 N 个原胞，则系统的内能可以写成

$$U = N\left[-\frac{\alpha e^2}{r} + \frac{6b}{r^n}\right] = N\left[-\frac{A}{r} + \frac{B}{r^n}\right], \tag{2-11}$$

其中为简便起见,引入了

$$A = \alpha e^2, B = 6b. \tag{2-12}$$

此外,由于 NaCl 每个原胞体积为 $2r^3$,则

$$V = 2Nr^3. \tag{2-13}$$

由平衡条件(2-4)立刻得到:

$$\frac{A}{r_0^2} - \frac{nB}{r_0^{n+1}} = 0, \quad 或 \quad \frac{B}{A} = \frac{1}{n} r_0^{n-1}, \tag{2-14}$$

其中 r_0 表示平衡时的近邻距离.

根据平衡条件可以对体变模量进行化简如下. 首先将(2-11)和(2-13)式代入(2-6)式,得

$$\begin{aligned}\kappa &= \frac{r_0^3}{2}\left[\frac{\mathrm{d}}{\mathrm{d}(r^3)}\left(\frac{\mathrm{d}}{\mathrm{d}r^3}\right)\left(-\frac{A}{r} + \frac{B}{r^n}\right)\right]_{r=r_0} \\ &= \frac{r_0}{18}\frac{\mathrm{d}}{\mathrm{d}r}\left[\frac{1}{r^2}\frac{\mathrm{d}}{\mathrm{d}r}\left(\frac{-A}{r} + \frac{B}{r^n}\right)\right]_{r=r_0} \\ &= \frac{r_0}{18}\left(\frac{\mathrm{d}}{\mathrm{d}r}\frac{1}{r^2}\right)_{r_0}\frac{\mathrm{d}}{\mathrm{d}r}\left(\frac{-A}{r} + \frac{B}{r^n}\right)_{r=r_0} + \frac{1}{18r_0}\frac{\mathrm{d}^2}{\mathrm{d}r^2}\left(\frac{-A}{r} + \frac{B}{r^n}\right)_{r=r_0},\end{aligned}$$

前一项由于平衡条件(2-14)而等于 0,后一项求微商后利用平衡条件化简,得

$$\kappa = \frac{1}{18r_0}\left\{\frac{-2A}{r_0^3} + \frac{n(n+1)B}{r_0^{n+2}}\right\} = \frac{(n-1)\alpha e^2}{18r_0^4}. \tag{2-15}$$

根据实验测定了晶格常数和体变模量,就可以由上式确定排斥力中的参数 n. 另外,利用平衡条件(2-14),由(2-11)可以把结合能写成:

$$W = -U(r_0) = \frac{NA}{r_0}\left(1 - \frac{1}{n}\right) = \frac{N\alpha e^2}{r_0}\left(1 - \frac{1}{n}\right).$$

因此,根据已确定的 n 可以计算结合能. 表 2-3 给出几种典型的 NaCl 型晶体的体变模量和 r_0 的实验值(外插到静止平衡的晶格),以及按上述方法计算所得的 n 和结合能的数值.

以上所决定的 n 的数值很大(和 1 比),表明排斥力随距离变化很陡峻的特点. 从 κ 的公式可以看到体变模量中,主要贡献来自排斥力,而且 n 愈大则 κ 愈大. 换句话说,弹性的强弱主要决定于排斥力变化的陡峻程度. 从结合能的公式可以看到,这里主要贡献来自库仑能,排斥能只占库仑能的 $1/n$. 因此,表 2-3 给出的结合能的理论值与实验值相符很好,说明了把离子晶体看成由正负离子为

单元、主要靠它们间的库仑作用而结合的概念是切合实际的.

表　2-3

	r_0/Å①	κ/(10^{12} Pa)	n	结合能/(kJ · mol^{-1})	
				理论值	实验值
NaCl	2.78	0.264	8	762	775
NaBr	2.95	0.216	8.3	720	737
KCl	3.11	0.192	9	691	703
KBr	3.26	0.164	9.3	661	674

① 1 Å=10^{-10} m.

第三章　相　　图

实际利用的固体材料许多都不是单一的化学组分(元素或者按严格配比的化合物).如我们所熟知的,实际应用的金属材料绝大部分是包含着两种或更多的元素的合金,它们的成分比例是可以变化的.对于这样的固体材料,成分的不同可以对性质有深刻的影响.特别重要的是,成分决定着材料的所谓相结构.以铜、锌组成的所谓黄铜合金为例,含 Zn 原子百分比低于 38%时,它具有面心立方晶格(α 相),含 Zn 原子在 50%左右时则形成体心立方的晶格(β 相),如果成分在以上两者之间,则不能形成单一的晶体,而成为 α 相晶体和 β 相晶体的机械混合.也就是说,固体的成分可以决定它取这一相,或那一相,或不同相的晶体的混合.

相图具体概括了一种材料在各种成分下的平衡相结构.由于在一般压力下,液、固态受压力的影响很小,所以,除去本身的成分以外,状态主要只受温度的影响.图 3-1 到图 3-6 是一些典型的相图,其中横轴和纵轴分别标明成分和温度.每一图都划分成若干区域,每一区域代表一定的相结构,或者为单相(如图中注明为液相,Ⅰ,Ⅱ,α,β…的各区),或者为两相的混合(如图中Ⅰ+Ⅱ,α+β,液+α…).

相图同时也概括了在成分和温度变化的条件下所发生的相变过程(准静态相变).在相图上,由一个相区过渡到另一个相区表示相结构的变化,也就是发生着不同相之间的转变.相图在这方面的涵义在实际中有重要的作用.实际固体材料的获得往往都是通过一定的相变过程.例如,很多材料都是从高温熔融状态凝固而得到,经过了一个由液态到固态的相变过程,而且,在许多情况下,还在较低温度下,发生固相间的转变.这些相变对最后得到的材料可以有重要的影响.有意识地利用和控制这些相变是材料技术的一个基本环节(如金属的热处理等).相图是进行这方面工作不可缺少的基础.

下面,我们首先阐明相图的涵义;然后,再根据统计热力学的原理说明相图的理论基础.

3-1 固 体 相

由图 3-1 到图 3-6 可以看到,不同材料的相图的具体形式可以有很大的差别,有的很简单,有的则比较复杂. 这主要决定于系统所能形成的固相的情况. 所以首先对于固体相做一些介绍.

(1) 固溶体

相图 3-1 说明 Ag-Au 可以按各种比例结合成单一的固相. 类比于溶液,这种情况称为连续固溶体,两种元素可以无限地相互溶解,随成分的改变,可以由一种纯元素连续地过渡到另一种纯元素.

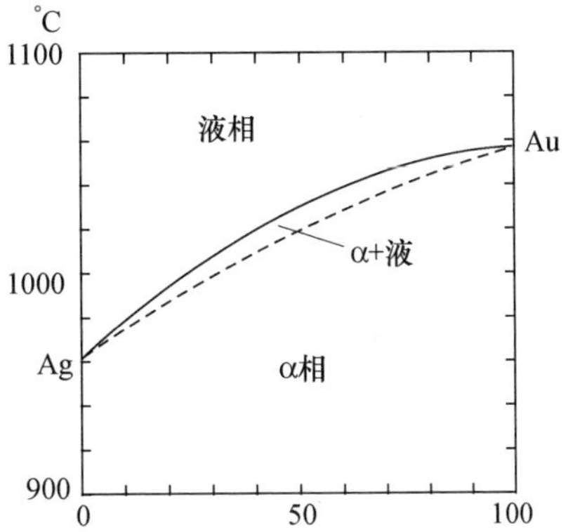

图 3-1 Ag-Au 相图

图 3-2 和图 3-3 中,固相 Ⅰ 和 Ⅱ 分别表示在元素 A 的晶体中可以含有一定量的 B,和在元素 B 的晶体中可以含一定量的 A,它们也称为固溶体. 但是,Ⅰ,Ⅱ 都有一定的界限,表明 A 和 B 的相互溶解都有一定溶解度,这种情况称为有限的固溶体.

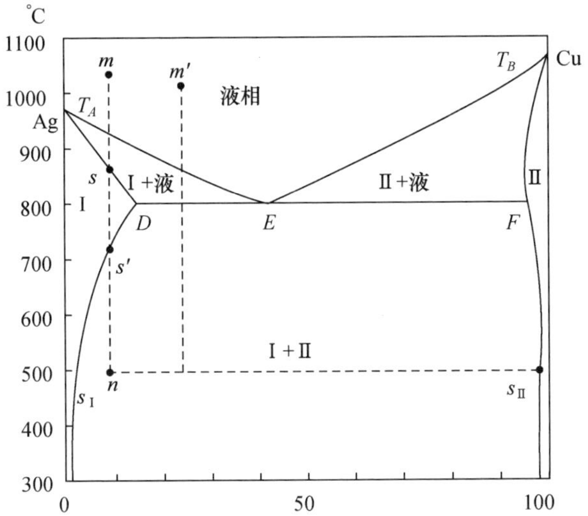

图 3-2 Ag-Cu 相图

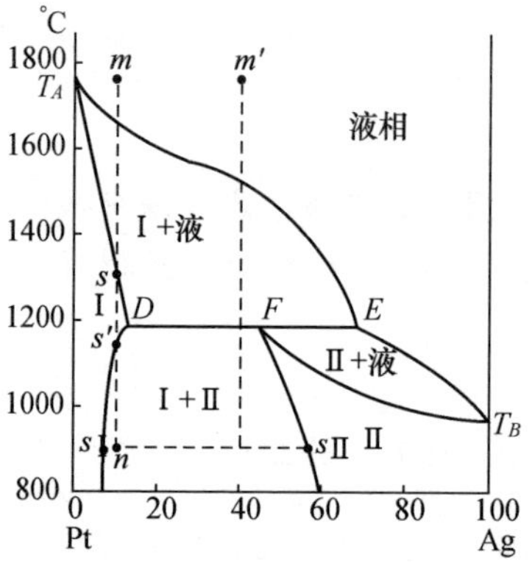

图 3-3 Pt-Ag 相图

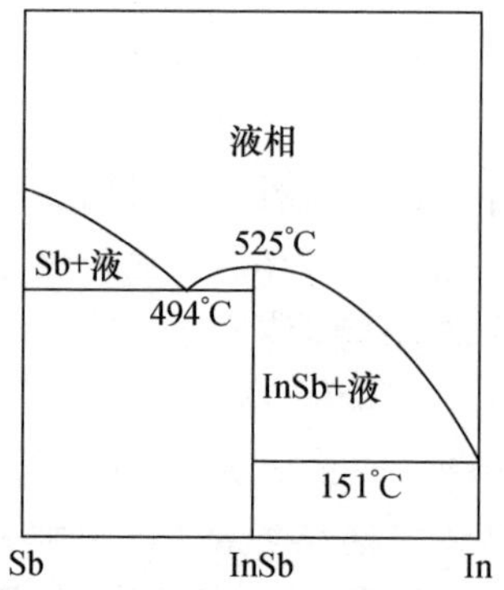

图 3-4 Sb-In 相图

固溶体一般是保持原来的晶体结构，溶入的原子可以取图 3-7 和图 3-8 两种位置. 图 3-7 表示溶入的原子(阴黑的)和溶质的原子同列在同一晶格的格点上，一般它们在格点上的分布基本上是无规的，这种形式称为代位式固溶体. 一般的固溶体多半是这种形式. 图 3-8 表示溶入的原子(黑色)填入原来晶格的空隙，这种形式称为间隙式固溶体. 只有溶入原子较小时才可能形成间隙式固溶体，例如 H,B,C,N 等轻原子都能进入间隙而形成间隙式固溶体. 铁碳相图中，α 和 γ 相，便是 Fe 原子的体心和面心立方晶体，其中含有少量 C 原子在间隙中.

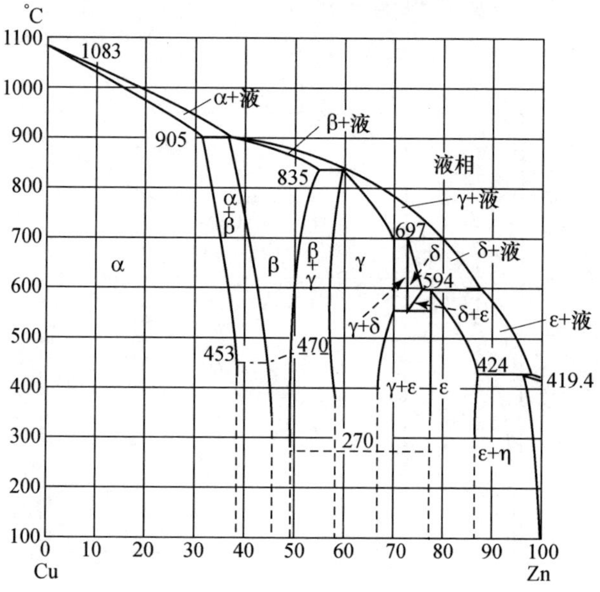

图 3-5 Cu-Zn 相图

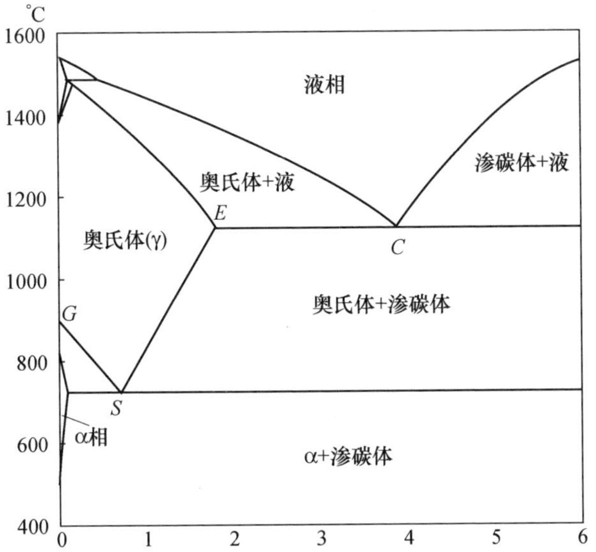

图 3-6　铁碳相图

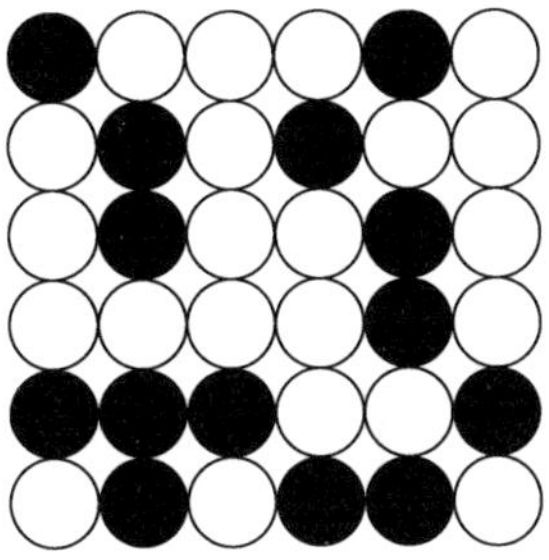

图 3-7

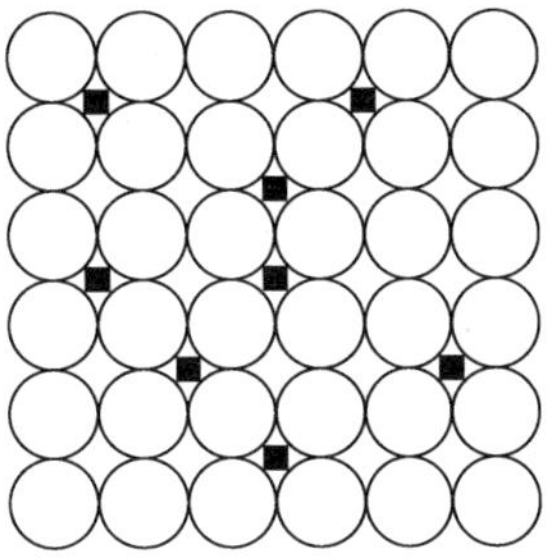

图 3-8

固溶体基本上为金属性结合,正是由于金属结合的特点,所以固溶体才不是限于某一固定化学成分,而可以有一定的成分范围.

对形成固溶体最有影响的两个因素是:原子大小的差别和正负电性的差别.

代位式的固溶体要求两种原子的半径大小比较接近.原子大小的不同将引起溶入原子附近的原子排列发生畸变,使得能量加高,不利于固溶体的形成.从大量实际的固溶体的实验数据得出一条经验规律:如原子半径相差<15%,有可能形成溶解度较大的固溶体,相反,如半径差>15%,则溶解度很低,表 3-1 分析了二价元素 Be,Zn,Cd,Hg 在 Cu 和 Ag 中溶解度和原子半径差的关系.在表中给出各原子的半径，并标明按上述规律能较多溶入 Cu 和 Ag 的元素，并给出实际的溶解度.

表 3-1 原子半径和溶解度

	Be(2.2Å)	Zn(2.7Å)	Cd(3.0Å)	Hg(3.1Å)
Cu(2.56Å)	16.6%	38.4%	1.7%	很低(＜9%)，
Ag(2.88Å)	3.5%	40.2%	42.5%	37.2%

固溶体也要求两种元素正负电性比较接近. 如果正负电性相差较大，它们便倾向于以共价键、离子键结合，而不利于形成固溶体. 例如，ⅥB 族元素在金属中溶解度往往十分低. ⅤB，ⅣB 族元素在正电性不很强的金属如 Cu，Ag 中在较高的温度尚有一定的溶解度，但在正电性更强的金属如 Li，Na，Mg 中溶解度则极低，具体数据可见表 3-2.

表 3-2 正负电性和溶解度

Cu-P	Cu-As	Cu-Sb	Ag-Sb	
3.4%(700℃)	6.9%(680℃)	5.9%(630℃)	7.2%(700℃)	
1.2%(300℃)	6.2%(300℃)	1.1%(210℃)		
Cu-Si	Cu-Ge	Cu-Sn	Ag-Ge	Ag-Sn
11.6%(831℃)	12%	926%	9.6%(651℃)	12.2%
			1.5%(270℃)	
Ag-Bi	Li-Bi	Mg-Sb	Mg-Bi	
0.8%(258℃)	极低	极低	1.13%(553℃)	
			随温度大大下降	
Ag-Pb	Li-Sn Li-Pb	Ni-Pb	Mg-Sn Mg-Pb	
2.8%	极低 极低	极低	3.35% 7.75%	
	(＜1%)		(560℃) (465℃)	
			随温度大大下降	

(2) 中间相

如果 A，B 两种原子只有有限的相互溶解度，在有些情况下，它们可能在一定的中间比例形成新的固体相，称为中间相. 例如 Cu-Zn 相图中的 β 相，γ 相，ε 相；Fe-C 相图中的 Fe_3C(即图 3-6 中的渗碳体)；Mg-Si 相图中的 Mg_2Si. 中间相包含的内容十分广泛，这里只简单介绍一些典型的中间相.

当 A,B 两种原子的正负电性差别较大时,在确定的成分(成分由化学价规律决定)形成化合物.它们以共价键或离子键结合在一起,呈现出明显的非金属性质.例如 Mg_2Si,Mg_2Ge,Ⅲ-Ⅴ族化合物都是以共价结合为主,它们是重要的半导体材料.化合物的晶格排列是完全规则的,像 Mg_2Si 具有 CaF_2 结构,Ⅲ-Ⅴ族化合物具有闪锌矿结构.

金属性结合的中间相成分可以有一定的变化范围,而且两种原子在格点上的排列是无规则的.Cu-Zn 系统中的 β 相、γ 相、ε 相是一类重要的典型,又称为电子化合物.休谟-饶塞里对比许多合金系统发现,当每个原子的平均价电子数达一定值时,均出现类似的相,如下所示:

	β	γ	ε
价电子数/原子数	3/2	21/13	7/4
结构	体心	复杂立方	六方密排

以 Cu-Zn 系统为例,Cu 原子有一个价电子,Zn 原子有两个价电子,容易看出 β 相、γ 相、ε 相出现的成分是符合上述规律的.用Ⅱ,Ⅲ,ⅣB 族元素与 Cu,Ag,Au 组成合金时,都出现 β 相、γ 相、ε 相,具有上述的平均价电子数和晶体结构.

非金属 B,C,N,H 可以和一些金属形成间隙化合物,它们具有很高的熔点,是重要的高温材料.

3-2　两相平衡并存的准静态相变

前面已经指出相图分为单相和两相区.相图的单相区直接给出各种可能存在的相,以及它们存在的限界,在这些限界之内,成分和温度的变化只引起性质的逐渐变化,但一旦跨过它的限界,就将发生向另一相的转变.下面我们将说明,相图如何概括了这种相转变的过程,通过这个讨论也将明确两相区的涵义.

我们将以液态的凝固为例来说明相图如何概括相变过程.各相图的上方都是高温熔融的液态,这个区域的下界称为液相线.设想从某一个成分出发,不断降低温度,在相图上它的代表点即沿一竖直线下降,达到与液相线的交点时,就将开始凝固出固相.除去图 3-1 连续固溶体的相图,其它相图的液相线都包含了两个以至更多的折线段,实际上,不同的线段只不过表示凝固出的固相不同.为了讨论凝固过程,可以用最简单的图 3-1 形式的相图为例.为讨论的方便,我们在图 3-9 中重新画出这一类型的相图.x 表示所讨论的样品的成分,m 表示开始时的状态，代表点沿通过 m 的竖直线下降表示降温的过程，当它与液相线相交（交点为 l_0）表示凝固的开始，这时温度为 T_l.

值得注意，非单一组分系统凝固的两个特点：

甲 凝固温度与成分有关. 这一点明显地表现在液相线上. 假使凝固点与成分无关，液相线则应是一条水平的等温线.

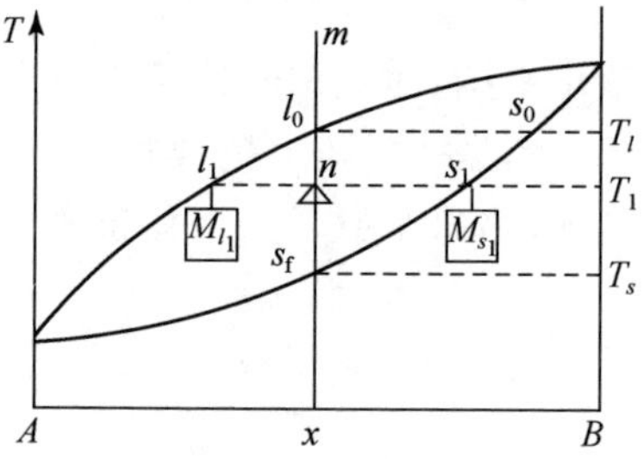

图 3-9

乙 凝出的固相一般具有与液相不同的成分. 图 3-9 中通过 l_0 的水平等温线与固相边界线（称为固相线）的交点 s_0 表示凝固出的固相，它显然具有与 l_0 不同的成分.

正是由于上述特点，凝固的过程是一个成分不断变化，凝固温度不断下降的过程. 由于固相 s_0 含 B 较多，固相 s_0 的凝出使液相中含 B 减少，使液相的代表点向左移. 在这种情况下为了继续凝固，显然温度必须下降，使液相的代表点仍保持在液相线上. 换一句话说，随凝固的继续，液相的代表点应沿液相线逐渐下移. 图中 l_1 表示已有一部分凝固后，液相的状态，这时凝固出的固相由同一温度固相线上 s_1 点表示.

应当知道，以上所讲相图所描述的相变实际上是指理想的准静态过程，这样的过程每一点都对应于平衡态，液固两相处于相互平衡. 这种情况完全类似于蒸汽在准静态凝结过程中始终保持液体的饱和蒸汽压. 由此可见，图中同一等温线与液相和固相线的交点，如 l_0 和 s_0，l_1 和 s_1 都表示相互平衡的液相和固相. 特别值得注意，由于准静态过程的涵义，s_1 不仅表示在 T_1 温度由液相 l_1 所凝固出的固体，而且，整个已凝固出的固体都必须处于 s_1 状态. 换一句话说，这里准静态过程意味着已凝固的固体的成分并不是不变的，而是依靠原子在固体中的扩散而不断调整以保持整个固相均匀. 例如，在 T_l 温度凝固出的固体成分为 s_0，但当温度下降到 T_1 时，其成分必须改变到 s_1（当然这种理想的准静态过程在最好情况下也只能近似地实现，实际情况往往可以离此很远）.

准静态相变的讨论实际上同时也就说明了，相图中，两相平衡并存区域的涵义. 例如，当温度降至图中 T_1 时，相图中我们所讨论的成分为 x 的样品的代表点为 n，按上节，这时系统实际上包含液、固两相，它们的状态就由通过 n 的等温线与液相和固相线的交点 l_1 和 s_1 决定. 液相和固相的数量也可以很直接地

由代表点 n 的位置得到：设令 M_{l_1} 和 M_{s_1} 表示液相和固相的数量. 由于，l_1 和 s_1 的成分显然可以写成$(x-nl_1)$和$(x+ns_1)$，因此，

$$M_{l_1}(x-nl_1)+M_{s_1}(x+ns_1)=x\cdot(M_{l_1}+M_{s_1}),$$

上式的右方表示凝固前液相含 B 成分为 x，总数量为 $M_{l_1}+M_{s_1}$. 上式化简的结果可以写成

$$M_{l_1}(nl_1)=M_{s_1}(ns_1).$$

这个结果说明，可从 ns_1 和 nl_1 两个线段之比直接得到液相和固相的数量比例. 这个简单而重要的结果往往形象地称为杠杆定则，因为如图 3-9 所示，把 l_1s_1 看作一杠杆，支点在 n，则液相数量 M_{l_1} 和固相数量 M_{s_1}，看作在杠杆两端的负荷，恰好保持杠杆平衡.

根据杠杆定则，从图上很明显地看到，随温度的不断下降，即代表点沿竖直线下降，固相所占比例不断增加，液相所占比例不断减少，直到与固相线的交点 s_f 处，全部成为固体，状态由 s_f 表示，温度为 T_s.

我们注意，和单纯物质的凝固不同，这里没有一个单一的凝固温度，整个凝固过程是在 T_l 到 T_s 一段温度之中完成的. 图 3-10 示意地表示出，单一物质和一个两元系统在冷却凝固过程中温度随时间变化的不同特点. 在单纯物质的冷却曲线上有一段恒温的时间，表示在确定凝固温度下，凝固散放潜热的过程，在两元系统中，这个散放潜热的凝固过程是在一段温度区间 T_l—T_s 之间进行的(T_s 点在实际中往往很不明显).

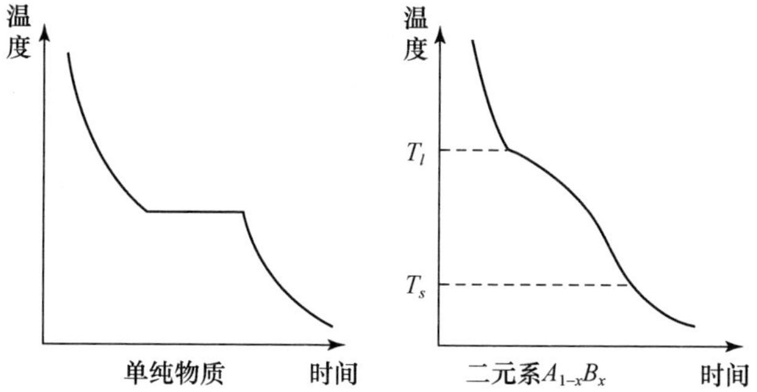

图 3-10 冷却曲线的对比

由于以上讨论的凝固过程是一个可逆的准静态变化过程，因此，固态的熔融过程也就是上述过程简单地沿相反方向进行，于是就不必另加讨论.

以上的讨论也完全适用于固相之间的转变，以及，两固相平衡并存的区域.

在图 3-2 和图 3-3 中，我们画出开始为液态的 m 点不断降温过程的竖直线. 与固相线的交点 s 表示完全凝为固相. 当再下降至表示固溶体溶解度的边界线的交点 s' 时，开始进入Ⅰ＋Ⅱ两个固相平衡并存的区域，这时就将开始由固溶体Ⅰ中分解出固溶体Ⅱ. 随着温度下降，固溶体Ⅱ将逐渐增加，Ⅰ和Ⅱ的比例由杠杆定则决定. 例如，当温度降低到图中 n 点时，实际系统包含 s_{I} 和 s_{II} 两点所表示的固溶体Ⅰ和Ⅱ，它们的比例由 ns_{II} 和 ns_{I} 两线段之比所决定.

3-3　三相平衡并存与共晶和包晶转变

以上的分析虽然是结合连续固溶体的相图进行的，但实际上也适用于一般的情况. 我们注意在有几个固相的系统中，液相线分成几个折线段，每段都有相应的固相线，如图 3-2 液相线 T_AE 对应的固相线为 T_AD，表示凝出的是固溶体Ⅰ，与液相线 ET_B 对应的固相线为 T_BF，表示凝出的是固溶体Ⅱ，在液相线和固相线之间的区域仍表示液固两相并存区. 可以完全按照以上的讨论，根据在两相区内的代表点，分析凝固或熔融过程. 但是，在冷却到两相区的最终点时，可以产生一种新的情况. 我们注意，在多固相的系统中，液固两相区的下界包含一段水平等温线(如图 3-2 和图 3-3 中的 DE 线). 如果像图 3-2 和图 3-3 中的开始状态为 m 的过程，通过液固两相区最后达到固相线上 s 点，则情况完全和前节一样. 但是如果像两图中所标出的开始状态为 m' 的情形，最后不是达到固相线而是落在下图的水平线上，那么，就将出现一种前节所未包括的情况. 在这种情况下，虽然已经通过液固两相区，但是由杠杆定则可以看到，液相和固相仍然都还存在. 另外，还可以看到，这种水平底线的特点是它的上下都是两相区，两个两相区有一个相是共同的. 设想水平线上面的两相区是(甲＋乙)，水平线下面的两相区是(甲＋丙)，那么在水平线上必须发生

$$(\text{甲}+\text{乙}) \longrightarrow (\text{甲}+\text{丙})$$

的变化. 但是在准静态变化中，乙不能突然消失，或丙不能突然出现，因此，在水平线上，显然将出现甲、乙、丙三相平衡并存的情况，通过相对数量的变化，乙逐渐减少，丙逐渐增加，最后只剩下(甲＋丙).

这种变化过程分为两种具有不同特点的类型. 我们注意，到达水平底线时的液相是两个液相线的交点，如图 3-2 和图 3-3 中 E 点. 我们可以把液相线各段分为随 x 增加而下降或上升两种情况，如果，相交的液相线属于相反的情形，产生所谓共晶型转变；如果，相交的液相线属相同的情形则产生所谓包晶型的转变. 图 3-2 表示共晶型的典型相图，图 3-3 表示包晶型的典型相图.

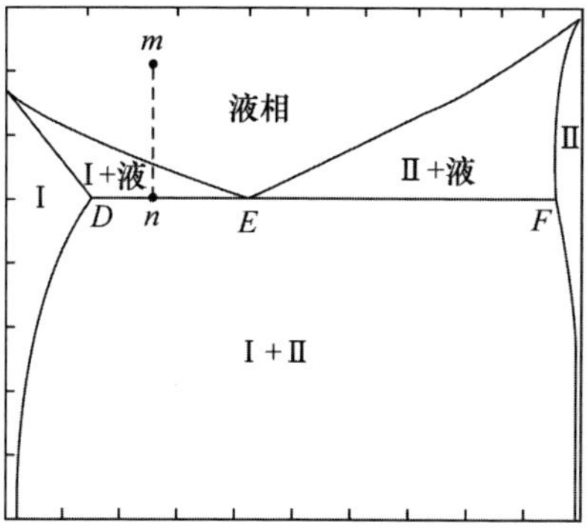

图 3-11　共晶转变

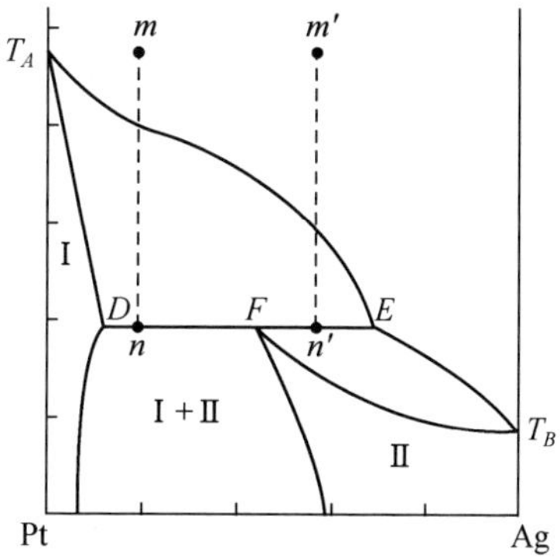

图 3-12　包晶转变

先讨论共晶转变. 为便利起见，我们把图 3-2 重新画在图 3-11 中. 当凝固进行到图示水平底线上 n 点时，系统分为液相 E 和固相 D，它们的比例由线段$\overline{nD}$与$\overline{nE}$之比决定. 这时，设想如再凝固出固相 D，结果将使液相移向右，因而将会凝出新的固相 F. 在准静态的变化过程中，实际上，显然液相将保持在 E 点，同时凝固出 D 和 F 两固相. 既然液相成分保持在 E，按照杠杆定则，固相 D 和 F 必须按固定的比例$\overline{EF}:\overline{DE}$从液相凝固出来. 这个过程将一直继续到，液相全部都分解为固相 D 和 F，这时系统就开始进入水平底线以下两固相平衡共存的区域(Ⅰ+Ⅱ). E 的成分称为共晶成分. 显然，如果原来的溶液就是共晶成分的，那么，全部凝固过程都将在 E 点发生，凝固在一个确定温度下完成(共晶温度)，而且这个凝固温度和其它成分的凝固比较，是一个相对极小点. 共晶凝固的上述特点，以及由于共晶转变形成特别细密的晶粒组织，使它在技术上有特殊重要意义.

现在再结合图 3-12 的 Pt-Ag 相图讨论包晶转变. 在包晶转变开始时，系统包含固相 D 和液相 E. 首先我们注意到，由于两固相 D 和 F 都在液相 E 的一边，无论单独凝固出 D 或 F，或同时凝出 D 和 F，都不能保持液相在液相线上 E 点，所以保持 D,E,F 三相平衡的准静态凝固过程必须是液相 E 和固相 D 按固定比例(杠杆定则)$\overline{DF}:\overline{EF}$减少而形成新出现的固相 F. 这个过程不断进行到液相 E 或者固相 D 全部消失，究竟是哪一种情形，决定于原来样品的成分. 如果像图中开始状态为 m 的情形，它的成分在 F 点左边，与水平底线相交在 DF 段上的 n 点，包晶转变的结果是 D 和 F 两固相，比例为$\overline{nF}:\overline{nD}$；如果，是开始状态为 m' 的情形，成分在 F 的右方，与水平底线交在 FE 段上的 n' 点，包晶转变的结果剩下液相 E 和固相 F，比例为$\overline{n'F}:\overline{n'E}$. F 点的成分称为包晶成分，具有这种成分的材料经过包晶转变以后，得到的是单一的固相 F. 在这种转变的过程中，原来已形成的晶体 D，它外层将首先与液相反应，形成新相 F，包在原来晶体上面，因而称包晶转变.

上述这种通过三相共存的恒温凝固过程，也可在冷却曲线中很明显地显示出来. 图 3-13 表示包含共晶转变的冷却曲线：图中(a)，(b)两图分别代表两种不同的成分，(a)图的成分更接近共晶成分；水平部分表示在恒温下进行的共晶转变.

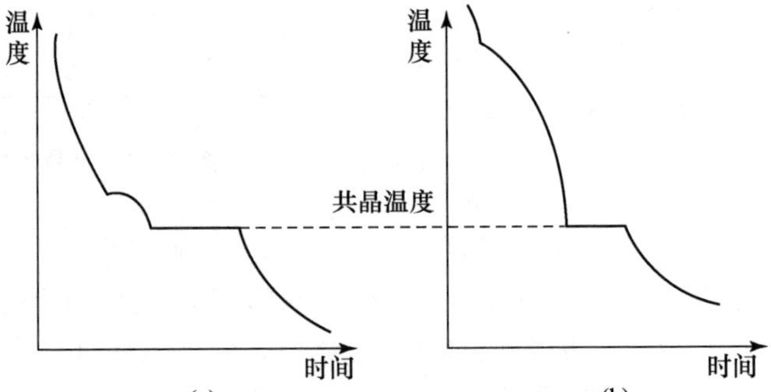

图 3-13 包含共晶转变的冷却曲线

固相之间也可以发生完全类似于共晶转变和包晶转变的相变，称为共析转变和包析(peritectoid)转变. 在铁碳相图(图 3-6)上，我们看到 S 点的情况完全类似于以上讨论的共晶点，在这一点，γ 铁(称奥氏体)同时分解为体心立方结构的 α 铁以及化合物 Fe_3C. 这是实际中共析转变最重要的例子，对于钢材的热处理有极重要的意义.

3-4 相转变过程的实例

为了具体了解上两节讨论的内容，我们以铁碳相图 3-6 为例，扼要说明，从高温熔融态凝固冷却所发生的典型的相转变过程. 这里我们限于缓慢冷却，接近准静态的过程.

由前两节讨论可知，如果含碳成分低于图中 E 点(碳<1.7%)，则从液态的凝固中首先将得到 γ 相(奥氏体)晶体，由于结晶总是环绕许多不同核心进行，实际得到的将是许多 γ 相晶粒组成的多晶. 如果含碳超过 E 点成分，而低于 C 点成分时，则在达到共晶温度 1130℃时，一部分已凝固为 γ 相的晶粒，剩余仍有 C 点所代表的共晶成分液体. 这时将发生共晶转变，同时凝固出化合物 Fe_3C 和 γ 铁，它们形成细密交织的典型共晶组织. 如果成分接近 E，则大部分为 γ 晶粒，

共晶组织出现在它们边界上;如果成分接近 C,则主要是共晶组织,其中分布着一些 γ 铁晶体. 有时把 E 点成分作为分界线,把含碳更多的称为铸铁,因为最后包含一段共晶转变,适于铸造;含碳比 E 低的则称为钢,其中不包含 Fe_3C 和 γ 铁的共晶组织(由于含较多的化合物 Fe_3C 时缺乏韧性).

低于 E 成分的钢又按其含碳成分比共析点 S 低或高分别称为亚共析和过共析钢. 从相图中看到,亚共析钢由 γ 相降温,最后将到达到 GS 线. 这时将开始生成含碳很少的 α 相晶体,使 γ 相中含碳增加,最后达到共析点 S. 在 S 点,γ 相发生共析转变,每一个 γ 晶粒都转变为由片状的 Fe_3C 和 α-Fe 细密交织的共析组织,称为珠光体. 过共析钢,由 γ 相降温将达到 SE 线,开始在边界生成 Fe_3C 晶体,使 γ 相中碳减少,最后也是达到共析点,发生共析转变,成为珠光体.

3-5 固溶体的混合熵和自由能

为什么一种材料在某些条件下为单相,在另一些条件下分解为两相的混合,为什么不同的材料具有各种不同的相图,是什么内在的原因促使相变发生,我们在以下几节中将根据统计物理学的原理,进一步讨论相图的理论基础,就可以答复这些问题. 这一节首先着重讨论固溶体的自由能.

(1) 能量函数的两种情况

设想由 A,B 形成各种成分的固溶体 $A_{(1-c)}B_c$,c 表示 B 原子所占的分数. 我们考虑克原子自由能

$$F = U - TS.$$

能量函数 U 直接反映了两种原子相互结合的作用,定量地来确定 U 作为成分的函数是一个十分复杂的问题. 但是,对我们的一般讨论来讲,最主要的是区分两种情况:

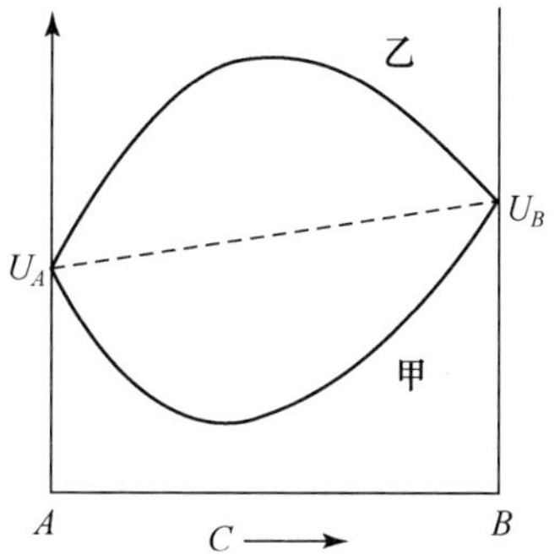

图 3-14

甲 A 和 B 两种原子有相互结合的倾向. 也就是说,A 和 B 形成固溶体,比分别为纯 A 和纯 B 能量更低.

乙 两种原子不倾向于结合. 纯 A 和纯 B 晶体比形成固溶体能量更低.

甲、乙两种情况的能量函数 U 可以示意地分别用图 3-14 中的曲线甲和乙表示,图中 U_A 和 U_B 分别表示纯 A 和纯 B 的摩尔能量. 对于

成分 c 的固溶体,如果完全分解为纯 A 和纯 B 晶体,那么能量显然就等于

$$U = cU_B + (1-c)U_A$$

也就是图中以虚线画出的联结 U_A 和 U_B 的直线. 甲、乙两曲线分别在虚线的下面和上面,正是表现了两种原子倾向于结合和不结合的情况.

当然,图中甲、乙两曲线的具体形状只是一般地表示,甲、乙两曲线凸凹程度愈显著,离虚线愈远,结合或者反结合的倾向愈强. 为了更为具体起见,也往往采取一个简单模型讨论这种结合作用. 其中假设,原子间的结合作用主要来自近邻之间的相互作用. 如令 φ_{AA},φ_{BB},φ_{AB} 分别表示相邻的 $A-A$,$B-B$,$A-B$ 原子的相互作用能,并假设为简单格子,配位数为 z,则在 1 mol 的 $A_{(1-c)}B_c$ 中有 $N(1-c)$个 A 原子,它的近邻平均有 $z(1-c)$为 A 原子,zc 为 B 原子,故 A 原子与近邻的相互作用能为

$$\frac{1}{2}N(1-c)[z(1-c)\varphi_{AA} + zc\varphi_{AB}], \tag{3-1}$$

同样,可写出 Nc 个 B 原子与近邻的相互作用能

$$\frac{1}{2}Nc[z(1-c)\varphi_{AB} + zc\varphi_{BB}], \tag{3-2}$$

两式相加可以写成

$$\begin{aligned} U = &\frac{1}{2}N(1-c)z\varphi_{AA} + \frac{1}{2}Ncz\varphi_{BB} \\ &+ (1-c)cNz\left[\varphi_{AB} - \frac{1}{2}(\varphi_{AA} + \varphi_{BB})\right]. \end{aligned} \tag{3-3}$$

前两项表示分解成为纯 A 和纯 B 的能量,所以,倾向于结合或不结合决定于最后一项为正值或负值:

$$\varphi_{AB} - \frac{1}{2}(\varphi_{AA} + \varphi_{BB})\begin{cases} < 0, \text{倾向结合}, \\ > 0, \text{倾向于不结合}. \end{cases} \tag{3-4}$$

用这个模型得到的能量函数,是 c 的二项式,图线为一抛物线,因此将具有大体如图 3-14 中所示的形状.

(2) 混合熵

我们知道,熵可以一般地表示为

$$S = k\ln W,$$

W 代表宏观态中包含微观状态的总数. 一般固体的熵来自晶格振动所引起的各种量子态. 但是在固溶体中,还另外由于两种原子在格点上的无规分布引起一定的附加熵,称为混合熵. Nc 个 B 原子和 $N(1-c)$个 A 原子无规排列在 N 个格点上共包含了

$$W_{几何} = \frac{N!}{(Nc)!(N(1-c))!} \tag{3-5}$$

种不同的排列方式.如果,近似认为晶格振动的情况不变,那么,对于以上每一种排列方式,系统都具有和纯物质相同的振动的微观态数目,用 $W_{热}$ 表示,这样,由于无规排列,

$$W = W_{几何} \times W_{热},$$

从而使熵成为

$$S = k\ln W_{热} + k\ln W_{几何}, \tag{3-6}$$

后一项即由于无规排列引起附加的混合熵.可以用斯特林公式,把混合熵化简如下:

$$\begin{aligned} S_{混合} &= k\ln \frac{N!}{(Nc)!(N(1-c))!} \\ &= k[N\ln N - N - Nc\ln Nc + Nc \\ &\quad - N(1-c)\ln N(1-c) + N(1-c)] \\ &= -N[c\ln c + (1-c)\ln(1-c)]. \end{aligned} \tag{3-7}$$

我们注意,由于 c 和$(1-c)$小于 1,因此,上式实际上为正值.

(3) 自由能

综合以上则自由能可以写成:

$$F = (U - TS_{热}) - TS_{混合},$$

其中括号内第一项作为 c 的函数将基本上具有以上所讨论能量函数的形状.我们在图 3-15 中,分别针对甲、乙两种情况,示意地画出 $U-TS_{热}$,$-TS_{混合}$ 的形状,以及把它们相加所得 F 的图线.

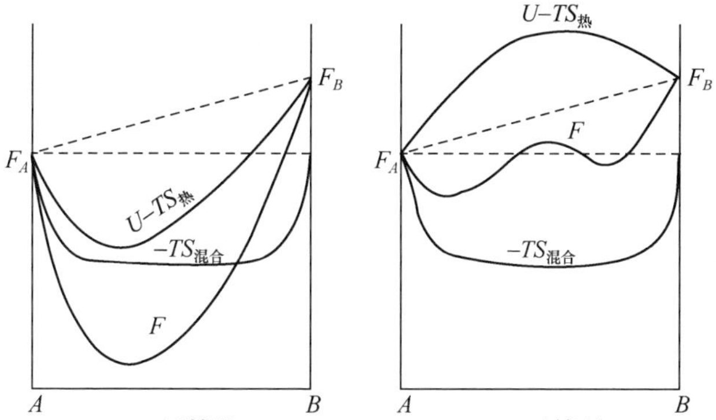

(a) 甲情况　　(b) 乙情况

图 3-15

我们注意,甲和乙的自由能图线具有很不同的形状. 在甲的情形,$U-TS_{热}$和U相仿为一向下凸的曲线,$-TS_{混合}$同样为一向下凸出的曲线,因此,最后F曲线仍为一向下凸的曲线. 乙的图线具有复杂的形状,在两边具有两个极小值,中部则向上凸出形成驼峰. 这种特点的出现是由于

$$\frac{\mathrm{d}(TS_{混合})}{\mathrm{d}c}=-kT\ln\frac{c}{1-c}.$$

在两端$c=1$和$c=0$处,上式的绝对值趋于无穷,这样虽然$U-TS_{热}$曲线是向上凸的,F的曲线在两端却是向下弯的,中央才是向上凸的,从而产生了两边的两个极小值.

3-6　有限和连续固溶体

上节所得到的两种不同类型的自由能图线可以说明,为什么会有连续固溶体和有限固溶体的区分,以及为什么在一定条件下,二元系将分解为两相的混合物.

有限固溶体和连续固溶体的区别就在于前者在某些成分下分解为两相的混合物. 根据热力学的原理,这表示两相并存的状态比之单相固溶体自由能更低. 因此,我们首先分析一下,两相并存状态的自由能.

根据自由能图线,用图解的方式可以很容易找出成分c的样品分解成为任意两相P和Q时的自由能. 我们把上节甲、乙二种情况的自由能图线重新画在

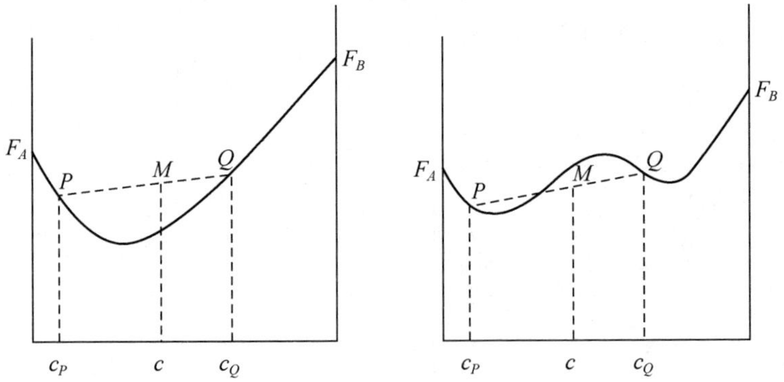

(a) 甲情况　　(b) 乙情况

图 3-16

图 3-16 中,在自由能曲线上标出了任意成分的两相 P 和 Q. 下面我们证明,PQ 连线在成分 c 处(即图中 M 点)的纵坐标就是成分为 c 的样品分解为 P,Q 两相时的自由能. 根据杠杆定则,P 相和 Q 相的数量之比由 $(c_Q-c):(c-c_P)$ 决定,由于总量为 1 mol,所以,两相的摩尔数为

$$P\text{ 相}:\frac{c_Q-c}{c_Q-c_P},\quad Q\text{ 相}:\frac{c-c_P}{c_Q-c_P}.$$

因此,成分 c 的样品分解为 P,Q 两相时,自由能可以一般地写成

$$F(c)=\left(\frac{c_Q-c}{c_Q-c_P}\right)F_P+\left(\frac{c-c_P}{c_Q-c_P}\right)F_Q. \tag{3-8}$$

可以看出函数 $F(c)$ 为一直线方程,而且,在 $c=c_Q$ 时,$F=F_Q$,$c=c_P$ 时,$F=F_P$. 表明 $F(c)$ 就是通过 P,Q 两点的连线的方程,所以从图上可以直接由 M 点的纵坐标读出成分为 c 的样品分解成 P,Q 时的自由能.

很显然,如果曲线如甲,是全部下凸的,任意 P,Q 两点的连线都高于曲线,换一句话说,由曲线所代表的单相固溶体永远比分解为两相自由能更低. 在这种情况下,任何成分都将取单相固溶体形式,这当然便是连续固溶体的情形. 但是在曲线乙的情况下,部分是上凸的,则适当的两点 P,Q 的连线可以部分或全部在曲线之下,在这种情况下,就会发生分解为两相的情形. 低于曲线的连线可以是多种多样的,但是很明显,最低的连线将是曲线两个下凸部分之间的公切线,如图 3-17 所示. 在乙的情况,对于两公切点 P 和 Q 之间的成分,自由能最低的状态是 P 和 Q 所代表的两相的混合物. 正如前面讲解相图时指出,在两相区,固体将分解为相互平衡的两相,即这里的 P 和 Q. 在 P 之左和 Q 之右的成分则为单相的固溶体. 这种情况,显然完全对应于有限固溶体的情况,自由能图线的公切线的切点,给出了 A 和 B 固溶体的溶解度. 我们注意公切线的条件要求

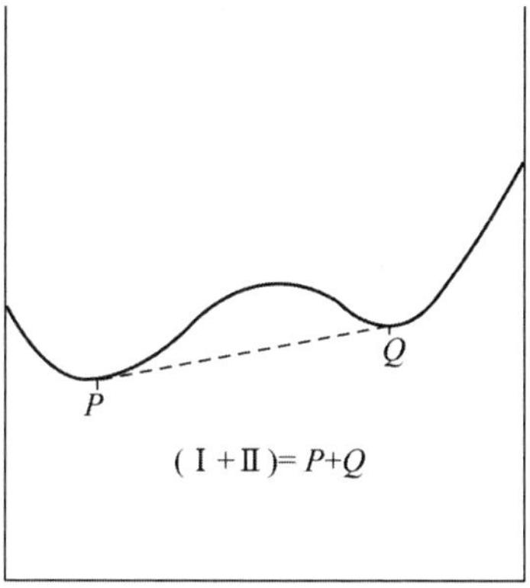

图 3-17

$$\left(\frac{\partial F}{\partial c}\right)_P=\left(\frac{\partial F}{\partial c}\right)_Q=\frac{F_Q-F_P}{c_Q-c_P}, \tag{3-9}$$

这个式子表明了相变平衡的条件——二相化学势相等.

以上的讨论实际上假设在 A 和 B 之间可以形成成分连续变化的固溶体，这种设想只有当 A 和 B 具有相似的晶格结构才可能. 假使 A 和 B 结构不同，必须同时考虑按照这两种结构所形成的各种成分的固溶体，这样将得到如图 3-18 所示的两条自由能曲线. 在这种情况下，无论自由能曲线具有怎样的形状，都将存在一定的公切线. 所以，A，B 两种晶体如果结构不同，必然将形成有限固溶体.

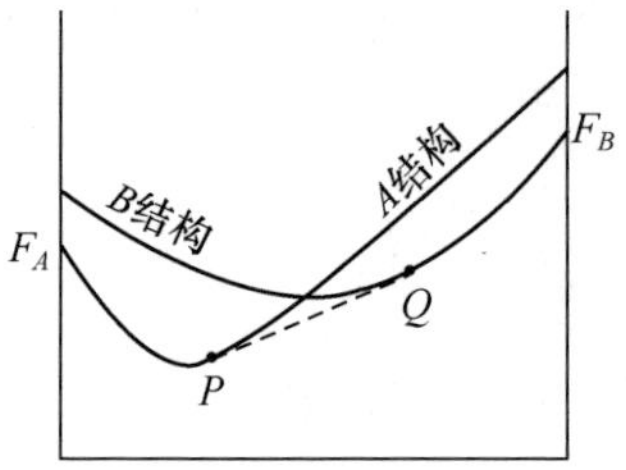

图 3-18

3-7 高温熔化和共晶相图

在足够高的温度，一般都会发生固态到液态的相变，这表明，在较低的温度，液态自由能高于固态，而在高温度，液态自由能将降到固态以下. 这个事实可以这样解释：固态原子保持规则的晶格排列，使原子之间的结合最紧密有效，因此，内能 U 比液态为低，另一方面，液态原子的无规性使液态具有更高的熵. 自由能函数

$$F = U - TS$$

在低温度趋于 U，所以在较低的温度，固态的自由能比液态低. 随着 T 增加，TS 项愈来愈重要，由于液态的 S 更大，所以在足够高的温度，液态的自由能将反而比固态为低.

根据液态自由能随温度的提高，相对于固态的自由能将不断下降的事实，可以说明相图中固→液相变的基本特点. 我们将以 Ag-Cu 系统的简单有限固溶体的共晶相图为例. 在图 3-19 中，示意地表示出液态自由能随温度的提高相对于固态自由能不断下降（T_1，T_2，T_3，…表示由低到高几个不同温度的液态自由能曲线）. 我们看到在低温度 T_1，液态自由能全部在固态之上，所以，各种成分均为固态，相当于图 3-20 中相对应的相图在共晶温度以下的情形. 在 T_2 温度，液态自由能曲线正好下降到与固态自由能的公切线 PQ 相切，这时液相 E 和固相 P，Q 处在同一公切线上，化学势相等，表示它们为三个平衡共存的相. 所以 T_2 正是相图中的共晶温度. 在更高一些的温度 T_3，可以在固态自由能曲线和液态自由能曲线间作两条公切线 ST 和 UV，如图 3-19 所示. 这表明在 T 到 U 的成分，将以单独的液相存在，而在 ST 和 UV 两段成分内，都将是液相和一个固相并存的情形．这种情况正好和图 3-20 相图中共晶温度以上的情况相对应，相互的对应关系，已用相同的字母具体标在相图上．在更高的温度 T_4，液态自由能曲线已下降到全部在固态自由能曲线之下，对应于相图上方各成分都是熔融状态的高温部分．

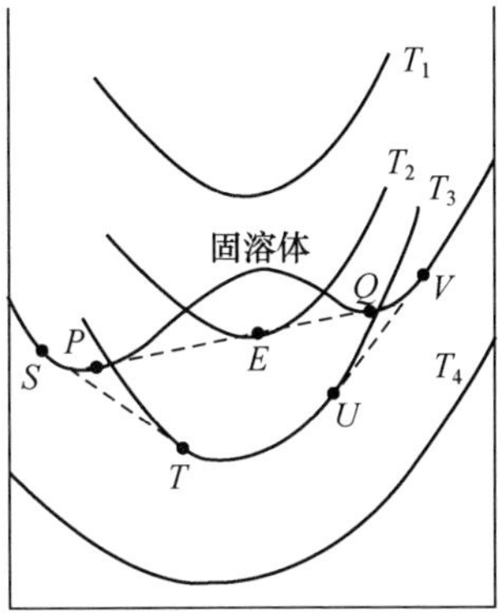

图 3-19

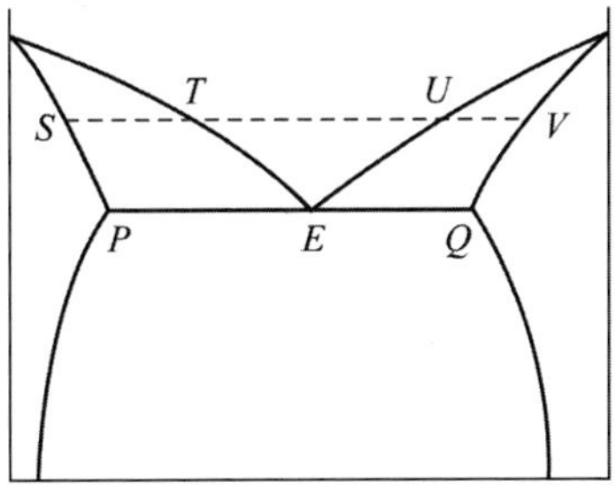

图 3-20

第四章　晶体中的缺陷和扩散

在晶格几何一章中，已介绍了所谓理想晶体的结构，其中全部原子都设想是严格地处在规则的格点上. 实际的晶体中总是存在着各种各样的缺陷，偏离了理想晶格的情况. 最明显的是多晶的固体材料，它是由许多方位以至性质不同的小晶粒组合而成. 最近几十年来，固体科学技术的发展，逐步地、愈来愈深入地揭示出，在一个晶体内部存在着各种各样的缺陷，它们对于晶体的各种性质产生十分重要的作用. 特别是，一般晶体中都存在着微观的缺陷，它们可以决定性地影响晶体的基本性质. 这一章将扼要地介绍位错、空位、间隙原子等几种最基本的微观缺陷. 对多晶体只做一些很简略的说明.

在液态中，原子或分子可以比较自由地移动. 在晶体中，原子虽然相对地比较稳定，基本上固定于各格点附近，但是，特别在较高的温度，它们也可以通过所谓“扩散”的方式在晶体中移动. 在固态中，成分或结构的物理和化学变化往往都是通过扩散进行的，因此扩散现象有很重要的实际意义. 下面将看到，扩散的过程与晶体的微观缺陷有十分密切的联系. 在这一章内，我们也将讲述扩散的宏观规律及其微观的机理.

4-1　多晶体和晶粒间界

实际用的固体材料，绝大部分是多晶体，而不是按单一的晶格排列的单晶体. 这是由于在一般制备材料的过程中（例如，在由高温熔融状态凝固以获得金属的过程中），晶体是环绕着许许多多不同的核心生成，很自然地形成由许多晶粒组成的多晶体. 晶粒的大小，可以小到微米以下的尺度，也可以大到眼睛能够清晰看到的程度. 晶粒的粗细、形状、方位的分布都可以对多晶的性质有重要的影响. 单晶体是各向异性的，但是由于晶粒有各种取向，故多晶体的宏观性质往往表现为各向同性的.

晶粒之间的交界处称为晶粒间界. 晶粒间界可以看作是一种晶体缺陷. 过去有相当长一段时期把晶粒间界想象成为具有相当厚度的无定形层. 但是现在知道，一般的晶粒间界只有极少几层原子排列是比较错乱的，它的两旁还有若干层原子是按照晶格排列的，只不过是有较大的畸变而已.

晶粒间界和一般物体的界面一样具有一定的自由能，一般的多晶体，在较高的温度，晶粒大小都会发生变化，大的晶粒逐步侵蚀小的晶粒，具体表现为间界的运动. 在这个过程之中，由于间界有自由能，间界就像平常的液面一样存在一定的张力作用. 在固态的相变过程中，间界也往往起重要的作用，新产生的固相，在许多情况下是在晶粒间界处形成晶核而开始生长的.

原子可以比较容易地沿着晶粒间界扩散. 所以外界的原子可以渗入并分布在晶粒间界处. 内部的杂质原子或夹杂物也往往容易集中在晶粒间界处. 这些都可以使晶粒间界具有复杂的性质，并产生各种影响.

4-2 位　　错

晶粒间界是空间的一些界面，所以是一种二维的缺陷，位错则是晶体内部的一种一维的缺陷. 我们知道，早已发展了金相显微观察的方法可以观察晶粒间界：只要把金属表面适当抛光，并经过一定的化学腐蚀液的腐蚀后，就可以在金相显微镜下看到如图 4-1(a)的晶粒组织的示意图形，被腐蚀成沟的间界清楚地显示出来. 位错的观察比较困难，但是发现在有些情况下，也可以用类似的金相显微观察看到位错，如图 4-1(b)所示. 所看到的是具有一定形状的小腐蚀坑，它们代表了位错线在表面的露头处；通过逐次地磨去一层，重复进行观察，可以追踪这种位错坑的延续，从而能表明所显示的是一种线性的缺陷.

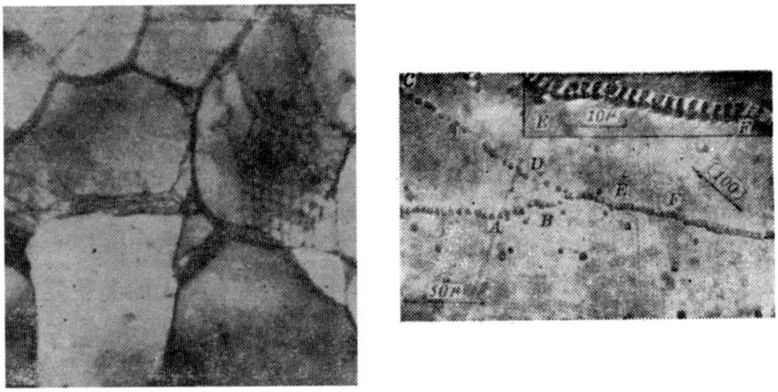

(a) 晶粒间界　　　　(b) 位错腐蚀坑

图 4-1

位错原来是在试图说明金属的范性形变中作为理论假说在 20 世纪 30 年代提出来的，1950 年以后，被实验所证实，并证明它是决定金属力学性质的一个基本环节．同时也愈来愈多地发现，位错对固体中许多其它方面的问题都起着十分重要的作用．到现在，位错的研究已涉及十分广泛的领域．这里只对位错作一些初步介绍．

(1) *刃位错*

刃位错是最简单的一种基本类型的位错，也是在研究金属的范性中最早提出来的一种位错．

我们知道，金属受到的应力超过弹性限度时就会发生范性形变．金属可以经受很大的范性形变，以及范性形变可以使金属强化等特点，是金属作为结构、机械材料而在技术上被广泛应用的重要根据．但是在近代晶体的原子理论发展以后，开始时不仅没有对发生范性的机构提出说明，反而发现了理论上的严重矛盾．其后正是在解决这个矛盾中产生了关于位错的假说．下面简要地说明，这个矛盾和它的解决有助于了解位错的结构以及它和范性的联系．

一般当应力超过弹性限度而使金属发生范性形变时，可以在表面上观察到所谓滑移带的条纹，如图 4-2 的多晶金相图(a)和一个单晶样品的示意图(b)．从单晶的情况，容易看到，滑移带的出现实际上反映了沿着一定的晶面两边的晶体发生了相对“滑移”．实际上发现，一般纯净的晶体，当滑移面上的切应力达到约 1—100 N/cm^2 时，就可以发生滑移．

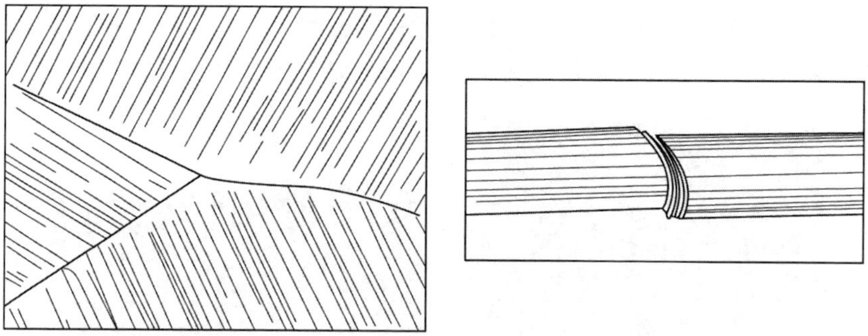

(a) 多晶　　**(b) 单晶**

图 4-2　滑移带

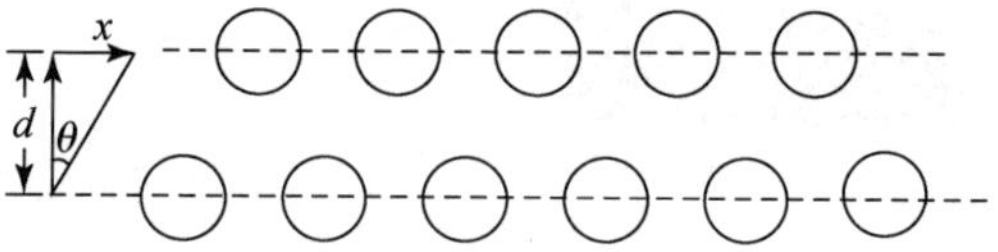

图 4-3　理想晶体滑移

当时为从理论上说明滑移，遇到了下述的严重困难. 图 4-3 表示两层相对滑移的原子，x 和 d 分别表示相对移动的距离和两层原子的间距. 从理论上可以粗略估计，只有当 x 达到与原子间距可以比拟或为原子间距的一定的分数时，才会发生不稳定的情况，致使两层原子发生滑移，也就是说要发生滑移

$$x \approx \eta d,$$

η 为一分数. 如果很粗略地仍旧用胡克定律估计所必需的切应力，则有

$$\text{切应力} \approx G\frac{x}{d} \approx \eta G.$$

其中 G 为切变模量，对一般金属，G 的数量级是 10 GN/m^2. 粗略地估计，η 的数量级为 1，这样从理论上估计的切应力就比实际发生滑移的切应力大了 4—5 个数量级. 更精细的理论计算表明，η 应当是几十分之一，但 ηG 和实际的应力值仍相差 3—4 个数量级.

为了解决这个严重矛盾，有人提出了对于滑移机构的一个新的假说，最主要的思想是认为滑移不是在整个晶面上同时发生的，而是先在局部区域发生，然后滑移区域不断扩大以至遍及整个晶面. 图 4-4 示意地表示出晶面上局部发生了滑移的情况，其中 $A'B'EF$ 表示已发生了滑移的区域. 图 4-5 的三个图分别示意地表示：(a) 未滑移前；(b) 局部滑移(如图 4-4)；(c) 滑移已扩展到整个晶面的原子排列情况. 我们注意，图 4-4 中滑移面的上部、$EFGH$ 面左边的部分已滑移了一步，而它的右方尚没有动，所以在 $EFGH$ 处多挤进了一层原子. 在图 4-5(b)的原子平面图上，这一点可以看得很清楚，在 HE 处多出一行原子. 尽管如此，我们看到，四周的原子基本上仍保持了晶格排列，只有在 E 处[图 4-5(b)画有符号⊥处]的附近，由于上下两层原子数不同，局部地完全丧失了晶格排列，从三维的图 4-4看，这种局部的晶格缺陷集中在滑移区的边界线 FE 附近，这个线状的缺陷就是刃位错. 从晶格排列情况看，就如在滑移面上部插进了一片原子(图 4-4 中 $EFGH$ 面)，位错的位置正好在插入的一片原子的刃上. 这里有时容易产生疑问，既然在 $FEGH$ 面上多了一层原子，是否应当把这个面看成缺陷呢？但是观察一下图 4-5(b)，就可以看到，尽管多了一片原子，但除刃位错附近，原子仍保持了晶格的排列，只不过有一定弹性畸变——在刃位错之上晶格受到压缩，在它之下晶格是伸张的. 这种情况表明，一个位错除去沿位错线原子排列的“错

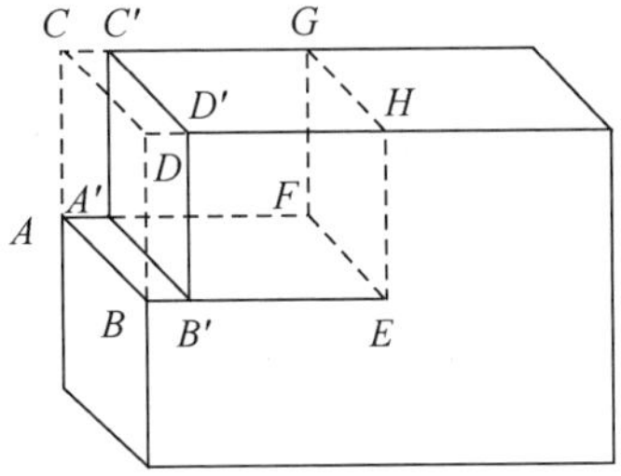

图 4-4　局部的滑移

乱”以外,还在四周存在一定的弹性应力场.

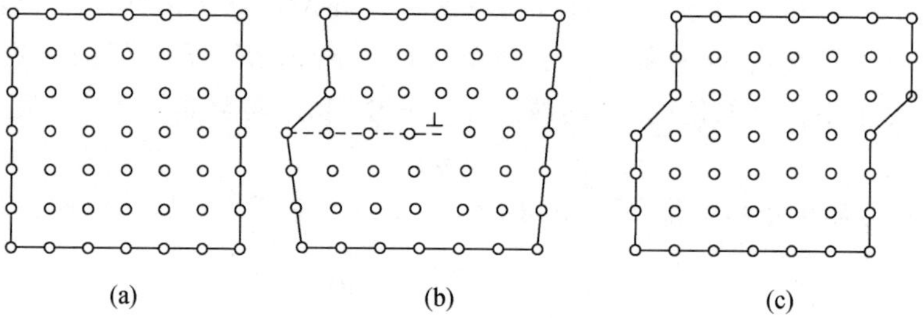

图 4-5 滑移过程图

按照上述对滑移的看法,滑移的过程是滑移区域不断扩展的过程.而位错正是滑移区的边界,所以,滑移的过程也就表现为位错在滑移面上的运动,一个刃位错从滑移面的一边运动到另一边就完成了如图 4-5 所示的滑移过程.图 4-6表示位错运动一步时实际原子运动的情况.可以看到,位错移动一步,只有位错附近的原子做了比较微小的移动,而且,这里的原子和正常格点上的不一样,处在相对很不稳定的状况,所以在很小的切应力下就可以使位错移动.具体的理论计算表明,所需要的切应力大小和实际产生滑移的切应力是一致的,这样就解决了前面所讲的严重矛盾.

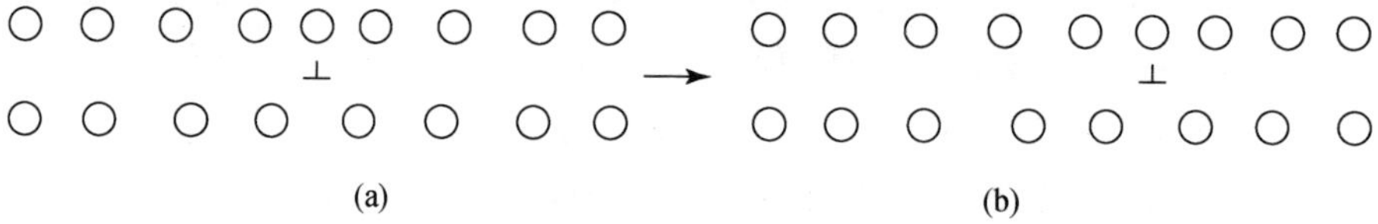

图 4-6 位错运动

总括上述,刃位错是在滑移面上局部滑移区的边界,而且值得注意的是,位错的方向与滑移方向垂直.从原子排列的状况来看,就如同垂直于滑移面插进了一层原子,刃位错就在插进的一层原子的刃上.

(2) 螺位错

螺位错是另一基本类型的位错.它也可以看成是局部滑移区的边界,其特点是位错和滑移的方向是相互平行的.

图 4-7 示意地表明螺位错和滑移的关系.如果设想把晶体沿一个铅垂晶面 $ABCD$ 切开,并使两边的晶体上下相对滑移一个原子间距,然后粘合起来就得到如图 4-7 所示的情况.这里滑移区的边界 BC 显然是和滑移方向平行的,除去

BC 线附近的原子以外，其它依然保持了晶格的排列，只有在 BC 线附近的局部区域内原子丧失了晶格排列，构成所谓螺位错的缺陷. 图 4-8 表示通过螺位错的铅垂面两边的两层原子（分别用圆圈和黑点表示）的排列情况，右边 $ABCD$ 面上两层原子之间发生了上下的滑移，BC 左边没有滑移. 可以看到，在 BC 附近有一个狭窄的过渡区域，其中两层原子是没有对准的，相互脱节的，在这里原子丧失了晶格的排列.

参考图 4-7，很容易看到，如果在原子平面上环绕螺位错走一周，就会从一个晶面转到下一个晶面（或上一个晶面）上去. 也就是说，在这种情况下，原子已不再构成一些平行的原子平面，而形成了以螺位错为轴的螺旋面，螺位错的名称正是从这个特点而来的.

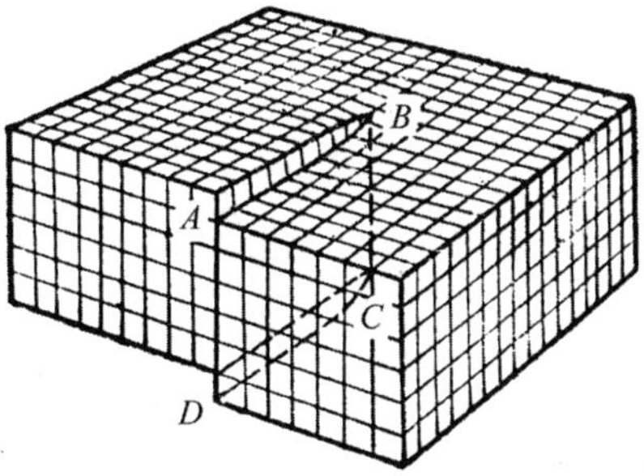

图 4-7 螺位错和滑移

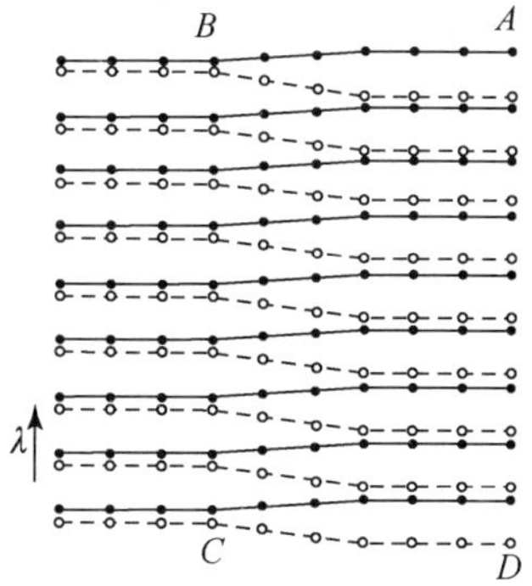

图 4-8 螺位错原子排列图

从图 4-7 可以看到，螺位错的运动同样可以使滑移区扩展. 不过，图 4-7 容易使人造成印象，似乎螺位错只能在一个固定的面 $ABCD$ 内运动. 但是，从上面的讨论看到，原子构成了环绕着螺位错的螺旋面，所以，从原子排列看并不存在什么特殊的滑移面，实际上螺位错可以在任意的通过它的面内移动.

螺位错线以外四周的原子虽然基本上保持着晶格排列，但是从原来的平行晶面变为螺旋面显然是受到一定扭曲的，所以，环绕位错也存在着一定的弹性应力场.

(3) 有关位错的一些重要现象

下面将扼要地介绍一些有关位错的重要现象，以利于对位错得到一些更具体的认识.

(i) 螺位错和晶体生长

如图 4-7 所示，螺位错在晶体表面的露头处形成一个台阶. 这样一个台阶对于晶体生长可以起重要的作用，新凝结的原子最容易沿台阶集结，因为它们不仅受到下边原子的吸引还受到旁边台阶原子的吸引. 晶体生长理论表明，为了要在完整晶面上凝结新的一层，关键在于首先要能靠着涨落现象在晶面上形成一个小核心，然后原子才能沿它的边缘继续集结生长. 而螺位错则在晶体表面提供了一个天然的生长台阶，而且随着原子沿台阶的集合生长，并不会消灭台阶而只是使台阶向前移动. 图 4-9 表明随着原子沿台阶生长台阶移动变化的情况，其中(a)，(b)，(c)，(d)表示时间先后顺序，台阶移动的角速度愈靠近中心愈大，因此，逐渐形成螺旋形的台阶. 在 1950 年第一次用特殊的光学显微技术实际观察到了这种生长螺旋，从而为位错假说提供了有力的证据. 现在用电子显微镜技术，以及特殊的光学显微技术，已经在很多种晶体上面观察到了这种生长螺旋，并且测定了台阶的高度.

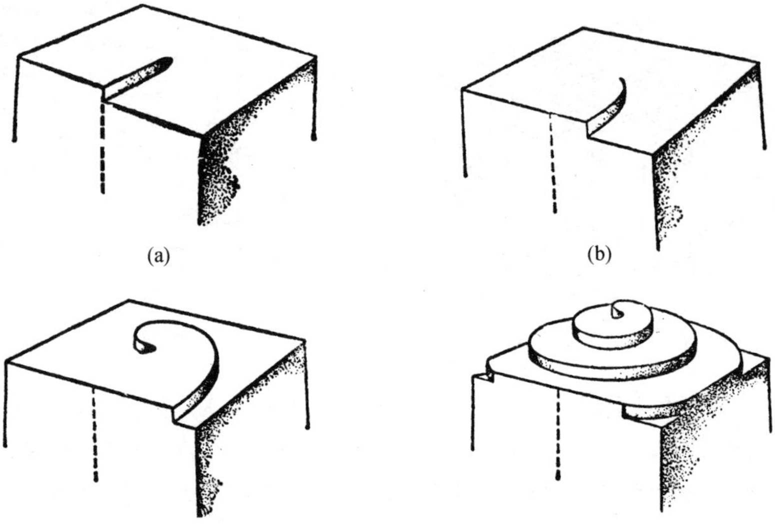

图 4-9　生长台阶的发展

(ii) 位错和小角晶界

即使在同一晶体内部也常常发现存在不同区域，它们的晶格之间有小的角度差别. 早已有人从理论上提出，相互有小角度倾斜的两部分晶体之间的“小角晶界”可以看成是由一系列刃位错排列而成. 图 4-10 表示了这样一个小角晶界的情况. 它的结构可以这样理解：图 4-11 表示两个有小角倾斜的部分，为了使它们之间的原子尽可能完整地按晶格排列弥合在一起，就是每过几行插入一片原子,从而就形成了图 4-10 的情况. 这样,小角晶界就成为一系列平行排列的刃位错. 从图 4-10 可以看到,如果两部分倾角为 θ,原子间距为 b,则每隔 $D=b/\theta$,就可以在两部分间再插入一片原子. 也就是说,小角晶界上位错相隔的距离应当是 $D=b/\theta$,如图 4-10 上已注明. 由位错的排列构成小角晶界的看法,在 1953 年首先在锗晶体上得到实验证实. 在垂直小角晶界的晶体表面上用腐蚀办法观察到了晶界露头处的一行位错坑,并测量了它们的间距 D. 同时,用 X 射线方法,测定了晶体内的倾斜角 θ. 用锗晶体的晶格常数和观测的 θ 计算出 b/θ,发现和测量所得的 D 接近一致.

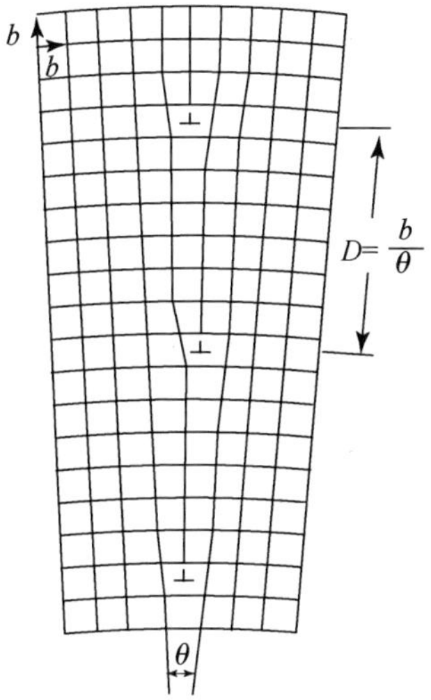

图 4-10 小角晶界

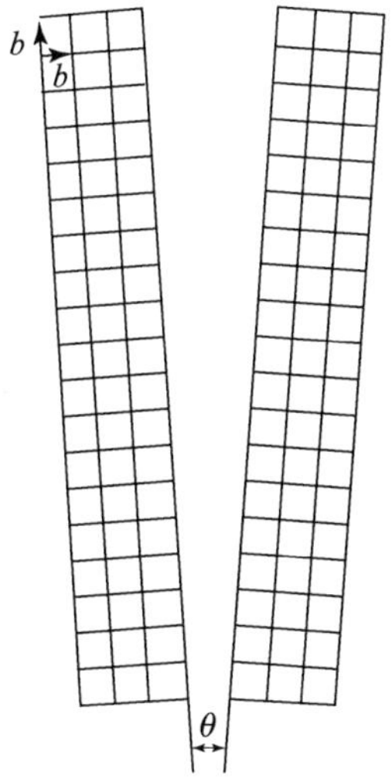

图 4-11 倾斜晶体

金属经过冷加工,晶格产生范性形变和弹性畸变后,再在较高温度下退火,就可以形成小角晶界. 在这个过程中,通过弹性应力场的相互作用而驱使位错运动并排列起来,其结果,可以使晶格内的弹性畸变降低. 图 4-12 示意地表示出一个弯曲晶体(a)中的位错依次地经历如(b),(c)的排列过程.

(iii) 位错和空位

在一般晶体中,并不是所有原子都在格点上,实际上总有一些格点缺少了原子,称为空位,也会有少数一些间隙中有原子,称为间隙原子. 它们是在实际晶体中有极重要作用的一类缺陷,这在下几节还要进一步讨论. 这里我们以空位为例,说明它们与位错的运动和变化可以有密切的联系.

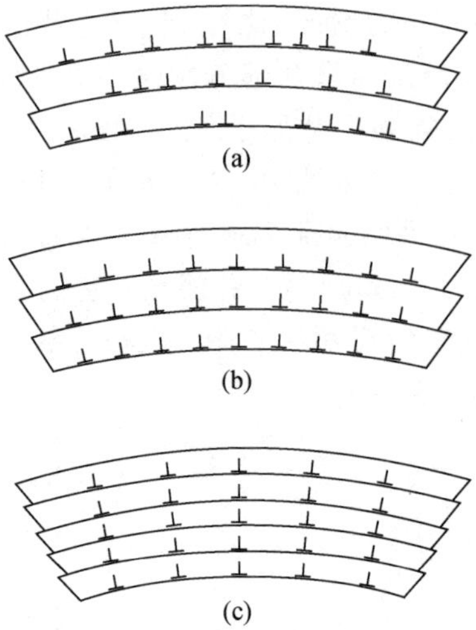

图 4-12　弯曲晶体力位错的排列

如下节将要说明的,晶格在高温下有较多的空位,当温度降低时,它们就可能发生凝聚的现象,在晶格中形成空隙,例如,它们在一个晶面凝聚,就形成一个微观的片状空隙,如图 4-13(a)所示. 图 4-13(b)表示一个竖直切面的原子排列图. 当这样一个空隙塌陷时,原子排列将取图 4-13(c)的形式,从这个图可以看到,结果在空隙的边缘形成刃位错. 从图(c)整个塌陷的空隙来看,这时就形成了一个沿着空隙边缘的位错环,我们在图(a)中用刃位错的符号表明这种情况. 现在一般认为,在从高温熔融状态凝固的材料中的位错正是起源于空位凝结过程.

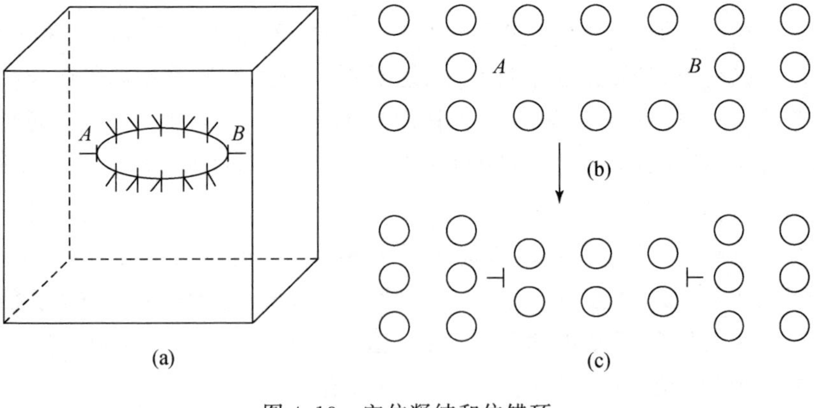

图 4-13　空位凝结和位错环

另外一类重要的现象是，位错在运动过程中可以产生或消灭空位. 前面讲到，刃位错可以在滑移面内运动，但是实际上刃位错也可以发生垂直于滑移面的运动. 图 4-12 所示位错的排列过程中，显然就曾发生了刃位错垂直滑移面的运动，这种运动常称为“攀移”. 攀移总是伴随着空位(或间隙原子)的产生或消灭. 图 4-14(a)表示一个刃位错在垂直滑移面下移一步的同时产生一个空位的情形. 从刃位错相当于在完整晶体上面多插入了一片原子的观点来看，刃位错下降，实际上便是在这一片原子的下沿(也就是刃位错所在处)增加了一列原子. 图 4-14(b)表示增加的原子来自附近的格点，从而也就在格点上产生了空位. 相反地，如果位错是向上攀移，相当于在位错处减少一列原子，那么，在攀移时就会把多余的原子释放出来，它们可以填充原来的空位，换一句话说，这样的攀移将伴随着空位的消灭.

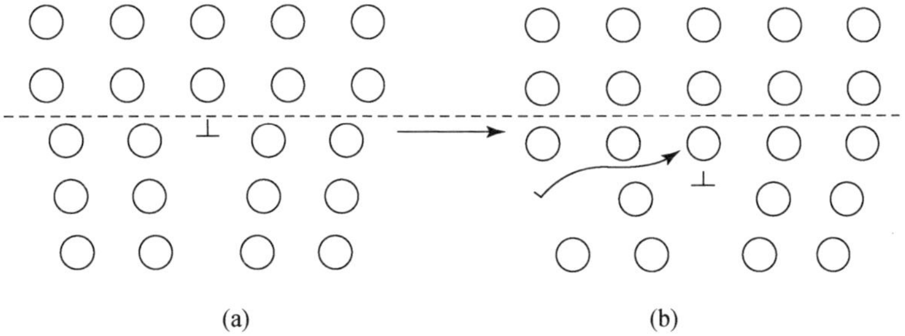

图 4-14 攀移

4-3 空位、间隙原子的运动和统计平衡

空位和间隙原子最早是在研究离子晶体的电解导电性中提出来的. 电解导电表明电流是由晶格中的离子运动构成的，称离子性导电. 假使离子晶体的所有离子都处在格点上，就不可能理解离子怎样能通过晶格而运动. 图 4-15 示意地表示晶格中的空位和间隙原子. 图中的箭头表示它们可以从一个晶格位置跳到另一个晶格位置，当然空位的跳跃实际上是指邻近的原子可以跳进空位从而使空位由一个格点转移到邻近的格点. 离子晶体的导电和更为广阔的固体中的各种扩散现象正是通过空位和间隙原子的运动来实现的. 这些重要的现象在后面还要作具体讨论.

空位和间隙原子的跳跃是依靠热涨落，因此和温度有密切的关系. 我们具

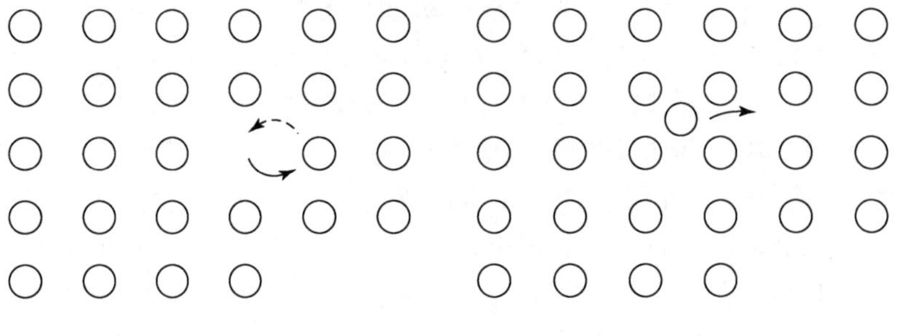

图 4-15

体地以间隙原子来说明这个问题. 间隙原子在间隙位置上是处在一个相对的势能极小值,如图 4-16 所示,其中 O 表示间隙原子所处的位置,A,B 是两个与 O 相邻的间隙. 两个间隙之间存在势能的极大,常称为势垒,高度在图中用 ε 表示. 平常间隙原子就在势能极小值附近作热振动,振动的频率 $\nu_0 \approx 10^{12}—10^{13}/\mathrm{s}$,平均振动能量 $\approx kT$. 间隙原子要跳跃到邻近的间隙,必须要能越过势垒 ε. 但是,像以后将要讨论的,从实验可以推断,ε 一般是几个电子伏的数量级,然而即使在 1000℃的高温,原子振动能量 kT 也只有约十分之一电子伏. 所以,间隙原子的跳跃必须靠着偶然性的统计涨落而获得大于 ε 的能量时才能实现.

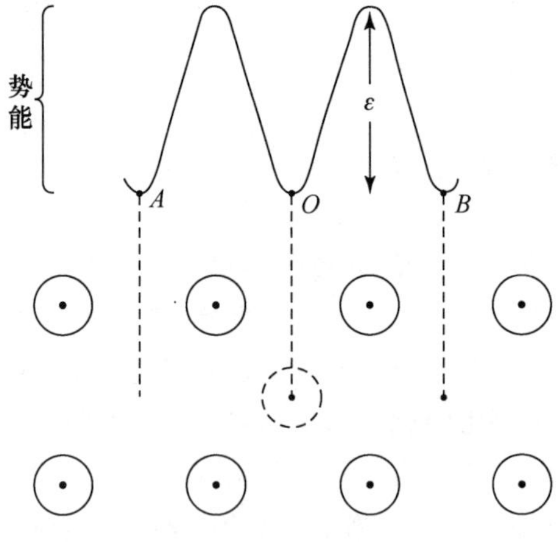

图 4-16 间隙原子的势垒

一般的分析表明,获得大于 ε 的能量的涨落概率可以写成

$$e^{-\varepsilon/kT}. \tag{4-1}$$

间隙原子每来往振动一次，都可以看作是越过势垒的一次尝试，但是，只有当它恰好由于涨落具有大于 ε 的能量时，才能成功地跳进邻近间隙. 由于振动频率为 ν_0，考虑统计涨落概率(4-1)，得到每秒钟的跳跃次数——跳跃率

$$\nu = \nu_0 \mathrm{e}^{-\varepsilon/kT}. \tag{4-2}$$

这个结果具体表达了间隙原子运动对温度的密切依赖关系，而指数形式表明运动将随温度升高迅速加剧.

按照相似的分析，对空位的跳跃率也将得到完全类似的结果，其中势垒高度以及振动频率都是指邻近格点上的原子向空位跳跃而言的.

晶格中的空位和间隙原子可以通过不同的具体方式产生. 晶体表面的原子可以由于热涨落转入间隙，然后，通过在间隙间的跳跃进入晶体内部；同样，邻近表面的原子也可以由于热涨落跳到表面，从而产生一个空位，空位又可逐步跳跃到内部. 在晶格内部的原子也可以由于热涨落由格点跳进间隙位置，从而产生一个空位和一个间隙原子. 由这种方式产生空位和间隙原子，最早是弗伦克尔提出的，因此有时称这样一对缺陷为弗伦克尔缺陷，肖特基首先指出可以单独形成空位，因此这种空位有时也称为肖特基缺陷. 显然，以上的过程都可以反过来进行，使晶格中的空位和间隙原子消失. 前节曾特别指出，位错的形成和运动可以导致空位和间隙原子的产生或消失，一般认为，在实际晶体中，这是产生与消灭空位和间隙原子的一种极重要的机构.

尽管产生空位和间隙原子的具体方式可以是多种多样的，但在一定的宏观条件下，达到统计平衡时，它们的数目是一定的. 现在我们考虑由一种原子组成的晶体，并具体分析空位的统计平衡问题. 设晶体包含 N 个原子. 我们将写出晶格中存在 n 个空位时的自由能函数

$$F = U - TS, \tag{4-3}$$

然后，根据 F 取极小值的平衡条件

$$\left(\frac{\partial F}{\partial n}\right)_T = 0 \tag{4-4}$$

来确定统计平衡时的空位数 n.

令 ω 表示形成一个空位的能量，则晶体中含 n 个空位时，内能将增加

$$\Delta U = n\omega. \tag{4-5}$$

晶格中有 n 个空位时，整个晶体将包含 $N+n$ 个格点. N 个相同的原子将可以有

$$\mathrm{C}_N^{N+n} = \frac{(N+n)!}{N!n!}$$

种不同的方式排列在格点上. 和前章讨论合金混合熵的情况完全相似，这将使熵增加，

$$\Delta S = k\ln\frac{(N+n)!}{N!n!}. \tag{4-6}$$

综合(4-5)和(4-6)得到，存在 n 个空位时，自由能函数将改变：

$$\Delta F = \Delta U - T\Delta S = n\omega - kT\ln\frac{(N+n)!}{N!n!}. \tag{4-7}$$

应用平衡条件(4-4)，并考虑到只有 ΔF 与 n 有关，得到

$$\begin{aligned}\left(\frac{\partial\Delta F}{\partial n}\right)_T &= \omega - kT\frac{\partial}{\partial n}[(N+n)\ln(N+n) - n\ln n - N\ln N]\\ &= \omega - kT\ln\left(\frac{N+n}{n}\right) = 0,\end{aligned} \tag{4-8}$$

其中我们应用了关于阶乘的斯特林公式. 由于实际上一般只有少数格点为空位，$n \ll N$，所以由(4-8)可得平衡时空位的数目：

$$n \cong N\mathrm{e}^{-\omega/kT}. \tag{4-9}$$

对于平衡时间隙原子的数目，也可以得到完全相似的理论公式，其中 ω 将表示形成一个间隙原子的能量，N 将为晶格中间隙的数目.

对 ω 的含义，容易产生误解，认为它代表把一个在格点上的原子从晶体中拿走所需要的能量. 实际上，根据上面的讨论，n 改变时原子数目 N 并没有变，也就是说，并没有把原子拿出晶体以外，所以应当把 ω 理解为，将晶格内部一个格点上的原子放到晶体表面上去所需要的能量，如图 4-17 所示.

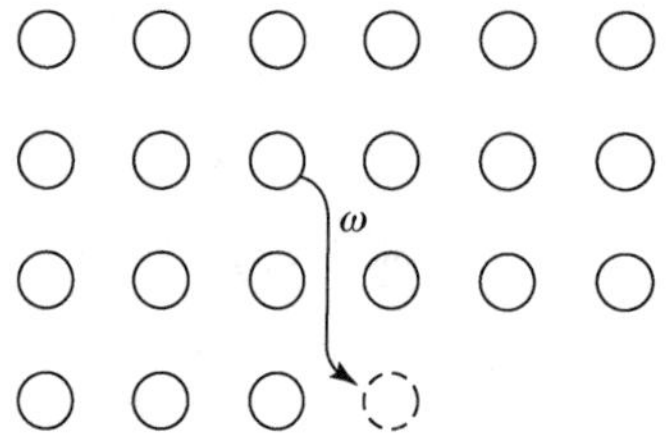

图 4-17　形成空位的示意图

上面导出的是达到统计平衡时的空位和间隙原子数目. 根据目前积累的大量有关空位和间隙原子的实验资料来看，在较高的温度时，它们实际的数目是和统计平衡值一致的，这表明它们在高温时已相当迅速地达到平衡. 上节所介绍的在固体降温过程中，可以发生空位凝结为位错环的现象，便是一个调节保持空位平衡的过程. 根据(4-9)，在高温时有较多的空位，随着温度的降低，统计平衡要求空位数目迅速减少，大量的多出的空位就可以通过形成位错环而消失. 另一方面，实验上也发现，从高温迅速冷却到室温，可以使高温时存在于晶格中的空位“冻结”下来，使材料中空位数目远大于室温的平衡值. 根据(4-2)的结果，空位的跳跃率随温度下降很快地降低，以致在较低温度时，空位几乎不能移动. 正是由于这个缘故，如果温度下

降很快，就有可能使空位冻结，不能移动与消失.

4-4 扩散和原子布朗运动

扩散现象对于固体在生产技术中的应用有很广泛的影响.金属材料制造工艺中许多问题都与扩散有关.近年来，扩散被发展成为制造半导体器件的一种重要技术.扩散现象的研究也增进了对固体的原子结构和固体中原子的微观运动的深入了解.我们在此将限于讨论由于密度不均匀所产生的扩散现象，先介绍宏观规律，然后进一步讨论微观理论.

在扩散物质浓度不大的情况下，在单位时间内，通过单位面积的扩散物的量(简称扩散流)，决定于浓度 n 的梯度：

$$\text{扩散流} = - D\nabla n, \tag{4-10}$$

D 为一常数系数，称为扩散系数，浓度 n 可以表示单位体积内扩散原子的数目，也可以是摩尔数或任何其它标志物质数量的单位(扩散流也取相应的单位).(4-10)常称为菲克第一定律.

实际上在分析问题时，往往取(4-10)的散度并与连续性方程结合起来，得到

$$\frac{\partial n}{\partial t} = D\nabla^2 n, \tag{4-11}$$

以这一形式表述的扩散规律又称为菲克第二定律.

(4-11)的一个常常用到的解是

$$n(x,t) = \frac{N}{2\sqrt{\pi Dt}}\exp\left[\frac{x^2}{-4Dt}\right]. \tag{4-12}$$

这个解可以直接代入(4-11)加以验证.

我们注意，

$$\int_{-\infty}^{\infty} n(x,t)\mathrm{d}x = N \tag{4-13}$$

表明，在一个单位截面的沿 x 方向的无穷长柱体内，扩散物数量为一常数 N.另外，在 $t\to 0$ 时，解(4-12)中 $n(x,t)$ 除去 $x=0$ 处外都等于0.这说明，解(4-12)表示在 $t=0$ 时，扩散物完全集中在 $x=0$ 的面上，单位面积上的数量为 N.而 $n(x,t)$ 则表示经过 t 时间后扩散物的分布.图 4-18 表示先后几个不同时间扩散分布的情况.

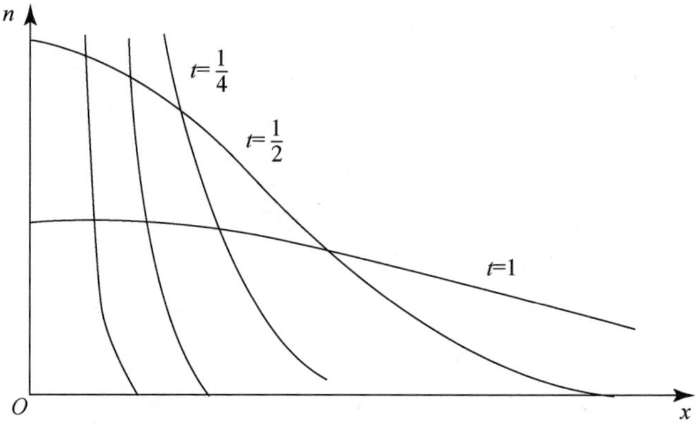

图 4-18　扩散分布

研究扩散最基本的实验方法是利用放射性示踪原子. 把含有示踪原子的扩散物涂抹或沉积在经过磨光的固体表面上,然后在高炉中进行扩散. 扩散分布可以通过逐次去层测量放射强度来加以确定. 将实验测定的扩散分布和理论公式(4-12)对比,就可以确定扩散系数 D.

扩散现象密切依赖于温度,一般只有在摄氏几百度的高温时才有显著的扩散,温度愈高,扩散愈强. 大量的关于扩散系数的实验测量证明,至少在不太宽的温度范围中,扩散系数与温度间存在下列规律:

$$D = D_0 e^{-Q/RT}, \tag{4-14}$$

其中 R 为气体常数(量纲为[能量]/[温度][物质的量]),因此,常数 Q 具有[能量]/[物质的量]的量纲,称为扩散的激活能.

从各种材料大量测量的结果还可以得出以下一些定性的结论:

间隙式的原子一般具有较高的扩散系数(例如碳原子在钢铁中的扩散).

溶解度愈低的代位式原子,扩散系数愈大.

依靠示踪原子方法还可以测量晶格本身的原子的扩散(如放射性 Fe 原子在 Fe 晶体中的扩散),这种扩散称为自扩散. 自扩散系数往往低于外加元素的扩散系数.

表 4-1 中列举了一些典型的实验数据. 值得特别注意,如上所讲,扩散系数 D 的相对大小差别主要由激活能 Q 的大小决定,Q 愈低,扩散系数愈大.

表 4-1

材料	扩散元素	$D_0/(\mathrm{cm^2\cdot s^{-1}})$	$Q/(\mathrm{kJ\cdot mol^{-1}})$	$D/(\mathrm{cm^2\cdot s^{-1}})$	测量温度/℃
Fe(γ-Fe)	Fe	3×10^4	323		715—887
	C(间隙原子)	1.67×10^{-2}	120		800—1100
	H(间隙原子)	1.65×10^{-2}	39		
	C(间隙原子)			3.0×10^{-7}	925
Cu	Cu	1.1×10^1	239		750—950
	Cu			4.0×10^{-11}	850
	Zn	5.8×10^{-4}	176		641—884
Ag	Ag	7.2×10^{-4}	188		
	Ag(间界扩散)	9×10^{-2}	90		
Ge	Ge	8.7×10^1	310	8×10^{-15}	800
	Sb	4.0	234	2×10^{-1}	800
	Li(间隙原子)	1.3×10^{-4}	44	8.6×10^{-7}	800

按(4-14),如果作 $\ln D$ 和 $1/T$ 的图线应得到一直线,从它的斜率 $-Q/R$ 可以得到激活能 Q. 但是,当测量温度范围较宽,包括了较低一些的温度时,有时发现 $\ln D$ 和 $1/T$ 具有图 4-19 所示的折线的形式. 折线表明,在高温和较低温度时的扩散有性质上的差别. 在较低温度时的扩散,图线斜率的绝对值较小,表示激活能 Q 较低,这种情况说明,在较低温度范围,扩散往往主要是沿着晶粒间界进行的.

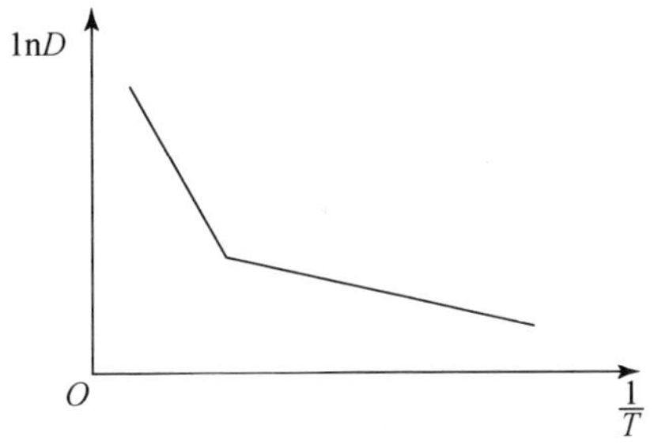

图 4-19

扩散现象,从微观来看,实际上便是原子的布朗运动. 所以(4-12)式的扩散分布 $n(x,t)$ 实际上描述着从 $x=0$ 平面出发的原子作布朗运动,经过 t 时间以后,沿 x 方向的统计分布情况. 由 $n(x,t)$ 可以直接求出布朗运动的平均平方位移:

$$\overline{x^2} = \frac{1}{N}\int_{-\infty}^{\infty} x^2 n(x,t)\,\mathrm{d}x = 2Dt. \tag{4-15}$$

这个结果表明,扩散系数 D 直接反映了原子布朗运动的强弱.

下面我们讨论扩散现象的微观理论.

间隙式原子的扩散是最简单的. 在前节已经说明,原子可以依靠热涨落在间隙之间跳跃,并且得到跳跃率为

$$\nu = \nu_0 e^{-\varepsilon/kT}. \tag{4-16}$$

显然，这种跳跃是完全无规的.以这种跳跃为基础的布朗运动就构成了扩散现象.具体分析这种布朗运动可以导出扩散系数.

我们可以按下列方式分析在 t 时间内沿 x 方向的布朗运动分布.由于一个原子可以向左边或右边的间隙跳跃，所以在 t 时间中总的跳跃次数应当是

$$N = 2\nu t. \tag{4-17}$$

由于每一次跳跃都可以有向左或向右的两种可能，N 次连续跳跃共有

$$2 \times 2 \times 2 \cdots = 2^N$$

种不同的进行方式.在这中间，m 次向右、$N-m$ 次向左的情况共为（即从 N 次中选择 m 次为向右的各种不同选法）

$$C_m^N = \frac{N!}{m!(N-m)!}, \tag{4-18}$$

凡属于这种情况，沿 x 方向移动的距离都是

$$x = md - (N-m)d = (2m-N)d, \tag{4-19}$$

d 表示相邻间隙的距离.(4-18)和(4-19)实际上概括了布朗运动的统计分布.到达距离(4-19)的统计概率直接由(4-18)给出.

我们将根据(4-19)和(4-18)计算平均平方距离：

$$\begin{aligned} \overline{x^2} &= \frac{1}{2^N}\sum_m C_m^N (2m-N)^2 d^2 \\ &= \frac{d^2}{2^N}\left(4\sum_m m^2 C_m^N - 4N\sum_m m C_m^N + N^2\sum_m C_m^N\right). \end{aligned} \tag{4-20}$$

各个连加式的值可以由恒等式

$$(1+y)^N = \sum_m C_m^N y^m, \tag{4-21}$$

以及由它导出的恒等式：

$$\frac{d}{dy}(1+y)^N \equiv \sum_m m C_m^N y^{m-1}, \tag{4-22}$$

$$\frac{d}{dy}\left[y\frac{d}{dy}(1+y)^N\right] \equiv \sum_m m^2 C_m^N y^{m-1} \tag{4-23}$$

计算出来.我们只需要把左边的微商计算出来，然后再令 $y=1$，就得到

$$\left.\begin{aligned} &\sum_m C_m^N = 2^N, \\ &\sum_m m C_m^N = N 2^{N-1}, \\ &\sum_m m^2 C_m^N = (N+1) N 2^{N-2}, \end{aligned}\right\} \tag{4-24}$$

代入(4-20)式就求出

$$\overline{x^2} = Nd^2.$$

根据(4-17)和(4-16)把 N 具体写出来就得到

$$\overline{x^2} = (2\nu_0 d^2 e^{-\varepsilon/kT})t. \tag{4-25}$$

以这个微观理论的结果和由扩散规律导出的值(4-15)比较就得到如下的扩散系数公式

$$D = \nu_0 d^2 e^{-\varepsilon/kT}. \tag{4-26}$$

这个结果从理论上说明了扩散系数和温度的关系.比较(4-26)和(4-14)就看到 Q=(阿伏伽德罗数)×ε,这表明扩散激活能直接表示了原子跳跃的势垒高度.因为 Q=96 kJ/mol,相当于 ε=1 eV,从表 4-1 所列的典型数据可以看到,一般势垒高度为 1 eV 的数量级.

代位式原子的扩散(自扩散,代位式固溶体中溶入原子的扩散)是一个更为复杂的问题.对于这种扩散究竟是怎样进行的,曾提出过许多可能的方式,例如,通过相邻原子对调;扩散原子离开格点进入间隙,通过若干间隙跳跃到另一个空位;几个原子的同时跳跃等.这些方式我们以箭头表示在图 4-20 中.不同情况下,扩散主要采取哪一种方式,是可以不同的.一般认为,最常见的是所谓空位式的扩散.按照这种形式运动,在格点上的扩散原子虽然不断向四邻冲击,但只有当一个空位出现在它四周的时候,它才实际有可能跳跃进这个空位从而移动一步,这种情况下的跳跃率可以写成

$$\nu = P\nu_0 e^{-\varepsilon/kT}. \tag{4-27}$$

这个公式的形式和前面间隙原子跳跃率相似,只是增加了一个因子 P,表示邻近格点为空位的概率.

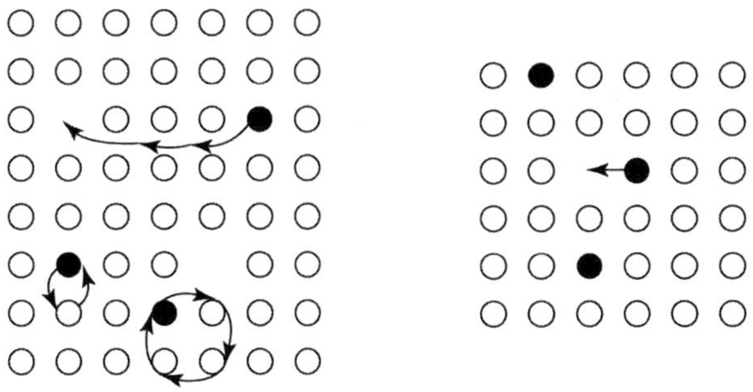

图 4-20 空位式扩散

前节已经导出,在一定温度下,平衡空位的数目

$$n = N e^{-\omega/kT}.$$

对于晶格中一般格点来讲,被空位平均占据的概率显然就等于

$$\frac{n}{N} = e^{-\omega/kT}.$$

在自扩散中,扩散的原子和晶格中一般原子并无区别,因此,它的邻近格点为空位的概率可以直接引用上式.这样,跳跃率(4-27)可以写成

$$\nu = \nu_0 e^{-(\varepsilon+\omega)/kT}. \tag{4-28}$$

根据这个跳跃率导出的扩散系数

$$D = D_0 e^{-Q/RT}$$

中

$$D_0 = \nu_0 d^2,\ Q = N_0(\varepsilon + \omega), \tag{4-29}$$

N_0 为阿伏伽德罗数.和间隙原子扩散系数的主要差别在于,激活能除去原子跳跃势垒外还包括了形成空位的能量 ω,因此,Q 应当具有更高的数值.这一点在表 4-1 所列 γ 铁的自扩散和间隙原子扩散的激活能数据中很明显地表现出来.

对于外来的代位式原子,它的邻近格点将受到它的影响,不能简单写出被空位占据的概率.但是,一般认为,外来原子,特别是难溶的原子附近,空位将以较大的概率出现.所以,外来的代位原子的扩散系数,特别是溶解度低的情况,比自扩散系数为高.

4-5　离子晶体中的点缺陷和离子性导电

离子晶体中的点缺陷(空位和间隙离子)的特点是带有一定的电荷.图 4-21 表示一个离子晶体 A^+B^- 中 4 种可能的缺陷:

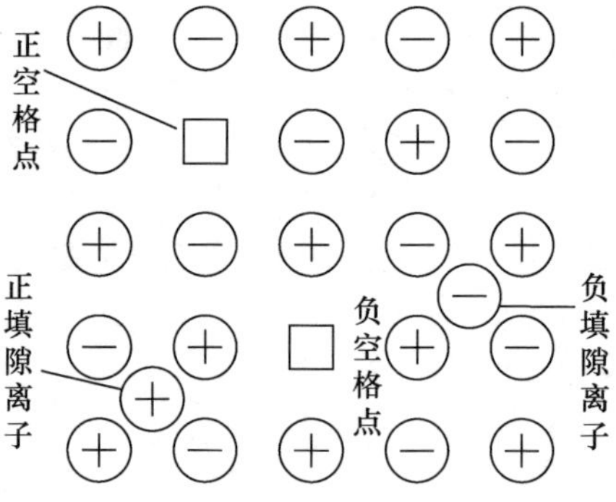

图 4-21　离子晶体中的缺陷

A^+ 空位　　⊖

B^- 空位　　⊕

A^+ 间隙离子　　⊕

B^- 间隙离子　　⊖

后面注明的是它们所带的电荷.应当注意,由于原来晶体是电中性的,格点失去一个离子而形成空位,结果是使该处多了一个相反的电荷.

在没有外电场时,这些缺陷作无规则的布朗运动,不产生宏观的电流,但是,当有外电场存在时,外电场对它们所带电荷的作用,使布朗运动产生一定的"偏向",从而引起宏观电流.我们具体考虑一个正的间隙离子在外电场作用下的运动.沿 x 方向的外电场 E 的作用可以用势能

$$-Eex$$

来描述,它叠加到原来离子势能上使间隙离子的势能成为图 4-22 的形式.从图 4-22(b)看出,势垒的高度发生了变化,左右两边势垒的高度分别变为 $\varepsilon+(Eed/2)$ 和 $\varepsilon-(Eed/2)$,使向右和向左的跳跃率有不同的值:

$$\left.\begin{aligned} &\text{向右:}\quad \nu_0\exp\left\{-\frac{\varepsilon-(Eed/2)}{kT}\right\},\\ &\text{向左:}\quad \nu_0\exp\left\{-\frac{\varepsilon+(Eed/2)}{kT}\right\},\end{aligned}\right\}\tag{4-30}$$

这样就使原来无规的跳跃发生了沿电场方向的偏向.把(4-30)中两式相减后乘上每步跳动的距离 d,就得到每秒钟平均沿电场移动的距离:

$$\nu_d = 2\nu_0 d\mathrm{e}^{-\varepsilon/kT}\sinh(Eed/2kT).\tag{4-31}$$

我们常常称这种由于外场影响,在原来无规运动之上所引起的平均运动为"漂移",(4-31)便是这种漂移运动的速度.

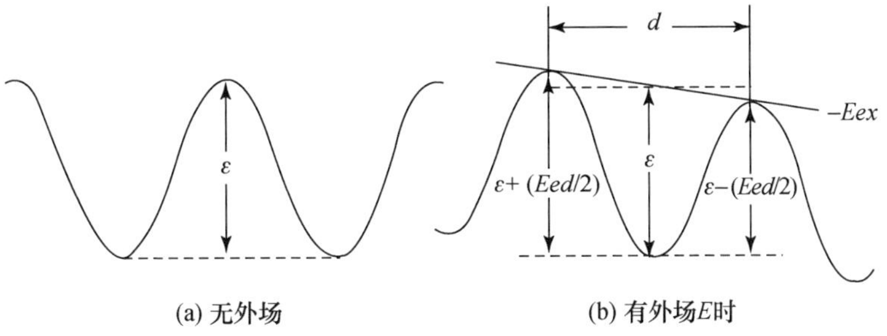

图 4-22　离子势能

对于一般的电场强度，$Eed \ll kT$，所以(4-31)式可以简化为

$$\nu_d = \frac{e}{kT}(\nu_0 d^2 \mathrm{e}^{-\varepsilon/kT})E, \tag{4-32}$$

其中常数系数

$$\mu = \frac{e}{kT}(\nu_0 d^2 \mathrm{e}^{-\varepsilon/kT}). \tag{4-33}$$

称为离子的迁移率. 我们注意，将(4-33)和相应的间隙原子(离子)的扩散系数(4-26)比较表明，迁移率和扩散系数间存在下列简单关系：

$$\mu = \frac{e}{kT}D. \tag{4-34}$$

它实际上是一个普通的关系式，不仅限于离子晶体的导电性，这个关系常称为爱因斯坦关系.

如果令 n_0 表示单位体积内间隙离子的数目，由漂移速度可以直接得到电流密度：

$$j = n_0 e \nu_d = \sigma E, \tag{4-35}$$

其中

$$\sigma = \frac{n_0 e}{kT}\nu_0 d^2 \mathrm{e}^{-\varepsilon/kT}. \tag{4-36}$$

(4-35)表示了离子导电的欧姆定律. 我们看到，电导率 σ 密切依赖于温度，除去(4-36)中明显表示的指数因子以外，还应当注意间隙离子数 n_0 也随温度有类似的指数变化关系.

第五章　晶格振动和晶体热学性质

晶体中的格点表示原子的平衡位置，晶格振动便是指原子在格点附近的振动．晶格振动的研究，最早是从晶体热学性质开始的．热运动在宏观性质上最直接的表现就是热容量．上一世纪根据经典统计规律对杜隆-珀蒂经验规律的说明（每摩尔固体有 $3N$ 振动自由度，按能量均分定律，每个自由度平均热能为 kT，得摩尔热容量 $3Nk=3R$），是把热容量和原子振动具体联系起来的一个重要成就．但是，19 世纪大量的实验研究已经表明，杜隆-珀蒂定律虽然在室温和更高的温度对广泛的固体基本上是适用的，然而，在较低的温度，固体的热容量开始随温度降低而不断下降．为了解决这一矛盾，爱因斯坦发展了普朗克的量子假说，第一次提出了量子的热容量理论，得出热容量在低温范围下降，并在 $T\to 0$ K 时趋于 0 的结论，这项在量子理论发展中占有重要地位的成就，对于原子振动的研究也有重要的影响．量子理论的热容量值和经典理论不同，它与原子振动的具体频率有关，从而推动了对晶体原子振动进行具体的研究．

以后的研究确立了晶格振动采取所谓“格波”的形式．这一章的主要内容，是介绍格波的概念，并在晶格振动理论的基础上扼要讲述晶体的宏观热学性质．

晶格振动的意义远不限于热学性质．晶格振动是研究固体宏观性质和微观过程的重要基础．在以后各章将看到，电子以及光子和晶体的相互作用等微观过程都涉及晶格振动．

5-1　简正振动和量子热容量理论

从经典力学看，晶格振动是一个典型的小振动理论问题．如果晶体包含 N 个原子，m_i 和 $\boldsymbol{u}_i(u_i, v_i, w_i)$ 分别表示它们的质量和偏离格点的位移矢量，我们对 $3N$ 个变量：

$$\sqrt{m_1}u_1, \sqrt{m_1}v_1, \sqrt{m_1}w_1, \sqrt{m_2}u_2, \sqrt{m_2}v_2, \sqrt{m_2}w_2, \cdots, \tag{5-1}$$

通过一定的正交变换,可以引入所谓简正坐标

$$q_1, q_2, \cdots, q_{3N}, \tag{5-2}$$

用这种坐标表示,可使动能和势能分别化为一些平方项之和:

$$\text{动能} = \frac{1}{2}(\dot{q}_1^2 + \dot{q}_2^2 + \cdots), \tag{5-3}$$

$$\text{势能} = \frac{1}{2}(\omega_1^2 q_1^2 + \omega_2^2 q_2^2 + \cdots). \tag{5-4}$$

势能的系数为正值,这里写成 $\omega_1^2, \omega_2^2, \cdots$,表明原来原子在格点上是一稳定平衡的状态. 由动能和势能公式,可以直接写出哈密顿量

$$H = \frac{1}{2}(p_1^2 + \omega_1^2 q_1^2) + \frac{1}{2}(p_2^2 + \omega_2^2 q_2^2) + \cdots, \tag{5-5}$$

其中 $p_j = \dfrac{\partial L}{\partial \dot{q}_j} = \dot{q}_j$,应用正则方程得到

$$\ddot{q}_j + \omega_j^2 q_j = 0, \tag{5-6}$$

表明各简正坐标描述独立的简谐振动,ω_j 是振动的圆频率,$\omega_j = 2\pi\nu_j$.

根据经典力学写出的哈密顿量(5-5)式,可以直接用来作为量子力学分析的出发点,只需要把 p_i 和 q_i 看作量子力学中的正则共轭算符. 按照一般的方法,把 p_i 写成 $-\mathrm{i}\hbar \dfrac{\partial}{\partial q_j}$,就得到波动方程:

$$\left[\sum_{j=1}^{3N} \frac{1}{2}\left(-\hbar^2 \frac{\partial^2}{\partial q_j^2} + \omega_j q_j^2\right)\right]\Psi(q_1, q_2, \cdots, q_{3N}) = E\Psi(q_1, q_2, \cdots, q_{3N}). \tag{5-7}$$

显然方程(5-7)表示一系列相互独立的简谐振子,各振子的能级具有量子力学中熟知的值

$$\left(n_j + \frac{1}{2}\right)\hbar\omega_j \quad (n_j = \text{整数}). \tag{5-8}$$

把晶体看成一个热力学系统,各简正坐标 $q_j (j = 1, 2, \cdots, 3N)$ 所代表的振子构成近独立的子系,可以直接写出它们的统计平均能量

$$E_j(T) = \frac{1}{2}\hbar\omega_j + \frac{\sum\limits_{n,j} n_j \hbar\omega_j \mathrm{e}^{-n_j \hbar\omega_j / kT}}{\sum\limits_{n,j} \mathrm{e}^{-n_j \hbar\omega_j / kT}}. \tag{5-9}$$

令 $\beta = \dfrac{1}{kT}$,上式可以写成

$$E_j(T) = \frac{1}{2}\hbar\omega_j - \frac{\partial}{\partial\beta}\ln\sum_{n,j}\mathrm{e}^{-n\beta\hbar\omega_j}, \tag{5-10}$$

对数中的连加式是一个几何级数，可以简单求和：

$$\sum_n e^{-n\beta\hbar\omega_j} = \frac{1}{1-e^{-\beta\hbar\omega_j}},$$

代入(5-10)得

$$E_j(T) = \frac{1}{2}\hbar\omega_j + \frac{\hbar\omega_j e^{-\beta\hbar\omega_j}}{1-e^{-\beta\hbar\omega_j}} = \frac{1}{2}\hbar\omega_j + \frac{\hbar\omega_j}{e^{\beta\hbar\omega_j}-1}, \tag{5-11}$$

式中前一项为常数，一般称为零点能，后一项代表平均热能.

(5-11)对 T 求微商得到对热容量的贡献：

$$\frac{dE_j(T)}{dT} = k\frac{\left(\frac{\hbar\omega_j}{kT}\right)^2 e^{\hbar\omega_j/kT}}{(e^{\hbar\omega_j/kT}-1)^2}. \tag{5-12}$$

和经典理论值 k 比较，首先的区别在于量子理论值与振动频率有关. 对于 $kT \gg \hbar\omega_j$ 即 $\hbar\omega_j/kT \ll 1$，把(5-12)中指数按 $\hbar\omega_j/kT$ 的级数展开，就得到

$$\frac{dE_j(T)}{dT} = k\frac{\left(\frac{\hbar\omega_j}{kT}\right)^2\left(1+\frac{\hbar\omega_j}{kT}+\cdots\right)}{\left[\frac{\hbar\omega_j}{kT}+\frac{1}{2}\left(\frac{\hbar\omega_j}{kT}\right)^2+\cdots\right]^2} \approx k, \tag{5-13}$$

和经典值一致. 这个结果在量子理论基础上说明了在较高温度时杜隆-珀蒂定律成立的原因. 这一结论是容易想到的，因为当振子的能量远远大于能量的量子($\hbar\omega$)时，量子化的效应就可以近似忽略. 在 $kT \ll \hbar\omega_j$ 的极端情形可以忽略(5-12)式分母中的 1，得到

$$\frac{dE_j}{dT} \approx k(\hbar\omega_j/kT)^2 e^{-\hbar\omega_j/kT} \quad (kT \ll \hbar\omega_j). \tag{5-14}$$

这时由于指数因子的$(-\hbar\omega_j/kT)$为很大的负值，振子对热容量的贡献将十分小. 从这里可以看到，根据量子理论，当 $T\to 0$ K 时，晶体的热容量将趋于 0.

5-2 爱因斯坦和德拜理论

上节的一般结果表明，在小振动的近似范围内，只要知道晶格的各简正振动频率，就可以直接写出晶格的热容量. 爱因斯坦在他后来的工作中，对晶格振动采用了很简单的假设，他假设晶格中各原子的振动可以看作相互独立的，所有原子都具有同一频率 ω_0. 这样，考虑到每个原子可以沿三个方向振动，共有 $3N$ 个频率为 ω_0 的振动，由(5-12)直接得到

$$C_V = 3Nk\frac{(\hbar\omega_0/kT)^2 e^{\hbar\omega_0/kT}}{(e^{\hbar\omega_0/kT}-1)^2}. \tag{5-15}$$

我们用(5-15)和一个晶体的热容量实验值比较时，可以适当选定 ω_0 使理论值与实验值尽可能符合. 图 5-1 表示理论和实验值的比较. 和经典理论比较，爱因斯坦理论的改进是十分显著的，理论能够反映出 C_V 在低温时下降的基本趋势. 但是在低温范围，爱因斯坦理论值下降很陡，与实验不相符.

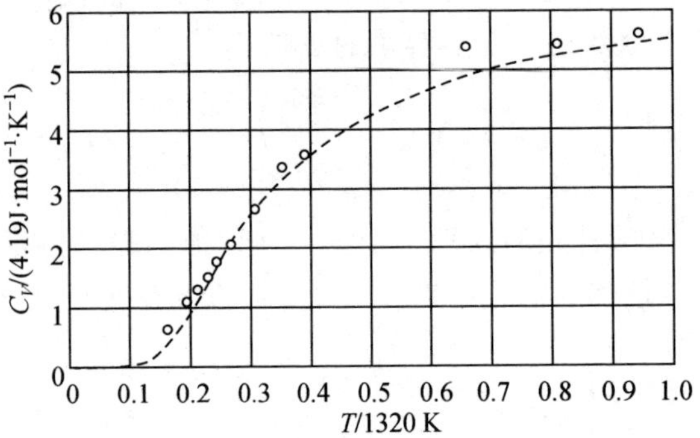

图 5-1　爱因斯坦理论和实验比较

（圆点为金刚石实验值，温度取 $\omega_0/\hbar$=1320 K 为单位）

在热容量理论的进一步发展中，德拜提出的理论获得了很大的成功. 爱因斯坦把固体中各原子的振动看作相互独立显然是一个过于简单的假设. 固体中原子之间存在着很强的相互作用，一个原子不可能孤立地振动而不带动邻近原子. 认真地考虑晶格的振动必须从整个晶体作为一个紧密相关的整体出发. 实际上，根据经典的小振动理论，在原来原子坐标和简正坐标间存在着正交变换关系：

$$\sqrt{m_i}\,\boldsymbol{u}_i = \sum_{j=1}^{3N}\boldsymbol{a}_{ij}q_j. \tag{5-16}$$

当只有某一个 q_j 在振动时，

$$q_j = A\sin(\omega_j t+\delta),$$

(5-16)化为

$$\boldsymbol{u}_i = \frac{\boldsymbol{a}_{ij}}{\sqrt{m_i}}\cdot A\sin(\omega_j t+\delta). \tag{5-17}$$

这表明，一般讲，一个简正振动并不是表示某一个原子的振动，而是表示整个晶体所有的原子($i=1,\cdots,N$)都参与的振动，而且它们的振动频率相同. 由简正坐标所代表的、体系中所有原子一起参与的共同振动，常常称为一个**振动模**.

德拜正是通过分析晶格的振动模来计算热容量的，但是，他对晶格采取了一个很简单的近似模型. 如果不从原子理论而是从宏观力学的角度来看，晶体就是一个弹性介质，德拜也就是把晶格当作一个弹性介质来处理的. 我们将看到德拜的模型既有它的合理的部分也有它的局限性.

弹性介质的振动模就是弹性力学中熟知的弹性波. 德拜具体分析的是各向同性的弹性介质. 在这种情况下，对一定的波数矢量 $\boldsymbol{k}$（矢量的大小 k 代表波数，矢量的方向表示波的传播方向），有一个纵波

$$\omega = 2\pi\nu = \frac{2\pi c_{/\!/}}{\lambda} = 2\pi c_{/\!/}\, k. \tag{5-18}$$

和两个独立的横波

$$\omega = 2\pi\nu = \frac{2\pi c_{\perp}}{\lambda} = 2\pi c_{\perp}\, k. \tag{5-19}$$

(5-18)和(5-19)表明，纵波和横波具有不同的波速 $c_{/\!/}$ 和 $c_{\perp}$. 在德拜模型中，各种不同波矢 $\boldsymbol{k}$ 的纵波和横波，构成了晶格的全部振动模.

由于边界条件，波矢 $\boldsymbol{k}$ 并不是任意的. 从一维的例子最容易了解这一点：一根弹性弦，设想两端是固定的情况，满足边界条件的解便是节点在两端的驻波，我们知道，弦长 L 必须是半波长 $\lambda/2$ 的整倍数

$$\frac{L}{(\lambda/2)} = n \quad (n\ \text{为整数}),$$

换一句话说，$k=\dfrac{1}{\lambda}$ 只能取 $\dfrac{1}{2L}$ 的倍数.

在三维情形 $\boldsymbol{k}$ 同样受到边界条件的限制，只能取某些值而不是任意的. 我们常引入所谓“$\boldsymbol{k}$ 空间”来表示边界条件所允许的 $\boldsymbol{k}$ 值，这就是说，我们把 $\boldsymbol{k}$ 看作空间的矢量，而边界条件允许的 $\boldsymbol{k}$ 值将表示为这个空间中的点子，如平面示意图 5-2. 具体的分析证明见下章，允许的 $\boldsymbol{k}$ 值在 $\boldsymbol{k}$ 空间形成均匀分布的点，在一个体元 $\mathrm{d}\boldsymbol{k} = \mathrm{d}k_x \mathrm{d}k_y \mathrm{d}k_z$ 中数目为

$$V \mathrm{d}\boldsymbol{k}, \tag{5-20}$$

V 表示所考虑的晶体的体积. (5-20)实际上表明，V 是均匀分布的 $\boldsymbol{k}$ 值的“密度”（由

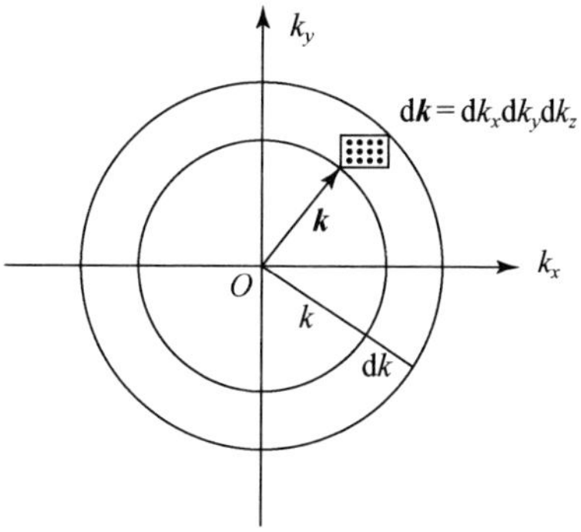

图 5-2　振动模在 k 空间的分布

于 k 的量纲是长度的倒数，因此，$\boldsymbol{k}$ 空间中的"密度"具有体积的量纲).

$\boldsymbol{k}$ 虽然不能取任意值，但由于 V 是一个宏观的体积，允许的 $\boldsymbol{k}$ 值在 k 空间是十分密集的，可以看作是准连续的，根据(5-18)、(5-19)，纵波、横波频率的取值也同样将是准连续的. 对于这样准连续分布的振动，我们可以一般地把包含在 ω 到 $\omega+\mathrm{d}\omega$ 内的振动模的数目写成

$$\Delta n = f(\omega)\Delta\omega, \tag{5-21}$$

$f(\omega)$往往称为振动的频谱. 它具体概括了一个晶体中振动模频率的分布状况，由于振动模的热容量只决定于它的频率：

$$k\frac{(\hbar\omega/kT)^2 \mathrm{e}^{\hbar\omega/kT}}{(\mathrm{e}^{\hbar\omega/kT}-1)^2},$$

根据频谱可以直接写出晶体的热容量

$$C_V(T) = k\int\frac{(\hbar\omega/kT)^2 \mathrm{e}^{\hbar\omega/kT}}{(\mathrm{e}^{\hbar\omega/kT}-1)^2}f(\omega)\mathrm{d}\omega. \tag{5-22}$$

根据(5-18)、(5-19)、(5-20)很容易求出德拜模型的频谱. 先考虑纵波. 在 ω 到 $\omega+\mathrm{d}\omega$ 内的纵波，波数为

$$k = \frac{\omega}{2\pi c_{/\!/}} \longrightarrow k+\mathrm{d}k = \frac{\omega+\mathrm{d}\omega}{2\pi c_{/\!/}}, \tag{5-23}$$

在 k 空间中占据着半径为 k，厚度为 $\mathrm{d}k$ 的球壳(见平面示意图 5-2). 从球壳体积 $4\pi k^2\mathrm{d}k$，和 $\boldsymbol{k}$ 的分布密度 V，得到纵波的数目为

$$4\pi V k^2\mathrm{d}k = \frac{V}{2\pi^2 c_{/\!/}^3}\omega^2\mathrm{d}\omega.$$

类似地可写出横波的数目为

$$2\times\left(\frac{V}{2\pi^2 c_{\perp}^3}\omega^2\mathrm{d}\omega\right),$$

其中考虑了同一个 $\boldsymbol{k}$ 有两个独立的横波. 加起来就得到总的频谱分布：

$$f(\omega) = \frac{3V}{2\pi^2\bar{c}^3}\omega^2, \tag{5-24}$$

其中

$$\frac{1}{\bar{c}^3} = \frac{1}{3}\left(\frac{1}{c_{/\!/}^3}+\frac{2}{c_{\perp}^3}\right). \tag{5-25}$$

根据以上的频谱计算热容量，还有一个重要的问题必须解决. 根据弹性理论，ω 可以取从 0 到∞的任意值，它们对应于从无限长的波到任意短的波($k=0\to\infty$，或 $\lambda=\infty\to 0$)，对(5-24)积分，

$$\int_0^\infty f(\omega)\mathrm{d}\omega$$

显然将发散，换一句话说，振动模的数目是无限的. 从抽象的连续介质模型看，得到这样的结果是理所当然的，因为理想的连续介质包含无限的自由度. 然而，实际晶体是由原子组成的，如果晶体包含 N 个原子，自由度只有 $3N$ 个. 这个矛盾集中地表现出德拜模型的局限性. 容易想到，对于波长远远大于微观尺度（如原子间距，原子相互作用的力程）时，德拜的宏观处理方法应当是适用的，然而，当波长已短到和微观尺度可比，以至更短时，宏观模型必然会导致很大的偏差以致完全错误. 德拜采用一个很简单的办法来解决以上的矛盾：他假设 ω 大于某一 ω_m 的短波实际上是不存在的，而对 ω_m 以下的振动都可以应用弹性波的近似，ω_m 则根据自由度确定如下

$$\int_0^{\omega_m} f(\omega)\,d\omega = \frac{3V}{2\pi^2 \bar{c}^3}\int_0^{\omega_m} \omega^2\,d\omega = 3N. \tag{5-26}$$

或

$$\omega_m = \bar{c}\left[6\pi^2\left(\frac{N}{V}\right)\right]^{1/3}. \tag{5-27}$$

这样把德拜频谱(5-24)代入热容量公式(5-22)得到

$$C_V(T) = \frac{3kV}{2\pi^2 \bar{c}^3}\int_0^{\omega_m} \frac{(\hbar\omega/kT)^2 e^{\hbar\omega/kT}}{(e^{\hbar\omega/kT}-1)^2}\omega^2\,d\omega,$$

应用(5-27)还可以把系数用 ω_m 表示，则

$$\begin{aligned} C_V(T) &= 9R\left(\frac{1}{\omega_m}\right)^3\int_0^{\omega_m} \frac{(\hbar\omega/kT)^2 e^{\hbar\omega/kT}}{(e^{\hbar\omega/kT}-1)^2}\omega^2\,d\omega \\ &= 9R\left(\frac{kT}{\hbar\omega_m}\right)^3\int_0^{\hbar\omega_m/kT} \frac{\xi^4 e^{\xi}}{(e^{\xi}-1)^2}\,d\xi. \end{aligned} \tag{5-28}$$

上式已假设为 1 mol，$R=Nk$ 是气体常数. 式中 $\xi=\hbar\omega/kT$.

我们注意，德拜热容量函数中只包含一个参数 ω_m，而且，如果我们以

$$\Theta_D = \frac{\hbar\omega_m}{k} \tag{5-29}$$

作为单位来计量温度，德拜热容量就为一个普适的函数，

$$C_V(T/\Theta_D) = 9R\left(\frac{T}{\Theta_D}\right)^3\int_0^{\Theta_D/T} \frac{\xi^4 e^{\xi}\,d\xi}{(e^{\xi}-1)^2}, \tag{5-30}$$

Θ_D 称为德拜温度. 所以按照德拜理论，一种晶体，它的热容量特征完全由它的德拜温度确定. Θ_D 可以根据实验的热容量值来确定使理论的 C_V 和实验值尽可能符合得好. 图 5-3 表示出 $C_V(T/\Theta_D)$ 的图线形状以及与某些晶体实验热容量值（适当选取 Θ_D）的比较.

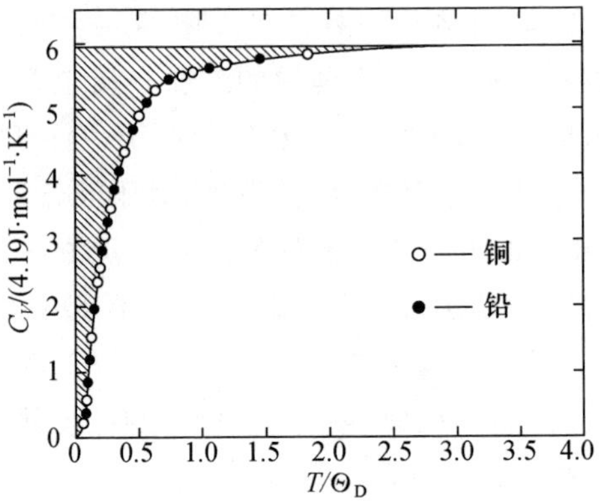

图 5-3　德拜理论和实验比较

德拜理论提出后相当长一个时期中曾认为与实验相当精确地符合，但是，随着更低温度下测量的发展，愈来愈暴露出德拜理论与实际间仍存在显著的偏离. 一个常用的比较理论和实验的办法是，在各个不同温度令理论函数 $C_V(T/\Theta_D)$ 与实验值相等

$$C_V(T/\Theta_D) = (C_V)_{\text{实验}}$$

而定出 Θ_D. 假设德拜理论精确地成立，各温度下订出的 Θ_D 都应当是同一个值，但实际证明不同温度下得到的 Θ_D 是不同的. 这种情况可以表示为一个 $\Theta_D(T)$ 函数，它偏离恒定值的情况具体表现出德拜理论的局限性. 图 5-4 给出一些金属的 $\Theta_D(T)$ 的变化情况.

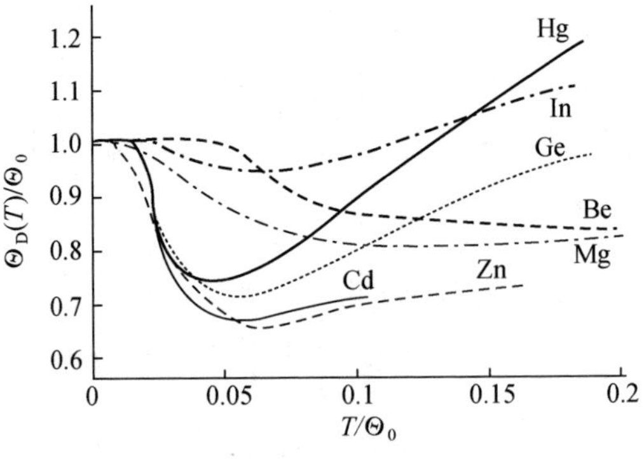

图 5-4　实验的 $\Theta_D(T)$ 曲线（Θ_0 为 Θ_D 在 0 K 的值）

德拜热容量的低温极限是特别有意义的. 根据前节，在一定的温度 T，$\hbar\omega \gg kT$ 的振动模对热容量几乎没有贡献，热容量主要来自

$$\hbar\omega \lesssim kT$$

的振动模. 所以在低温极限,热容量决定于最低频率的振动,这些正是波长最长的弹性波. 前面已经指出,当波长远远大于微观尺度时,德拜的宏观近似是成立的. 因此,德拜理论在低温的极限是严格正确的. 在低温极限,德拜热容量公式可写成:

$$\begin{aligned} C_V(T/\Theta_D) &\to 9R\left(\frac{T}{\Theta_D}\right)^3\int_0^\infty \frac{\xi^4 e^\xi}{(e^\xi-1)^2}d\xi \\ &= \frac{12\pi^4}{15}R\left(\frac{T}{\Theta_D}\right)^3 \quad (T\to 0\ \mathrm{K}), \end{aligned} \tag{5-31}$$

表明 C_V 与 T^3 成比例,常称为德拜 T^3 定律. 但是实际上 T^3 定律一般只适用于大约 $T<\frac{1}{30}\Theta_D$ 的范围,也就是绝对温度几度以下的极低温范围,相当于图 5-4 中 $\Theta_D(T)$ 图线接近纵轴的水平切线.

德拜温度 Θ_D 可以粗略地指示出晶格振动频率的数量级. 参见表5-1,我们看到一般 Θ_D 都是几百开,较多的晶体的 Θ_D 在 200—400 K,相当于 $\omega_m \approx 10^{13}/s$. 但是一些弹性模量大、密度低的晶体,如金刚石、Be, B, Θ_D 高达 1000 K 以上,这一点是容易理解的,因为这种情况下,弹性波速很大,因此根据(5-27),将有高的振动频率和德拜温度. 这样的固体在一般温度,热容量远低于经典值.

表 5-1 固体元素的德拜温度

元素	Θ_D/K	元素	Θ_D/K	元素	Θ_D/K
Ag	225	Ga	320	Pd	274
Al	428	Ge	374	Pt	240
As	282	Gd	200	Sb	211
Au	165	Hg	71.9	Si	645
B	1250	In	108	Sn(灰)	260
Be	1440	K	91	Sn(白)	200
Bi	119	Li	344	Ta	240
金刚石	2230	La	142	Th	163
Ca	230	Mg	400	Ti	420
Cd	209	Mn	410	Tl	78.5
Co	445	Mo	450	V	380
Cr	630	Na	158	W	400
Cu	343	Ni	450	Zn	327
Fe	470	Pb	105	Zr	291

5-3　双原子链的振动

在德拜的特殊模型中，振动模具有波的形式，实际上，振动模具有波的形式是晶格振动的普遍性质，因此晶格的振动模称为格波．格波和一般连续介质波有共同的波的特征，但也有它不同的特点．下面讨论的双原子链，是学习格波的一个经典例子，它的振动既简单可解，又能较全面地表现格波的基本特点．

(1) *双原子链和运动方程*

图 5-5 所示的双原子链可以看作是一个最简单的复式晶格：每个原胞含 2 个不同的原子 P 和 Q．

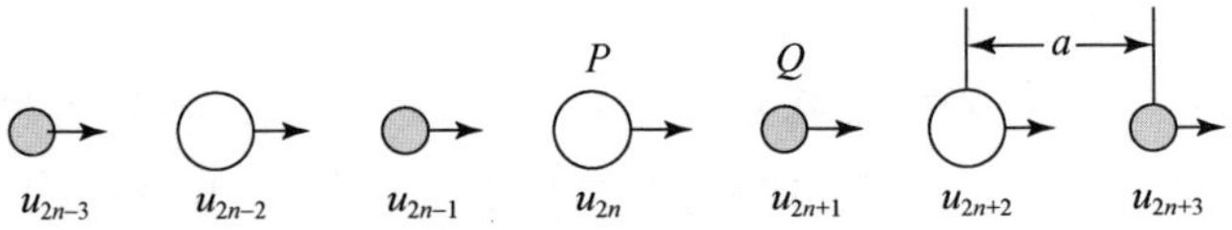

图 5-5　双原子链模型

在平衡时相邻原子距离用 a 表示，P，Q 的质量分别用 m 和 M 表示．原子限制在沿链的方向运动，偏离格点的位移用…，u_{2n}，u_{2n+1}，…表示，如图中所标明．另外还假设，只有相邻原子间存在相互作用，相互作用能可以一般地写成

$$V(a+\delta)=V(a)+\frac{1}{2}\beta\delta^2+\cdots, \tag{5-32}$$

其中 δ 表示对平衡距离 a 的偏离．按一般小振动近似相互作用能只保留到 δ^2 项，在这个近似下，相邻原子间的作用力（张力）为

$$\frac{\mathrm{d}V}{\mathrm{d}\delta}\approx\beta\delta, \tag{5-33}$$

表明存在于相邻原子间的是正比于相对位移 δ 的弹性恢复力．

我们将用直接解运动方程的方法，来求链的振动模（这和通过引入简正坐标是等效的，因为每个简正坐标的振动也就是代表一个独立运动的解）．考虑图中标为 $2n$ 的 P 原子的运动方程．它受到左右两个 Q 原子对它的作用力如下：

右方"$2n+1$"和它的相对位移 $\delta=u_{2n+1}-u_{2n}$，张力 $=\beta(u_{2n+1}-u_{2n})$；

左方"$2n-1$"和它的相对位移 $\delta=u_{2n}-u_{2n-1}$，张力 $=\beta(u_{2n}-u_{2n-1})$．

两个张力对它的作用方向相反,相减得到

$$
\begin{aligned}
m\ddot{u}_{2n} &= \beta(u_{2n+1} - u_{2n}) - \beta(u_{2n} - u_{2n-1}) \\
&= \beta(u_{2n+1} + u_{2n-1}) - 2\beta u_{2n}.
\end{aligned} \tag{5-34}
$$

用完全类似的办法得到标为 $2n+1$ 的 Q 原子的运动方程

$$
M\ddot{u}_{2n+1} = \beta(u_{2n+2} + u_{2n}) - 2\beta u_{2n+1}, \tag{5-35}
$$

n 可以取所有整数值. 所以(5-34)、(5-35)实际上代表着无穷多个联立的线性齐次方程.

(2) 格波解

下面将验证方程具有下列所谓“格波”形式的解:

$$
\left.\begin{aligned}
u_{2n} &= A\mathrm{e}^{\mathrm{i}[\omega t - 2\pi(2na)q]}, \\
u_{2n+1} &= B\mathrm{e}^{\mathrm{i}\{\omega t - 2\pi[(2n+1)a]q\}},
\end{aligned}\right\} \tag{5-36}
$$

其中 ω, A, B 为常数(由于方程是线性齐次的,可以用复数形式的解,其实部或虚部都代表方程的实解).

我们看到,u_{2n} 和 u_{2n+1} 中的指数函数实际上具有一般行波的形式:

$$
\mathrm{e}^{\mathrm{i}(\omega t - 2\pi xq)},
$$

其中 $x = 2na$ 或 $(2n+1)a$ 为原子的位置坐标,ω 是波的圆频率,q 是波数,

$$
\omega = 2\pi\nu, \quad q = 1/\lambda.
$$

因此,(5-36)的第一式代表 P 原子按波的形式振动,同样第二式代表 Q 原子按波的形式振动,两个波具有相同的圆频率 $\omega = 2\pi\nu$ 和波数 $q = 1/\lambda$,但是它们可以具有不同的振幅和一定的相位差别(A, B 一般可以为复数,因此不仅表示振幅可以不同,而且也可以表示一定的相位差). 除去两种原子可以各有自己的振幅和相位外,“格波”和连续介质波还有一个重要的区别在于波数 q 的涵义. 我们注意,如果在(5-36)中我们把 $2aq$ 改变一个整数值,所有原子的振动实际上完全没有任何不同. 这表明,$2aq$ 可以限制在下列范围内:

$$
-\frac{1}{2} < 2aq \leqslant \frac{1}{2}
$$

或

$$
-\frac{1}{4a} < q \leqslant \frac{1}{4a}, \tag{5-37}
$$

这个范围以外的 q 值,并不能再提供其它不同的波. 从波长来看,(5-36)表示只需要考虑

$$
\lambda = \frac{1}{|q|} \geqslant 4a
$$

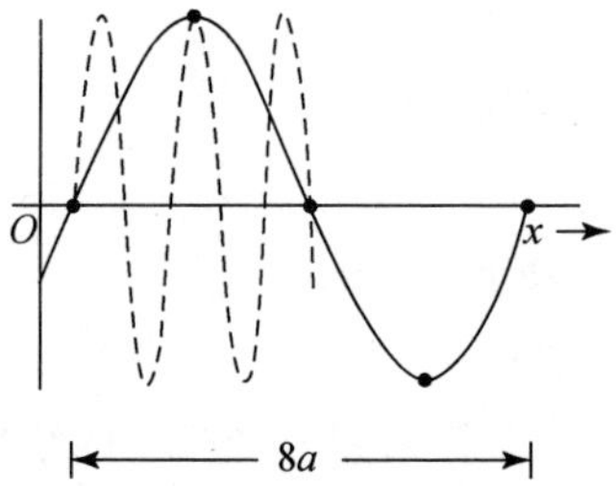

图 5-6　格波 q 的不唯一性的图示

的波. 这个结论和德拜理论认为不存在短波的假设是一致的. 为什么格波有这样的特点，从 P 原子振动的示意图 5-6 就很容易了解. 为了便于图示，我们把每个原子的位移画在垂直链的方向. 实线表示把原子振动看成$q=\dfrac{1}{8a}$的波，虚线表示完全相同的原子振动，同样可以当作是一个 $q=\dfrac{5}{8a}$的波（二者 $2aq$ 相差 1）. 按前一种方式，我们认为两相邻同种原子振动相位差$\dfrac{\pi}{2}$，后一方式相当于认为它们的相位差为$\left(2\pi+\dfrac{\pi}{2}\right)$，效果当然是完全一样的.

（3）*声学波和光学波*

上面我们仅仅是指出运动方程的解的一般形式. 现在我们把(5-36)看作试用解，代入运动方程加以验证并作进一步的分析. 将(5-36)代入(5-34)和(5-35)，除去共同的指数因子后，得到

$$\left.\begin{aligned}-m\omega^2 A &= \beta(e^{-2\pi iaq}+e^{2\pi iaq})B-2\beta A,\\ -M\omega^2 B &= \beta(e^{-2\pi iaq}+e^{2\pi iaq})A-2\beta B,\end{aligned}\right\}\tag{5-38}$$

方程与 n 无关，表明所有联立方程对于格波形式的解(5-36)都归结为同一对方程. (5-38)可以看作是以 A,B 为未知数的线性齐次方程：

$$\left.\begin{aligned}(m\omega^2-2\beta)A+2\beta\cos 2\pi aqB &= 0,\\ 2\beta\cos 2\pi aqA+(M\omega^2-2\beta)B &= 0.\end{aligned}\right\}\tag{5-39}$$

它的有解条件

$$\begin{vmatrix} m\omega^2-2\beta & 2\beta\cos 2\pi aq\\ 2\beta\cos 2\pi aq & M\omega^2-2\beta\end{vmatrix}$$

$$=mM\omega^4-2\beta(m+M)\omega^2+4\beta^2\sin^2 2\pi aq=0,$$

则可以看作是决定 ω^2 的方程，从而得到两个 ω^2 值：

$$\omega^2\left\langle\begin{matrix}\omega_+^2\\ \omega_-^2\end{matrix}\right\}=\beta\frac{(m+M)}{mM}\left\{1\pm\left[1-\frac{4mM}{(m+M)^2}\sin^2 2\pi aq\right]^{1/2}\right\}.\tag{5-40}$$

把 ω_+^2 和 ω_-^2 代回(5-39)，可以求出相应的 A 和 B 的解：

$$\left.\begin{aligned}\left(\frac{B}{A}\right)_+ &= -\frac{m\omega_+^2 - 2\beta}{2\beta\cos 2\pi aq},\\ \left(\frac{B}{A}\right)_- &= -\frac{m\omega_-^2 - 2\beta}{2\beta\cos 2\pi aq}.\end{aligned}\right\} \tag{5-41}$$

这样我们就得到,在

$$-\frac{1}{4a} < q \leqslant \frac{1}{4a}$$

范围内任意的波数 q,有两个格波解,它们的频率为(5-40)所给出的 ω_+ 和 ω_-. 和一般波的解一样,格波解可以有任意的振幅和相位,但是两种原子振动的振幅比和相位差是确定的,并由(5-41)决定.

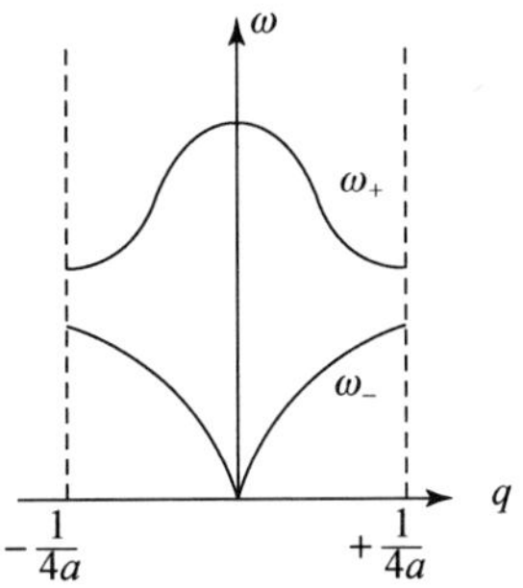

图 5-7 光学波和声学波

图 5-7 是根据(5-40)画出的各不同 q 的格波频率 ω_+ 和 ω_-. 属于 ω_+ 的格波称为光学波,属于 ω_- 的格波称为声学波.

$q\approx 0$ 的长波在许多实际问题中具有特别重要的作用,光学波和声学波的命名也主要是由于它们在长波极限的性质. 下面我们着重讨论一下长波极限的问题.

先讨论声学波 ω_- 在长波极限的情形. 从(5-40)很明显,如果 $q\to 0$, $\omega_-\to 0$,正如图 5-7 所示. 当 q 很小时,

$$\frac{4mM}{(m+M)^2}\sin^2(2\pi aq) \approx \frac{4mM}{(m+M)^2}(2\pi aq)^2 \ll 1,$$

可以把(5-40)式中根式对 q^2 展开得到

$$\omega_-^2 \approx \frac{2\beta}{m+M}(2\pi aq)^2$$

或

$$\omega_- \approx 2\pi a\sqrt{\frac{2\beta}{(m+M)}}q. \tag{5-42}$$

(5-42)表明,对于长声学波频率正比于波数,这和我们熟悉的弹性波情况

$$\omega = 2\pi cq \tag{5-43}$$

是相似的. 对比(5-42)和(5-43),得到长声学波的波速为

$$c = a\sqrt{\frac{2\beta}{m+M}},$$

也可以写成

$$c = \sqrt{\frac{\beta a}{\frac{(m+M)}{2a}}} = \left(\frac{\text{伸长模量}}{\text{密度}}\right)^{1/2}. \tag{5-44}$$

因为,相邻原子相对位移 δ 时,相对伸长为 δ/a,而张力为

$$\beta\delta = \beta a\left(\frac{\delta}{a}\right),$$

这表明 βa 为链的伸长模量,另外,$m+M$ 和 $2a$ 分别为一个原胞的质量和长度,所以$(m+M)/2a$ 正是一维情况下的密度.(5-44)的形式实际上表示长声学波的速度正等于我们把链看成一个弹性线所应得到的弹性波的速度.这当然不是偶然的巧合,就如前面已经指出,当波长很大时,可以把晶格当作弹性介质,所以这里得到的长声学波也正是链的弹性波,平常我们把声学波和弹性波联系起来,所以 ω_- 的格波被称为声学波.

对于长声学波,当 $q\to 0$ 时 $\omega_-\to 0$,因此

$$\left(\frac{B}{A}\right)_-\to 1,$$

表明在长声学波中,原胞中两种原子的运动是完全一致的,振幅和相位都没有差别.

长光学波当 $q\to 0$ 时,频率趋于下列有限值:

$$\omega_+\to\sqrt{\frac{2\beta}{\left(\frac{mM}{m+M}\right)}},\tag{5-45}$$

代入(5-41),并令 $\cos(2\pi aq)\to 1$,得到

$$\left(\frac{B}{A}\right)_+\to -\frac{m}{M}.\tag{5-46}$$

当 $\boldsymbol{q}\to 0$ 时,由(5-46)知,同一种原子具有相同的相位,所以每一种原子形成的布拉维格子像一个刚体一样整体地振动,(5-46)表明,在 $\boldsymbol{q}\to 0$ 时,两种原子振动有完全相反的相位,长光学波的极限实际上是 P 和 Q 两个格子的相对振动,振动中保持它们的质心不动,如图 5-8 所示.

图 5-8　光学波的长波极限

离子晶体中的长光学波有特别重要的作用,因为不同离子间的相对振动产生一定的电偶极矩从而可以和电磁波相互作用.具体分析证明电磁波只和波数相同的格波相互作用,如果它们具有相同的频率就可以发生共振,在图 5-9 中,我们把光波的 $\omega\sim q$ 关系

$$\omega = 2\pi c_0 q\quad (c_0 = \text{光速})$$

和格波画在同一图中,代表光波的直线与光学波的图线的交点对应于它们共振的情况.代表长声学波的直线的斜率 $2\pi c$(c=弹性波速度),仅仅是光波直线的

斜率 $2\pi c_0$ 的约 $1/10^5$，所以，在图中，光波直线应当十分陡峻，在图上难以和纵轴区分，示意图中把它画得较倾斜是为了便于辨认. 这种情况表明，与光波共振的将是 $q\approx 0$ 的长光学波. 实际晶体的长光学波的 $\omega_+(0)$ 在 10^{13}—10^{14}/s 的范围，对应于远红外的光波. 离子晶体中光学波的共振能够引起对远红外光在 $\omega\approx\omega_+$ 附近的强烈吸收，这是红外光谱学中一个重要的效应. 正是因为长光学波的这种特点，ω_+ 的格波称为光学波.

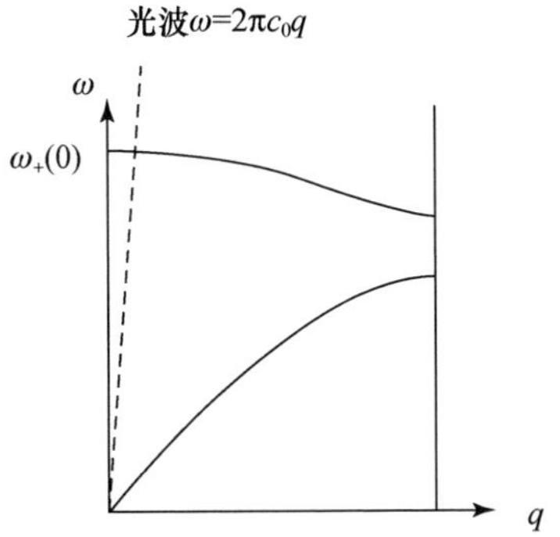

图 5-9　电磁波和光学波的共振

(4) 玻恩-卡门条件

前面所考虑的运动方程只适用于无穷长的链，因为，所有原胞都假设有相同的运动方程(5-34)和(5-35)，而一个有限的链两端的原子显然应和内部的原子有所不同. 例如，在只有近邻作用时，最两端的两个原子只受到一个近邻的作用，因此，它们将有与其它原子形式不同的运动方程. 虽然仅少数原子运动方程不同，但由于所有原子的方程都是联立的，具体解方程就复杂得多. 为了避免这种情况，玻恩、卡门提出如图 5-10 所示包含 N 个原胞的环状链作为一个有限链的模型，它包含有限数目的原子，然而保持所有原胞完全等价. 以前的运动方程仍旧适用(如果 N 很大使环半径很大，沿环的运动仍旧可以看作是直线). 和以前的区别只在于必须考虑到，链的循环性，也就是说，原胞的标数 n 增加 N，振动情况必须复原. 参看格波解(5-36)的形式可以知道，这等于要求

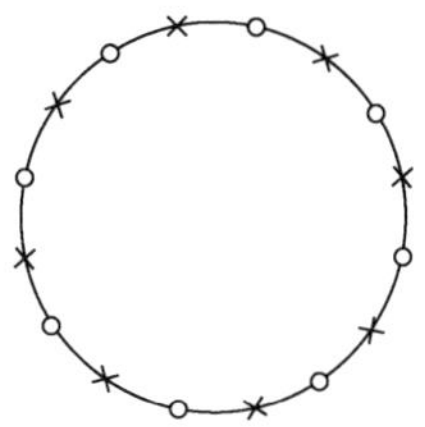

图 5-10　玻恩-卡门模型

$$e^{-2\pi i(2Naq)} = 1 \tag{5-47}$$

或

$$q = \left(\frac{1}{2Na}\right)\times n \quad (n = \text{整数}). \tag{5-48}$$

前面指出，q 的取值是由 $-\frac{1}{4a}$ 到 $\frac{1}{4a}$，所以(5-47)中 n 只能取由 $-N/2$—$N/2$，一共有 N 个不同的数值.

所以，由 N 个原胞组成的链，q 可以取 N 个不同的值，每个 q 有一个声学波、一个光学波，总加起来，共有 $2N$ 个不同的格波，数目正好等于链的自由度($2N$ 个原子，每个原子沿链运动只有一个自由度). 这表明，我们已得到链的全部振动模.

玻恩-卡门的模型相当于要求一个有限链头尾相衔接，起着一个边界条件的作用，实际上，我们也看到，用这个模型并未改变运动方程的解，而只是对解提出一定条件(5-47). 我们称它为玻恩-卡门条件，或循环性边界条件.

晶格原子作热运动(即热振动)可以用波(即光学波和声学波)描述，称为格波. 它与弹性波，或连续介质内的波有区别.

弹性介质的波由下式描述，

$$u(x) = A\mathrm{e}^{\mathrm{i}(\omega t - qx)}, \quad q = \frac{2\pi}{\lambda}. \tag{Q6}$$

其中 x 可以取任意值. 如果取 x 固定，则这点作简谐振动；如果取 t 固定，则各格点分布在正弦曲线上.

格波由下式描述，

$$\left.\begin{aligned} u_n &= A\mathrm{e}^{\mathrm{i}(\omega t - naq)}, \\ v_n &= B\mathrm{e}^{\mathrm{i}(\omega t - naq)}, \end{aligned}\right\} \tag{Q7}$$

其中 a 是晶格常数，u_n，v_n 只在格点上取值. 同类相邻原子相位差 aq，不像连续介质相位差可以任意小，q 有一定限制，当它小于某一值时，就无意义了.

对于一个具体的晶体，表面原子和里面原子是不同的，作用力情况不同. 实际上表面原子占比例是小的，所以处理问题时，就可引入边界条件：假定外面添加无穷个原子，"表面"不存在. 这假设在只考虑体积效应时是允许的. 由玻恩-卡门条件 $u_1 = u_{N+1}$，得到 q 是不连续的，等于(5-48)式. 它只能取 N 个有限值，并且是等间隔的. 在三维的情况下，$\boldsymbol{q}$ 也应是均匀分布的，如图 F9 所示. 在厚度为 $\mathrm{d}q$ 的球层内，$\boldsymbol{q}$ 的个数 $\propto q^2\mathrm{d}q$. 对声学波，$\omega \propto q$，因此 q 的个数 $\propto \omega^2 \mathrm{d}\omega$.

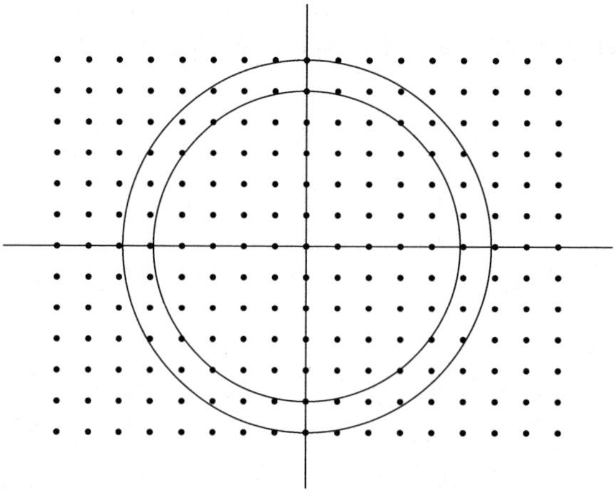

图 F9 三维 $\boldsymbol{q}$ 空间中 $\boldsymbol{q}$ 的分布和球层中的个数

格波描述和位移描述之间的关系. 当运动不太激烈时,只考虑势能展开式中的二次项,用格波描述是方便的. 下面是两种描述的比较:

位移描述(原胞,类)	格波描述 (q,l)
$u_1(1,1)$	$Q(q_1,1)$ 声学波
$u_2(1,1)$	$Q(q_1,2)$ 声学波
$u_3(1,1)$	$Q(q_1,3)$ 声学波
$u_1(1,2)$	$Q(q_1,4)$ 光学波
$u_2(1,2)$	…
…	$Q(q_1,3n)$ 光学波

其中 $u_1(1,1)$表示第 1 个原胞内第 1 类原子的位移 x 分量,$Q(q,1)$表示波矢为 q_1 的第 1 支格波分量,l 表示晶格振动的支,n 是一个原胞内的原子数,所以共有 $3n$ 支. 前 3 支是声学支,其它都是光学支. 两种描述是等价的,共有 $3nN$ 个变量. 它们可通过线性变换(幺正变换)联系起来,

$$\left.\begin{aligned}&u_1(1,1)=a_{11}Q(q_1,1)+a_{12}Q(q_1,2)+\cdots,\\&u_2(1,1)=a_{21}Q(q_1,1)+a_{22}Q(q_1,2)+\cdots,\\&\cdots\end{aligned}\right\}\tag{Q8}$$

上式表示,某一原子在某一时刻的位移等于所有本征振动的线性叠加. 如果只考虑展开的二次项,如果有某一格波被激发,它将永远振动下去,能量传不出去. 如果有高次项,能量将传出去,服从动量、能量守恒定律. 所以可以将格波看作声子,其动量、能量分别为 $\hbar\boldsymbol{q}$,$\hbar\omega$,格波间相互作用是声子间的碰撞.

5-4 三维晶格的振动

双原子链的模型已较全面地表现了晶格振动的基本特征,这一节我们简单地以对比双原子链的方法来说明三维晶格的振动.

考虑原胞含有 n 个原子的复式晶格,n 个原子的质量为 $m_1,m_2,\cdots,m_n$. 原胞以 $l(l_1,l_2,l_3)$标志,表明它位于格点

$$\boldsymbol{R}(l)=l_1\boldsymbol{a}_1+l_2\boldsymbol{a}_2+l_3\boldsymbol{a}_3.\tag{5-49}$$

原胞中各原子的位置用

$$\boldsymbol{R}\binom{l}{1},\boldsymbol{R}\binom{l}{2},\cdots,\boldsymbol{R}\binom{l}{n}\tag{5-50}$$

表示,偏离格点的位移则写成

$$\boldsymbol{u}\binom{l}{1},\boldsymbol{u}\binom{l}{2},\cdots,\boldsymbol{u}\binom{l}{n}.\tag{5-51}$$

和双原子链的情形一样,可以写出一个典型原胞中的运动方程:

$$m_k u_\alpha \begin{pmatrix} l \\ k \end{pmatrix} = \cdots \tag{5-52}$$

其中 k 标明原胞中的各原子,取值 $1,2,\cdots,n$. α 代表原子的三个位移分量,方程右端是原子位移的线性齐次函数.方程解的形式和一维完全相似,可以写成

$$u\begin{pmatrix} l \\ k \end{pmatrix} = \boldsymbol{A}_k \mathrm{e}^{\mathrm{i}\left[\omega t - 2\pi \boldsymbol{R}\begin{pmatrix} l \\ k \end{pmatrix}\cdot \boldsymbol{q}\right]}, \tag{5-53}$$

指数函数表示各种原子的振动都具有共同的平面波的形式:

$$\mathrm{e}^{\mathrm{i}[\omega t - 2\pi \boldsymbol{q}\cdot \boldsymbol{x}]},$$

其中 $\boldsymbol{q}$ 是平面波的波数矢量($|\boldsymbol{q}|$ 为波数,$\boldsymbol{q}$ 的方向指波传播方向),$\boldsymbol{A}_1(A_{1x},A_{1y},A_{1z})$,$\boldsymbol{A}_2(A_{2x},A_{2y},A_{2z})$,…可以是复数,表示各原子的位移分量的振幅和相位可以有区别.(5-53)实际上表示了三维晶格格波的一般形式.

同样可以证明,(5-53)代入(5-52)以后,得到以 $A_{1x},A_{1y},A_{1z},\cdots,A_{nx},A_{ny},A_{nz}$ 为未知数的 $3n$ 个线性齐次联立方程:

$$m_k \omega^2 A_{k\alpha} = \sum_{k',\beta} C_{\alpha\beta}\begin{pmatrix} \boldsymbol{q} \\ k,k' \end{pmatrix} A_{k'\beta}.$$

它的有解条件是 ω^2 的一个 $3n$ 次方程式,从而给出了 $3n$ 个解 $\omega_j(j=1,2,\cdots,3n)$.具体分析证明,当 $\boldsymbol{q}\to 0$ 时,有三个解 $\omega_j \propto q$,而且对这三个解 $\boldsymbol{A}_1,\boldsymbol{A}_2,\cdots,\boldsymbol{A}_n$ 趋于相同,也就是说在长波极限整个原胞一齐移动.这三个解实际上与弹性波相合.另外 $(3n-3)$ 个解的长波极限描述 n 个格子之间的相对振动,并具有有限的振动频率.所以在三维晶格中,对一定的波矢 $\boldsymbol{q}$,有 3 个声学波,$(3n-3)$ 个光学波.

我们注意到,从原子振动考查,$\boldsymbol{q}$ 的作用只在于确定不同原胞之间振动相位的联系,具体表现在(5-53)中的相位因子:

$$\mathrm{e}^{-2\pi \mathrm{i}\boldsymbol{R}(l)\cdot \boldsymbol{q}}. \tag{5-54}$$

如果 $\boldsymbol{q}$ 改变一个倒格子矢量 $\boldsymbol{K}_n = n_1\boldsymbol{b}_1 + n_2\boldsymbol{b}_2 + n_3\boldsymbol{b}_3$,则

$$\boldsymbol{q} \to \boldsymbol{q} + \boldsymbol{K}_n,$$

由于 $\boldsymbol{R}(l)\cdot \boldsymbol{K}_n = l_1 n_1 + l_2 n_2 + l_3 n_3$ 是个整数,并不影响上述相位因子.这表示,为了得到所有不同的格波,也只需要考虑一定范围内的 $\boldsymbol{q}$ 值.例如,可以只考虑一个倒格子原胞中的 $\boldsymbol{q}$ 值.图 5-11 是一个倒格子的二维示意图,角上的原胞可以选为 $\boldsymbol{q}$ 的范围,对其它的 $\boldsymbol{q}$ 值在指定原胞内,总存在一个对应的 $\boldsymbol{q}$,它们之间只相差一个 $\boldsymbol{K}_n$,因而对格波的描述没有任何区别.另一方面,在讨论德拜理论时

已指出，边界条件所允许的 $\boldsymbol{q}$ 当作空间矢量表示出来，将如图 5-11 所示，形成均匀分布的点子，密度为 V. 因此不同 $\boldsymbol{q}$ 的总数应当是

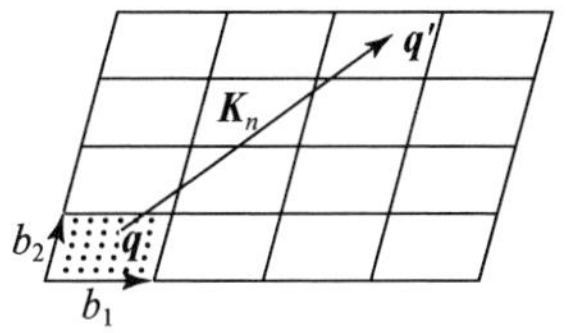

图 5-11 $\boldsymbol{q}$ 的范围

$$(\text{倒格子原胞体积})\times V.$$

但是，倒格子原胞的体积是晶体原胞体积 v_0 的倒数，所以不同的 $\boldsymbol{q}$ 的总数为

$$\frac{V}{v_0}=N,$$

和晶体中包含的原胞数目相同. 对于每个 $\boldsymbol{q}$ 有 3 个声学波，$(3n-3)$个光学波，所以不同格波的总数是

$$N\times(3+3n-3)=3nN,$$

正好等于晶体 Nn 个原子的自由度. 这表明，上述的格波已概括了晶体的全部振动模.

热中子非弹性散射的方法，可以相当细致地确定晶体中的格波. 格波振动可以引起对中子的非弹性散射，波数矢量为 $\boldsymbol{q}$、频率为 ω 的格波散射中子时，引起中子动量改变

$$\pm h\boldsymbol{q}+h\boldsymbol{K}_n$$

($\boldsymbol{K}_n=n_1\boldsymbol{b}_1+n_2\boldsymbol{b}_2+n_3\boldsymbol{b}_3$ 为一倒格子矢量)，能量改变

$$\pm\hbar\omega.$$

非弹性散射可以看做是对“声子”的吸收或发射过程，声子指格波的量子，它的能量就等于 $\hbar\omega$，上式中$+$或$-$号分别表示声子的吸收和发射. 按照德布罗意关系，$h\boldsymbol{q}$ 可以看作是与格波相联的动量，常称为声子的“准动量”. 我们看到，在中子吸收和发射声子的过程中，存在着类似于动量守恒的关系，但是，多出 $h\boldsymbol{K}_n$ 一项(由 $\boldsymbol{q}$ 改变 $\boldsymbol{K}_n$ 不影响对格波的描述的事实可以看到，这种准动量守恒的形式是和格波是非连续介质波密切相联系的).

由散射中子的方向和速度，就可以根据能量和准动量守恒的关系确定出格波的波矢 $\boldsymbol{q}$ 以及能量 $\hbar\omega$. 热中子的德布罗意波长正好是晶格常数的数量级，同时它的能量也和一般声子能量 $\hbar\omega$ 基本上是同数量级，因此，提供了确定格波 $\boldsymbol{q}$，ω 的最有利条件. 已经对相当多的晶体进行了热中子非弹性散射的研究. 图 5-12和图 5-13 为 Pb 和 KBr 两种晶体由中子非弹性散射实验所得到的典型结果. 图中给出沿几个主要晶向的 $\omega\sim q$ 关系，其中 L 表示纵波，T 表示横波，O 表示光学波，A 表示声学波，横波的图线实际上表示两支独立的横波，频率相同，

在图上重叠在一起.

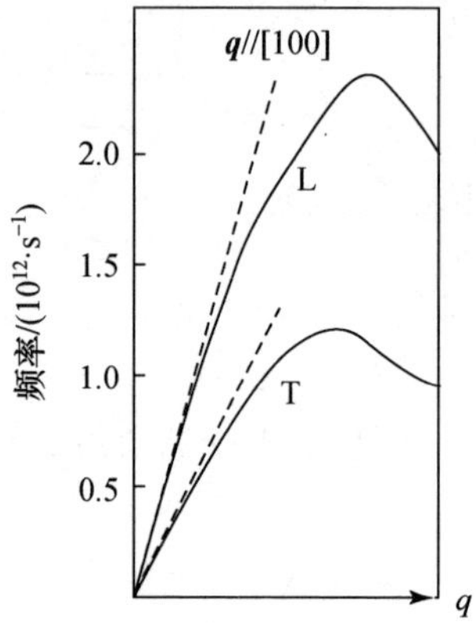

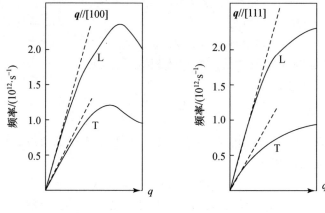

图 5-12　Pb 的格波

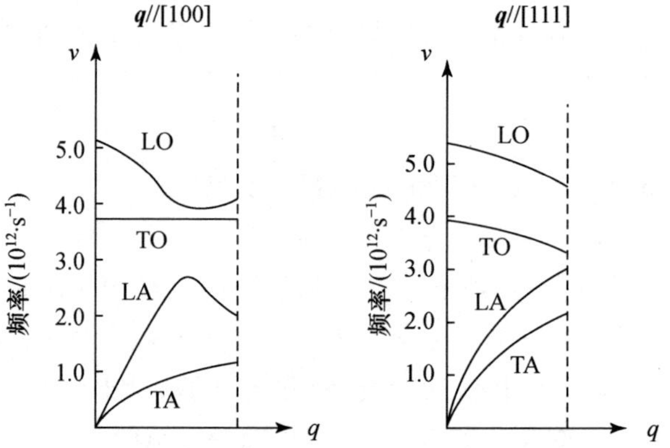

图 5-13　KBr 的格波

用直接的实验方法测定格波的研究大大推进了从理论上来计算格波的工作. 根据实验结果的分析，对于原子间相互作用获得了更为深入的了解，目前已对几种晶体进行了相当仔细的理论计算，结果和实验符合较好. 图 5-14 是根据在 $\boldsymbol{k}$ 空间选择若干均匀分布的波矢从理论上计算 KBr 晶体格波频率所得到的频谱分布情况，在图中也用虚线表示出德拜的抛物线式频谱. 图5-15是从理论频谱计算的 $\Theta_{\mathrm{D}}(T)$ 图线和实验值的比较.

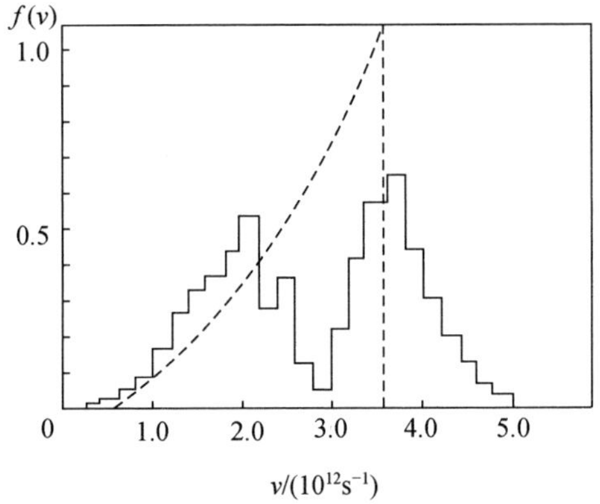

图 5-14 KBr 的理论频谱(图中 $\nu=\omega/2\pi$)

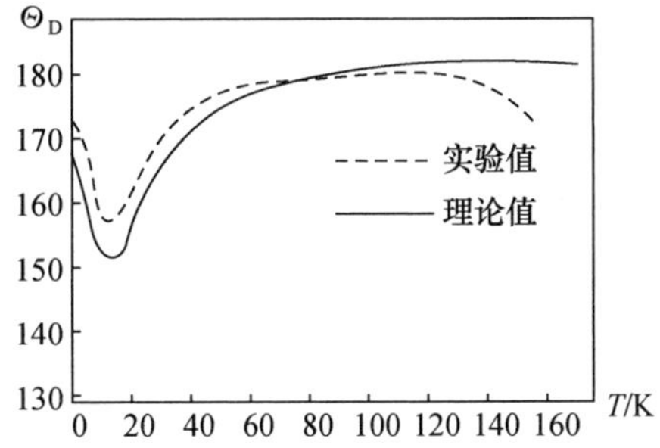

图 5-15 KBr 的理论和实验 $\Theta_D(T)$

5-5 晶格的状态方程和热膨胀

(1) 自由能和格林艾森方程

如果已知晶体的自由能函数 $F(T,V)$,V 为晶格体积,就可以根据

$$p=-\left(\frac{\partial F}{\partial V}\right)_T \tag{5-55}$$

写出晶格的状态方程.自由能函数可以一般地写成

$$F=-kT\ln Z, \tag{5-56}$$

Z 为配分函数:

$$Z=\sum_i \mathrm{e}^{-E_i/kT}, \tag{5-57}$$

连加式是对所有晶格的能级 E_i 相加.

能级 E_i 除包括原子处于格点时的平衡晶格的能量 $U(V)$外,还有各格波的振动能:

$$\sum_j \left(n_j + \frac{1}{2}\right)\hbar\omega_j,$$

j 标志各不同格波,n_j 为相应的量子数.配分函数 Z 包括系统的所有量子态,因此应分别对每个 $n_j=0,1,2,\cdots$相加,从而得到

$$\begin{aligned} Z &= \mathrm{e}^{-U/kT}\prod_j \mathrm{e}^{-\frac{1}{2}(\hbar\omega_j/kT)}\left[\sum_{n_j=0}^{\infty}\mathrm{e}^{-n\hbar\omega_j/kT}\right] \\ &= \mathrm{e}^{-U/kT}\prod_j \mathrm{e}^{-\frac{1}{2}(\hbar\omega_j/kT)}\left[\frac{1}{1-\mathrm{e}^{-\hbar\omega_j/kT}}\right], \end{aligned}$$

代入自由能公式(5-56)得到

$$F = U + kT\sum_j\left[\frac{1}{2}\frac{\hbar\omega_j}{kT} + \ln(1-\mathrm{e}^{-\hbar\omega_j/kT})\right]. \tag{5-58}$$

当晶格体积改变时,格波频率也将改变,所以上式除 U 以外,各频率 ω_j 也是宏观参量 V 的函数.根据(5-55)对 V 求微商,得到

$$p = -\frac{\mathrm{d}U}{\mathrm{d}V} - \sum_j\left(\frac{1}{2}\hbar + \frac{\hbar}{\mathrm{e}^{\hbar\omega_j/kT}-1}\right)\frac{\mathrm{d}\omega_j}{\mathrm{d}V}. \tag{5-59}$$

上式包含了各振动频率对 V 的依赖关系,因此具有很复杂的性质.格林艾森针对这种情形,提出一个有用的近似.如把上式写成

$$p = -\frac{\mathrm{d}U}{\mathrm{d}V} - \sum_j\left(\frac{1}{2}\hbar\omega_j + \frac{\hbar\omega_j}{\mathrm{e}^{\hbar\omega_j/kT}-1}\right)\frac{1}{V}\frac{\mathrm{d}\ln\omega_j}{\mathrm{d}\ln V}, \tag{5-60}$$

则括号内是平均振动能.(5-60)式中表征频率随体积变化的

$$\frac{\mathrm{d}\ln\omega_j}{\mathrm{d}\ln V}$$

是一个无量纲的量,格林艾森假设它近似对所有振动相同,这样(5-60)就简化为下列格林艾森的近似状态方程:

$$p = -\frac{\mathrm{d}U}{\mathrm{d}V} + \gamma\frac{\bar{E}}{V}, \tag{5-61}$$

其中 $\bar{E}$ 表示晶格的平均振动能,

$$\gamma = -\frac{\mathrm{d}\ln\omega}{\mathrm{d}\ln V}, \tag{5-62}$$

γ 称为格林艾森常数.由于一般 ω 随 V 增加而减小(见后面),γ 具有正的数值.

(2) 热膨胀的格林艾森关系

格林艾森状态方程可以直接用来讨论晶体的热膨胀. 热膨胀是在不施加压力情况下,体积随温度的变化,所以在(5-61)中令 $p=0$,则

$$\frac{\mathrm{d}U}{\mathrm{d}V}=\gamma\frac{\bar{E}}{V}. \tag{5-63}$$

图 5-16 中示意地画出 $U(V)$ 函数,原子不振动时的平衡晶格体积为 V_0,

$$\left(\frac{\mathrm{d}U}{\mathrm{d}V}\right)_{V_0}=0$$

相当于 $U(V)$ 图线的极小值. 根据(5-63)当原子平均振动能 $\bar{E}$ 随温度增加时,则 $\frac{\mathrm{d}U}{\mathrm{d}V}$ 必须取正值,从图中可见,这表示体积必须发生一定的膨胀 ΔV 使图线达到一定的正的斜率.

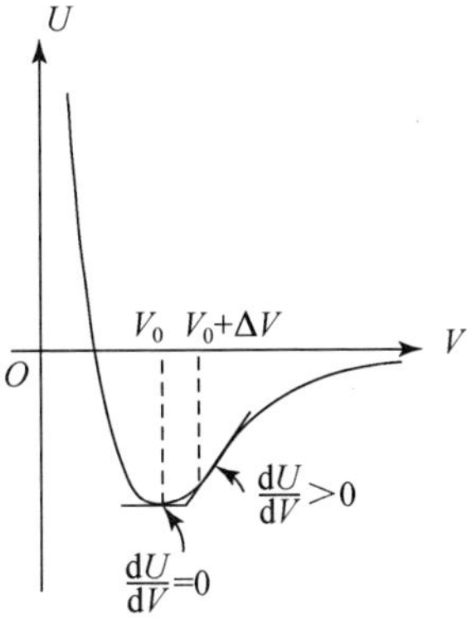

图 5-16

由于一般热膨胀 $\Delta V/V_0$ 比较小,可以把(5-63)左方的 $\mathrm{d}U/\mathrm{d}V$ 在 V_0 附近展开,只保留到 ΔV 的一级项:

$$\left(\frac{\mathrm{d}^2U}{\mathrm{d}V^2}\right)_{V_0}\Delta V=\gamma\frac{\bar{E}}{V}$$

或

$$\frac{\Delta V}{V_0}=\frac{\gamma}{V_0\left(\frac{\mathrm{d}^2U}{\mathrm{d}V^2}\right)_{V_0}}\left(\frac{\bar{E}}{V}\right). \tag{5-64}$$

我们注意上式中

$$V_0\left(\frac{\mathrm{d}^2U}{\mathrm{d}V^2}\right)_{V_0}$$

正好是静止晶格的体变模量 κ_0,当温度改变时(5-64)右方主要是振动能的变化. (5-64)对温度微商得到体积热胀系数:

$$\alpha=\frac{\gamma}{\kappa_0}\frac{C_V}{V}. \tag{5-65}$$

(5-65)常称为格林艾森关系式,它表示当温度变化时,热膨胀系数近似和热容量成比例,对很多固体的测量证实了格林艾森关系. 根据实验确定的 γ 值一般在 1—2 之间.

(3) 热膨胀和非简谐作用

从上面对状态方程的讨论,还不容易了解产生热膨胀的具体原因. 以下将结合双原子链的特例来进一步说明这个问题. 上面的讨论表明,决定一个物体

热膨胀的是它的格林艾森常数

$$\gamma = -\frac{\mathrm{dln}\omega}{\mathrm{dln}V}.$$

双原子链的振动频率

$$\omega^2 = \beta\frac{(m+M)}{mM}\left\{1\pm\left[1-\frac{4mM}{(m+M)^2}\sin^2 2\pi aq\right]^{1/2}\right\}$$

$$\left(aq = \frac{n}{2N},\quad n\text{ 取 }-\frac{N}{2}\text{ 与 }+\frac{N}{2}\text{ 间的整数值}\right),$$

其中只有前面的 β 依赖于链的长度 $2Na$（链的长度相当于三维晶格的体积 V），所以，上式两边求对数，并对 $\ln(2Na)$ 求微商，很容易得到

$$\gamma = -\frac{\mathrm{dln}\omega}{\mathrm{dln}(2Na)} = -\frac{1}{2}\left[\frac{\mathrm{dln}\beta}{\mathrm{dln}(2Na)}\right] = -\frac{1}{2}\frac{\mathrm{dln}\beta}{\mathrm{dln}a}. \tag{5-66}$$

从原来原子相互作用势能的展开式(5-32)，可以看到，β 实际是相邻原子势能的二次微商系数

$$\beta = \left(\frac{\mathrm{d}^2V(r)}{\mathrm{d}r^2}\right)_a. \tag{5-67}$$

代入(5-66)得到

$$\gamma = -\frac{a\dddot{V}(a)}{2\ddot{V}(a)}, \tag{5-68}$$

其中 $\ddot{V}(a)$，$\dddot{V}(a)$ 分别表示二次和三次微商.

在讨论晶格振动时，我们近似只考虑势能展开式

$$V(r) = V(a+\delta) = \underbrace{V(a)+\frac{1}{2}\ddot{V}(a)\delta^2}_{\text{简谐近似}} + \underbrace{\frac{1}{6}\dddot{V}(a)\delta^3+\cdots}_{\text{非简谐作用}}$$

到平方项，称为简谐近似，高次项常称为非简谐作用. 假使非简谐作用不存在，那么，$\dddot{V}(a)=0$，按(5-68) $\gamma=0$，将不会发生热膨胀. 也就是说，假使振动是严格简谐的，就没有热膨胀，实际的热膨胀是原子之间非简谐作用所引起的.

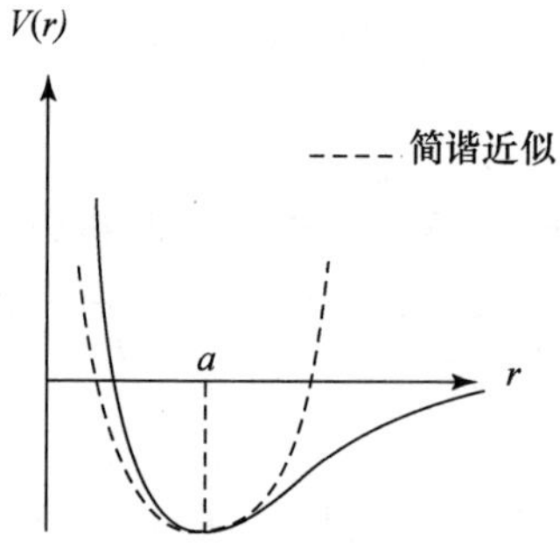

图 5-17 非简谐作用

考查在振动中原子之间的作用力，可以更具体地看到这一点. 图 5-17 是势能曲线图. 虚线表明简谐近似，它对 $r=a$ 是左右完全对称的抛物线，对于 $+\delta$ 和 $-\delta$，斜率则正好相反. 然而，斜率直接反映了原子之间的相互作用力，

$$原子间作用力 = -\frac{\mathrm{d}V(r)}{\mathrm{d}r}.$$

所以,在完全简谐振动中,原子间平均的作用力正好抵消.非简谐作用部分使势能对 $r=a$ 并不完全对称,在 $\delta<0$ 处,比简谐近似更陡斜,表示作用力变强了;在 $\delta>0$ 处,比简谐近似更平缓,表示吸力减弱了.因此,非简谐作用,使得原子在振动时引起一定的相互斥力,从而引起热膨胀现象.

求平均位移量,

$$\bar{\delta} = \frac{\int_{-\infty}^{\infty} \delta \mathrm{e}^{-V/kT} \mathrm{d}\delta}{\int_{-\infty}^{\infty} \mathrm{e}^{-V/kT} \mathrm{d}\delta}, \tag{Q9}$$

其中

$$\int_{-\infty}^{\infty} \delta \mathrm{e}^{-V/kT} \mathrm{d}\delta = \int_{-\infty}^{\infty} \delta \mathrm{e}^{-f\delta^2/kT} \left(1 + \frac{g\delta^3}{kT}\right) \mathrm{d}\delta = \frac{g}{kT} \left(\frac{3}{4}\pi^{1/2}\right) \left(\frac{kT}{f}\right)^{5/2},$$

$$\int_{-\infty}^{\infty} \mathrm{e}^{-V/kT} \mathrm{d}\delta = \int_{-\infty}^{\infty} \mathrm{e}^{-f\delta^2/kT} \mathrm{d}\delta = \left(\frac{\pi kT}{f}\right)^{1/2},$$

$$f = \frac{1}{2}\ddot{V}(a), \quad g = \frac{1}{6}\dddot{V}(a).$$

由(Q9)式得到

$$\bar{\delta} = \frac{3}{4} \frac{g}{f^2} kT. \tag{Q10}$$

线胀系数

$$\eta = \frac{1}{a} \frac{\mathrm{d}\bar{\delta}}{\mathrm{d}T} = \frac{3}{4} \frac{gk}{f^2 a} \tag{Q11}$$

是常数.g 越大,线膨胀越大.

5-6 晶格的热传导

固体可以通过格波的传播而导热,称为晶格热导.绝缘体和一般半导体的热传导便主要是靠了晶格的热导(在金属中,通过电子运动导热则是主要的).

晶格的热导并不简单是格波的自由传播.实际上,晶格热导和气体的热传导有很相似之处.格波荷带着晶格的热能,以一定的波速传播,就如同气体分子荷带着热运动能量并通过热运动传播热能.我们知道,分子间的碰撞对气体导热有决定作用,粗略地讲,气体的导热可以看作是在一个自由程 λ 之内,冷热分子相互交换位置的结果,如图 5-18(a).根据这样简单的理论可以得到热导率

$$\kappa = \frac{1}{3} C_V \lambda \bar{v}, \tag{5-69}$$

C_V 为单位体积热容量，λ 为自由程，$\bar{v}$ 为热运动的平均速度. 图 5-18(b)以形象的方式表明，晶格导热也可以作相同的分析，并且同样可以用(5-69)的热导率的近似公式，只是这时 $\bar{v}$ 和 λ 分别表示格波的波速和自由程.

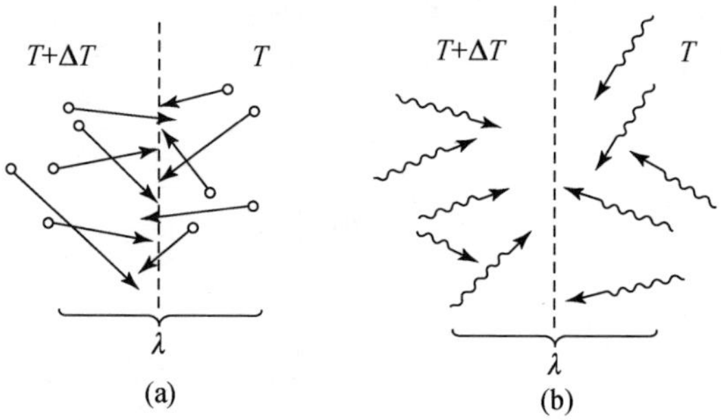

图 5-18　热导微观过程的示意图

在前面的讨论中，我们用小振动理论(简谐近似)得到的不同格波间是完全独立的，它们可以无限传播，在这种情况下，就不存在自由程. 这种情况相当于完全忽略气体分子之间的相互作用. 如果真是这样的情况，格波也根本不可能达到统计平衡. 实际上，非简谐作用使不同的格波之间存在一定耦合. 这一点是很明显的，前面我们看到引入简正坐标后，直到势能的二次项，不同的简正坐标没有交叉项，因而得到相互独立的运动方程，但是，如果写出势能的高次项(非简谐作用)，显然一般它们将包含不同简正坐标的交叉项，表明它们在运动过程中彼此相互影响. 正是这种非简谐作用保证不同格波间可以交换能量，达到统计平衡，在如热导这样的输运过程中，则起着限制格波自由程的作用.

从理论上分析格波导热的自由程是一个很复杂的问题，这里主要只简单介绍一些主要的结果. 具体分析表明，在较高的温度(和德拜温度相比较)，

$$\lambda \propto \frac{1}{T}.$$

随温度增加自由程下降的原因是容易了解的，因为自由程的限制来自格波之间的互作用，格波振动随 T 增强，相互作用亦加强，从而使自由程减小. 而在较低的温度范围，则得到

$$\lambda \propto e^{\Theta_D/\alpha T},$$

α 为一个小数字. 这表明当温度下降时，自由程将很迅速地增长. 这样的温度依

赖关系是由于在低温下,能够影响导热的格波相互作用必须有短波参与即高能量的格波(波数可以和倒格子原胞的尺度相比)参与,就如在爱因斯坦理论看到的那样,这样的格波振动随温度下降而十分陡峻地下降.

除去格波相互作用以外,在实际固体中还存在其它各种可以限制自由程的原因,如晶体的不均匀性,多晶体晶界,晶体表面,内部的杂质和缺陷都可以散射格波.特别是在低温下,格波相互作用的影响迅速减弱,自由程将由其它散射所决定.

图 5-19—图 5-21 是一些典型的晶格热导的实验结果.图 5-19 是在两个直径分别为 1.5 mm 和 3.0 mm 完整纯净的红宝石样品上测量的结果.在峰值右边,热导率随 T 下降而陡峻上升,在这个范围自由程主要由格波相互作用决定,基本符合上面所引证的 $e^{\Theta_D/\alpha T}$ 关系.在峰值和它左边更低温度的范围,样品表面的散射已成为主要限制自由程的因素,因此,直径小的样品自由程较短,热导更低.在这种情况下,热导随温度的变化主要决定于热容量 C_V,因此看到随温度下降趋近 T^3 的关系.

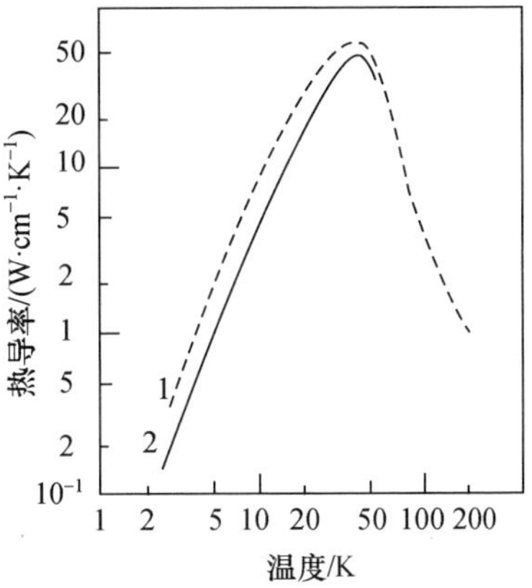

图 5-19 样品尺寸和热导

1—直径 3 mm; 2—直径 1.5 mm

图 5-20 是掺了不同数量杂质原子后晶体的热导率,各曲线上标明每 cm^3 中杂质原子的数量.图线的解释和前面是类似的,只是这里在低温的一端杂质散射成为限制自由程的主要机构.杂质愈多的样品,自由程转为由杂质散射所决定的温度也愈高,而且相应地热导率愈低.

图 5-21 是无定形的石英玻璃和石英晶体的热导率的对比.我们看到无定形样品和晶体不同,热导率一直是随温度下降的.无定形样品由于原子排列本身的不规则性使有效自由程十分短,因此热导率比晶体低几个数量级.如果 λ 是一个常数值,热导率随温度下降应和热容量一样,但是图 5-21 表明在最低温度范围,下降比热容量缓慢.这种情况有一个很自然的解释:温度愈低,导热的格波愈集中于长的声学波,而无定形样品的结构从宏观来看是基本上均匀的,因此对于具有宏观性质的长波散射是比较弱的.在这种情况下,随着荷带热能的格波向长波集中,有效的自由程将相对增长.

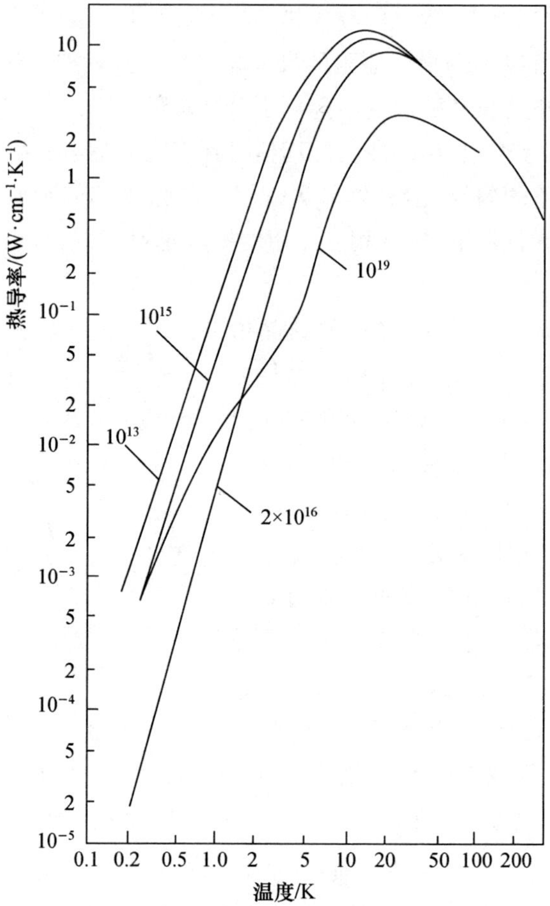

图 5-20 杂质和热导

由能流密度公式,

$$Q = -\kappa \frac{\partial T}{\partial z}, \tag{Q12}$$

其中 κ 是热导率. 如果只考虑势能展开的二次项,各振动独立,声子之间没有碰撞,这样能量交流只与两处的温度有关,与距离无关(与黑体辐射情况类似). 因而热传导是由晶体内存在非线性振动引起的. 热导率包括晶体和电子贡献两部分,下面考虑晶体贡献部分 κ_1.

利用分子运动论计算晶体的热导率. 设 N 为声子密度,则有 $N/6$ 声子通过单位面积. 假定相邻两个面的坐标分别为 $z_0 - l$ 和 z_0,其中 l 为声子平均自由

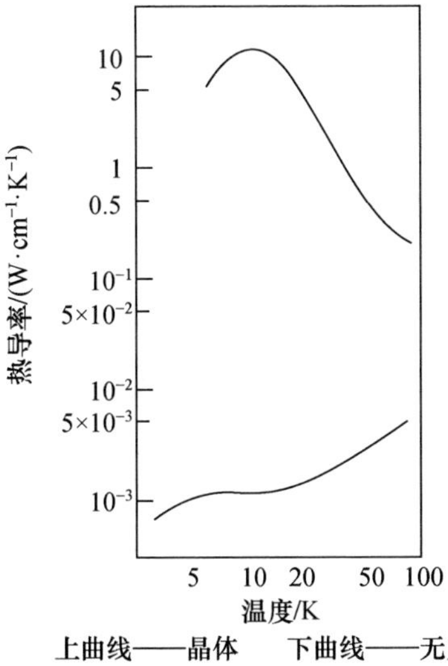

图 5-21 晶体和非晶体的热导

程,则通过两个面的能流密度差,

$$Q=\frac{1}{6}NE(z_0-l)u-\frac{1}{6}NE(z_0)u=-\frac{1}{6}Nul\left(\frac{\mathrm{d}E}{\mathrm{d}z}\right)_{z_0}$$

$$=-\frac{1}{6}Nul\left(\frac{\mathrm{d}E}{\mathrm{d}T}\right)_{z_0}\left(\frac{\mathrm{d}T}{\mathrm{d}z}\right)_{z_0}=-\frac{1}{6}ulC_V\left(\frac{\mathrm{d}T}{\mathrm{d}z}\right)_{z_0}. \tag{Q13}$$

其中 u 是声子速度. 因此

$$\kappa_1=\frac{1}{6}C_Vul. \tag{Q14}$$

与(5-69)式相差一个常数因子.

第六章 能 带 论

19 世纪宏观电现象已经研究得很透彻，当时提出了经典电子理论，其中包括金属自由电子理论，还有磁学、介电性质等有价值的东西. 自由电子理论将电子看作气体，有动能$(3/2)kT$，以及与原子碰撞的自由程等. 由此推导出欧姆定律、维德曼-弗兰兹定律：$\sigma/kT=$常数，热电子发射正比于$e^{-W/kT}$等. 同时这理论也碰到许多困难，有些是具体数字，与实验不符. 但其根本的困难是“比热”问题——电子对比热的贡献为零. 还有电导率随温度下降而升高，要求电子自由程变长. 而按照经典理论，自由程不随温度而改变，因此不能解释. 并且这理论只具有形式的性质，它对于各种金属的特点不予考虑. 电子理论只有在量子力学出现后才发展. 根据量子统计，电子服从费米统计，电子比热问题得到解决. 电子波动性解决了自由程问题，电子在晶格中以波的形式运动，一般不受散射，自由程很大. 但由于原子的振动，不是规则排列，自由程减小，电导率减小. 温度下降，振动减弱，自由程加长，电导率升高.

能带论是目前研究固体中电子运动的一个主要理论基础. 它是在量子力学运动规律确立以后，用量子力学研究金属的电导理论的过程中，开始发展起来的. 在这个理论的基础上，第一次说明了固体为什么有导体和非导体的区别. 以后，结合各方面的问题，进行了大量的研究. 特别是正在这个时候，半导体开始在技术上应用，能带论正好提供了分析半导体问题的理论基础，同时又使能带论得到更进一步的发展.

能带论的出发点是，固体中的电子不再束缚于个别的原子，而是在整个固体内运动. 它是一个所谓“单电子理论”，也就是说，各电子的运动基本上看做是相互独立的，每个电子是在一个具有晶格周期性的势场中运动. 能带论虽然是一个近似的理论，但实际的发展证明，它在某些重要的领域中(如某些最重要的半导体)是比较好的近似，可以作为精确概括电子运动规律的基础. 在另外很广泛的一些领域中(如许多金属)，它可以作为半定量的系统理论而起重要作用.

本章将主要通过一些近似的理论分析和典型模型的讨论，来阐明能带论的一些最基本的成果.

6-1　一维周期场中电子运动的近似分析

通过最简单的一维模型的讨论,可以使我们了解,在周期场中运动的电子的波函数以及能级分布的一些最基本的特点.

(1) 模型和零级近似

图 6-1 上部表示一个孤立原子的势场,下部表示原子等距排列成为一维晶格后各原子势场(虚线)叠加形成的势场(实线). 晶格势场的特点是它的周期性:

$$V(x+na)=V(x).$$

E_0 表示在孤立原子中的束缚能级,图中示意地表示,根据量子力学隧道效应,形成晶格后,电子将能穿透到其它原子而不再束缚于一个原子. 能带论的出发点是直接考查电子在整个周期场中运动的本征态. 下面我们将考虑如图中能量为 E 的情况,即能量 E 超过势垒,因此,电子可以相当自由地在整个固体内运动. 在这种情形,作为零级近似,可以用场的平均值 $\bar{V}$ 代替 $V(x)$. $[V(x)-\bar{V}]$代表场在平均场上的周期起伏,可以作为微扰来处理.

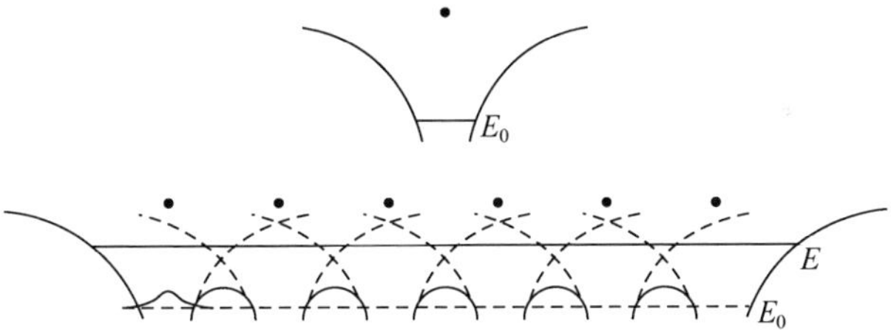

图 6-1　一维周期场

零级近似的波动方程为:

$$-\frac{\hbar^2}{2m}\frac{\partial^2}{\partial x^2}\varphi^0+\bar{V}\varphi^0=E^0\varphi^0. \tag{6-1}$$

它的解是熟知的,便是恒定场 $\bar{V}$ 中自由粒子的解:

$$\varphi_k^0(x)=\frac{1}{\sqrt{L}}e^{2\pi ikx},\quad E_k^0=\frac{h^2k^2}{2m}+\bar{V}, \tag{6-2}$$

它表示波数为 k 的德布罗意波, hk 为相应的电子动量.

上式在归一化因子中引入晶格长度:

$$L=Na, \tag{6-3}$$

N 为原胞的数目,a 是晶格常数(原子间距). 如果是无穷晶格,任何波数都是可以的. 但是,对于有限长度的晶格,必须考虑边界条件. 可以和讨论晶格振动时一样,引入玻恩-卡门条件得到

$$kNa = l \quad (l \text{ 为整数}).$$

即 k 只能取下列值:

$$k = \frac{l}{Na}. \tag{6-4}$$

很容易验证,波函数满足正交归一化条件:

$$\int_0^{Na} \varphi_{k'}^{0*} \varphi_k^0 \mathrm{d}x = \delta_{kk'}. \tag{6-5}$$

(2) 微扰计算

按照一般微扰理论的结果,本征值的一级和二级修正为

$$E_k^{(1)} = \langle k \,|\, \Delta V \,|\, k \rangle, \tag{6-6}$$

$$E_k^{(2)} = \sum_{k'} \frac{|\langle k' \,|\, \Delta V \,|\, k \rangle|^2}{E_k^0 - E_{k'}^0}. \tag{6-7}$$

波函数的一级修正为

$$\varphi_k^{(1)} = \sum_{k'} \frac{\langle k' \,|\, \Delta V \,|\, k \rangle}{E_k^0 - E_{k'}^0} \varphi_{k'}^0, \tag{6-8}$$

其中微扰项

$$\Delta V = V(x) - \bar{V}.$$

具体写出 $E_k^{(1)}$ 为

$$E_k^{(1)} = \int |\varphi_k^0|^2 [V(x) - \bar{V}] \mathrm{d}x = \int |\varphi_k^0|^2 V(x) \mathrm{d}x - \bar{V}, \tag{6-9}$$

其中前一项,按定义就等于平均势场 $\bar{V}$,因此能量的一级修正为 0.

$E_k^{(2)}$ 和 $\varphi_k^{(1)}$ 都需要计算矩阵元 $\langle k' | \Delta V | k \rangle$,由于 k' 和 k 两态的正交关系:

$$\langle k' \,|\, \Delta V \,|\, k \rangle = \langle k' \,|\, V(x) - \bar{V} \,|\, k \rangle = \langle k' \,|\, V(x) \,|\, k \rangle.$$

现在我们证明,由于 $V(x)$ 的周期性,上述矩阵元服从严格的选择定则. 将

$$\langle k' \,|\, V(x) \,|\, k \rangle = \frac{1}{L} \int_0^L \mathrm{e}^{-2\pi \mathrm{i}(k'-k)x} V(x) \mathrm{d}x$$

按原胞划分写成

$$\langle k' \,|\, V(x) \,|\, k \rangle = \frac{1}{Na} \sum_{n=0}^{N-1} \int_{na}^{(n+1)a} \mathrm{e}^{-2\pi \mathrm{i}(k'-k)x} V(x) \mathrm{d}x,$$

对不同的原胞 n,引入积分变数 ξ,

$$x=\xi+na,$$

并考虑到 $V(x)$ 的周期性：

$$V(\xi+na)=V(\xi).$$

就可以把前式写成

$$\begin{aligned}\langle k'|V(x)|k\rangle&=\frac{1}{Na}\sum_{n=0}^{N-1}\mathrm{e}^{-2\pi\mathrm{i}n(k'-k)a}\int_0^a\mathrm{e}^{-2\pi\mathrm{i}(k'-k)\xi}V(\xi)\mathrm{d}\xi\\&=\left[\frac{1}{a}\int_0^a\mathrm{e}^{-2\pi\mathrm{i}(k'-k)\xi}V(\xi)\mathrm{d}\xi\right]\frac{1}{N}\sum_{n=0}^{N-1}\left[\mathrm{e}^{-2\pi\mathrm{i}(k'-k)a}\right]^n.\end{aligned}\tag{6-10}$$

现在区分两种情况：

(i) $k'-k=\dfrac{n}{a}$，即 k' 和 k 相差 $\dfrac{1}{a}$ 的整倍数. 在这种情况下，显然，(6-10)加式中各项均为 1，因此

$$\frac{1}{N}\sum_{n=0}^{N-1}\left[\mathrm{e}^{-2\pi\mathrm{i}(k'-k)a}\right]^n=1.\tag{6-11}$$

(ii) $k'-k\neq\dfrac{n}{a}$. 在这种情况，(6-10)中加式可用几何级数的结果，写成

$$\frac{1}{N}\sum_{n=0}^{N-1}\left[\mathrm{e}^{-2\pi\mathrm{i}(k'-k)a}\right]^n=\frac{1}{N}\frac{1-\mathrm{e}^{-2\pi\mathrm{i}(k'-k)Na}}{1-\mathrm{e}^{-2\pi\mathrm{i}(k'-k)a}},$$

k 和 k' 又可写成(见(6-4)式)

$$k'=\frac{l'}{Na},\quad k=\frac{l}{Na}\quad(l,l'\text{ 均为整数}).$$

因此，上式中的分子

$$1-\mathrm{e}^{-2\pi\mathrm{i}(k'-k)Na}=1-\mathrm{e}^{-2\pi\mathrm{i}(l'-l)}=0,$$

同时，分母由于 $k'-k\neq\dfrac{n}{a}$，所以不为 0. 在这种情况，矩阵元(6-10)恒为 0.

综合以上，我们得到，如果 $k'=k+\dfrac{n}{a}$，则

$$\langle k'|V|k\rangle=\frac{1}{a}\int_0^a\mathrm{e}^{-2\pi\mathrm{i}\frac{n\xi}{a}}V(\xi)\mathrm{d}\xi=V_n,\tag{6-12}$$

否则，

$$\langle k'|V|k\rangle=0.$$

很容易看到，上式中以 V_n 表示的积分实际上正是周期场 $V(x)$ 的第 n 个傅里叶系数.

根据这个结果,波函数考虑了一级修正(6-8)式后可以写成:

$$\begin{aligned}\varphi_k &= \varphi_k^0 + \varphi_k^{(1)} \\ &= \frac{1}{\sqrt{L}}e^{2\pi ikx} + \sum_n \frac{V_n}{\frac{h^2}{2m}\left[k^2 - \left(k+\frac{n}{a}\right)^2\right]} \cdot \frac{1}{\sqrt{L}}e^{2\pi i\left(k+\frac{n}{a}\right)x} \\ &= \frac{1}{\sqrt{L}}e^{2\pi ikx}\left\{1 + \sum_n \frac{V_n}{\frac{h^2}{2m}\left[k^2 - \left(k+\frac{n}{a}\right)^2\right]} e^{2\pi i\frac{n}{a}x}\right\}.\end{aligned} \tag{6-13}$$

我们注意,连加式内的指数函数,在 x 改变 a 的整数倍时,是不变的.这说明括号内为一周期函数.这实际上是周期场中运动的电子波函数的基本特征:它一般可以写成一个自由粒子波函数乘上具有晶格周期性的函数.

根据(6-12),二级微扰能量可以写成

$$E_k^{(2)} = \sum_n \frac{|V_n|^2}{\frac{h^2}{2m}\left[k^2 - \left(k+\frac{n}{a}\right)^2\right]}, \tag{6-14}$$

值得特别注意的是,当

$$k^2 = \left(k+\frac{n}{a}\right)^2, \tag{6-15}$$

也就是

$$k = -\frac{n}{2a} \tag{6-16}$$

时,$E_k^{(2)}$ 趋于$\pm\infty$.因为 n 表示任意一个整数,也就是说,当 k 为 $1/2a$ 的整数倍时,$E_k^{(2)} \to \pm\infty$.很显然,该结果是没有意义的.它只说明,以上的微扰论方法,对于在(6-16)式附近的 k 是发散的,因此是不适用的.但是进一步分析发散产生的原因,可以指出如何正确处理问题的线索.

(6-8)表明,根据微扰理论,在原来零级波函数 φ_k^0 中,将掺入与它有微扰矩阵元的其它零级波函数 $\varphi_{k'}^0$,而且,它们的能量差愈小,掺入的部分就愈大.在这个问题中,与 k 态有矩阵元的只是 $k'=k+\frac{n}{a}$各态.上述发散的结果实际反映,当 k 为$-\frac{n}{2a}$时,则有另外一个状态

$$k' = \frac{n}{2a},$$

它们相差 $k'-k=\frac{n}{a}$，因此有矩阵元，而且，能量差为 0，从而导致了发散的结果.

根据上述，对于接近 $-\frac{n}{2a}$ 的 k 状态，例如

$$k=-\frac{n}{2a}(1-\Delta),\quad \Delta\ll 1,\tag{6-17}$$

在周期场的微扰作用下，最主要的影响将是掺入了和它能量接近的状态，见图 6-2，

$$k'=k+\frac{n}{a}=\frac{n}{2a}(1+\Delta).\tag{6-18}$$

针对这种情况，适当的近似处理方法是，忽略所有其它掺入的状态，把波函数写成

$$\varphi=a\varphi_k+b\varphi_{k'},\tag{6-19}$$

其中 k 和 k' 如(6-17)和(6-18)所给出. 然后，直接根据波动方程去确定 a,b 以及本征值. 也就是说，这里比上面用的微扰方法更精确地考虑了影响最大的态(6-18)(不再把它看做“微扰项”)，而忽略其它态的次要影响.

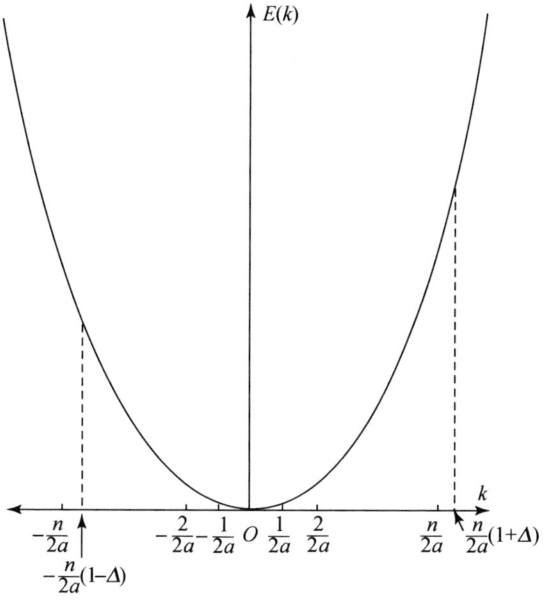

图 6-2　互相影响的状态

(3) 简并微扰计算

上面提出的处理接近 $k=-\frac{n}{2a}$ 状态的方法，实际上就是一般简并微扰的方法. 在简并微扰的问题中，原来有若干状态能量相同，在零级微扰计算中，正是根据波动方程求得这些简并态之间的适当线性组合，其它能量不同状态的影响，只在进一步近似中才考虑. 与此相似，在(6-19)中我们取了(6-17)和(6-18)两态的线性组合. 虽然它们能量只是接近，而不是完全相同. 但是，这样做的精神是和简并微扰方法完全相似的.

把(6-19)代入波动方程

$$\left[-\frac{\hbar^2}{2m}\frac{\mathrm{d}^2}{\mathrm{d}x^2}+V(x)-E\right]\varphi(x)=0,$$

并考虑到

$$\left[-\frac{\hbar^2}{2m}\frac{\mathrm{d}^2}{\mathrm{d}x^2}+\bar{V}\right]\varphi_k^0(x)=E_k^0\varphi_k^0(x),$$

$$\left[-\frac{\hbar^2}{2m}\frac{\mathrm{d}^2}{\mathrm{d}x^2}+\bar{V}\right]\varphi_{k'}^0(x)=E_{k'}^0\varphi_{k'}^0(x),$$

得

$$a(E_k^0-E+\Delta V)\varphi_k^0+b(E_{k'}^0-E+\Delta V)\varphi_{k'}^0=0.$$

上式分别乘以 φ_k^{0*} 和 $\varphi_{k'}^{0*}$ 并积分，得到下列 a,b 必须满足的关系式

$$\begin{cases}(E_k^0-E)a+V_n^*b=0,\\ V_na+(E_{k'}^0-E)b=0.\end{cases} \tag{6-20}$$

其中用到 $\langle k|\Delta V|k\rangle=\langle k'|\Delta V|k'\rangle=0$［见(6-9)式］，以及

$$\langle k|\Delta V|k'\rangle=\langle k'|\Delta V|k\rangle^*=V_n^*$$

［见(6-11)，(6-18)，(6-12)式］. (6-20)作为 a 和 b 的代数方程，有解条件为

$$\begin{vmatrix}E_k^0-E & V_n^*\\ V_n & E_{k'}^0-E\end{vmatrix}=0,$$

即

$$(E_k^0-E)(E_{k'}^0-E)-|V_n|^2=0. \tag{6-21}$$

它的解给出本征值

$$E_\pm=\frac{1}{2}\{(E_k^0+E_{k'}^0)\pm[(E_k^0-E_{k'}^0)^2+4|V_n|^2]^{1/2}\}. \tag{6-22}$$

现在分别讨论两种情况：

(i) $|E_k^0 - E_{k'}^0| \gg |V_n|$.

这显然表示 k 离 $-\frac{n}{2a}$ 较远，所以和 k' 态能量还有较大的差别. 对于这种情形，若把(6-22)按 $|V_n|/(E_k^0 - E_{k'}^0)$ 展开，取到一级近似即得

$$E_\pm = \begin{cases} E_{k'}^0 + \dfrac{|V_n|^2}{E_{k'}^0 - E_k^0}, \\ E_k^0 - \dfrac{|V_n|^2}{E_{k'}^0 - E_k^0}. \end{cases} \tag{6-23}$$

这里假设了 k 和 k' 对应于(6-17)和(6-18)式 $\Delta > 0$ (即 $E_{k'}^0 > E_k^0$) 的情形. 我们注意(6-23)实际上和前节对 k 与 k' 的一般微扰计算结果相似，只不过在 k 的情形只保留了 k' 项的影响，在 k' 的情形只保留了 k 项的影响. 换句话说，只考虑了 k，k' 在微扰中的相互影响. 这使原来能量较高的 k' 态提高，原来能量较低的 k 态下压.

(ii) $|E_k^0 - E_{k'}^0| \ll |V_n|$.

这表示，k 很接近 $-\frac{n}{2a}$ 的情形. 对 $(E_{k'}^0 - E_k^0)/|V_n|$ 展开到一级得到

$$E_\pm = \frac{1}{2}\left\{E_k^0 + E_{k'}^0 \pm \left[2|V_n| + \frac{(E_{k'}^0 - E_k^0)^2}{4|V_n|}\right]\right\}. \tag{6-24}$$

根据(6-17)，(6-18)具体写出 E_k^0，$E_{k'}^0$：

$$\left.\begin{aligned} E_{k'}^0 &= \bar{V} + \frac{h^2}{2m}\left(\frac{n}{2a}\right)^2(1+\Delta)^2 = \bar{V} + T_n(1+\Delta)^2, \\ E_k^0 &= \bar{V} + \frac{h^2}{2m}\left(\frac{n}{2a}\right)^2(1-\Delta)^2 = \bar{V} + T_n(1-\Delta)^2, \end{aligned}\right\} \tag{6-25}$$

其中 T_n 表示在 k 为 $\frac{n}{2a}$ 情形的动能，

$$T_n = \frac{h^2}{2m}\left(\frac{n}{2a}\right)^2. \tag{6-26}$$

把(6-25)代入(6-24)得到

$$E_\pm = \begin{cases} \bar{V} + T_n + |V_n| + \Delta^2 T_n\left(\dfrac{2T_n}{|V_n|} + 1\right), \\ \bar{V} + T_n - |V_n| - \Delta^2 T_n\left(\dfrac{2T_n}{|V_n|} - 1\right), \end{cases} \tag{6-27}$$

这个结果可以用图线的方式与零级能量加以比较，如图 6-3 所示. 两个

相互影响的状态 φ_k^0 与 $\varphi_{k'}^0$ 微扰后能量为 E_- 和 E_+，φ_k^0 原来能量 E_k^0 较低，微扰使它下降；$\varphi_{k'}^0$ 原来能量 $E_{k'}^0$ 较高，微扰使它上升.(6-27)表示当 $\Delta\to 0$ 时，$E_\pm$ 分别以抛物线方式趋于 $\bar{V}+T_n\pm|V_n|$. 在图 6-4 中，还画上了 $\Delta<0$ 情形，得到完全对称的 E_k 图线. 值得注意，A 和 C(以及 B 和 D)实际代表同一状态，因为它们是从 $\Delta>0$ 和 $\Delta<0$ 两方当 $\Delta\to 0$ 的共同极限.

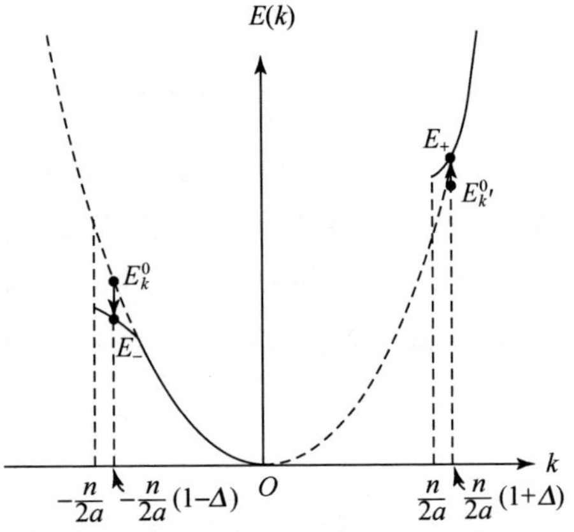

图 6-3　能量的微扰

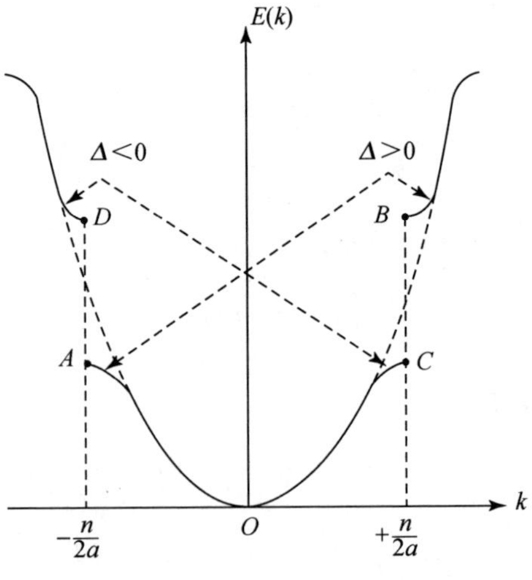

图 6-4　在 $k=\pm\frac{n}{2a}$ 处的微扰

(4) 能带和禁带

在零级近似中，本征值 E_k^0 作为 k 的函数，具有抛物线的形式. 上面的分析说明，由于周期势场的微扰，$E(k)$ 图线将在 k 为 $\frac{n}{2a}$ 处断开，能量的突变为 $2|V_n|$，如图 6-5 所示.

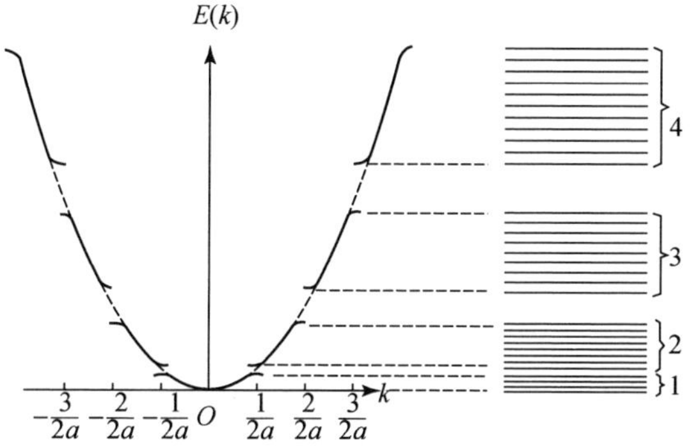

图 6-5 $E(k)$图和能带

根据

$$k=\frac{l}{Na},$$

对应每一整数 l 有一个量子态，它的能量可以由 $E(k)$图上找出. 这样把所有量子态的能级都画出来，显然将得到如图 6-5 右方所示情形. 当 N 很大时，k 的取值是十分密集的，相应的能级也同样十分密集，因此有时称为准连续的. 这里最重要的特点是准连续能级分裂为一系列的带 1,2,3,…，它们分别对应于

$$k=-\frac{1}{2a}—+\frac{1}{2a} \quad (\text{带 } 1),$$

$$k=-\frac{1}{a}—-\frac{1}{2a}, \quad +\frac{1}{2a}—+\frac{1}{a} \quad (\text{带 } 2),$$

$$k=-\frac{3}{2a}—-\frac{1}{a}, \quad +\frac{1}{a}—+\frac{3}{2a} \quad (\text{带 } 3),$$

$$\cdots.$$

各带间的间隔直接对应于 $E(k)$图线在 $k=\frac{n}{2a}$处的间断值 $2|V_1|$，$2|V_2|$，$2|V_3|$，…. 周期场的变化愈剧烈，各傅里叶系数也愈大，能带间隔也将更宽. 周期场中运动的电子的能级形成能带是能带论最基本的结果之一. 我们将看到，正是这

个结论，提供了导体和非导体的理论说明．各能带之间的间隔称为“禁带”．应当注意，禁带并不对应什么能级，而是标志这样一些能量间隔，其中不存在能级．

和在晶格振动问题中一样，在 k—$k+\Delta k$ 之间量子态的数目为：

$$Na\,\Delta k.$$

我们注意，各个能带所对应 k 的取值范围都正好是 $\frac{1}{a}$，因此，各带所包含量子态的数目都是

$$Na\times\frac{1}{a}=N,$$

也就是说，每个能带内量子态的数目等于原来晶格中原胞的数目．

6-2 三维周期场中的电子运动

可以用和前节完全相似的方法讨论三维的情况．波动方程可以写成

$$\left[-\frac{\hbar^2}{2m}\nabla^2+V(\boldsymbol{x})\right]\varphi=E\varphi, \tag{6-28}$$

其中 $V(\boldsymbol{x})$ 是具有晶格周期性的势场，

$$V(\boldsymbol{x}+\boldsymbol{R}_m)=V(\boldsymbol{x}), \tag{6-29}$$

式中 $\boldsymbol{R}_m$ 表示布拉维格子的格矢量，

$$\boldsymbol{R}_m=m_1\boldsymbol{a}_1+m_2\boldsymbol{a}_2+m_3\boldsymbol{a}_3.$$

作为零级近似，用平均场 $\bar{V}$ 代替 $V(\boldsymbol{x})$，则波函数可以取为波矢为 $\boldsymbol{k}$ 的德布罗意波

$$\varphi_k^0=\frac{1}{\sqrt{V}}e^{2\pi i\boldsymbol{k}\cdot\boldsymbol{x}}, \tag{6-30}$$

相应的本征值为

$$E_k^0=\bar{V}+\frac{h^2k^2}{2m}. \tag{6-31}$$

写出(6-30)中的归一化因子已假设晶体具有体积 V．

(1) 边界条件和 $\boldsymbol{k}$ 的取值

我们将设想，晶体是规则的平行六面体，它的棱沿着 $\boldsymbol{a}_1,\boldsymbol{a}_2,\boldsymbol{a}_3$ 三个基矢方向，边长分别为 $N_1\boldsymbol{a}_1,N_2\boldsymbol{a}_2,N_3\boldsymbol{a}_3$．显然，晶体共含 $N=N_1N_2N_3$ 个原胞，其体积为

$$V=Nv_0=N_1N_2N_3v_0, \tag{6-32}$$

v_0 表示原胞体积.

一般采用的边界条件,便是一维玻恩-卡门条件的推广:

$$\left.\begin{aligned}\varphi(\boldsymbol{x}+N_1\boldsymbol{a}_1)&=\varphi(\boldsymbol{x}),\\ \varphi(\boldsymbol{x}+N_2\boldsymbol{a}_2)&=\varphi(\boldsymbol{x}),\\ \varphi(\boldsymbol{x}+N_3\boldsymbol{a}_3)&=\varphi(\boldsymbol{x}),\end{aligned}\right\} \tag{6-33}$$

也就是说,波函数在相对的两个边界面相对应点上相等.

边界条件(6-33)用于波函数(6-30)要求

$$\begin{cases}N_1\boldsymbol{k}\cdot\boldsymbol{a}_1=l_1,\\ N_2\boldsymbol{k}\cdot\boldsymbol{a}_2=l_2, \quad (l_1,l_2,l_3\ 为整数),\\ N_3\boldsymbol{k}\cdot\boldsymbol{a}_3=l_3\end{cases}$$

因为 $\boldsymbol{k}$ 和 $\boldsymbol{a}_1,\boldsymbol{a}_2,\boldsymbol{a}_3$ 的标量积,就是把 $\boldsymbol{k}$ 按倒矢量 $\boldsymbol{b}_1,\boldsymbol{b}_2,\boldsymbol{b}_3$ 分解的分量,所以上述条件可以方便地用倒矢量表示为

$$\boldsymbol{k}=\frac{l_1}{N_1}\boldsymbol{b}_1+\frac{l_2}{N_2}\boldsymbol{b}_2+\frac{l_3}{N_3}\boldsymbol{b}_3. \tag{6-34}$$

以上 $\boldsymbol{k}$ 的取值如以几何的方式在 $\boldsymbol{k}$ 空间表示,就是以 $\boldsymbol{b}_1/N_1,\boldsymbol{b}_2/N_2,\boldsymbol{b}_3/N_3$ 为基矢的格点. 当 N_1,N_2,N_3 很大时,它们显然十分密集,而且在 $\boldsymbol{b}_1,\boldsymbol{b}_2,\boldsymbol{b}_3$ 形成的原胞中(倒格子原胞),正好有 $N_1N_2N_3=N$ 个取值,如图 6-6 所示. N 被倒格子原胞体积 $\frac{1}{v_0}$ 去除得到边界条件允许的 $\boldsymbol{k}$ 在 $\boldsymbol{k}$ 空间均匀分布的"密度",

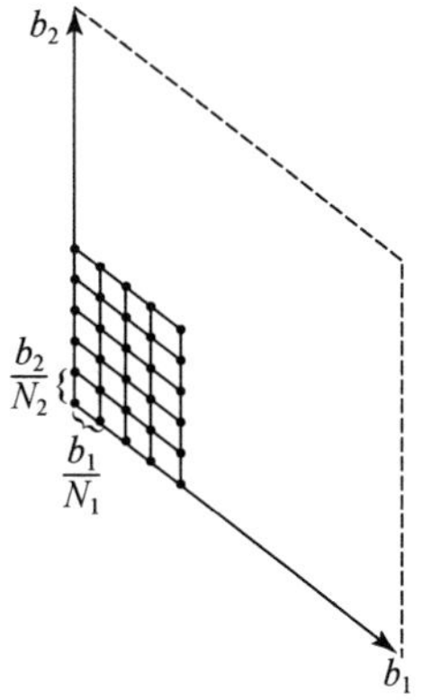

图 6-6　倒格子原胞中 k 的取值

$$分布密度=\frac{N}{\dfrac{1}{v_0}}=Nv_0=V \tag{6-35}$$

(注意,$\boldsymbol{k}$ 空间"体积"的量纲实际上是体积量纲的倒数,因此"密度"具有体积的量纲!).

不难证明,满足 $\boldsymbol{k}$ 取值条件(6-34)的波函数 $\varphi_{\boldsymbol{k}}^0$ 满足正交归一化条件,

$$\int\varphi_{\boldsymbol{k}'}^{0*}\varphi_{\boldsymbol{k}}^0\mathrm{d}\boldsymbol{x}=\delta_{\boldsymbol{k}'\boldsymbol{k}}. \tag{6-36}$$

(2) 微扰计算

很容易看到,和一维晶格情况相似,微扰对本征值的一级修正$\langle\boldsymbol{k}|\Delta V|\boldsymbol{k}\rangle$为 0. 波函数的一级修正

$$\varphi_{\boldsymbol{k}}^{(1)} = \sum_{\boldsymbol{k}'}{}' \frac{\langle \boldsymbol{k}' \,|\, \Delta V \,|\, \boldsymbol{k} \rangle}{E_{\boldsymbol{k}}^0 - E_{\boldsymbol{k}'}^0} \varphi_{\boldsymbol{k}'}^0 \tag{6-37}$$

和本征值的二级修正

$$E_{\boldsymbol{k}}^{(2)} = \sum_{\boldsymbol{k}'}{}' \frac{|\langle \boldsymbol{k}' \,|\, \Delta V \,|\, \boldsymbol{k} \rangle|^2}{E_{\boldsymbol{k}}^0 - E_{\boldsymbol{k}'}^0} \tag{6-38}$$

(由于 $\boldsymbol{k}'$，$\boldsymbol{k}$ 两态的正交性，微扰 $\Delta V = V(\boldsymbol{x}) - \bar{V}$，可以用 $V(\boldsymbol{x})$ 代替)都要求计算矩阵元

$$\begin{aligned} \langle \boldsymbol{k}' \,|\, V \,|\, \boldsymbol{k} \rangle &= \frac{1}{V} \int \mathrm{e}^{-2\pi \mathrm{i}(\boldsymbol{k}'-\boldsymbol{k}) \cdot \boldsymbol{x}} V(\boldsymbol{x}) \mathrm{d}\boldsymbol{x} \\ &= \left[\frac{1}{v_0} \int_{\text{原胞}} \mathrm{e}^{-2\pi \mathrm{i}(\boldsymbol{k}'-\boldsymbol{k}) \cdot \boldsymbol{\xi}} V(\boldsymbol{\xi}) \mathrm{d}\boldsymbol{\xi} \right] \frac{1}{N} \sum_m \mathrm{e}^{-2\pi \mathrm{i}(\boldsymbol{k}'-\boldsymbol{k}) \cdot \boldsymbol{R}_m}, \end{aligned} \tag{6-39}$$

在上式中，完全和一维情况相似，我们已把积分划分为不同原胞 m 内积分，然后引入相应积分变数 $\boldsymbol{x} = \boldsymbol{R}_m + \boldsymbol{\xi}$，并应用 $V(\boldsymbol{x})$ 的周期性特点(6-29)．根据 $\boldsymbol{k}$ 的取值条件，把 $\boldsymbol{k}$ 和 $\boldsymbol{k}'$ 表示为

$$\left.\begin{aligned} \boldsymbol{k}' &= l_1' \frac{\boldsymbol{b}_1}{N_1} + l_2' \frac{\boldsymbol{b}_2}{N_2} + l_3' \frac{\boldsymbol{b}_3}{N_3}, \\ \boldsymbol{k} &= l_1 \frac{\boldsymbol{b}_1}{N_1} + l_2 \frac{\boldsymbol{b}_2}{N_2} + l_3 \frac{\boldsymbol{b}_3}{N_3}, \end{aligned}\right\} \tag{6-40}$$

并考虑到 $\boldsymbol{R}_m = m_1 \boldsymbol{a}_1 + m_2 \boldsymbol{a}_2 + m_3 \boldsymbol{a}_3$，(6-39)中的加式就成为

$$\sum_m \mathrm{e}^{-2\pi \mathrm{i}(\boldsymbol{k}'-\boldsymbol{k}) \cdot \boldsymbol{R}_m} = \left(\sum_{m_1=0}^{N_1-1} \mathrm{e}^{-2\pi \mathrm{i} \frac{l_1'-l_1}{N_1} m_1} \right) \left(\sum_{m_2=0}^{N_2-1} \mathrm{e}^{-2\pi \mathrm{i} \frac{l_2'-l_2}{N_2} m_2} \right) \left(\sum_{m_3=0}^{N_3-1} \mathrm{e}^{-2\pi \mathrm{i} \frac{l_3'-l_3}{N_3} m_3} \right) \tag{6-41}$$

当

$$\frac{l_1' - l_1}{N_1} = n_1, \frac{l_2' - l_2}{N_2} = n_2, \frac{l_3' - l_3}{N_3} = n_3, \tag{6-42}$$

显然各加式中每项均为 1，结果得 $N_1 N_2 N_3 = N$．假使(6-42)中有任何一式未满足，则和一维情况相似，几何级数之和为 0．(6-42)的条件用 $\boldsymbol{k}$ 和 $\boldsymbol{k}'$ 表示就成为

$$\boldsymbol{k}' - \boldsymbol{k} = n_1 \boldsymbol{b}_1 + n_2 \boldsymbol{b}_2 + n_3 \boldsymbol{b}_3 = \boldsymbol{K}_n \quad (\boldsymbol{K}_n \text{ 为倒格子矢量}), \tag{6-43}$$

换一句话说，只有当 $\boldsymbol{k}'$ 和 $\boldsymbol{k}$ 相差为一倒格子矢量 $\boldsymbol{K}_n$ 时，它们之间矩阵元才不为 0，在这种情况下，根据(6-39)，矩阵元可以写成

$$\langle \boldsymbol{k}' \,|\, V(\boldsymbol{x}) \,|\, \boldsymbol{k} \rangle = \frac{1}{v_0} \int_{\text{原胞}} \mathrm{e}^{-2\pi \mathrm{i} \boldsymbol{K}_n \cdot \boldsymbol{\xi}} V(\boldsymbol{\xi}) \mathrm{d}\boldsymbol{\xi} = V_n. \tag{6-44}$$

实际上，以上用 V_n(n 表示 n_1，n_2，n_3 三个整数)表示的积分正是 $V(\boldsymbol{x})$ 展开为傅里叶级数的系数，

$$V(\boldsymbol{x}) = \sum_n V_n \mathrm{e}^{2\pi \mathrm{i} \boldsymbol{K}_n \cdot \boldsymbol{x}}. \tag{6-45}$$

把上述结果用于(6-37)，由于 $\boldsymbol{k}'$ 只限于 $\boldsymbol{k}+\boldsymbol{K}_n$ 各值，因此

$$\varphi_{\boldsymbol{k}}^{(1)} = \frac{1}{\sqrt{V}} e^{2\pi i \boldsymbol{k}\cdot\boldsymbol{x}} \left(\sum_n \frac{V_n}{E_{\boldsymbol{k}}^0 - E_{\boldsymbol{k}+\boldsymbol{K}_n}^0} e^{2\pi i \boldsymbol{K}_n\cdot\boldsymbol{x}} \right). \tag{6-46}$$

我们注意，如果把指数函数中 $\boldsymbol{x}$ 改变一个格矢量 $\boldsymbol{R}_m$，由于

$$\boldsymbol{R}_m \cdot \boldsymbol{K}_n = n_1 m_1 + n_2 m_2 + n_3 m_3$$

是整数，(6-46)括号内的函数值不变. 这说明，波函数可以写成自由粒子波函数，乘上具有晶格周期性的函数.

在一维情形，我们曾看到，对于某些 $\boldsymbol{k}$ 值，一般微扰计算导致发散的结果. 它实际反映，本征值在这些 $\boldsymbol{k}$ 值应发生突变. 三维情况是完全类似的，当两个相互有矩阵元的状态 $\boldsymbol{k}$ 和 $\boldsymbol{k}'=\boldsymbol{k}+\boldsymbol{K}_n$ 的零级能量相等时，$\varphi_{\boldsymbol{k}}^{(1)}$ 和 $E_{\boldsymbol{k}}^{(2)}$ 趋于∞. 导致发散的条件可以具体写为

$$|\boldsymbol{k}|^2 = |\boldsymbol{k}+\boldsymbol{K}_n|^2, \tag{6-47}$$

或

$$\boldsymbol{K}_n \cdot \left(\boldsymbol{k} + \frac{1}{2}\boldsymbol{K}_n\right) = 0. \tag{6-48}$$

(6-48)可以看做是在 $\boldsymbol{k}$ 空间中，从原点所作的倒格子矢量 $-\boldsymbol{K}_n$ 的垂直平分面的方程，如图 6-7 所示. 也就是说，在这样面上的 $\boldsymbol{k}$ 值，前述非简并微扰结果是发散的. 产生上述发散的原因在于，对上述 $\boldsymbol{k}$ 值存在

$$\boldsymbol{k}' = \boldsymbol{k} + \boldsymbol{K}_n, \tag{6-49}$$

它们零级能量相同，而且它们之间有不为 0 的矩阵元. 在这种情况可以用简并微扰方法，取

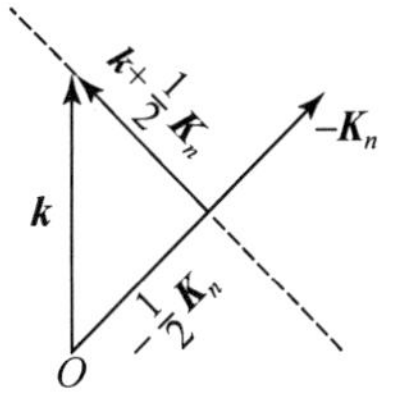

图 6-7　发散条件

$$\varphi = a\varphi_{\boldsymbol{k}}^0 + b\varphi_{\boldsymbol{k}'}^0, \tag{6-50}$$

代入波动方程，通过与前节完全相似的推导得到

$$\left.\begin{aligned} (E_{\boldsymbol{k}}^0 - E)a + V_n^* b &= 0, \\ V_n a + (E_{\boldsymbol{k}'}^0 - E)b &= 0. \end{aligned}\right\} \tag{6-51}$$

我们注意，这里只限于讨论 $\boldsymbol{k}'$ 和 $\boldsymbol{k}$ 具有相同能量的情形(相当于前节中$\Delta=0$ 情形). 因此，出现在(6-51)中的零级本征值 $E_{\boldsymbol{k}'}^0 = E_{\boldsymbol{k}}^0$. 从(6-51)的有解条件立即得到

$$E_{\pm} = E_{\boldsymbol{k}}^0 \pm |V_n|. \tag{6-52}$$

(6-52)表明在 $\boldsymbol{k}$ 处，本征值突变 $2|V_n|$，和一维情形完全相似. 图 6-8 在 $\boldsymbol{k}$ 空间表示出这样一对 $\boldsymbol{k}$ 和 $\boldsymbol{k}'$，它们分别位于连接原点与倒格点 $-\boldsymbol{K}_n$ 和 $\boldsymbol{K}_n$ 的垂直平分面上，图的下部仿照一维结果示意地画出在连接 $\boldsymbol{k}$ 点和 $\boldsymbol{k}'$ 点的线上各点的能量，显出(6-52)所给出的能量突变.

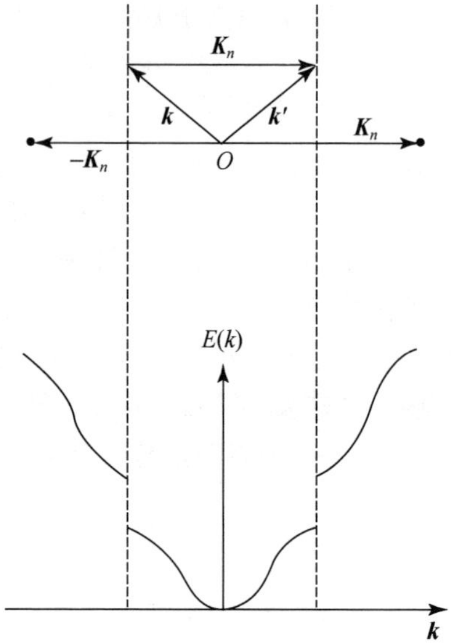

图 6-8 $E(k)$的断开

(3) 布里渊区和能带

了解三维情况的能带需要借助于布里渊区的概念. 如果在 k 空间中把原点和所有倒格子的格点 K_n 之间的连线的垂直平分面都画出来, k 空间被分割成许多区域,在每个区域内 E 对 k 是准连续变化的,这些区域常称为布里渊区. 图 6-9 是表征简单立方格子的 k 空间的二维示意图. 图中心的布里渊区称为第一布里渊区;再外面 4 个都标为 2 的区域合起来构成第二区;…….第二,三区在图中看来各分割为不相连的若干小区,但是实际上能量是连续的. 属于一个布里渊区的能级构成一个准连续的"能带". 在图 6-9 中很容易看到,每一布里渊区的体积为 $1/a^3$(a 为晶格常数),乘上 k 点的分布密度 V,得到所包含的量子态数目:

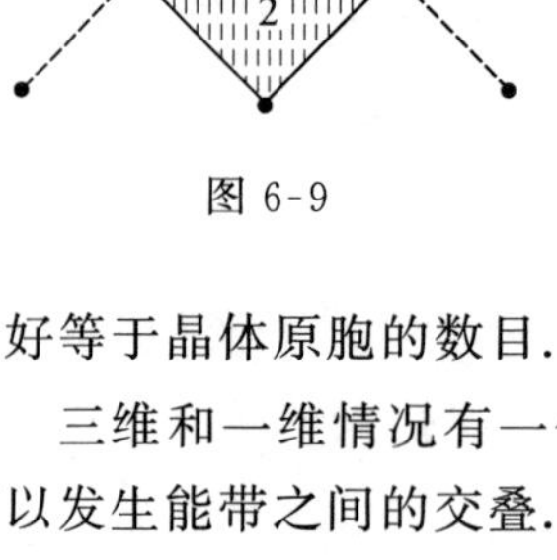

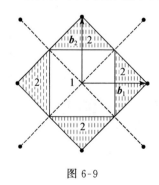

图 6-9

$$\frac{1}{a^3}V = N, \tag{6-53}$$

正好等于晶体原胞的数目.

三维和一维情况有一个重要的区别,不同能带在能量上不一定分隔开,而可以发生能带之间的交叠. 在图 6-10(a)中, B 表示第二区能量最低的点, A 是

与 B 相邻而在第一区的点，它的能量和 B 点是断开的. 图6-10(b)表示从 O 到 A，B 连线上各点的能量，在 A，B 间是断开的. C 点表示第一区能量最高的点，图 6-10(c)表示沿 OC 各点的能量，如果，像图示的情形，C 点能量高于 B 点，则显然两个带在能量上将发生交叠，如图 6-10(d)所示.

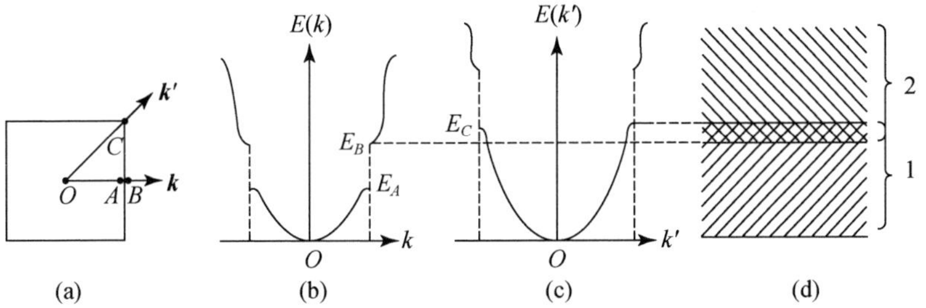

图 6-10 能带间的交叠

6-3 布洛赫函数和简约波矢

前面两节根据微扰论的近似分析表明，在周期场中运动的电子本征态的波函数一般可以写成自由粒子波函数乘上一个周期函数. 这种形式的波函数常称为布洛赫函数. 这一节将做一些进一步的论证，以便确切了解这一结果，并阐明标志周期场中电子本征态的一般方法.

(1) 平移对称性

势场的周期性反映了晶格的平移对称性，即晶格做平移 $\boldsymbol{a}_1$，$\boldsymbol{a}_2$ 或 $\boldsymbol{a}_3$ 时是不变的. 可以引入描述这些平移对称操作的算符 T_1，T_2，T_3，它们的定义是，对于任意波函数

$$\mathrm{T}_\alpha \varphi(\boldsymbol{x}) = \varphi(\boldsymbol{x}+\boldsymbol{a}_\alpha). \tag{6-54}$$

很显然，它们是相互对易的

$$\mathrm{T}_\alpha \mathrm{T}_\beta \varphi(\boldsymbol{x}) = \mathrm{T}_\alpha \varphi(\boldsymbol{x}+\boldsymbol{a}_\beta) = \varphi(\boldsymbol{x}+\boldsymbol{a}_\beta+\boldsymbol{a}_\alpha) = \mathrm{T}_\beta \mathrm{T}_\alpha \varphi(\boldsymbol{x}),$$

或

$$\mathrm{T}_\alpha \mathrm{T}_\beta - \mathrm{T}_\beta \mathrm{T}_\alpha = 0. \tag{6-55}$$

单电子运动的哈密顿量为：

$$H = -\frac{\hbar^2}{2m}\nabla^2 + V(\boldsymbol{x}),$$

则有

$$\mathrm{T}_\alpha H\varphi = \left[-\frac{\hbar^2}{2m}\nabla^2_{x+a_\alpha} + V(\boldsymbol{x}+\boldsymbol{a}_\alpha)\right]\varphi(\boldsymbol{x}+\boldsymbol{a}_\alpha)$$

$$= \left[-\frac{\hbar^2}{2m}\nabla^2 + V(\boldsymbol{x})\right]\varphi(\boldsymbol{x}+\boldsymbol{a}_\alpha) = H\mathrm{T}_\alpha\varphi(\boldsymbol{x}).$$

(其中∇_{x+a_α}只表示相应的$\partial/\partial x, \partial/\partial y, \partial/\partial z$中变数$x, y, z$改变一常数值，这显然并不影响微商算符.）由于$\varphi$为任意的，上式表明$\mathrm{T}_\alpha$和$H$是对易的，

$$\mathrm{T}_\alpha H - H\mathrm{T}_\alpha = 0. \tag{6-56}$$

(6-56)式以算符形式表达了晶格中单电子运动的平移对称性.

由于存在对易关系(6-55)，(6-56)，根据量子力学中熟知的定理，可以选择H的本征态，使它同时为各平移算符的本征态：

$$\left.\begin{aligned} &H\varphi = E\varphi, \\ &\mathrm{T}_1\varphi = \lambda_1\varphi_1, \mathrm{T}_2\varphi = \lambda_2\varphi, \mathrm{T}_3\varphi = \lambda_3\varphi. \end{aligned}\right\} \tag{6-57}$$

按照量子力学一般的方法，可以用$\lambda_1, \lambda_2, \lambda_3$来标志量子态，或者引入一些相对应的量子数(例如，在球对称场中，可选本征态为$-\mathrm{i}\hbar\left(x\frac{\partial}{\partial y} - y\frac{\partial}{\partial x}\right)$的本征态，相应本征值为$m\hbar$，$m$即用作为量子数).

符合玻恩-卡门条件的量子态

$$\varphi(\boldsymbol{x}) = \varphi(\boldsymbol{x}+N_1\boldsymbol{a}_1) = \varphi(\boldsymbol{x}+N_2\boldsymbol{a}_2) = \varphi(\boldsymbol{x}+N_3\boldsymbol{a}_3), \tag{6-58}$$

$\lambda_1, \lambda_2, \lambda_3$受到严格限制，例如

$$\varphi(\boldsymbol{x}+N_1\boldsymbol{a}_1) = \mathrm{T}_1^{N_1}\varphi(\boldsymbol{x}) = \lambda_1^{N_1}\varphi(\boldsymbol{x})$$

必须等于$\varphi(\boldsymbol{x})$，因此，λ_1必须为下列形式

$$\lambda_1 = \mathrm{e}^{\frac{2\pi\mathrm{i}}{N_1}l_1}, \tag{6-59}$$

l_1为整数. 同样

$$\lambda_2 = \mathrm{e}^{\frac{2\pi\mathrm{i}}{N_2}l_2}, \quad \lambda_3 = \mathrm{e}^{\frac{2\pi\mathrm{i}}{N_3}l_3}. \tag{6-60}$$

(2) 布洛赫函数和简约波矢

对于具有平移本征值$\lambda_1, \lambda_2, \lambda_3$的量子态$\varphi(\boldsymbol{x})$，如果引入矢量

$$\bar{\boldsymbol{k}} = \frac{l_1}{N_1}\boldsymbol{b}_1 + \frac{l_2}{N_2}\boldsymbol{b}_2 + \frac{l_3}{N_3}\boldsymbol{b}_3,$$

则很容易证明

$$u(\boldsymbol{x}) = \mathrm{e}^{-2\pi\mathrm{i}\bar{\boldsymbol{k}}\cdot\boldsymbol{x}}\varphi(\boldsymbol{x})$$

必然为周期函数. 因为，做平移

$$\boldsymbol{R}_m = m_1\boldsymbol{a}_1 + m_2\boldsymbol{a}_2 + m_3\boldsymbol{a}_3$$

以后，

$$u(\boldsymbol{x}+\boldsymbol{R}_m)=\mathrm{e}^{-2\pi\mathrm{i}\bar{\boldsymbol{k}}\cdot(\boldsymbol{x}+\boldsymbol{R}_m)}\varphi(\boldsymbol{x}+\boldsymbol{R}_m)$$

$$=\left[\lambda_1^{m_1}\lambda_2^{m_2}\lambda_3^{m_3}\mathrm{e}^{-2\pi\mathrm{i}\left(m_1\frac{l_1}{N_1}+m_2\frac{l_2}{N_2}+m_3\frac{l_3}{N_3}\right)}\right]\mathrm{e}^{-2\pi\mathrm{i}\bar{\boldsymbol{k}}\cdot\boldsymbol{x}}\varphi(\boldsymbol{x}),$$

括号内因子恰好为1，说明

$$u(\boldsymbol{x}+\boldsymbol{R}_m)=u(\boldsymbol{x}). \tag{6-61}$$

以上的证明实际上表示波函数 $\varphi(\boldsymbol{x})$ 可以写成所谓布洛赫函数的形式：

$$\varphi(\boldsymbol{x})=\mathrm{e}^{2\pi\mathrm{i}\bar{\boldsymbol{k}}\cdot\boldsymbol{x}}u(\boldsymbol{x}), \tag{6-62}$$

$u(\boldsymbol{x})$ 代表一个周期函数.

从以上分析可见，波矢 $\bar{\boldsymbol{k}}$ 可看做是对应于平移操作本征值的一种量子数. 但是需要注意，如果 $\bar{\boldsymbol{k}}$ 改变一个倒格子矢量

$$\boldsymbol{K}_n=n_1\boldsymbol{b}_1+n_2\boldsymbol{b}_2+n_3\boldsymbol{b}_3,$$

效果相当于(6-59)和(6-60)中 l_1,l_2,l_3 分别增加了 N_1,N_2,N_3 的整数倍；这完全不影响本征值 $\lambda_1,\lambda_2,\lambda_3$. 因此，为了 $\bar{\boldsymbol{k}}$ 能一一对应地表示本征值 $\lambda_1,\lambda_2,\lambda_3$，必须把 $\bar{\boldsymbol{k}}$ 限在一定范围内，使它能概括所有不同的 $\lambda_1,\lambda_2,\lambda_3$ 取值，同时又没有两个 $\bar{\boldsymbol{k}}$ 相差一个倒格子矢量 $\boldsymbol{K}_n$. 最明显的办法是把 $\bar{\boldsymbol{k}}$ 限制在 $\boldsymbol{k}$ 空间 $\boldsymbol{b}_1,\boldsymbol{b}_2,\boldsymbol{b}_3$ 形成的倒格子原胞中，相当于在(6-59)，(6-60)中限制

$$\begin{cases} l_1=0,\cdots,N_1-1, \\ l_2=0,\cdots,N_2-1, \\ l_3=0,\cdots,N_3-1, \end{cases}$$

如图 6-11 立方格子 $\boldsymbol{k}$ 空间示意图的虚线所示. 但实际上，这往往不是最方便的. 图中实线所表示的体积，同样可以作为定义 $\bar{\boldsymbol{k}}$ 的范围，它具有环绕原点更为对称的优点.

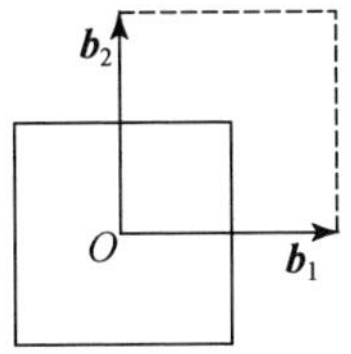

图 6-11 $\boldsymbol{k}$ 取值范围

(3) 简约波矢 $\bar{\boldsymbol{k}}$ 和微扰近似中的波矢 $\boldsymbol{k}$

前两节以自由粒子为零级近似的微扰理论中，我们以零级近似中的波数 $\boldsymbol{k}$ 来标志量子态，而且证明波函数具有类似于(6-62)的形式.

$$\mathrm{e}^{2\pi\mathrm{i}\boldsymbol{k}\cdot\boldsymbol{x}}\times(\text{周期函数}). \tag{6-63}$$

应当注意的是，只有在可以以自由粒子为零级近似的情况下，才有可能这样引入 $\boldsymbol{k}$ 来描写状态. $\boldsymbol{k}$ 和作为一般量子数的 $\bar{\boldsymbol{k}}$ 之间既有联系又有区别. $\boldsymbol{k}$ 遍及 $\boldsymbol{k}$ 空间各处，然而 $\bar{\boldsymbol{k}}$ 必须在某一指定范围(例如，倒格子原胞)内，我们可以把 $\boldsymbol{k}$ 分解如下：

$$\boldsymbol{k} = \boldsymbol{K}_n + \bar{\boldsymbol{k}}, \tag{6-64}$$

这样,(6-63)就成为:

$$e^{2\pi i\bar{\boldsymbol{k}}\cdot\boldsymbol{x}}[e^{2\pi i\boldsymbol{K}_n\cdot\boldsymbol{x}} \times (\text{周期函数})].$$

由于 $e^{2\pi i\boldsymbol{K}_n\cdot\boldsymbol{x}}$ 是一个周期函数,所以括号内的函数正好相当于一般布洛赫函数(6-62)中的周期函数因子 $u(\boldsymbol{x})$.

我们结合一维能量图,更具体地说明 $\boldsymbol{k}'$ 和 $\bar{\boldsymbol{k}}$ 的相互联系. 简约波矢 $\bar{\boldsymbol{k}}$ 的范围可以取

$$-\frac{1}{2a}—+\frac{1}{2a},$$

在这个范围以外的状态 $\boldsymbol{k}$,如图 6-12 中 a 点,如果用 $\bar{\boldsymbol{k}}$ 来标志,应当通过把 $\boldsymbol{k}$ 改变 $1/a$ 的倍数,使它落于 $-\frac{1}{2a}—+\frac{1}{2a}$ 的范围,如图所示,a 通过移 $-\frac{1}{a}$ 到 a' 点. 按照这种方式,原来用 $\boldsymbol{k}$ 标志的 $a,b,c,d\cdots$ 各段,如果用 $\bar{\boldsymbol{k}}$ 标志,则应成为图中 $a',b',c',d'\cdots$.

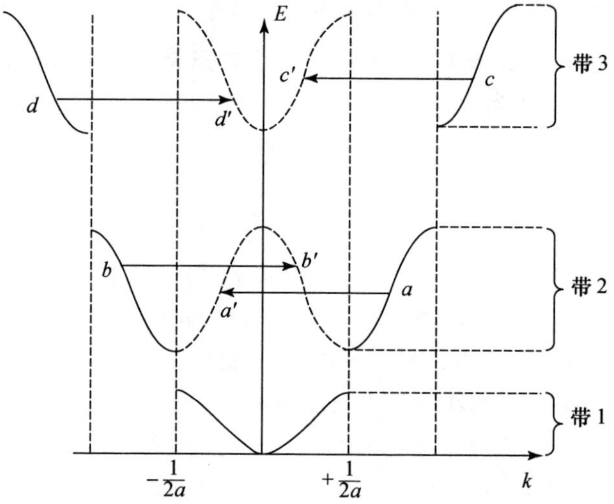

图 6-12 $\boldsymbol{k}$ 和简约波矢 $\bar{\boldsymbol{k}}$ 的关系

从上面的例子,特别明显看到,每一个能带中各状态对应于在 $-\frac{1}{2a}—+\frac{1}{2a}$ 间不同的简约波矢 $\bar{\boldsymbol{k}}$,对于同一个 $\bar{\boldsymbol{k}}$ 有能量高低不同的一系列状态,分属于能带 1,2,⋯. 所以一般地标志一个状态需要表明:

(i) 它属于哪一个带.

(ii) 它的简约波矢 $\bar{\boldsymbol{k}}$ 等于什么.

(4) 典型的简约布里渊区

对于一些简单布拉维格子往往可以取前节所讲的第一布里渊区作为简约波矢 $\bar{\boldsymbol{k}}$ 的范围,称为简约布里渊区.下面列举几个最常遇到的格子的简约布里渊区.

(i) 简单立方格子

$\boldsymbol{b}_1,\boldsymbol{b}_2,\boldsymbol{b}_3$ 是相互垂直,长度为 $1/a$(a 为晶格常数)的矢量,形成的倒格子仍是简单立方.第一布里渊区就是原点和六个近邻格点的连线的垂直平分面围成的立方体.

(ii) 体心立方格子

其倒格子为面心立方.如体心立方的晶格常数为 a,则倒格子的晶格常数为 $2/a$.它的第一布里渊区是原点和几个近邻格点的连线的垂直平分面围成的正十二面体(如图 6-13 所示).

(iii) 面心立方格子

其倒格子为体心立方,如原来格子晶格常数为 a,倒格子晶格常数为 $2/a$.原点和 8 个近邻格点的连线的垂直平分面形成正八面体.和沿立方轴的 6 个次近邻的垂直平分面割去八面体的六个顶角,形成如图 6-14 所示的十四面体——有时称为截角八面体.

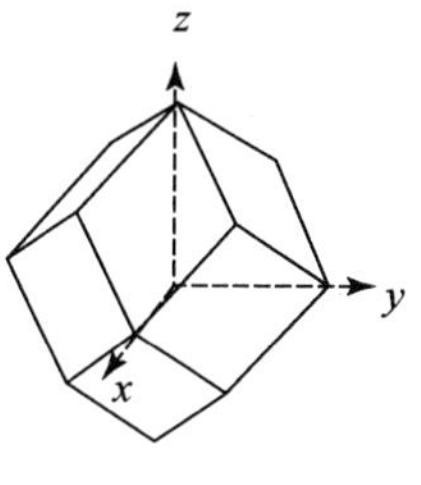

图 6-13 体心立方晶格的布里渊区

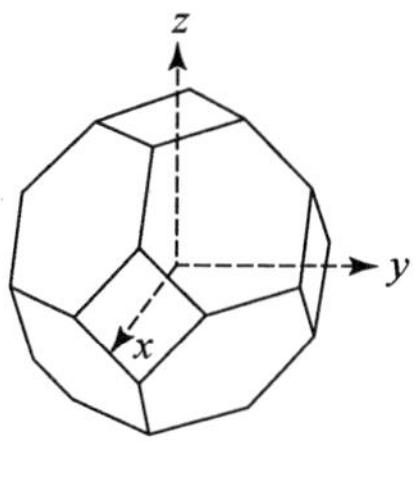

图 6-14 面心立方晶格的布里渊区

6-4 能态密度和X射线谱

(1) 能态密度函数

在原子中电子的本征态形成一系列分立的能级,可以具体标明各能级的能量，说明它们的分布情况．然而，在固体中，电子能级是异常密集的，形成准连续分布，去标明其中每个能级是没有意义的．为了概括这种情况下能级的状况，引入了所谓“能态密度”的概念．考虑能量在

$$E—E+\Delta E$$

间的能态数目，若 ΔZ 表示能态数目，能态密度函数便定义为

$$N(E)=\lim_{\Delta E\to 0}\frac{\Delta Z}{\Delta E}. \tag{6-65}$$

如果在 $\boldsymbol{k}$ 空间中，根据

$$E(\boldsymbol{k})=常数$$

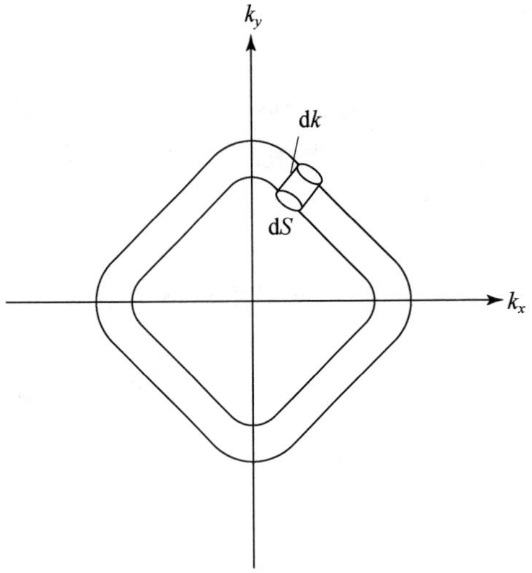

图 6-15 能态密度计算

作出等能面，那么在等能面 E 和 $E+\Delta E$ 之间的状态的数目就是 ΔZ. 由于状态在 $\boldsymbol{k}$ 空间分布是均匀的，密度为 V，因此，$\Delta Z=V\times$（能量为 E 和 $E+\Delta E$ 的等能面间的体积），如图 6-15所示，等能面间体积可表示成对体积元 $\mathrm{d}S\mathrm{d}k$ 在面上的积分

$$\Delta Z=V\int \mathrm{d}S\mathrm{d}k,$$

其中 $\mathrm{d}k$ 表示两等能面间的垂直距离，$\mathrm{d}S$ 为面积元．显然，

$$\mathrm{d}k\,|\nabla_k E|=\Delta E,$$

因为 $|\nabla_k E|$ 表示沿法线方向能量的改变率．因此

$$\Delta Z=\left(V\int\frac{\mathrm{d}S}{|\nabla_k E|}\right)\Delta E,$$

从而得到能态密度的一般表达式

$$N(E)=V\int\frac{\mathrm{d}S}{|\nabla_k E|}. \tag{6-66}$$

若一固体的 $E(\boldsymbol{k})$ 已知，就可以根据上式求出它的能态密度函数．

如果考虑到电子可以取正、负两种自旋状态，则能态密度加倍：

$$N(E)=2V\int\frac{\mathrm{d}S}{|\nabla_k E|}\quad（包括自旋在内）. \tag{6-67}$$

(2) 自由电子和近自由电子的能态密度

若电子可以看成是完全自由的,则

$$E(\boldsymbol{k}) = \frac{\hbar^2 k^2}{2m},$$

它只与 $\boldsymbol{k}$ 的绝对值 k 有关,因此,在 $\boldsymbol{k}$ 空间等能面为球面,半径为

$$k = \frac{\sqrt{2mE}}{\hbar},$$

在球面上

$$|\nabla_k E| = \frac{\mathrm{d}E}{\mathrm{d}k} = \frac{\hbar^2 k}{m}$$

是一个常数,因此

$$N(E) = 2V\int \frac{\mathrm{d}S}{|\nabla_k E|} = \frac{2V}{|\nabla_k E|}\int \mathrm{d}S$$

$$= 2V\frac{m}{\hbar^2 k}4\pi k^2 = 4\pi V\frac{(2m)^{3/2}}{h^3}E^{1/2}. \tag{6-68}$$

如果以 E 为纵坐标,$N(E)$为横坐标,就得到如图 6-16 所示的抛物线.

进一步考虑以上几节所讨论的"近自由电子"情形.周期场的影响主要表现在布里渊区边界附近,在其它地方只对自由电子的情形有较小的修正.因此,当我们考虑第一布里渊区的等能面的情况时,可以认为,从原点向外,等能面应基本上保持为球面,在接近布里渊区边界时,等能面将向边界凸出,如图 6-17 上部所示.[周期场的微扰使能量显著下降,如图 6-17 下部所表示的情形.而等能面凸出也正意味着,达到同样的 E,需要更大的 k,也就是说对同样的 k,$E(k)$减小了.]当 E 超过在边界上 A 点的能量 E_A,一直到 E 接近于在顶角 C 点的能量 E_C(即第一能带顶)时,等能面将不再是完整的闭合面,而成为分割在各个顶角附近的曲面.根据上述分析,对能态密度 $N(E)$,可以做如下的估计.

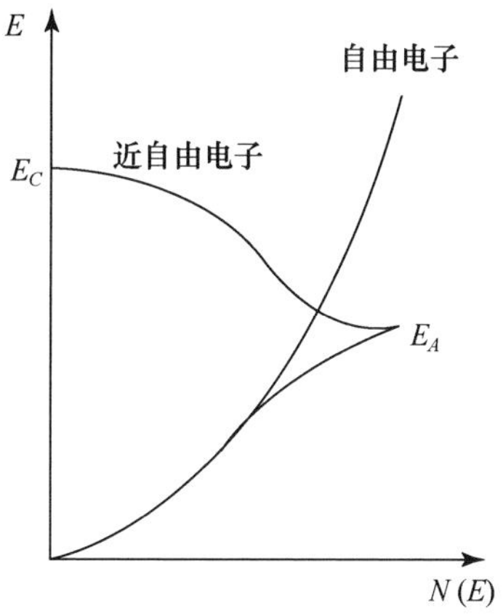

图 6-16　自由电子和近自由电子能态密度

在能量还没有接近 E_A 时，$N(E)$和自由电子的结果相差不多，在 E 接近 E_A 时，随 E 增加，等能面一个比一个更加强烈地向外凸出，因而使它们之间的体积有愈来愈大的增长. 相应地，能态密度在接近 E_A 时，应比自由电子显著增大.

当 E 超过 E_A 时，由于等能面开始残破，面积不断下降，到达 E_C 时，等能面将缩成几个顶角点. 因此由 E_A 到 E_C，$N(E)$将不断下降直到零.

从而，对近自由电子，我们将得到如图 6-16 所示的 $N(E)$曲线.

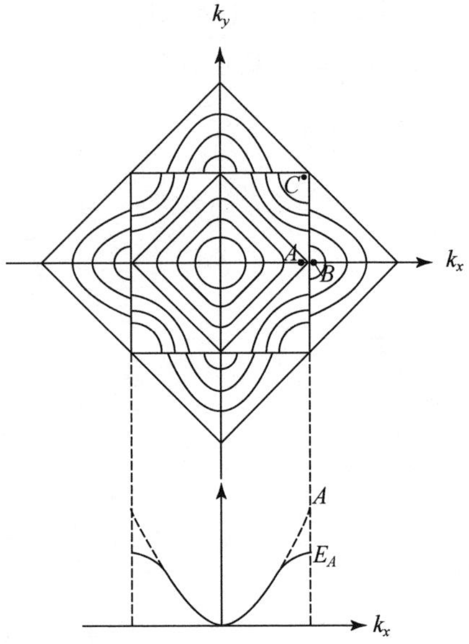

图 6-17 近自由电子等能面

以上只考虑了第一布里渊区的状态. 显然，当 E 超过第二布里渊区的最低能量 E_B 时，能态密度将从 E_B 开始，由 0 迅速增大. 因此，总的能态密度，对于能带重叠（$E_C>E_B$）和能带不重叠（$E_C<E_B$）的两种情况，应具有图 6-18(a)和(b)所示的两种很不同的状况.

因为第一布里渊区正好可容纳 $2N$ 个电子，假使有 $2N$ 个电子，在图 6-18(b)的情况正好填满第一带，第二带是空的，但在图 6-18(a)的情形将填到如图中所示 E_0 的水平. 以后将看到，前一情况对应于非导体，后一情况对应于金属. 下一小节 X 射线谱的实验直接表现出它们填充能级的这种区别.

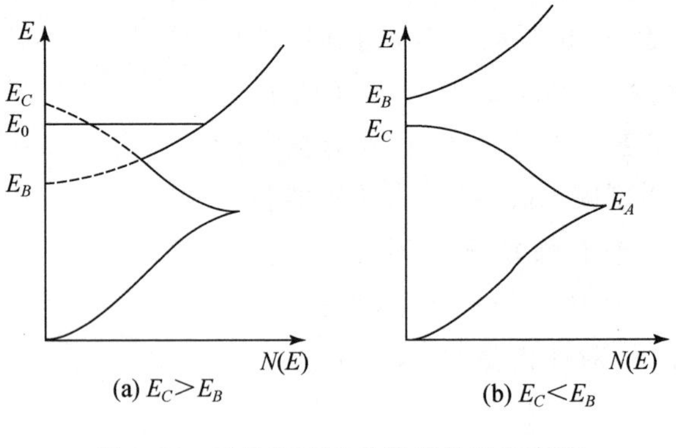

图 6-18 重叠和不重叠能带的能态密度

(3) X射线谱

我们知道,阴极射线的打击可以使原子内层电子被激发,从而产生内层空能级,外层电子填充这些空能级时,发射出X射线的光子.图6-19示意地画出钠的X射线光子发射的能级图.按习用的标志,用K表示由于落入空的1s态而发射的X射线,用L_{I},L_{II},L_{III}分别表示落入2s和2p态发射的X射线.图中最上面是钠的价电子形成的能带,带底的电子和具有最高能量E_0的电子,发射的X射线光量子能量显然不同(如图上所示).这就是说,价电子的能带在X射线发射中将表现为X射线的连续谱.

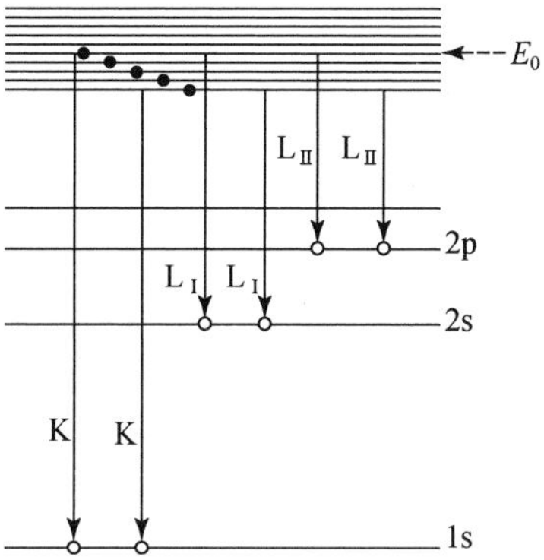

图6-19　X射线发射的能级图

当然,X射线量子能量愈小,愈有利于详细地显示由价电子能带所产生的连续谱.因此,轻元素中的软X射线(100 Å左右)发射谱提供了最有利于显示价电子能带的例子.目前对于几乎所有较轻元素,以及许多合金和化合物,都已进行过软X射线发射谱的研究,图6-20给出一些典型结果,并粗略估计了连续谱的能量范围.

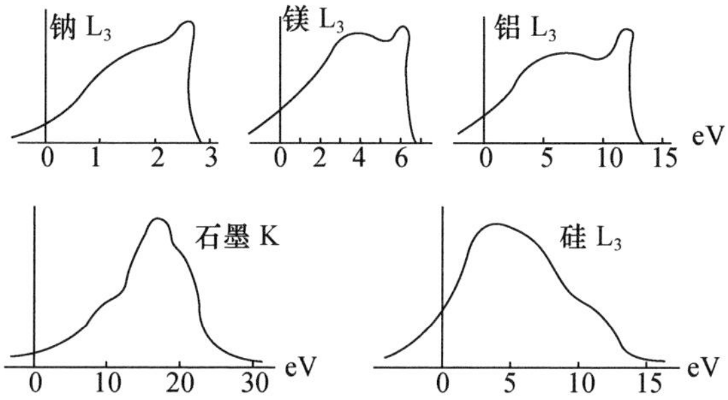

图6-20　典型X射线发射谱

发射谱强度决定于：

(能态密度)×(发射概率)，

因此，发射谱比较直接地反映了价电子能带的能态密度状况．金属 Na，Mg，Al 和非金属金刚石以及 Si 的谱，在低能量方面，都是逐渐上升的，反映了从带底随电子能量增加，能态密度逐渐增大；但是在高能量一端，金属的谱是陡然下降的，非金属的谱则是逐渐下降的．参考前节所指出的金属和非金属电子填充能级的区别，就可以看到，非金属的谱的逐渐下降正是反映了电子填充到能带顶部，能态密度逐渐下降为 0；而金属谱的陡然下降表明电子并不是正好填满一个能带，所以，对于最高能量的电子能态密度并不为 0.

Mg 和 Al 的 X 射线发射谱最引人注意的是在高能量一端出现很明显的峰．和图 6-18 的能态密度对比就会看到，它们和能带重叠情况下的能态密度很相似，说明这两种情况能带是重叠的，它们的价电子部分地填充到第二个能带．这正是理论上所应设想到的，因为 Mg 和 Al 分别是二价和三价元素，N 个原子有 $2N$ 和 $3N$ 个价电子，在能带发生重叠时，势必发生部分电子填入第二个带的情况．Na 为一价元素，价电子只填到第一个带的一半，它的谱在高能量一端上翘，表示带中能量最高的电子已接近布里渊区边界，能态密度已显示出上一小节所指出的增大趋势.

内层电子吸收 X 射线的光子可以激发到价电子以上的空能带中．因此，X 射线的吸收谱可以用来研究未被电子填充的空能带.

6-5 原子能级和能带间的联系——紧束缚近似

当原子结合为晶体时，电子状态发生了根本性的变化．然而，在原子的束缚态和电子在晶体中的共有化态间存在着一定的联系．特别是当晶体中原子间距离较大时，电子在一个原子附近，将主要受到该原子场的作用，其它原子场只有次要的影响，在这种情况下，原子态和共有化运动状态之间有着很直接的联系．所谓“紧束缚近似”便是适于概括这种情况的近似方法.

如果完全不考虑原子之间的相互影响，那么，在某格点

$$\boldsymbol{R}_m = m_1\boldsymbol{a}_1 + m_2\boldsymbol{a}_2 + m_3\boldsymbol{a}_3$$

附近的电子将以原子束缚态 $\varphi_i(\boldsymbol{x}-\boldsymbol{R}_m)$ 的形式环绕 $\boldsymbol{R}_m$ 点运动，φ_i 表示孤立原子的波动方程的一个本征态

$$\left[-\frac{\hbar^2}{2m}\nabla^2+V(\boldsymbol{r}-\boldsymbol{R}_m)\right]\varphi_i(\boldsymbol{r}-\boldsymbol{R}_m)=E_i\varphi_i(\boldsymbol{r}-\boldsymbol{R}_m), \tag{6-69}$$

$V(\boldsymbol{r}-\boldsymbol{R}_m)$为 $\boldsymbol{R}_m$ 格点的原子场，E_i 为某原子能级. 环绕不同的格点，将有 N 个这样类似的波函数，它们具有相同的能量 E_i，紧束缚近似的出发点，便是取这样 N 个简并态的线性相合

$$\varphi=\sum_m a_m\varphi_i(\boldsymbol{x}-\boldsymbol{R}_m) \tag{6-70}$$

来近似描述电子在晶体场中的共有化运动. 这实际上相当于把原子间的相互影响看作“微扰”的简并微扰方法.

把(6-70)代入晶体电子运动方程

$$\left[-\frac{\hbar^2}{2m}\nabla^2+U(\boldsymbol{x})\right]\varphi=E\varphi \tag{6-71}$$

[$U(\boldsymbol{x})$为周期势场]，并应用(6-69)得到

$$\sum_m a_m[(E_i-E)+(U(\boldsymbol{x})-V(\boldsymbol{x}-\boldsymbol{R}_m))]\varphi_i(\boldsymbol{x}-\boldsymbol{R}_m)=0. \tag{6-72}$$

当原子间距比之原子轨道(φ_i 态的半径)大时，不同格点的 φ_i 重叠很小，我们将近似认为

$$\int\varphi_i^*(\boldsymbol{x}-\boldsymbol{R}_m)\varphi_i(\boldsymbol{x}-\boldsymbol{R}_n)\mathrm{d}\boldsymbol{x}=\delta_{nm}. \tag{6-73}$$

我们以 $\varphi_i^*(\boldsymbol{x}-\boldsymbol{R}_n)$乘(6-72)并积分就得到

$$\begin{aligned}a_n(E_i-E)+\sum_m a_m\int\varphi_i^*(\boldsymbol{x}-\boldsymbol{R}_n)&\\ \cdot[U(\boldsymbol{x})-V(\boldsymbol{x}-\boldsymbol{R}_m)]\varphi_i(\boldsymbol{x}-\boldsymbol{R}_m)\mathrm{d}\boldsymbol{x}&=0.\end{aligned} \tag{6-74}$$

先考虑(6-74)中的积分，如改换变数：

$$\boldsymbol{\xi}=\boldsymbol{x}-\boldsymbol{R}_m,$$

并考虑到$U(\boldsymbol{x})$为周期函数，(6-74)式中的积分可表示为

$$\int\varphi_i^*(\boldsymbol{\xi}-(\boldsymbol{R}_n-\boldsymbol{R}_m))[U(\boldsymbol{\xi})-V(\boldsymbol{\xi})]\varphi_i(\boldsymbol{\xi})\mathrm{d}\boldsymbol{\xi}=-J(\boldsymbol{R}_n-\boldsymbol{R}_m). \tag{6-75}$$

(6-75)表明积分只决定于相对位置 $\boldsymbol{R}_n-\boldsymbol{R}_m$，因此引入符号 $J(\boldsymbol{R}_n-\boldsymbol{R}_m)$. 式中引入负号的原因是，$U(\boldsymbol{\xi})-V(\boldsymbol{\xi})$就是周期场减掉在原点的原子场(如图 6-21 所示)，这个场仍为负值.

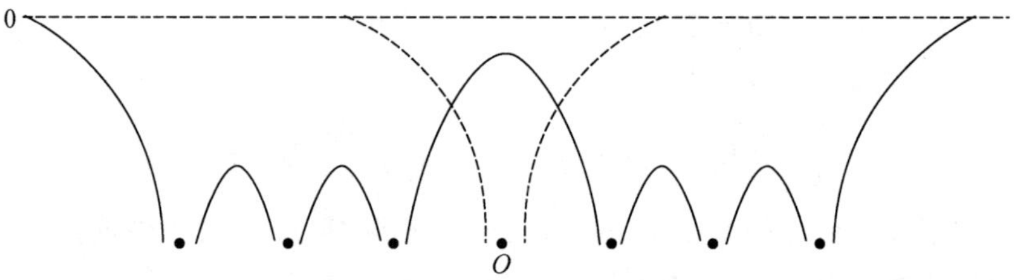

图 6-21　$U(\boldsymbol{\xi})-V(\boldsymbol{\xi})$的示意图(实线)

将(6-75)式代入(6-74)式则得到

$$(E_i - E)a_n - \sum_m J(\boldsymbol{R}_n - \boldsymbol{R}_m)a_m = 0. \tag{6-76}$$

(6-76)表示 a 系数的联立方程组,由于系数只由($\boldsymbol{R}_m-\boldsymbol{R}_n$)决定,方程有下列简单形式的解:

$$a_m = C\mathrm{e}^{2\pi\mathrm{i}\boldsymbol{k}\cdot\boldsymbol{R}_m} \quad (C\text{ 为归一化因子}). \tag{6-77}$$

代入(6-76)可以得到

$$(E - E_i) = -\sum_m J(\boldsymbol{R}_n - \boldsymbol{R}_m)\mathrm{e}^{2\pi\mathrm{i}\boldsymbol{k}\cdot(\boldsymbol{R}_m-\boldsymbol{R}_n)} = -\sum_s J(\boldsymbol{R}_s)\mathrm{e}^{-2\pi\mathrm{i}\boldsymbol{k}\cdot\boldsymbol{R}_s} \tag{6-78}$$

其中 $\boldsymbol{R}_s=\boldsymbol{R}_n-\boldsymbol{R}_m$. 我们注意式子的右方不依赖于 m 或 n. 这说明对于(6-77)形式的解,所有联立方程(即不同 n)都化为同一条件(6-78),它实际上确定了上述解对应的本征值 E.

总结以上,对一个确定的 $\boldsymbol{k}$ 值,由(6-77),(6-70),(6-78)我们得到周期场中运动的一个解:

$$\varphi_k(\boldsymbol{x}) = \frac{1}{\sqrt{N}}\sum_m \mathrm{e}^{2\pi\mathrm{i}\boldsymbol{k}\cdot\boldsymbol{R}_m}\varphi_i(\boldsymbol{x}-\boldsymbol{R}_m), \tag{6-79}$$

本征值为:

$$E(\boldsymbol{k}) = E_i - \sum_s J(\boldsymbol{R}_s)\mathrm{e}^{-2\pi\mathrm{i}\boldsymbol{k}\cdot\boldsymbol{R}_s}. \tag{6-80}$$

在(6-79)中我们选定了归一化因子

$$C = \frac{1}{\sqrt{N}},$$

N 表示原胞总数[应用(6-73)可以简单验证(6-79)满足归一化条件]. 显然,如果 $\boldsymbol{k}$ 增加倒格子矢量,完全不影响(6-79)、(6-80),因此,和讨论简约波矢时一样,可以把 $\boldsymbol{k}$ 限于简约布里渊区.

很容易验证,(6-79)实际上为一布洛赫函数,因为(6-79)可以改写成

$$\varphi_{\boldsymbol{k}}(\boldsymbol{x}) = \frac{1}{\sqrt{N}} \mathrm{e}^{2\pi\mathrm{i}\boldsymbol{k}\cdot\boldsymbol{x}} \left[\sum_m \mathrm{e}^{-2\pi\mathrm{i}\boldsymbol{k}\cdot(\boldsymbol{x}-\boldsymbol{R}_m)} \varphi_i(\boldsymbol{x}-\boldsymbol{R}_m) \right], \tag{6-81}$$

括号内如 $\boldsymbol{x}$ 增加格矢量 $\boldsymbol{R}_n = n_1\boldsymbol{a}_1 + n_2\boldsymbol{a}_2 + n_3\boldsymbol{a}_3$，它可以直接并入 $\boldsymbol{R}_m$，结果并不改变连加式的值，表明括号内是一周期性函数.

考虑到周期性边界条件

$$\boldsymbol{k} = \frac{l_1}{N_1}\boldsymbol{b}_1 + \frac{l_2}{N_2}\boldsymbol{b}_2 + \frac{l_3}{N_3}\boldsymbol{b}_3, \tag{6-82}$$

以及 $\boldsymbol{k}$ 的范围，我们立刻看到，共得 N 个如(6-79)形式的解，正如一般简并微扰计算的结果一样，它们和 N 个原子波函数 $\varphi_i(\boldsymbol{x}-\boldsymbol{R}_m)$ 间存在幺正变换的关系. 对应于准连续的 $\boldsymbol{k}$ 值(6-82)，$E(\boldsymbol{k})$ 将形成一准连续的能带. 因此以上的分析说明，形成固体时，原子态将形成一相应的能带，其布洛赫波函数是各格点上的原子波函数 $\varphi_i(\boldsymbol{x}-\boldsymbol{R}_m)$ 的线性组合.

作为一个简单的例子，我们具体讨论简单立方晶体中，由原子 s 态 $\varphi_s(\boldsymbol{x})$ 形成的能带.

先考查能量公式(6-80)中的

$$-J(\boldsymbol{R}_s) = \int \varphi_s^*(\boldsymbol{\xi}-\boldsymbol{R}_s)[U(\boldsymbol{\xi}) - V(\boldsymbol{\xi})]\varphi_s(\boldsymbol{\xi})\mathrm{d}\boldsymbol{\xi},$$

$\varphi_s^*(\boldsymbol{\xi}-\boldsymbol{R}_s)$ 和 $\varphi_s(\boldsymbol{\xi})$ 表示相距为 $\boldsymbol{R}_s$ 的两格点上的波函数，显然积分只有当它们有一定相互重叠时，才不为 0. 重叠最完全的是 $R_s=0$，我们将用 J_0 表示，

$$J_0 = -\int |\varphi_s(\boldsymbol{\xi})|^2 [U(\boldsymbol{\xi}) - V(\boldsymbol{\xi})]\mathrm{d}\boldsymbol{\xi}, \tag{6-83}$$

其次是 $\boldsymbol{R}_s$ 为六个近邻格点：

$$(a,0,0),\ (0,a,0),\ (0,0,a),\ (-a,0,0),\ (0,-a,0),\ (0,0,-a). \tag{6-84}$$

对于球对称的 s 态波函数，$J(\boldsymbol{R}_s)$ 只决定于格点间的距离 $|\boldsymbol{R}_s|$，因此，对(6-84)所列的各近邻，$J(\boldsymbol{R}_s)$ 是有相同的值，简单表示为

$$J_1 = J(\boldsymbol{R}_s) \quad (\boldsymbol{R}_s \text{ 为近邻矢径}). \tag{6-85}$$

如忽略近邻以外的 $J(\boldsymbol{R}_s)$，能量函数(6-80)可以写成

$$E(\boldsymbol{k}) = E_i - J_0 - J_1 \sum_{\boldsymbol{R}_s(\text{近邻})} \mathrm{e}^{2\pi\mathrm{i}\boldsymbol{k}\cdot\boldsymbol{R}_s},$$

代入(6-84)的各近邻的 $\boldsymbol{R}_s$，就得到

$$E(\boldsymbol{k}) = E_i - J_0 - 2J_1(\cos 2\pi k_x a + \cos 2\pi k_y a + \cos 2\pi k_z a). \tag{6-86}$$

立方晶格的布里渊区是如图 6-22 所示的立方. 由(6-86)得到在 O,A,C 点的能量为:

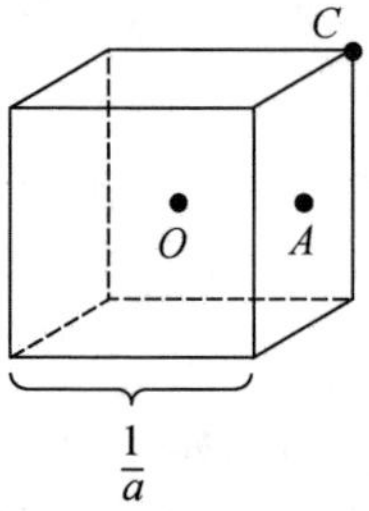

图 6-22 立方晶格的布里渊区

$$\left.\begin{aligned} &O\text{点}\quad \boldsymbol{k}=(0,0,0),\\ &\qquad\quad E(\boldsymbol{k})=E_i-J_0-6J_1;\\ &A\text{点}\quad \boldsymbol{k}=\left(\frac{1}{2a},0,0\right),\\ &\qquad\quad E(\boldsymbol{k})=E_i-J_0-2J_1;\\ &C\text{点}\quad \boldsymbol{k}=\left(\frac{1}{2a},\frac{1}{2a},\frac{1}{2a}\right),\\ &\qquad\quad E(\boldsymbol{k})=E_i-J_0+6J_1. \end{aligned}\right\} \tag{6-87}$$

很明显,O,C 分别对应带底和带顶. 能带和原子能级的关系如示意图 6-23 所示. 特别值得注意,带宽决定于 J_1,而 J_1 的大小又主要决定于近邻原子波函数之间的相互重叠,它们重叠愈多,形成的能带也就愈宽.

图 6-24 表示,对应原子的各不同量子态 i,在固体中将产生一系列相应的能带. 图中特别表示出,愈低的能带愈窄,愈高的能带愈宽. 这是由于,能量最低的带对应于最内层的电子,它们的电子轨道很小,在不同原子间很少相互重叠,因此,能带将较窄. 能量较高的外层电子轨道,在不同原子间将有较多的重叠,从而形成较宽的带.

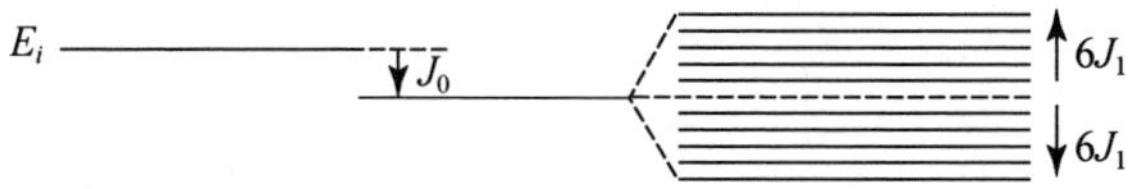

图 6-23 原子能级和能带

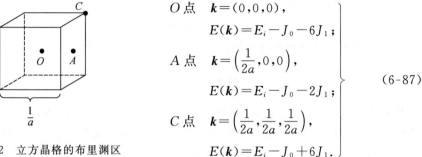

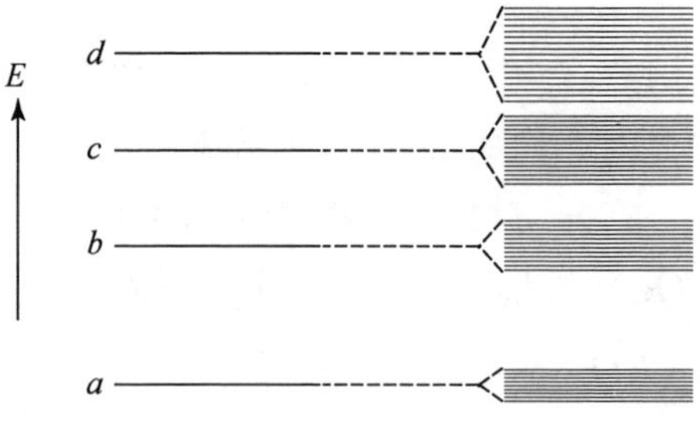

图 6-24 原子能级和能带

6-6 准经典运动

前面各节主要讨论了电子在晶体周期场中运动的本征态和本征值. 对本征态和本征值的了解是研究各种有关电子运动问题的基础. 例如,只要知道了电子在固体中的能级(本征值),就可以根据统计物理的一般原理,具体讨论有关电子统计的各种问题,下面两章中金属电子的热容量和半导体电子的热激发的讨论就是这方面的重要实例. 又如,分析各种各样涉及电子的量子跃迁的问题都需要首先了解电子的本征值和本征态. 光吸收问题和电子散射问题都是这方面的重要实例.

还有一类重要的问题,特点是电子运动可以近似当作经典粒子处理. 一般的输运过程问题,如电、磁场中各种电导效应都属于这一类型. 这一节将着重在前几节的基础上介绍这种准经典运动的一些基本概念和规律.

(1) 波包和电子速度

在讨论量子力学和经典力学的联系时,我们都知道,可以把德布罗意波组成波包,波包的运动表示在一定限度内运动具有粒子的特点.

在晶体内,可以用布洛赫波代替德布罗意波组成波包. 由于波包包含能量不同的本征态,必须考虑到时间因子,把布洛赫波写成

$$\psi_{\boldsymbol{k}'}(\boldsymbol{x},t) = \mathrm{e}^{2\pi\mathrm{i}\left(\boldsymbol{k}'\cdot\boldsymbol{x}-\frac{E(\boldsymbol{k}')}{h}t\right)} u_{\boldsymbol{k}'}(\boldsymbol{x}), \tag{6-88}$$

其中 $u_{\boldsymbol{k}}(\boldsymbol{x})$为周期函数. 把与 $\boldsymbol{k}_0$ 相邻近的各 $\boldsymbol{k}'$状态叠加起来就可以组成与量子态 $\boldsymbol{k}_0$ 相对应的波包. 为了得到较稳定的波包,$\boldsymbol{k}'$必须很接近于 $\boldsymbol{k}_0$,如果把 $\boldsymbol{k}'$写成

$$\boldsymbol{k}' = \boldsymbol{k}_0 + \boldsymbol{k}, \tag{6-89}$$

则 $\boldsymbol{k}$ 必须很小. (6-88)中的 $E(\boldsymbol{k}')$按 $\boldsymbol{k}$ 展开可以只保留到线性项,

$$E(\boldsymbol{k}') \approx E(\boldsymbol{k}_0) + \boldsymbol{k}\cdot(\nabla_{\boldsymbol{k}}E)_{\boldsymbol{k}_0}. \tag{6-90}$$

组成波包时 $\boldsymbol{k}$ 将限在下列范围内

$$-\frac{\Delta}{2} \leqslant \begin{Bmatrix} k_x \\ k_y \\ k_z \end{Bmatrix} \leqslant \frac{\Delta}{2}, \tag{6-91}$$

这样,根据(6-88),(6-89),可以写出下列波包函数:

$$\psi(\boldsymbol{x},t) = \int_{-\Delta/2}^{\Delta/2} \mathrm{d}k_x \int_{-\Delta/2}^{\Delta/2} \mathrm{d}k_y \int_{-\Delta/2}^{\Delta/2} \mathrm{d}k_z \psi_{\boldsymbol{k}_0+\boldsymbol{k}}(\boldsymbol{x},t)$$

$$\approx u_{\boldsymbol{k}_0}(\boldsymbol{x})\mathrm{e}^{2\pi\mathrm{i}\left(\boldsymbol{k}_0\cdot\boldsymbol{x}-\frac{E(\boldsymbol{k}_0)}{h}t\right)}\int_{-\Delta/2}^{\Delta/2}\mathrm{d}k_x\int_{-\Delta/2}^{\Delta/2}\mathrm{d}k_y\int_{-\Delta/2}^{\Delta/2}\mathrm{d}k_z\,\mathrm{e}^{2\pi\mathrm{i}\boldsymbol{k}\cdot\left(\boldsymbol{x}-\frac{(\nabla_{\boldsymbol{k}}E)_{\boldsymbol{k}_0}}{h}t\right)}. \quad (6\text{-}92)$$

在上式中忽略了 $u_{\boldsymbol{k}}(\boldsymbol{x})$随 $\boldsymbol{k}$ 的变化，把它写成 $u_{\boldsymbol{k}_0}(\boldsymbol{x})$提到积分之外.［当然也可以把 $u_{\boldsymbol{k}}(\boldsymbol{x})$按 $\boldsymbol{k}$ 展开，但波包的主要贡献来自首项 $u_{\boldsymbol{k}_0}(\boldsymbol{x})$.］

为了分析波包运动只需要分析$|\bar{\psi}|^2$，完成(6-92)中的积分得到

$$|\bar{\psi}|^2 = |u_{\boldsymbol{k}_0}(\boldsymbol{x})|^2\left|\frac{\sin\pi\Delta u}{\pi\Delta u}\right|^2\left|\frac{\sin\pi\Delta v}{\pi\Delta v}\right|^2\left|\frac{\sin\pi\Delta w}{\pi\Delta w}\right|^2\Delta^3. \quad (6\text{-}93)$$

其中

$$\left.\begin{aligned} u &= x-\frac{1}{h}\left(\frac{\partial E}{\partial k_x}\right)_{\boldsymbol{k}_0}t,\\ v &= y-\frac{1}{h}\left(\frac{\partial E}{\partial k_y}\right)_{\boldsymbol{k}_0}t,\\ w &= z-\frac{1}{h}\left(\frac{\partial E}{\partial k_z}\right)_{\boldsymbol{k}_0}t,\end{aligned}\right\} \quad (6\text{-}94)$$

$\left|\frac{\sin\pi\Delta u}{\pi\Delta u}\right|^2$ 等具有如图 6-25 所示形式，说明波函数主要集中在线度为$\frac{1}{\Delta}$的范围内，中心在 $u=v=w=0$，即

$$\text{波包中心的 } \boldsymbol{x} = \frac{1}{h}(\nabla_{\boldsymbol{k}}E)_{\boldsymbol{k}_0}t. \quad (6\text{-}95)$$

上式表明若把波包看做一个准粒子，则速度

$$\boldsymbol{v}_{\boldsymbol{k}_0} = \frac{1}{h}(\nabla_{\boldsymbol{k}}E)_{\boldsymbol{k}_0}. \quad (6\text{-}96)$$

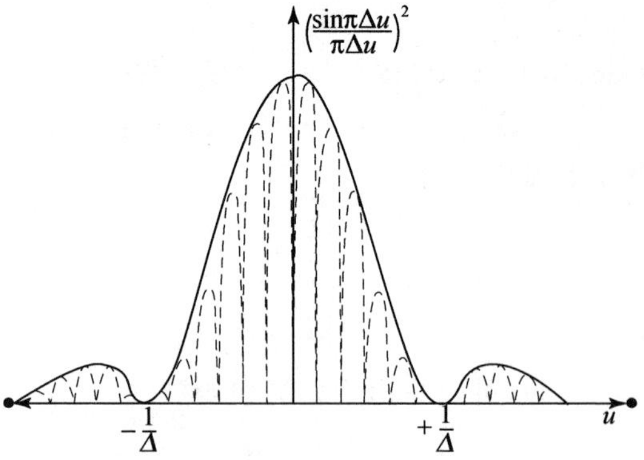

图 6-25 波包

我们记得 Δ 必须很小,由于一个布里渊区的线度为 $1/a$($a\approx$原胞的线度),参考 $E(\boldsymbol{k})$在布里渊区中的变化,可以看到,一般必须要求

$$\Delta \ll \frac{1}{a}, \tag{6-97}$$

这表明$\frac{1}{\Delta}\gg a$,即波包必须远大于原胞.因此,在实际问题中,只能在这个限度内把电子看做准经典粒子(例如在输运过程中,只有当自由程远远大于原胞的情况下,才可以把电子看做一个准经典粒子).

我们注意到(6-93)波包函数中还有一个因子$|u_{k_0}(\boldsymbol{x})|^2$,它是以原胞为周期的函数,所以它的影响如图 6-25 虚线所示,只是给波包附加一定的细致结构而并不影响整个波包的基本形状.

我们将认为(6-96)式表示把处在 $\boldsymbol{k}_0$ 状态的电子看做准经典粒子时的速度.实际上,可以证明(6-96)严格等于电子速度在 $\boldsymbol{k}_0$ 态的平均值.

作为一个简单例子,考查一下一维能带的 $E(k)$图(图 6-4),在能带顶和能带底,$E(k)$为极值,斜率 $\mathrm{d}E/\mathrm{d}k$ 为 0,所以在带底和带顶电子速度为 0,在能带中 $\mathrm{d}^2E/\mathrm{d}k^2=0$ 处,速度的数值最大.这种情况和自由粒子速度总是随能量增加而单调增加是显然不同的.

(2) 在外力作用下状态的变化和准动量

如果有外力 $\boldsymbol{F}$ 作用在电子上,显然在 $\mathrm{d}t$ 时间内,外力对电子将作功,其值为

$$\boldsymbol{F}\cdot\boldsymbol{v}_k\mathrm{d}t,$$

电子的能量也必有相应的变化.由于电子能量 $E(\boldsymbol{k})$决定于状态 $\boldsymbol{k}$,这说明在外力的作用下,状态 $\boldsymbol{k}$ 必须有相应的变化 $\mathrm{d}\boldsymbol{k}$,并且根据功能原理得

$$\mathrm{d}\boldsymbol{k}\cdot\nabla_k E = \boldsymbol{F}\cdot\boldsymbol{v}_k\mathrm{d}t.$$

由(6-96)$\nabla_k E=h\boldsymbol{v}_k$,代入上式得

$$\left(h\frac{\mathrm{d}\boldsymbol{k}}{\mathrm{d}t}-\boldsymbol{F}\right)\cdot\boldsymbol{v}_k=0. \tag{6-98}$$

从而得出结论,$h\frac{\mathrm{d}\boldsymbol{k}}{\mathrm{d}t}$和 $\boldsymbol{F}$ 的平行于$\boldsymbol{v}_k$的分量是相等的,当外力 $\boldsymbol{F}$ 与速度垂直时,显然不能再用功能原理来讨论电子状态的变化.但是实际上可以证明,在垂直速度的方向,$\frac{\mathrm{d}\boldsymbol{k}}{\mathrm{d}t}$和 $\boldsymbol{F}$ 的分量也相等,因而有如下等式

$$\frac{\mathrm{d}}{\mathrm{d}t}(h\boldsymbol{k}) = \boldsymbol{F}. \tag{6-99}$$

(6-99)是有外力作用时运动状态变化的基本公式．它和牛顿定律具有相似的形式，其中 $h\boldsymbol{k}$ 取代了经典力学中的动量．由于准经典运动中，以及在一些其它方面，$h\boldsymbol{k}$ 具有类似于动量的性质，因此常称为准动量．但是应当注意，布洛赫波并不对应于确定的动量（即不是动量的本征态），而且 $\boldsymbol{k}$ 也不等于动量算符的平均值.

（3）加速度和有效质量

速度

$$\boldsymbol{v} = \frac{1}{h}\nabla_k E$$

是 $\boldsymbol{k}$ 的函数，既然上节得到了 $\boldsymbol{k}$ 在有外力作用时的变化，就可以直接写出在外力下加速度的公式

$$\frac{\mathrm{d}\boldsymbol{v}}{\mathrm{d}t} = \left(\frac{\mathrm{d}\boldsymbol{k}}{\mathrm{d}t}\cdot\nabla_k\right)\frac{1}{h}\nabla_k E = \frac{1}{h^2}(\boldsymbol{F}\cdot\nabla_k)\nabla_k E. \tag{6-100}$$

若用分量表示，则

$$\frac{\mathrm{d}v_\alpha}{\mathrm{d}t} = \sum_\beta \frac{1}{h^2}\frac{\partial^2 E}{\partial k_\alpha \partial k_\beta}F_\beta. \tag{6-101}$$

(6-101)具有类似于牛顿定律

$$\frac{\mathrm{d}\boldsymbol{v}}{\mathrm{d}t} = \frac{1}{m}\boldsymbol{F}$$

的形式，只是如今一个张量代替了 $\frac{1}{m}$ $\left(\text{张量的分量为}\frac{1}{h^2}\frac{\partial^2 E}{\partial k_\alpha \partial k_\beta}\right)$．如选坐标轴沿张量的主轴方向，则只有 $\alpha=\beta$ 的分量不为 0，这时加速度公式(6-101)可以写成：

$$m_\alpha^* \frac{\mathrm{d}v_\alpha}{\mathrm{d}t} = F_\alpha \quad (\alpha = 1,2,3), \tag{6-102}$$

其中

$$m_\alpha^* = \frac{h^2}{\left(\dfrac{\partial^2 E}{\partial k_\alpha^2}\right)}. \tag{6-103}$$

(6-102)更明显地表示出和牛顿定律的相似性．(6-103)在主轴坐标系中定义了所谓有效质量张量：

$$\begin{pmatrix} m_1^* & 0 & 0 \\ 0 & m_2^* & 0 \\ 0 & 0 & m_3^* \end{pmatrix} = \begin{bmatrix} h^2 \Big/ \dfrac{\partial^2 E}{\partial k_1^2} & 0 & 0 \\ 0 & h^2 \Big/ \dfrac{\partial^2 E}{\partial k_2^2} & 0 \\ 0 & 0 & h^2 \Big/ \dfrac{\partial^2 E}{\partial k_3^2} \end{bmatrix}. \tag{6-104}$$

由于有效质量是一个张量,一般说来,加速度和外力的方向是不同的.

还应当注意,有效质量并不是一个常数,而是 $\boldsymbol{k}$ 的函数.有效质量不仅可以取正值还可以取负值.有很重要意义的是:在一个能带底附近,有效质量总是正的;而在一个能带顶附近,有效质量总是负的.能带底和能带顶分别代表 $E(\boldsymbol{k})$ 函数的极小和极大,因此分别具有正值的和负值的二级微商.

用前节简单立方晶体的能带

$$E(\boldsymbol{k}) = E_i - J_0 - 2J_1(\cos 2\pi k_x a + \cos 2\pi k_y a + \cos 2\pi k_z a)$$

为例,显然,在任何点,有效质量的主轴都是沿 x,y,z 轴,

$$\left.\begin{matrix} m_x^* \\ m_y^* \\ m_z^* \end{matrix}\right\} = \frac{h^2}{8\pi^2 a^2 J_1} \begin{cases} (\cos 2\pi k_x a)^{-1}, \\ (\cos 2\pi k_y a)^{-1}, \\ (\cos 2\pi k_z a)^{-1}. \end{cases} \tag{6-105}$$

我们看到,它们和积分 J_1 成反比,因此,原子相距愈远,J_1 愈小,有效质量也就愈大.

能带底位于 $\boldsymbol{k}=0$,在(6-105)中令 $\boldsymbol{k}=0$,得有效质量

$$m^* = m_x^* = m_y^* = m_z^* = \frac{h^2}{8\pi^2 a^2 J_1} > 0;$$

能带顶在布里渊区的下列八个点:

$$\boldsymbol{k} = \left(\pm\frac{1}{2a}, \pm\frac{1}{2a}, \pm\frac{1}{2a}\right),$$

代入(6-105)得

$$m^* = m_x^* = m_y^* = m_z^* = -\frac{h^2}{8\pi^2 a^2 J_1} < 0.$$

在这个例子中,能带底和能带顶的有效质量都是各向同性的,可以归结为一个单一的有效质量,而与方向无关,这是立方对称晶体中 x,y,z 轴完全等价的结果.

6-7 导体、绝缘体和半导体的能带论

虽然所有固体都包含大量的电子,但有的具有很好的电子导电的性能,有的则基本上观察不到任何电子导电性.这一基本事实曾长期得不到解释.在能带理论的基础上,首次对为什么有导体、绝缘体和半导体的区分提出了一个理论上的说明,这是能带论发展初期的一个重大成就.也正是以此为起点,逐步发展了有关导体、绝缘体和半导体的现代理论.

(1) 满带电子不导电

如果取布洛赫函数

$$\varphi_k = e^{2\pi i \boldsymbol{k} \cdot \boldsymbol{x}} u_{\boldsymbol{k}}(\boldsymbol{x})$$

所满足的波动方程

$$H\varphi_k = E(\boldsymbol{k})\varphi_k$$

的复共轭,就得到具有相同本征值的 φ_k^*,而

$$H\varphi_k^* = E(\boldsymbol{k})\varphi_k^*, \quad \varphi_k^* = e^{-2\pi i \boldsymbol{k} \cdot \boldsymbol{x}} u_{\boldsymbol{k}}^*(\boldsymbol{x}),$$

它正是 $-\boldsymbol{k}$ 态的布洛赫函数.因此,$\boldsymbol{k}$ 和 $-\boldsymbol{k}$ 态具有相同的能量

$$E(\boldsymbol{k}) = E(-\boldsymbol{k}), \tag{6-106}$$

从而得到,$\boldsymbol{k}$ 和 $-\boldsymbol{k}$ 态具有相反的速度

$$\boldsymbol{v}(\boldsymbol{k}) = -\boldsymbol{v}(-\boldsymbol{k}), \tag{6-107}$$

这是因为根据(6-106),在 $\boldsymbol{k}$ 和 $-\boldsymbol{k}$ 处 $E(\boldsymbol{k})$ 函数具有相等但相反的斜率.

在一个完全为电子充满的能带中,尽管就每一个电子来讲都荷带一定的电流 $-e\boldsymbol{v}$,但是 $\boldsymbol{k}$ 和 $-\boldsymbol{k}$ 状态的电子电流 $-e\boldsymbol{v}(\boldsymbol{k})$ 和 $-e\boldsymbol{v}(-\boldsymbol{k})$ 正好相抵消,所以总的电流等于 0.

即使有外电场或外磁场,也不改变这种情况.以一维能带为例,如图 6-26,看一下有外电场的情形.横轴上的点子表示均匀分布在 k 轴上的各量子态为电子所充满.在电场 $\boldsymbol{E}$ 作用下,电子受到作用力

$$\boldsymbol{F} = -e\boldsymbol{E},$$

所有电子所处的状态都按

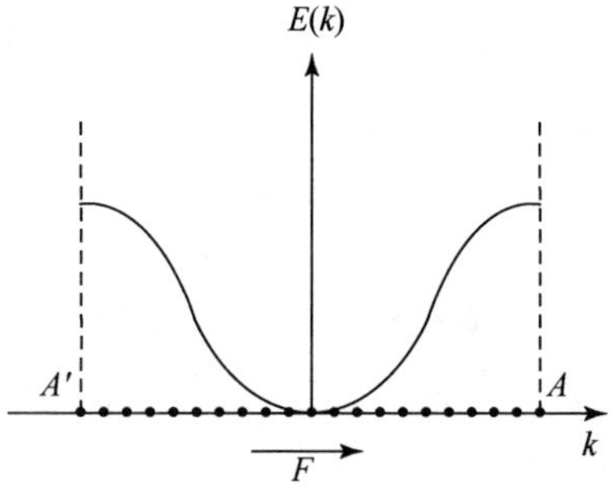

图 6-26 充满的能带中的电子运动

$$\frac{\mathrm{d}\boldsymbol{k}}{\mathrm{d}t}=\frac{1}{h}\boldsymbol{F}$$

变化，换句话说，k 轴上各点均以完全相同的速度移动，因此并不改变均匀填充各 k 态的情况．在布里渊区边界 A 和 A' 处，由于 A' 和 A 实际代表同一状态，所以从 A 点移动出去的电子实际上同时就从 A' 移进来，保持整个能带处于均匀填满的状况，并不产生电流．

（2）导体和非导体的模型

部分填充的能带和满带不同，在外电场作用下，可以产生电流．图 6-27 表示一个部分填充的能带和相应的 $E(\boldsymbol{k})$ 图，电子将填充最低的各能级到图示的（横）虚线，由 $E(k)$ 图中虚线以下部分看出，由于 $\boldsymbol{k}$ 和 $-\boldsymbol{k}$ 对称地被电子填充，总电流抵消．但在外场所施力 $\boldsymbol{F}$ 作用下，整个电子分布将向一方移动，破坏了原来的对称分布，电子电流将只是部分抵消，因而将产生一定电流，如图 6-28 所示．

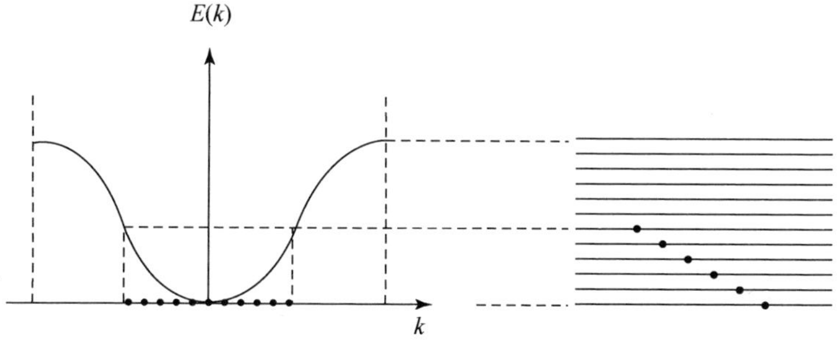

图 6-27　部分填充的能带

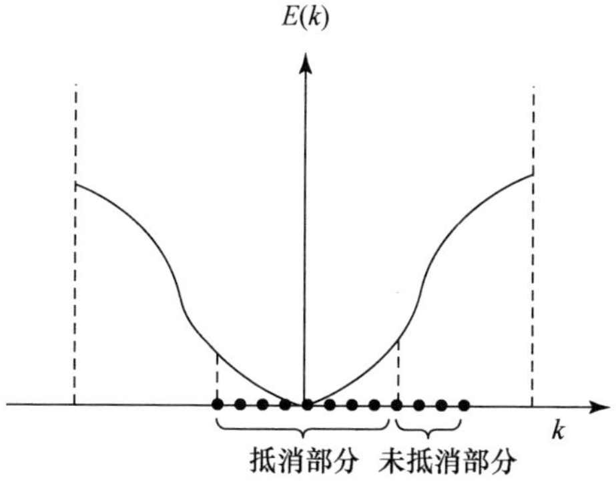

图 6-28　外场改变对称分布

在上述考虑的基础上，对导体和非导体提出了如图 6-29 所示的基本模型：在非导体中，电子恰好填满最低的一系列能带，再高的各带全部都是空的，由于满带不产生电流，所以尽管存在很多电子，并不导电；在导体中，则除去完全充满的一系列能带外，还有只是部分地被电子填充的能带，后者可以起导电作用，常称为导带.

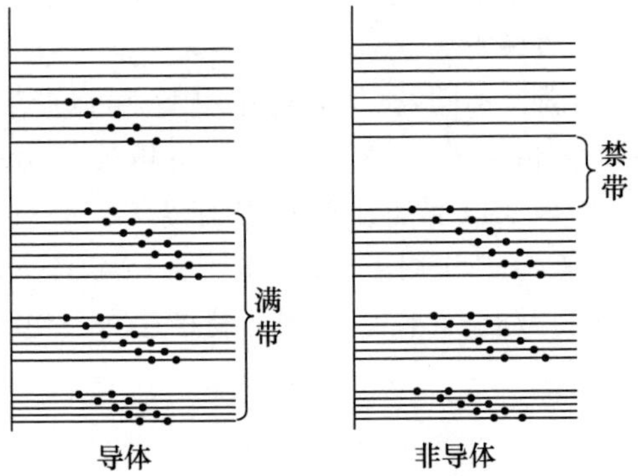

图 6-29 导体和非导体的能带模型

我们知道除去良好的金属导体以外，还有具有一定导电能力的半导体. 根据能带理论，半导体和绝缘体都属于上述非导体的类型. 就如在第八章中还将仔细讨论到的，半导体的导电性往往是由于存在一定的杂质，对于能带填充情况有所改变，使导带中有少数电子，或满带缺了少数电子，从而导致一定的导电性. 即使半导体中不存在任何杂质，也会由于热激发使少数电子由满带热激发到导带底产生所谓本征导电. 激发电子的多少与图所示的禁带宽度密切有关. 半导体和绝缘体的差别就在于半导体有较窄的禁带，因此具有不同程度的本征导电性，绝缘体则具有较宽的禁带，激发电子数目极少，以至没有可察觉的导电性.

(3) 几个实例

首先举碱金属为例，碱金属具有体心立方晶格，每个原胞有一个原子. 设想晶体由 N 个原子组成. 碱金属元素的原子，除去内部的各满壳层，最外面的 ns 态有一个价电子. 根据紧束缚近似与各满壳层的原子态对应有相应的能带，而且每个能带能容纳正、反自旋的电子 $2N$ 个，这样原来填充原子满壳层的电子正好充满相应的能带，与外面 ns 态对应的能带也同样可以容纳 $2N$ 个电子. 然而，N 个原子的 N 个价电子只能填充能带的一半. 因此，在这种情况下，应形成导体，起导电作用的只是最外面的价电子. 实际上，我们知道碱金属正是最典型的金属导体.

其次再考虑二价的碱土金属，它们和碱金属相似，只是最外面有两个在s态的价电子.按照上面关于碱金属的讨论，似乎 N 个原子的 $2N$ 个价电子应正好填满相应的能带，形成非导体.实际上它们是金属导体.这是由于，在这些晶体中，与s态对应的能带和上面的能带发生重叠，$2N$ 个电子尚未充满相应能带，就已开始填入更高的能带，结果成为导体.在讨论X射线发射谱时就已经看到，X射线谱分布明显地表明在这种情况下确实发生了能带间的重叠.

最后讨论一下金刚石、硅、锗等ⅣB元素所形成的金刚石结构晶体的能带情况.我们将较粗略地从紧束缚近似出发说明它们的能带的基本状况.ⅣB元素最外面是一个s态和三个p态组成的壳层，在这个可以容纳8个正、反自旋电子的壳层中有4个价电子.在金刚石结构中，每个原胞包含2个原子，由它们各自的一个s态和三个p态合起来共可以组成 $2\times4=8$ 个能带，在 N 个原胞的晶体中每个能带可以容纳 $2N$ 个正、反自旋电子.具体的分析证明，这8个能带可以划分为上下两组各包含4个能带，它们之间隔着有一定宽度的禁带.晶体中共有 $8N$ 个价电子，正好填满下面4个能带，上面4个能带是完全空的，在空带和满带之间隔有禁带，因此形成典型的非导体.实际上，我们知道，金刚石是典型绝缘体，硅和锗是典型的半导体.

由以上可见，由于实际上往往发生能带重叠，而且，原子能级和能带之间常常不是简单的一一对应，只有对实际能带结构有了仔细具体的了解，才能认真分析电子填充能带的情况，不可能仅仅按一般原理作出关于一个固体是导体或非导体的结论.

(4) 近满带和空穴

满带一旦缺了少数电子就会产生一定导电性.这种“近满带”的情形在半导体问题中有着特殊的重要性.本节着重介绍“空穴”的概念，这个概念的引入大大便利了处理有关“近满带”的问题.

为了说明空穴的概念，假设满带上只有在一个状态 $\boldsymbol{k}$ 没有电子.设 $\boldsymbol{I}(\boldsymbol{k})$ 表示在这种情况下整个近满带的总电流.我们假想在空的 $\boldsymbol{k}$ 态中放入一个电子，这个电子所荷电流应当是

$$-e\boldsymbol{v}(\boldsymbol{k}).$$

但是，放入这个电子后，能带被完全充满，因此，总的电流应为0，从而得到

$$\boldsymbol{I}(\boldsymbol{k})+[-e\boldsymbol{v}(\boldsymbol{k})]=0, \tag{6-108}$$

或

$$\boldsymbol{I}(\boldsymbol{k})=e\boldsymbol{v}(\boldsymbol{k}). \tag{6-109}$$

(6-109)表明,近满带的总电流就如同是一个带正电荷 e 的粒子,它的速度为空状态 $\boldsymbol{k}$ 的电子速度$\boldsymbol{v}(\boldsymbol{k})$所引起.

我们再进一步考查电磁场的作用.仍旧设想在 $\boldsymbol{k}$ 状态放入一个电子形成满带.由于有电磁场存在时,满带电流仍保持为 0,(6-108)和(6-109)在任何时刻 t 均保持成立,因此,可以对 t 求微商,得

$$\frac{\mathrm{d}}{\mathrm{d}t}\boldsymbol{I}(\boldsymbol{k}) = e\frac{\mathrm{d}}{\mathrm{d}t}\boldsymbol{v}(\boldsymbol{k}). \tag{6-110}$$

作用在 $\boldsymbol{k}$ 状态电子的外力为

$$-e\left\{\boldsymbol{E} + \frac{1}{c}[\boldsymbol{v}(\boldsymbol{k}) \times \boldsymbol{H}]\right\},$$

因此,引入有效质量就可以把(6-110)式中加速度直接以外力表示出来:

$$\frac{\mathrm{d}}{\mathrm{d}t}\boldsymbol{I}(\boldsymbol{k}) = -\frac{e^2}{m^*}\left\{\boldsymbol{E} + \frac{1}{c}[\boldsymbol{v}(\boldsymbol{k}) \times \boldsymbol{H}]\right\}.$$

实际上遇到的空状态 $\boldsymbol{k}$ 往往是在满带顶附近的,有效质量 m^* 为负值,所以上式又可写成

$$\frac{\mathrm{d}}{\mathrm{d}t}\boldsymbol{I}(\boldsymbol{k}) = e\frac{1}{|m^*|}\left\{e\boldsymbol{E} + \frac{1}{c}[e\,\boldsymbol{v}(\boldsymbol{k}) \times \boldsymbol{H}]\right\}. \tag{6-111}$$

我们注意大括号内恰好是一个正电荷 e 在电磁场中受的力.所以在有外电磁场时,近满带的电流的变化,就如同一个带正电荷 e 和具有正质量 $|m^*|$ 的粒子.

因此,我们得到结论:当满带顶附近有空状态 $\boldsymbol{k}$ 时,整个能带中的电流,以及电流在外电磁场作用下的变化,完全如同存在一个带正电荷 e 和具有正质量 $|m^*|$、速度 $v(\boldsymbol{k})$的粒子的情况一样.这样一个假想的粒子称为空穴.空穴概念的引入使得满带顶附近缺少一些电子的问题和导带底有少数电子的问题十分相似.这两种情况下产生的导电性分别称为空穴导电性和电子导电性.前面所讲,由于少数电子由满带激发到导带所产生的本征导电便是由相同数目的电子和空穴所构成的混合导电性.

第七章　金属电子论

20 世纪初，在经典理论基础上，对金属的导电、导热等基本现象提出了系统的微观理论(特鲁德-洛伦兹理论)，成功地说明了欧姆定律、热导和电导间的联系(维德曼-弗兰兹定律)和其它现象，但同时也遇到一些根本性的矛盾，经典电子论假设金属中存在着自由电子，它们和理想气体分子一样，服从经典的玻尔兹曼统计，因此，金属中的自由电子对热容量有贡献，并且大小应和晶格振动热容量可以相比拟．但是实验上并不能查觉金属有这样一部分额外的热容量．从经典理论看，这种情况只能表明电子并没有热运动，从而直接动摇了经典电子论的基础．这个矛盾直到量子力学和费米统计规律确立以后才得到解决，以后在费米统计基础上重新建立起现代的金属电子理论．这一章将首先介绍金属中电子的费米统计规律性，并具体分析电子热容量问题．

电导、热导、温差电、电流磁效应等输运过程，是最明显表现金属特征的一个基本方面，同时，也是金属电子论发展最系统的领域．经典电子论在这方面曾有很大的成就，但是长期不能解释电子具有很长的“自由程”的事实(按经典理论分析，电子自由程近似等于几百个原子间距)．正是为了解决这个矛盾，结合量子力学的发展，开始系统研究电子在晶体周期场中的运动，从而逐步产生了能带论．按照能带论，在严格周期性势场中，电子可以保持在一个本征态中，具有一定的平均速度，并不随时间改变，这相当于无限的自由程．实际自由程之所以是有限的，则是由于原子振动或其它原因致使晶体势场偏离周期场的结果．能带论不仅这样解决了经典理论的矛盾，并且为处理电子运动以及电子自由程问题提供了新的基础．在费米统计和能带论的基础之上，逐步发展了关于输运过程的现代理论．本章将主要通过讨论电导的问题来介绍关于输运过程的一些基本概念和理论方法．

7-1　费米统计和电子热容量

一般的金属问题往往主要只涉及导带中的电子，因此，下面的讨论只考虑导带中的电子.

(1) 0 K 的极限

先讨论最简单的极限情况 $T\to 0$ K.

按经典理论,在这个极端,如果没有外界影响,所有电子速度等于 0. 而在量子理论中,根据泡利原理,电子将依次从导带底向上填充各量子态. 根据能带论,电子运动状态由 $\boldsymbol{k}$ 标志,电子填充各量子态的情况可以在 $\boldsymbol{k}$ 空间表示如图 7-1. 图 7-1 中斜线部分表示被电子填充的状态. 从导带底($\boldsymbol{k}=0$)算起,电子能量最高达 E_0,$E=E_0$ 表示这样一个等能面,其中包括的量子态正好等于电子总数. 在实际金属中 E_0 一般是几个电子伏. 例如,对于"近自由电子"

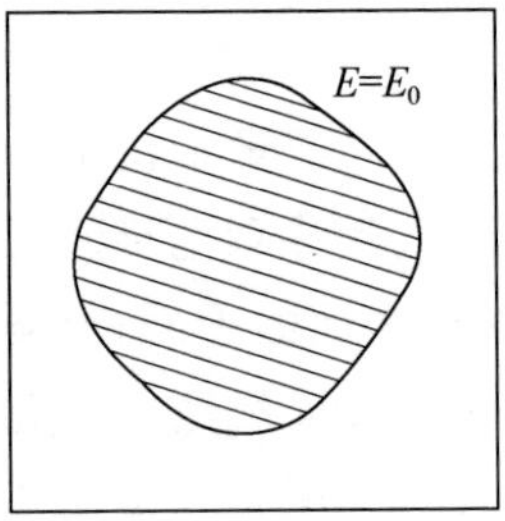

图 7-1 电子填充 k 空间

$$E(\boldsymbol{k})=\frac{h^2k^2}{2m^*},$$

等能面为球面,如图 7-2:

$$E_0=\frac{h^2k_0^2}{2m^*}. \tag{7-1}$$

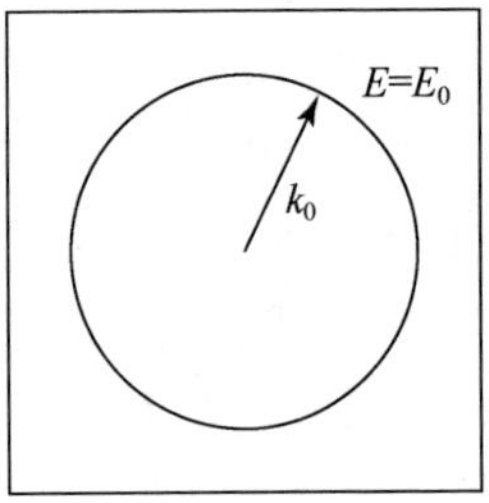

图 7-2 "近自由电子"

E_0 面所包围的体积为

$$\frac{4\pi}{3}k_0^3=\frac{4\pi}{3}\left(\frac{2m^*E_0}{h^2}\right)^{3/2}, \tag{7-2}$$

包含状态数为

$$\frac{8\pi}{3}V\left(\frac{2m^*E_0}{h^2}\right)^{3/2}=\text{电子总数 } N.$$

上式又可以写成

$$E_0=\frac{h^2}{2m^*}\left(\frac{3}{8\pi}n_0\right)^{2/3},\quad n_0=\frac{N}{V}(\text{电子密度}). \tag{7-3}$$

代入 $n_0\approx 10^{22}$—$10^{23}/\text{cm}^3$,$m^*\approx 10^{-27}$ g 就得到

$$E_0\approx 1.5\text{—}7\ \text{eV}.$$

这种情况和经典理论的设想有很大的区别. 经典理论以电子具有动能 $\approx kT$ 的热运动为基础,而在量子理论中,即使在 $T\to 0$ K 极限,电子也有远远更为强烈的运动,速度 $v\approx 10^8$ cm/s.

随着 T 自 0 K 上升，电子将受到“热激发”，由于 E_0 等能面以内状态已填满，电子的“热激发”只能是从 E_0 等能面以内的状态转移到 E_0 等能面以外的状态.“热激发”的具体状况正是下面所要讨论的费米分布函数的内容.

(2) 费米分布函数

前面已经指出，能带理论是一种单电子的近似，每一个电子的运动被近似看作是独立的，具有一系列确定的本征态，由不同的波数 $\boldsymbol{k}$ 标志(如果不是限于导带，则必须由一个能带标号 i 和波数 $\boldsymbol{k}$ 来标志). 这样一个单电子近似描述的系统的宏观态就可以由电子在这些本征态间的统计分布来描述. 对于系统的平衡态，费米统计的基本原理归结为一个完全确定的所谓费米统计分布函数

$$f(E)=\frac{1}{e^{(E-E_F)/kT}+1}. \tag{7-4}$$

它直接给出能量为 E 的本征态被一个电子占据的概率. 费米函数只包含一个参数 E_F，E_F 由系统的具体情况决定，具体讲，E_F 可以由系统中电子总数 N 决定如下：

$$\sum f(E)=N, \tag{7-5}$$

连加式表示对系统所有的本征态相加. E_F 具有能量的量纲，常常称为费米能级(它并不代表一个电子本征态的能值)，它实际上等于这个系统中电子的化学势.

费米分布函数 $f(E)$ 具有图 7-3 所示的形式. 我们注意，当 $E=E_F$ 时，$f(E)=1/2$.

当 E 比 E_F 高几个 kT 以上时，

$$e^{(E-E_F)/kT}\gg 1,\quad f(E)\approx 0, \tag{7-6}$$

表明这样的本征态基本上是空的；而当 E 比 E_F 低几个 kT 时，

$$e^{(E-E_F)/kT}\ll 1,\quad f(E)\approx 1. \tag{7-7}$$

如图所示，$f(E)$ 在 E_F 上下几个 kT 的范围内由 1 降为接近于 0. 在 $T\to 0$ K 的极限，这个转变的区域将无限地变窄；所有 $E<E_F$ 的本征态将完全填满，所有更高的状态都是空的. 和前节对比表明，在 0 K 极限

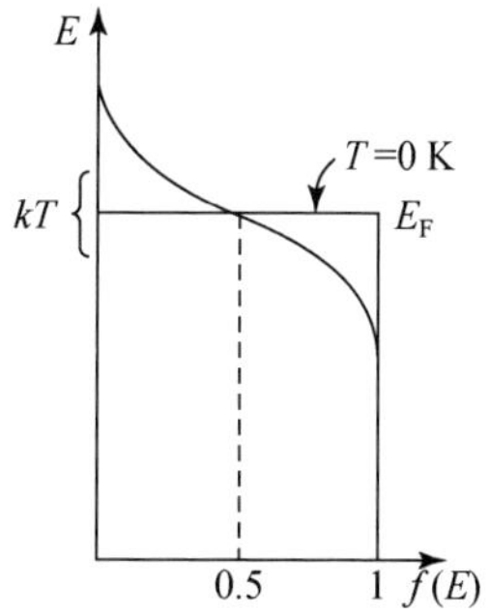

图 7-3 费米分布函数

$$E_F(0\ \mathrm{K})=E_0. \tag{7-8}$$

也就是说，在 0 K 的极限 E_F 就是电子填充的最高能级.

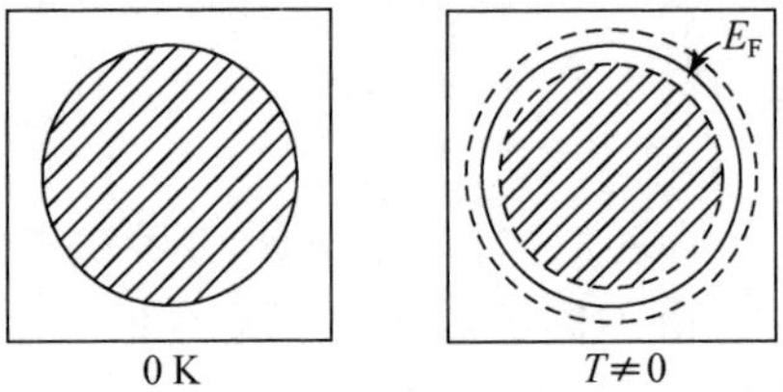

图 7-4　费米面和热激发

k 空间中费米分布的情况可以示意地表示如图 7-4：左边为 0 K 的情形；右边为温度提高到有限温度 T 的情况，虚线间的区域表示部分为电子填充的状态，这个区域应包括等能面 $E=E_F$ 上下几个 kT 的能量范围. 更确切地表达，体积 $d\boldsymbol{k}$ 内包括

$$2V d\boldsymbol{k}$$

个量子态，因此，统计平均的电子数应等于

$$2Vf(E(\boldsymbol{k}))d\boldsymbol{k}. \tag{7-9}$$

所以，$2Vf(E(\boldsymbol{k}))$给出电子在 $\boldsymbol{k}$ 空间的统计分布密度. 在 $E(\boldsymbol{k})=E_F$ 的等能面附近几个 kT 的范围内，分布密度由完全填充的最高密度 $2V$ 降为接近于 0. 在 $\boldsymbol{k}$ 空间，$E=E_F$ 等能面常称费米面. 在自由电子近似中费米面是球面，而实际金属的费米面形状往往与球面有比较大的差别，而金属的很多性质直接与费米面的形状有关.

费米分布具体给出了电子“热激发”的情况. 图 7-4 从 0 K→T 费米分布的变化表明，部分能量低于 E_0 的电子得到了数量级为 kT 的热激发能而转移到 E_0 以外的能量更高的状态.

在平衡状态的统计问题中，往往只需要知道电子的能量分布状况. 对于这样的问题，可以不必考虑 $\boldsymbol{k}$ 空间中的统计分布，而更简便地应用能态密度函数 $N(E)$的概念：在 E—$E+dE$ 内的量子态数目为 $N(E)dE$，根据费米分布函数可以直接写出统计平均电子数为

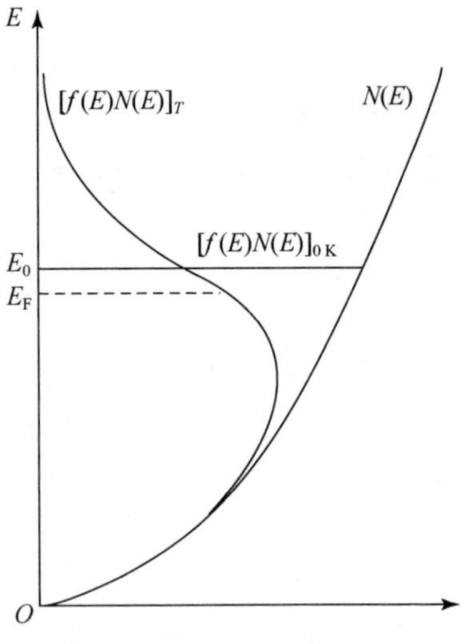

图 7-5　能态密度和电子按能量分布

$$f(E)N(E)dE. \tag{7-10}$$

所以 $f(E)N(E)$具体概括了系统中电子按能量的统计分布，它一方面决定于体现费米统计分布的 $f(E)$，另一方面决定于晶体本身的能态密度函数 $N(E)$，如图 7-5 所示.

(3) E_F 的确定

已经看到在 0 K 的极限，

$$E_F = E_0.$$

一般来说，E_0 应由下列关系式决定：

$$N = \int_0^{E_0} N(E)\mathrm{d}E. \tag{7-11}$$

对于有限的温度，E_F 必须根据(7-5)的条件确定. 应用能态密度函数，可以把(7-5)写成

$$N = \int_0^{\infty} f(E)N(E)\mathrm{d}E. \tag{7-12}$$

现在引入一个函数

$$Q(E) = \int_0^{E} N(E)\mathrm{d}E, \tag{7-13}$$

$Q(E)$表示 E 以下量子态的总数. 对(7-12)的右方进行分部积分，并引用 $Q(E)$ 得到

$$N = f(E)Q(E)\Big|_0^{\infty} + \int_0^{\infty} Q(E)\left(-\frac{\partial f}{\partial E}\right)\mathrm{d}E.$$

前一项显然等于 0，因为当 $E\to 0$，$Q(E)$为 0；当 $E\to\infty$，$f(E)$按 $\mathrm{e}^{-E/kT}$ 趋于 0. 因此

$$N = \int_0^{\infty} Q(E)\left(-\frac{\partial f}{\partial E}\right)\mathrm{d}E, \tag{7-14}$$

写成这个形式是为了利用$\left(-\frac{\partial f}{\partial E}\right)$函数的特点来进行近似的积分. 由(7-4)得到

$$\left(-\frac{\partial f}{\partial E}\right) = \frac{1}{kT}\,\frac{1}{(\mathrm{e}^{(E-E_F)/kT}+1)(\mathrm{e}^{-(E-E_F)/kT}+1)}. \tag{7-15}$$

这个函数的特点是它的值集中于 E_F 附近 kT 的范围内，并且是 $E-E_F$ 的偶函数，如图 7-6 所示. 同一图上也表示出 $f(E)$函数，$f(E)$的变化主要集中在 E_F 附近的区域，因此$\left(-\frac{\partial f}{\partial E}\right)$只有在这个区域内才有显著的值. 所以$\left(-\frac{\partial f}{\partial E}\right)$具有类似于 δ 函数的特征，这表明(7-14)的积分贡献主要来自 $E\approx E_F$ 附近. 因此，我们一方面可以把下限写成$-\infty$而不影响积分值，

$$N = \int_{-\infty}^{\infty} Q(E)\left(-\frac{\partial f}{\partial E}\right)\mathrm{d}E, \tag{7-16}$$

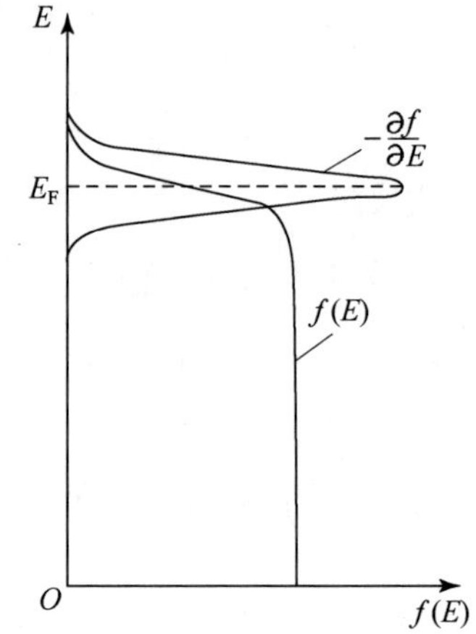

图 7-6 $\left(-\frac{\partial f}{\partial E}\right)$的特点

另一方面把 $Q(E)$在 E_F 附近展开为级数

$$Q(E)=Q(E_F)+Q'(E_F)(E-E_F)+\frac{1}{2}Q''(E_F)(E-E_F)^2+\cdots, \tag{7-17}$$

下面将看到,实际只需要考虑到二次项即可,把(7-17)代入(7-16)得到

$$N=Q(E_F)\int_{-\infty}^{\infty}\left(-\frac{\partial f}{\partial E}\right)dE+Q'(E_F)\int_{-\infty}^{\infty}(E-E_F)\left(-\frac{\partial f}{\partial E}\right)dE$$
$$+\frac{1}{2}Q''(E_F)\int_{-\infty}^{\infty}(E-E_F)^2\left(-\frac{\partial f}{\partial E}\right)dE+\cdots.$$

上式第一项积分显然为$[f(-\infty)-f(\infty)]=1$,第二项由于$\left(-\frac{\partial f}{\partial E}\right)$为$(E-E_F)$的偶函数而等于 0,根据(7-15),并引入积分变数

$$\xi=\frac{E-E_F}{kT},$$

结果得到

$$N=Q(E_F)+\frac{(kT)^2}{2}Q''(E_F)\int_{-\infty}^{\infty}\frac{\xi^2 d\xi}{(e^{\xi}+1)(e^{-\xi}+1)}. \tag{7-18}$$

其中定积分

$$\int_{-\infty}^{\infty}\frac{\xi^2 d\xi}{(e^{\xi}+1)(e^{-\xi}+1)}=\frac{\pi^2}{3},$$

因此

$$N = Q(E_F) + \frac{\pi^2}{6}Q''(E_F)(kT)^2, \tag{7-19}$$

令 $T \to 0$ K 得到

$$N = Q(E_F),$$

根据(7-11)、(7-13)，

$$N = Q(E_0). \tag{7-20}$$

对比以上二式，再一次看到 $T \to 0$ K 时 $E_F = E_0$.

对于一般温度，可以把(7-19)右方第一项在 E_0 附近作为$(E_F - E_0)$的级数展开. 下面将看到，$E_F - E_0$ 为 T^2 项，因此如果只考虑到 T^2 项，

$$N = Q(E_0) + Q'(E_0)(E_F - E_0) + \frac{\pi^2}{6}Q''(E_0)(kT)^2, \tag{7-21}$$

其中，按同样近似我们还把(7-19)中 T^2 项的 $Q''(E_F)$中的 E_F 代以 E_0(这样做只影响 T^4 项!). 应用(7-20)，可以把(7-21)写成

$$\begin{aligned} E_F &= E_0 - \frac{\pi^2}{6}\left(\frac{Q''}{Q'}\right)_{E_0}(kT)^2 \\ &= E_0\left\{1 - \frac{\pi^2}{6E_0}\left[\frac{\mathrm{d}}{\mathrm{d}E}\ln Q'(E)\right]_{E_0}(kT)^2\right\}. \end{aligned} \tag{7-22}$$

根据 $Q(E)$的定义，$Q'(E)$实际上就是能态密度 $N(E)$，所以上式又可以写成：

$$E_F = E_0\left\{1 - \frac{\pi^2}{6E_0}\left[\frac{\mathrm{d}}{\mathrm{d}E}\ln N(E)\right]_{E_0}(kT)^2\right\}. \tag{7-23}$$

对于近自由电子的情况，$N(E) \propto E^{\frac{1}{2}}$，所以

$$E_F = E_0\left[1 - \frac{\pi^2}{12}\left(\frac{kT}{E_0}\right)^2\right]. \tag{7-24}$$

实际上，上面近似计算积分的方法相当于按$(kT/E_0)^2$ 展开为级数，并保留到$(kT/E_0)^2$ 项，所忽略的是$(kT/E_0)^4$ 以上的高次项. 前面指出，一般 E_0 为几个电子伏，在室温(kT/E_0)仅仅是 1%的数量级，所以二次项已经十分微小，E_F 和 E_0 十分接近. 尽管如此，E_F 随温度的微小变化往往可以有重要的影响. 下面可以看到，电子热容量的计算就必须考虑 E_F 随温度的变化.

不难定性地了解为什么 E_F 随温度变化. 先设想 E_F 不随温度变化，保持等于 E_0. 有限温度的 $f(E)$表示在 E_0 以下的概率将减少，E_0 以上的概率将增加，而且，E_0 上下的增加和减少对 E_0 是对称的，如图 7-7 中两个相似的斜线面积所表示. 在这种情况下，例如对于近自由电子的情形，$N(E)$随 E 增加，在

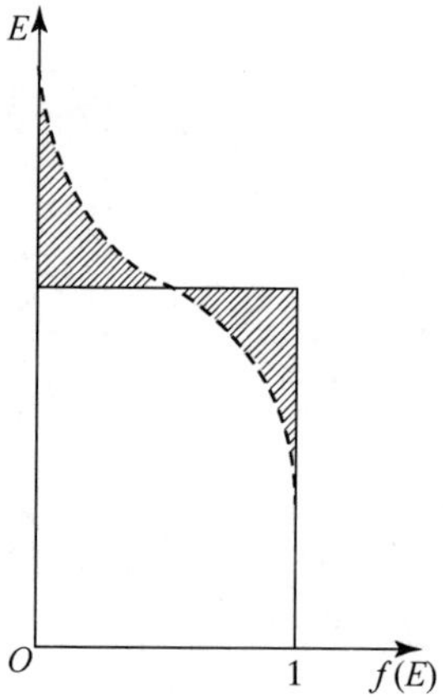

图 7-7

E_0 以上的 $N(E)$ 比 E_0 以下稍大，这就意味着电子总数将有所增加. 所以实际上 E_F 略为降低以补偿上述效果，而保持电子总数 N 不变.

(4) 电子热容量

根据电子的能量分布可以直接写出电子的总能量 U：

$$U=\int_0^\infty Ef(E)N(E)\mathrm{d}E. \tag{7-25}$$

我们可以利用和(3)中完全相似的方法近似计算积分. 为此，引入

$$R(E)=\int_0^E EN(E)\mathrm{d}E, \tag{7-26}$$

这个函数表示 E 以下量子态为电子填满时的总能量. 对(7-25)分部积分，得到

$$U=\int R(E)\left(-\frac{\partial f}{\partial E}\right)\mathrm{d}E. \tag{7-27}$$

(7-27)的积分形式上和(7-14)完全相似，只是 $R(E)$ 取代了 $Q(E)$，因此可以直接引用(7-21)的结果，把(7-27)写成(7-21)的形式，

$$U=R(E_0)+R'(E_0)(E_F-E_0)+\frac{\pi^2}{6}R''(E_0)(kT)^2 \tag{7-28}$$

(近似程度也和(7-21)相同，即展开到 T^2 项).

把表示 E_F 随温度变化的(7-23)代入(7-28)，就得到

$$U=R(E_0)+\frac{\pi^2}{6}R'(E_0)(kT)^2\left\{-\left[\frac{\mathrm{d}}{\mathrm{d}E}\ln N(E)\right]_{E_0}+\left[\frac{\mathrm{d}}{\mathrm{d}E}\ln R'(E)\right]_{E_0}\right\} \tag{7-29}$$

根据 $R(E)$ 的定义(7-26)，

$$R'(E)=EN(E), \tag{7-30}$$

代入(7-29)，(7-29)可以简化为

$$U=R(E_0)+\frac{\pi^2}{6}N(E_0)(kT)^2. \tag{7-31}$$

根据 $R(E)$ 的定义，$R(E_0)$ 等于 0 K 时电子的总能量，则(7-31)的第二项

$$\frac{\pi^2}{6}N(E_0)(kT)^2 \tag{7-32}$$

表示热激发能. 从物理实质来看，这个结果表明在温度 T，只有 E_0 附近大致为 kT 的能量范围内的电子受到热激发，激发能 $\approx kT$. 这是容易理解的，因为热激发电子的数目可以写成 $N(E_0)kT$，每个电子获得能量 kT，总的激发能应基本上为 $N(E_0)(kT)^2$，这正是(7-32)的结果.

(7-32)对 T 求微商就得到电子热容量.

$$C_V = \left[\frac{\pi^2}{3}N(E_0)(kT)\right]k. \tag{7-33}$$

这个量子统计的结果和经典值 $3k/2$ 相比是十分微小的. 为了具体起见，以近自由电子为例，由第六章的能态密度函数公式

$$N(E) = 4\pi V\left(\frac{2m}{h^2}\right)^{3/2}E^{1/2}$$

和 E_0 的公式(7-3)，很容易得到

$$N(E_0) = \frac{3}{2}\frac{N_0}{E_0} \quad (\text{近自由电子}), \tag{7-34}$$

则

$$C_V = N_0\frac{\pi^2}{2}\left(\frac{kT}{E_0}\right)k, \tag{7-35}$$

它和经典理论值的比值大致为 $(kT)/E_0$. 可见，对一般温度讲，量子理论值比经典值小得多. 这样，电子热容量的矛盾就得到了解决. 在量子理论中，电子热容量很小的事实有很简单的解释. 大多数电子的能量原来远低于 E_0，由于受泡利原理的限制基本上不能参与热激发，仅有在 E_0 附近 kT 范围内的电子对热容量才有贡献，而这一部分电子大体上占全部电子的 kT/E_0.

在一般温度下，晶格热容量比电子热容量大得多. 但是在低温范围，晶格热容量迅速下降，在低温的极限按 T^3 趋于 0，电子热容量和 T 成正比，随温度下降比较缓慢，在液氦温度范围，两者的大小变成可以相比. 图 7-8 表示一个典型的金属低温热容量的实验结果. 图中虚线表明实验的热容量可以分解为

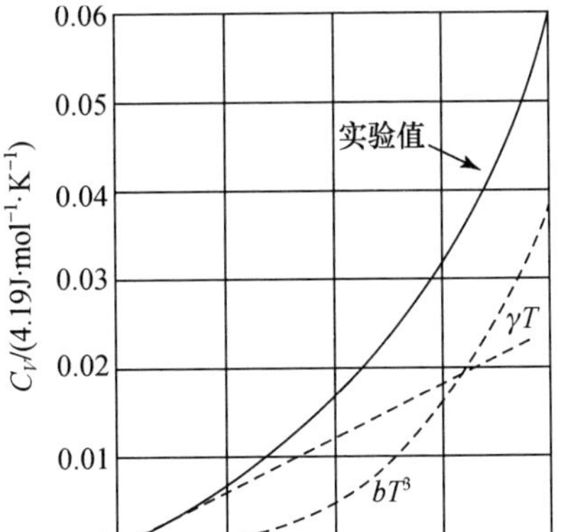

图 7-8　Fe 金属低温热容量

和

$$\left.\begin{aligned}\text{电子热容量} &= \gamma T\\ \text{晶格热容量} &= bT^3\end{aligned}\right\} \tag{7-36}$$

两项之和.通过这样的实验,可以具体测定电子热容量 γT.

表 7-1 中给出一些典型的电子热容量的实验测定值.表中所列是对于克分子物质热容量中线性项 γT 的系数 γ.

表　7-1

金属	$\gamma/(10^{-4}\ \mathrm{J\cdot mol^{-1}\cdot K^{-2}})$	金属	$\gamma/(10^{-4}\ \mathrm{J\cdot mol^{-1}\cdot K^{-2}})$
Na	18.8	Mg	13.8
Cu	7.5	Al	14.7
Ag	6.7	α-Mn	138
Au	7.5	α-Fe	50
Be	2.3	Co	50
Ni	71.2		

很多金属的基本性质主要取决于能量在 E_F 附近的电子,从 $\boldsymbol{k}$ 空间看,也就是在费米等能面 $E=E_F$ 附近的电子,由于这个缘故,研究费米面附近状况有重要的意义.根据以上的分析,电子的热容量正比于 $N(E_0)$,因此电子的热容量可以直接提供对费米面附近的能态密度的了解.从这个角度看,上表中几个过渡元素 α-Mn,α-Fe,Co,Ni 具有特别高的电子热容量,反映它们具有特别大的能态密度.这实际上是过渡元素金属的一个基本特点.过渡元素原子的特征是 d 壳层是不满的,从能带论看,在金属状态,将有未填满的 d 能带,由于原子的 d 态本来是比较靠内的轨道,形成晶体时相互重叠应较少,产生较窄的能带,再加上 d 轨道有 5 个,形成重叠在一起的能带,这就使得 d 能带有特别大的能态密度.图 7-9 是一个过渡元素的能带示意图,我们看到 s 能带和 d 能带很大程度上是重叠的,d 能带具有大得多的能态密度,过渡金属电子只部分填满 d 能带,费米能级位于 d 能带中.

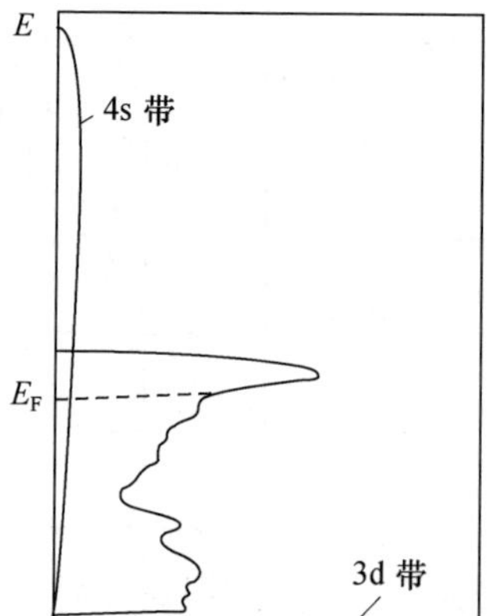

图 7-9　过渡金属能带

7-2　功函数和接触电势

功函数和接触电势是两个很熟悉的基本概念. 这一节我们在费米统计的基础上进一步说明在电子论中这两个概念的含义.

(1) 热电子发射和功函数

我们知道,热电子发射现象的一个基本规律是发射电流随温度基本上按下列指数规律变化:

$$e^{-\frac{W}{kT}}, \tag{7-37}$$

W 称为功函数.

先回顾一下经典电子论对这个现象的解释. 如图 7-10 所示,经典电子论假设金属中的自由电子可以看作是处在一个恒定的势阱中的自由质点,势阱深度 χ 表示电子摆脱金属束缚必须作的功. 势阱中的电子服从经典统计,速度的统计分布为

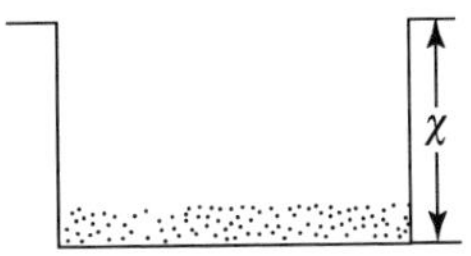

图 7-10　金属电子势阱

$$dn = n_0\left(\frac{m}{2\pi kT}\right)^{3/2} e^{-\frac{mv^2}{2kT}} dv. \tag{7-38}$$

dn 是速度在 $dv = dv_x dv_y dv_z$ 内的电子密度,n_0 为单位体积电子数. 热发射电流可以根据(7-38)按一般分子运动论方法计算. 如选 x 坐标沿垂直发射面的方向,则发射电流可以写成

$$j = n_0\left(\frac{m}{2\pi kT}\right)^{3/2}\int_{-\infty}^{\infty} dv_y \int_{-\infty}^{\infty} dv_z \int_{\frac{1}{2}mv^2>\chi} dv_x (-ev_x) e^{-\frac{mv^2}{2kT}} \tag{7-39}$$

对 v_x 积分限于沿 x 方向的动能 $>\chi$ 的电子,因为只有这样的电子才能最后摆脱金属的束缚发射到体外. 完成(7-39)的积分得到

$$j = -n_0 e\left(\frac{kT}{2\pi m}\right)^{1/2} e^{-\frac{\chi}{kT}}. \tag{7-40}$$

从经典电子论导出的结果(7-40)成功地说明了发射电流随温度变化的指数规律,并且给予功函数 W 以明确的解释:

$$W = \chi, \tag{7-41}$$

也就是说,热电子发射的功函数直接给出势阱的深度 χ.

量子理论提供的基本图象与经典理论是相似的. 经典电子论中的电子相当于导带中的电子,图 7-11 表示导带中电子的情况,和经典图象对比,导带底与势阱相

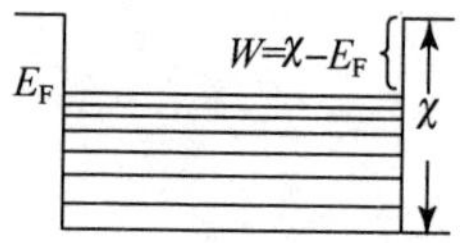

图 7-11　导带电子能量图

对应，χ 表示导带底的一个电子离开金属必须作的功.

同样可以按经典理论的办法，根据电子的速度分布计算热发射电流. 为了便于直接对比，我们考虑最简单的情形

$$E(\boldsymbol{k}) = \frac{\hbar^2 k^2}{2m}, \tag{7-42}$$

对于这种情形，

$$\boldsymbol{v}(\boldsymbol{k}) = \frac{1}{\hbar}\nabla_k E = \frac{\hbar \boldsymbol{k}}{m}, \quad E(\boldsymbol{k}) = \frac{1}{2}mv^2. \tag{7-43}$$

如果考虑单位体积，则在 $\mathrm{d}\boldsymbol{k}=\mathrm{d}k_x\mathrm{d}k_y\mathrm{d}k_z$ 内量子态数目为 $2\mathrm{d}\boldsymbol{k}$，根据(7-43)，把 $\boldsymbol{k}$ 转换成变量 $\boldsymbol{v}$ 就得到在 $\mathrm{d}\boldsymbol{v}$ 内量子态的数目为

$$2\mathrm{d}\boldsymbol{k} = 2\left(\frac{m}{\hbar}\right)^3 \mathrm{d}\boldsymbol{v}, \tag{7-44}$$

再乘以费米分布函数 $f(E)$ 得到 $\mathrm{d}\boldsymbol{v}$ 内统计平均电子数

$$\mathrm{d}n = 2\left(\frac{m}{\hbar}\right)^3 \frac{1}{\mathrm{e}^{\left(\frac{1}{2}mv^2-E_\mathrm{F}\right)/kT}+1}\mathrm{d}v. \tag{7-45}$$

(7-45)是和经典的麦克斯韦分布相对应的量子统计的速度分布公式.

由于热发射电子的能量 $\frac{1}{2}mv^2$ 必须高于 χ，$\left(\frac{1}{2}mv^2-E_\mathrm{F}\right)$实际上将远远大于 kT，(7-45)中可以略去分母中的 1，写成：

$$\mathrm{d}n = 2\left(\frac{m}{\hbar}\right)^3 \mathrm{e}^{\frac{E_\mathrm{F}}{kT}}\mathrm{e}^{-\frac{mv^2}{2kT}}\mathrm{d}v. \tag{7-46}$$

根据(7-46)计算发射电流和经典理论的计算完全相似. 实际上，由于(7-46)和(7-38)的差别只在于前面因子的代换

$$n_0\left(\frac{m}{2\pi kT}\right)^{3/2} \longrightarrow 2\left(\frac{m}{\hbar}\right)^3 \mathrm{e}^{E_\mathrm{F}/kT}, \tag{7-47}$$

由(7-47)可以从经典的结果(7-40)直接写出量子理论的结果：

$$j = -\frac{4\pi m(kT)^2 e}{h^3}\mathrm{e}^{-(\chi-E_\mathrm{F})/kT}. \tag{7-48}$$

量子统计的结果(7-48)同样给出发射电流指数式的温度依赖关系，但是，对功函数给出了不同于经典理论的解释：

$$W = \chi - E_\mathrm{F}. \tag{7-49}$$

(2) 不同金属中电子的平衡和接触电势

任意两个不同的导体 A 和 B 相接触，或以导线相联结时，就会带电并产生

不同的电势 V_A 和 V_B，称为接触电势. 图 7-12 示意地表示出这种情况. 在图 7-13 中画出 A，B 两金属的能量图，其中特别表示出它们的功函数 W_A 和 W_B 以及相应的费米能级. 功函数 W_A 和 W_B 不同直接反映了两金属的费米能级的高低不同. 由于费米能级代表着电子的化学势，当 A，B 通过直接接触或通过导线可以交换电子时，就会发生从化学势高到化学势低的电子流动. 按图 7-13 的情形，电子将由 A 流到 B，使 A 表面带正电，B 表面带负电，从而使它们产生静电势

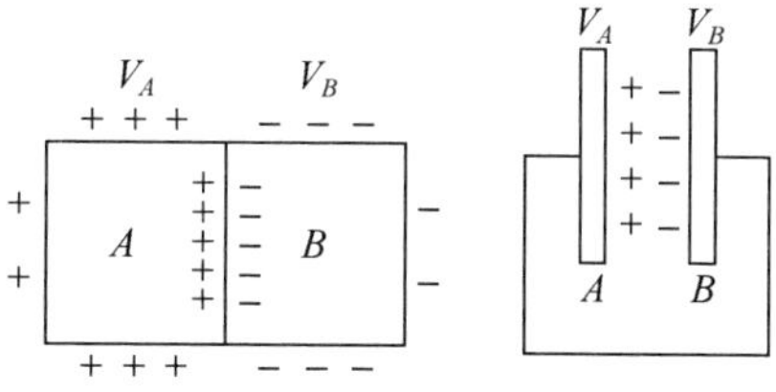

图 7-12　接触电势

$$V_A > 0, \quad V_B < 0. \tag{7-50}$$

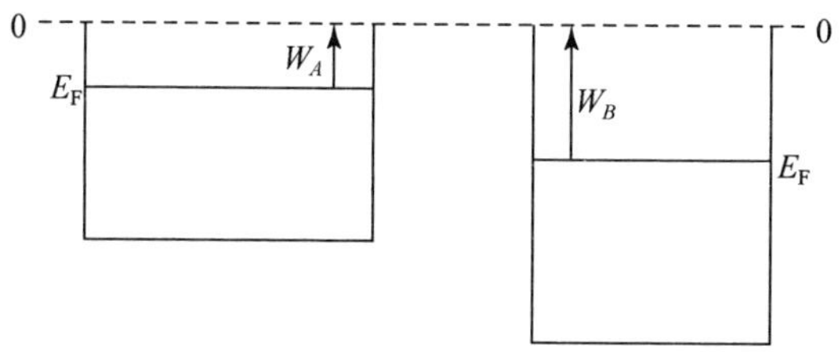

图 7-13　金属的能级图和功函数

在这种情况下，金属 A 和 B 中的电子将分别产生附加的静电势能：

$$-eV_A < 0 \text{ 和 } -eV_B > 0, \tag{7-51}$$

从能级图看，这表现为 A 的整个能级图下降 $-eV_A$，B 的能级图向上升 $-eV_B$，结果使 A 和 B 的费米能级相接近以致拉平，如图 7-14 所示. 一旦达到图 7-14 的情况，两边的电子化学势变为相等，电子将不再流动，换一句话说两个系统达到平衡. 这种平衡情况的电势差 $V_A - V_B$ 就是 A，B 的接触电势差. 由图 7-14 直接得到接触电势差和功函数间的关系：

$$-eV_B - (-eV_A) = W_B - W_A$$

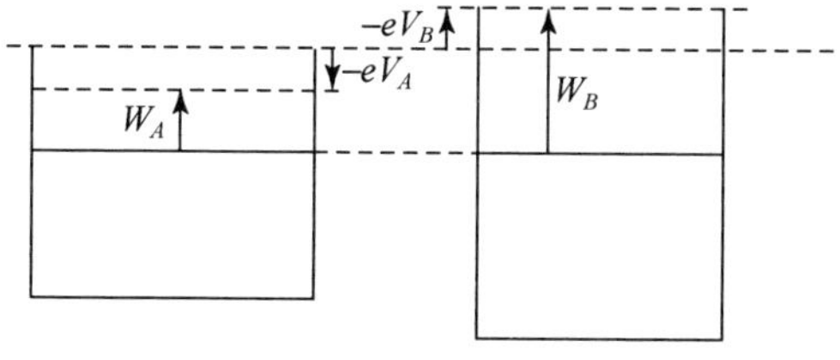

图 7-14　接触电势差和功函数

或

$$V_A - V_B = \frac{1}{e}(W_B - W_A). \tag{7-52}$$

(7-52)这个基本关系式很直接地表现出接触电势差产生的机构，两个导体依靠产生接触电势差补偿原来它们之间费米能级的差别，从而使电子达到统计平衡.

7-3 分布函数和玻尔兹曼方程

我们首先讲解，用分布函数解决输运过程问题的一般方法，然后进一步具体讨论关于电子散射的微观理论.

以前讨论的费米分布函数是讲统计平衡状态，相当于经典统计中的麦氏分布. 例如，麦氏分布告诉我们在 $\mathrm{d}\boldsymbol{v}$ 内的粒子数：

$$\mathrm{d}n = f_{\mathrm{M}}(\boldsymbol{v}, T)\mathrm{d}\boldsymbol{v}, \tag{7-53}$$

其中，f_{M} 为麦氏速度分布函数. 这里，结合能带情况，我们以 $\boldsymbol{k}$ 标志运动状态，在 $\mathrm{d}\boldsymbol{k}$ 内状态数目为 $2V\mathrm{d}\boldsymbol{k}$，用 $f_0(E, T)$ 表示费米函数，那么在 $\mathrm{d}\boldsymbol{k}$ 内电子数就等于

$$\mathrm{d}n = f_0(E(\boldsymbol{k}), T)2V\mathrm{d}\boldsymbol{k}.$$

如果我们考虑单位体积内的电子数，则可以令 $V=1$，

$$\mathrm{d}n = 2f_0(E(\boldsymbol{k}), T)\mathrm{d}\boldsymbol{k}. \tag{7-54}$$

这种分布可以形象地表示为在 $\boldsymbol{k}$ 空间的密度分布，如图 7-15，平衡分布时的电流，显然等于 0. 具体讲由于$E(\boldsymbol{k}) = E(-\boldsymbol{k})$，分布密度 $2f_0(E(\boldsymbol{k}), T)$ 对于 $\boldsymbol{k}$，$-\boldsymbol{k}$ 是对称的，而它们的电流 $-ev(\boldsymbol{k})$，$-ev(-\boldsymbol{k})$ 相反，因此恰好抵消.

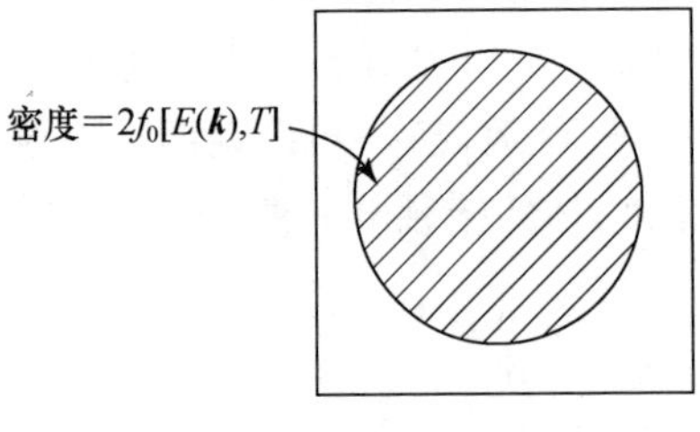

图 7-15 电子在 $\boldsymbol{k}$ 空间的分布

在加上一个恒定外场 E 时，实际上，很快会形成一稳定电流密度 $\boldsymbol{j}$，服从欧姆定律：

$$\boldsymbol{j} = \sigma\boldsymbol{E} \quad (\sigma = \text{电导率}). \tag{7-55}$$

这稳定电流实际上反映，在恒定外场作用下，电子达到一个新的定态统计分布. 这种定态分布也可以用一个与平衡时相似的分布函数 $f(\boldsymbol{k})$来描述：按一般分子运动论方法，把单位体积内电子按运动分类，在 $\mathrm{d}\boldsymbol{k}$ 内的电子数为

$$2f(\boldsymbol{k})\mathrm{d}\boldsymbol{k}.$$

它们的速度可写成$\boldsymbol{v}(\boldsymbol{k})$，因此，它们对电流密度贡献为

$$-2ef(\boldsymbol{k})\boldsymbol{v}(\boldsymbol{k})\mathrm{d}\boldsymbol{k}.$$

积分可得到总的电流密度

$$\boldsymbol{j}=-2e\int f(\boldsymbol{k})\boldsymbol{v}(\boldsymbol{k})\mathrm{d}\boldsymbol{k}. \tag{7-56}$$

因此，一旦确定了分布函数 $f(\boldsymbol{k})$，就可以直接计算电流密度.

通过这种非平衡情况下的分布函数来研究输运过程的方法，就是所谓分布函数的方法.

为了对于确定非平衡分布函数的主要因素有一个初步的了解，我们粗略地分析一下，在存在电场时如何形成非平衡的分布. 我们知道，在简单的电子理论中，解释欧姆定律的主要物理基础是：

(i) 电子在电场 $\boldsymbol{E}$ 作用下加速；

(ii) 电子由于碰撞失去定向运动.

用分布函数的方法分析问题，所依赖的物理基础也是一样的. 如能带论中所证明，在 $\boldsymbol{E}$ 作用下，所有电子的状态变化如下：

$$\frac{\mathrm{d}\boldsymbol{k}}{\mathrm{d}t}=-\frac{e\boldsymbol{E}}{h}.$$

这说明，在电场作用下，整个分布将在 $\boldsymbol{k}$ 空间以上述速度移动，这样原来对称的分布就将偏向一边，从而形成电流. 另一方面，电子碰撞的效果是使分布恢复平衡(在没有外场时，正是靠了碰撞，使系统保持平衡分布，就如同气体分子保持麦氏分布是碰撞的结果一样). 在最简单的欧姆定律理论中，我们假定，电子有一定的碰撞自由时间 τ，而且，一旦遭受碰撞就完全丧失在电场中所获得的定向运动. 在考虑 $\boldsymbol{k}$ 空间分布时，也可以仿照这种粗略考虑，先人为地设想，所有电子都在 τ 时间一齐遭受碰撞，结果使分布回到平衡状态. 按这样的假想，分布就将如图 7-16 所示，由 1 移至 2，经碰撞又跳回 1，这样周而复始. 2 偏离的距离就是 τ 时间内，分布所移动的距离 $\tau\left(-\frac{eE}{h}\right)$. 当然，这样并没有形成稳定的分布. 实际上，电子的碰撞是在不同时刻不断发生的，就会达到稳定的分布. 但是，根据上述的设想，仍

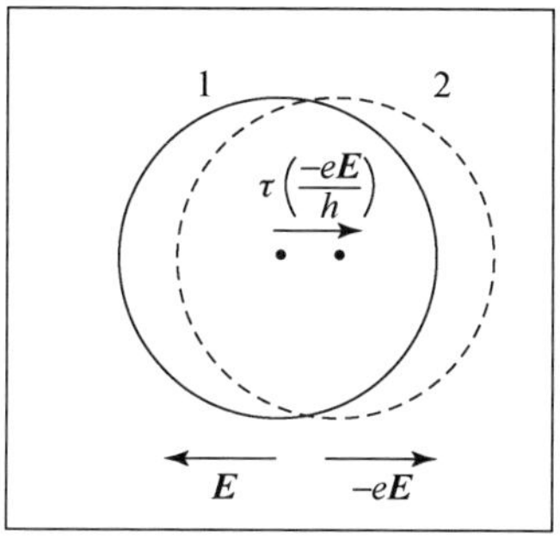

图 7-16

旧可以对定态分布偏离平衡的大致情况，甚至偏离的程度$\left[\tau\left(-\frac{eE}{h}\right)\right]$，得到一个初步的概念.

通过分布函数来研究输运过程，可以一般地概括成为一个关于分布函数的微分方程——玻尔兹曼方程.

玻尔兹曼方程是从考查分布函数如何随时间变化而确立的. 分布函数的变化有两个来源：

(1) 由外界条件所引起的统计分布在 $\boldsymbol{k}$ 空间的"漂移"

例如，在存在恒定电场 $\boldsymbol{E}$，磁场 $\boldsymbol{H}$ 时，电子的状态，将按下列规律变化：

$$\frac{\mathrm{d}\boldsymbol{k}}{\mathrm{d}t}=\frac{1}{h}\left\{-e\boldsymbol{E}-\frac{e}{c}\left[\frac{1}{h}\nabla_k E(\boldsymbol{k})\times\boldsymbol{H}\right]\right\}. \tag{7-57}$$

分布函数相应的变化，最方便是通过几何的方式来分析，把 $2f(\boldsymbol{k},t)$ 看成是 $\boldsymbol{k}$ 空间中流体的密度，$\mathrm{d}\boldsymbol{k}/\mathrm{d}t$ 便是流体各点的流速. 根据流体力学的连续性原理，就可以写出：

$$\begin{aligned}\frac{\partial}{\partial t}2f(\boldsymbol{k},t)&=-\nabla_k\cdot\left[2f(\boldsymbol{k},t)\frac{\mathrm{d}\boldsymbol{k}}{\mathrm{d}t}\right]\\&=-2\frac{\mathrm{d}\boldsymbol{k}}{\mathrm{d}t}\cdot\nabla_k\boldsymbol{f}(\boldsymbol{k},\boldsymbol{t})-2\boldsymbol{f}(\boldsymbol{k},\boldsymbol{t})\nabla_k\cdot\left(\frac{\mathrm{d}\boldsymbol{k}}{\mathrm{d}t}\right).\end{aligned}$$

代入 $\mathrm{d}\boldsymbol{k}/\mathrm{d}t$ 的具体表达式(7.57)，就看到第二项为 0，即

$$\nabla_k\cdot\left\{-e\boldsymbol{E}-\frac{e}{c}\left[\frac{1}{h}\nabla_k E(\boldsymbol{k})\times\boldsymbol{H}\right]\right\}=-\frac{e}{ch}\{[\nabla_k\times\nabla_k E(\boldsymbol{k})]\cdot\boldsymbol{H}\}=0.$$

因此，由电磁场引起的变化为：

$$\frac{\partial f(\boldsymbol{k},t)}{\partial t}=-\frac{\mathrm{d}\boldsymbol{k}}{\mathrm{d}t}\cdot\nabla_k f(\boldsymbol{k},t). \tag{7-58}$$

这一结果的涵义极简单，为了得到在 $\boldsymbol{k}$ 点 f 经过 δt 发生的变化，只需要注意，在$(t+\delta t)$到达 $\boldsymbol{k}$ 的粒子，在 t 时刻尚在$\boldsymbol{k}-\left(\frac{\mathrm{d}\boldsymbol{k}}{\mathrm{d}t}\right)\delta t$，因此，可以由对比同一时刻 t，在 $\boldsymbol{k}$ 和$\boldsymbol{k}-\left(\frac{\mathrm{d}\boldsymbol{k}}{\mathrm{d}t}\right)\delta t$ 的 f 值得到 δf：

$$\delta f=f\left(\boldsymbol{k}-\frac{\mathrm{d}\boldsymbol{k}}{\mathrm{d}t}\delta t,t\right)-f(\boldsymbol{k},t)=-\left[\frac{\mathrm{d}\boldsymbol{k}}{\mathrm{d}t}\cdot\nabla_k f(\boldsymbol{k},t)\right]\delta t.$$

这个结果显然和(7-58)相同. 由于 f 的变化完全是 f 由一点"漂移"到另一点的结果，因此，上述变化常称为漂移项.

在更为广泛的问题中，例如，在有温度梯度存在时，分布函数将与地点有

关.因此分布函数应写为:

$$f(\boldsymbol{k},\boldsymbol{r},t).$$

问题仍旧可以用几何方法分析,但是必须采用由 $\boldsymbol{k}$ 和 $\boldsymbol{r}$ 组成的相空间,流速除去沿 $\boldsymbol{k}$ 坐标的 $\mathrm{d}\boldsymbol{k}/\mathrm{d}t$ 的分量以外,还有沿 r 坐标的 $\mathrm{d}\boldsymbol{r}/\mathrm{d}t=\boldsymbol{v}(\boldsymbol{k})$分量.这样可以得到形式上和上述类似的漂移项:

$$\frac{\partial f}{\partial t}=-\boldsymbol{v}(\boldsymbol{k})\cdot\nabla_r f(\boldsymbol{k},\boldsymbol{r},t)-\frac{\mathrm{d}\boldsymbol{k}}{\mathrm{d}t}\cdot\nabla_k f(\boldsymbol{k},\boldsymbol{r},t).\tag{7-59}$$

(2) 碰撞项

由于晶格原子的振动,或者是杂质的存在等具体原因,电子不断地发生从一个状态 $\boldsymbol{k}$ 到另一个状态 $\boldsymbol{k}'$的跃迁.这种运动状态的突变和分子运动论中一个分子遭受碰撞由速度$\boldsymbol{v}$ 变为另一速度$\boldsymbol{v}'$的情况完全相似.电子态的这种变化常称为散射.一般我们可以用一个跃迁概率函数

$$\Theta(\boldsymbol{k},\boldsymbol{k}')$$

来描述单位时间由状态 $\boldsymbol{k}\to\boldsymbol{k}'$的概率.需要指出,我们将只考虑自旋不变的跃迁,因此 $\Theta(\boldsymbol{k},\boldsymbol{k}')$表示由一个状态,跃入另一个和它自旋相同的态的概率.这种频繁的跃迁显然将引起分布函数的改变.具体考虑在 $\mathrm{d}\boldsymbol{k}$ 内的粒子数为

$$2f(\boldsymbol{k},t)\mathrm{d}\boldsymbol{k}.$$

一方面这些粒子将由于向所有其它状态 $\boldsymbol{k}'$跃迁而减少,在 δt 时间内跃迁到 $\mathrm{d}\boldsymbol{k}'$所包含的状态中的数目为

$$2f(\boldsymbol{k}\cdot t)\mathrm{d}\boldsymbol{k}\Theta(\boldsymbol{k},\boldsymbol{k}')\mathrm{d}\boldsymbol{k}'[1-f(\boldsymbol{k}',t)]\delta t.$$

其中 $\mathrm{d}\boldsymbol{k}'$表示在 $\mathrm{d}\boldsymbol{k}'$内具有一定自旋的状态数目(注意 $V=1$,而且自旋只能是一种,或正,或反,因此,$2V\mathrm{d}\boldsymbol{k}'$现在写成 $\mathrm{d}\boldsymbol{k}'$);$(1-f(\boldsymbol{k}',t))$表示 $\boldsymbol{k}'$状态未被占据的概率,显然只有这些状态是空的时候,才能容许 $\mathrm{d}\boldsymbol{k}$ 内的粒子跃迁进来.把上式对所有状态 $\boldsymbol{k}'$积分,就得到由于跃迁而失去粒子的总数为

$$\int_{k'}f(\boldsymbol{k},t)[1-f(\boldsymbol{k}',t)]\Theta(\boldsymbol{k},\boldsymbol{k}')\mathrm{d}\boldsymbol{k}'(2\mathrm{d}\boldsymbol{k}\delta t).$$

另一方面,还由于从所有其它状态跃迁到 $\mathrm{d}\boldsymbol{k}$ 中来的粒子,使 $\mathrm{d}\boldsymbol{k}$ 内粒子数增加.这一部分的表达式显然可以通过把前式中积分内函数的 $\boldsymbol{k}$ 和 $\boldsymbol{k}'$对调直接写出来:

$$\int_{k'}f(\boldsymbol{k}',t)[1-f(\boldsymbol{k},t)]\Theta(\boldsymbol{k}',\boldsymbol{k})\mathrm{d}\boldsymbol{k}'(2\mathrm{d}\boldsymbol{k}\delta t).$$

以上两项之差就是在 δt 时间内,$\mathrm{d}\boldsymbol{k}$ 内粒子数 $2f(\boldsymbol{k},t)\mathrm{d}\boldsymbol{k}$ 的变化,因此得到

$$2\delta f(\boldsymbol{k},t)\mathrm{d}\boldsymbol{k} = (b-a)(2\mathrm{d}\boldsymbol{k}\delta t).$$

其中，δf 为由于散射引起 f 的变化，另外引入：

$$\left.\begin{aligned} b &= \int f(\boldsymbol{k}',t)[1-f(\boldsymbol{k},t)]\Theta(\boldsymbol{k}',\boldsymbol{k})\mathrm{d}\boldsymbol{k}', \\ a &= \int f(\boldsymbol{k},t)[1-f(\boldsymbol{k}',t)]\Theta(\boldsymbol{k},\boldsymbol{k}')\mathrm{d}\boldsymbol{k}', \end{aligned}\right\} \tag{7-60}$$

写成由碰撞引起 f 的变化率，则有

$$\left(\frac{\partial f}{\partial t}\right)_{\text{碰撞}} = b-a. \tag{7-61}$$

把漂移项和碰撞项都考虑在内，就得到玻尔兹曼方程的一般表达式：

$$\frac{\partial f}{\partial t} = -\boldsymbol{v}(\boldsymbol{k})\cdot\nabla_r f(\boldsymbol{k},\boldsymbol{r},t) - \left(\frac{\mathrm{d}\boldsymbol{k}}{\mathrm{d}t}\right)\cdot\nabla_k f(\boldsymbol{k},\boldsymbol{r},t) + b - a. \tag{7-62}$$

对于定态问题，例如，恒定的电磁场或温度梯度下的输运过程，$f(\boldsymbol{k},\boldsymbol{r},t)$不依赖于时间 t，由$\frac{\partial f}{\partial t}=0$，就得到定态的玻尔兹曼方程：

$$\boldsymbol{v}(\boldsymbol{k})\cdot\nabla_r f(\boldsymbol{k},\boldsymbol{r}) + \left(\frac{\mathrm{d}\boldsymbol{k}}{\mathrm{d}t}\right)\cdot\nabla_k f(\boldsymbol{k},\boldsymbol{r}) = b-a. \tag{7-63}$$

下面我们将具体讨论定态的导电问题（例如，我们具体考虑一根均匀导线内的情形）. f 将与位置 $\boldsymbol{r}$ 无关，同时

$$\frac{\mathrm{d}\boldsymbol{k}}{\mathrm{d}t} = -\frac{e\boldsymbol{E}}{h}.$$

这样，玻尔兹曼方程简化为：

$$-\frac{e}{h}\boldsymbol{E}\cdot\nabla_k f(\boldsymbol{k}) = b-a. \tag{7-64}$$

7-4 弛豫时间近似和电导率的公式

碰撞项$(b-a)$的积分内包含着未知的分布函数，因此，玻尔兹曼方程是一个积分-微分方程式，在一般情况下，不能得到简单的解析形式的解. 在实际中，一般都采用近似方法. 一个广泛引用的近似方法便是假定碰撞项可以写成下列形式：

$$b-a = -\frac{f-f_0}{\tau(\boldsymbol{k})}, \tag{7-65}$$

其中 f_0 指平衡时的费米函数，τ 是引入的一个参量，称为弛豫时间，为 $\boldsymbol{k}$ 的函

数.这个假定的一般根据是考虑到碰撞促使系统趋向平衡态这一基本特点.如果,状态原来是不平衡的,

$$f = f_0 + (\Delta f)_0,$$

$(\Delta f)_0$ 表示对平衡的偏离,当只有碰撞作用的时候,$(\Delta f)_0$ 应很快地消失.上面关于碰撞项的假定实际上便是说,碰撞促使对平衡的偏离指数地消失,因为只有碰撞作用时,

$$\frac{\partial f}{\partial t} = -\frac{f - f_0}{\tau},$$

对 t 积分得到[注意 $t=0$ 时,$\Delta f = f - f_0 = (\Delta f)_0$]的解是:

$$\Delta f = f - f_0 = (\Delta f)_0 e^{-t/\tau}.$$

我们看到,弛豫时间 τ 大致量度了恢复平衡所用的时间.

引入弛豫时间来描述碰撞项后,玻尔兹曼方程变为:

$$-\frac{e}{h}\boldsymbol{E} \cdot \nabla_{\boldsymbol{k}} f(\boldsymbol{k}) = -\frac{f - f_0}{\tau}. \tag{7-66}$$

这个方程的解,即为电场 $\boldsymbol{E}$ 存在时定态的分布函数 f,显然将是 $\boldsymbol{E}(E_x, E_y, E_z)$ 的函数,我们可以把 f 按 $\boldsymbol{E}$ 的幂级数展开:

$$f = f_0 + f_1 + f_2 + \cdots, \tag{7-67}$$

$f_1, f_2, \cdots$ 分别代表包含 E 的一次幂、二次幂、……项.我们注意 0 级项,实际上表示 $E=0$ 时 f 的值,因此就等于平衡情况下的费米分布函数 f_0.把(7-67)代入(7-66)得到

$$-\frac{e}{h}\boldsymbol{E} \cdot \nabla_{\boldsymbol{k}} f_0 - \frac{e}{h}\boldsymbol{E} \cdot \nabla_{\boldsymbol{k}} f_1 + \cdots = -\frac{f_1}{\tau} - \frac{f_2}{\tau} + \cdots.$$

考虑到等式两边 $\boldsymbol{E}$ 的同次幂的项应该相等,就得到下列决定 $f_1, f_2, \cdots$ 的方程:

$$\left.\begin{aligned} \frac{f_1}{\tau} &= \frac{e}{h}\boldsymbol{E} \cdot \nabla_{\boldsymbol{k}} f_0, \\ \frac{f_2}{\tau} &= \frac{e}{h}\boldsymbol{E} \cdot \nabla_{\boldsymbol{k}} f_1, \\ &\cdots \end{aligned}\right\} \tag{7-68}$$

从 $\boldsymbol{E}$ 的一次幂方程得

$$f_1 = \frac{e\tau}{h}\boldsymbol{E} \cdot \nabla_{\boldsymbol{k}} f_0. \tag{7-69}$$

由于 f_0 只是 $E(\boldsymbol{k})$ 的函数,上式又可以写成.

$$f_1 = \frac{e\tau}{h}\boldsymbol{E} \cdot \nabla_{\boldsymbol{k}} E(\boldsymbol{k}) \left(\frac{\partial f_0}{\partial E}\right) = e\tau \boldsymbol{E} \cdot \boldsymbol{v}(\boldsymbol{k}) \left(\frac{\partial f_0}{\partial E}\right). \tag{7-70}$$

其中我们引用了能带论中基本关系式$\frac{1}{h}\nabla_k E(\boldsymbol{k})=\boldsymbol{v}(\boldsymbol{k})$.

我们知道,在一般电导问题中,电流与电场成正比,服从欧姆定律.从一般理论的观点,这相当于弱场的情况,此时分布函数也只需要考虑到 $\boldsymbol{E}$ 的一次幂,即

$$f = f_0 + f_1.$$

如前面指出,电流密度可以直接由分布函数得到:

$$\boldsymbol{j} = -e\int 2f\boldsymbol{v}(\boldsymbol{k})\mathrm{d}\boldsymbol{k} = -e\int 2f_0\,\boldsymbol{v}(\boldsymbol{k})\mathrm{d}\boldsymbol{k} - e\int 2f_1\,\boldsymbol{v}(\boldsymbol{k})\mathrm{d}\boldsymbol{k}.$$

第一项相当于平衡分布的电流,因此等于 0,将(7-70)所求得的 f_1 代入上式得

$$\boldsymbol{j} = -2e^2\int \tau\boldsymbol{v}(\boldsymbol{k})(\boldsymbol{v}(\boldsymbol{k})\cdot\boldsymbol{E})\frac{\partial f_0}{\partial E}\mathrm{d}\boldsymbol{k}, \tag{7-71}$$

这样,我们就得到了欧姆定律的一般公式.把上式用分量表示,则

$$j_\alpha = \sum_\beta \sigma_{\alpha\beta}E_\beta, \tag{7-72}$$

其中

$$\sigma_{\alpha\beta} = -2e^2\int \tau(\boldsymbol{k})v_\alpha(\boldsymbol{k})v_\beta(\boldsymbol{k})\frac{\partial f_0}{\partial E}\mathrm{d}\boldsymbol{k} \tag{7-73}$$

是电导率二阶张量的分量.

值得指出,根据前面对费米函数的讨论,上式中出现的 $\partial f_0/\partial E$ 表明,积分的贡献主要来自 $E=E_\mathrm{F}$ 附近.换句话说,电导率主要决定于费米面 $E=E_\mathrm{F}$ 附近的情况.

现在特别讨论一下各向同性的情形,并且假设导带电子基本上可以用单一有效质量 m^* 描述,

$$E(\boldsymbol{k}) = \frac{h^2k^2}{2m^*}. \tag{7-74}$$

由(7-74)得到

$$v_\alpha = \frac{1}{h}\frac{\partial}{\partial k_\alpha}E(\boldsymbol{k}) = \frac{hk_\alpha}{m^*},$$

同时,各向同性的情况意味着,$\tau(\boldsymbol{k})$与 $\boldsymbol{k}$ 的方向无关,因此在

$$\sigma_{\alpha\beta} = -2e^2\int\left(\frac{h}{m^*}\right)^2 k_\alpha k_\beta\tau(k)\left(\frac{\partial f_0}{\partial E}\right)\mathrm{d}\boldsymbol{k}$$

的积分中，除去 k_α, k_β 以外，其余的因子都是球对称的，只要 $\alpha\neq\beta$，积分内函数是奇函数，所以积分后

$$\sigma_{\alpha\beta}=0 \quad (\alpha\neq\beta).$$

同样，由于对称，$\sigma_{11}=\sigma_{22}=\sigma_{33}$，因此张量相当于一个标量 σ_0：

$$\begin{aligned}\sigma_0=\sigma_{11}=\sigma_{22}=\sigma_{33}&=\frac{1}{3}(\sigma_{11}+\sigma_{22}+\sigma_{33})\\&=-\frac{2e^2}{3}\int\frac{h^2}{m^{*2}}(k_1^2+k_2^2+k_3^2)\tau(k)\left(\frac{\partial f_0}{\partial E}\right)\mathrm{d}\boldsymbol{k}\\&=\frac{2e^2}{3}\int\frac{h^2k^2}{m^{*2}}\tau(\boldsymbol{k})\left(-\frac{\partial f_0}{\partial E}\right)\mathrm{d}\boldsymbol{k}.\end{aligned}$$

由于被积函数与 $\boldsymbol{k}$ 方向无关，采用极坐标对 θ,φ 积分，则得

$$\sigma_0=\frac{8\pi e^2}{3}\int\frac{h^2k^4}{m^{*2}}\tau(k)\left(-\frac{\partial f_0}{\partial E}\right)\mathrm{d}k=\frac{8\pi e^2}{3m^*}\int[k^3\tau(k)]\left(-\frac{\partial f_0}{\partial E}\right)\mathrm{d}E,$$

其中积分变量根据(7-74)改用能量 E. 以前关于包含 $-\partial f_0/\partial E$ 的积分的讨论，如果忽略 $(kT/E_\mathrm{F}^0)^2$ 以及高次项，积分的结果就等于取积分内方括号中函数在 E_F^0 处的值，

$$\sigma=\frac{e^2}{m^*}\frac{8\pi k_0^3}{3}\tau(k_0), \tag{7-75}$$

其中 k_0 表示 $E=E_\mathrm{F}^0$ 时的 $\boldsymbol{k}$ 值：

$$E_\mathrm{F}^0=\frac{h^2k_0^2}{2m^*}.$$

k_0 当然也就是在 $\boldsymbol{k}$ 空间球形等能面 $E=E_\mathrm{F}^0$ 的半径，见图 7-17. 由于等能面内包含状态数为

$$2V\times(\text{等能面内体积})=2V\left(\frac{4\pi k_0^3}{3}\right)$$

应等于电子数 N，因此得

$$\frac{8\pi k_0^3}{3}=\frac{N}{V}$$

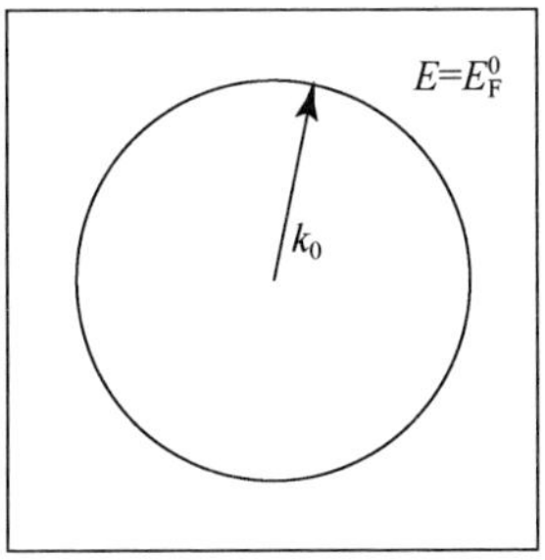

图　7-17

等于金属中的电子密度 n，因此，(7-75)可以最后写成

$$\sigma_0=\frac{ne^2\tau(E_\mathrm{F})}{m^*}. \tag{7-76}$$

这个结果和最简单的经典电子论的结果相似，其中弛豫时间代替了经典电子论中的自由碰撞时间，有效质量代替了电子质量 m.

7-5 各向同性弹性散射和弛豫时间

上节引入的弛豫时间 $\tau(k)$ 具有复杂的性质，弛豫时间方法的根据如何以及 τ 本身的大小由什么决定，都很不明显．在这种情况下，考虑一个可以具体导出弛豫时间的特例是很有意义的．晶格完全各向同性而且电子散射（碰撞跃迁）是弹性的情况，正是这样一个特例．

首先，它的能带情况是各向同性的，这就是说，$E(\boldsymbol{k})$ 与 $\boldsymbol{k}$ 的方向无关，只是 k 的函数，$\boldsymbol{k}$ 空间的等能面是一些围绕原点的同心球面．

其次，散射是弹性的，$\boldsymbol{k}$ 只跃迁到相同能量的 $\boldsymbol{k}'$ 状态，可以表示为：

$$\Theta(\boldsymbol{k},\boldsymbol{k}')=0,\text{如果 } E(k)\neq E(k'). \tag{7-77}$$

另外，由于散射是由晶体引起的，各向同性的要求还意味着，$\Theta(\boldsymbol{k},\boldsymbol{k}')$ 不应依赖于 $\boldsymbol{k}$ 和 $\boldsymbol{k}'$ 各自在晶体中的方向，最多只能依赖于它们之间的夹角．

概括地说，跃迁只能发生在同一球形等能面上两点 $\boldsymbol{k},\boldsymbol{k}'$ 之间，而且概率的大小只与两个矢径的夹角有关．从这里也可以看出

$$\Theta(\boldsymbol{k},\boldsymbol{k}')=\Theta(\boldsymbol{k}',\boldsymbol{k}). \tag{7-78}$$

（实际上这个关系对一切弹性散射的跃迁都成立，与各向同性没有直接关系，从量子力学看，这是由于两个态间的跃迁矩阵元的平方值是对称的，另一方面它体现了统计物理中的细致平衡原理．）

现在具体考虑玻尔兹曼方程：

$$-\frac{e}{h}E\cdot\nabla_k f(\boldsymbol{k})=b-a, \tag{7-79}$$

其中，碰撞项具体写出来为

$$\begin{aligned}b-a&=\int\{f(\boldsymbol{k}')[1-f(\boldsymbol{k})]\Theta(\boldsymbol{k}',\boldsymbol{k})-f(\boldsymbol{k})[1-f(\boldsymbol{k}')]\Theta(\boldsymbol{k},\boldsymbol{k}')\}\mathrm{d}\boldsymbol{k}'\\&=\int\Theta(\boldsymbol{k},\boldsymbol{k}')[f(\boldsymbol{k})'-f(\boldsymbol{k})]\mathrm{d}\boldsymbol{k}'.\end{aligned} \tag{7-80}$$

由于 Θ 的对称性，积分中 f 的相乘项互相消掉．仍旧采取按 E 展开的方法，令

$$f=f_0+f_1+\cdots,$$

f_0 代入(7-79)右方碰撞项显然为 0，而 f_0 代入左方，f_1 代入右方得到一级方程：

$$-\frac{e}{h}\boldsymbol{E}\cdot\nabla_k f_0(\boldsymbol{k})=\int\Theta(\boldsymbol{k},\boldsymbol{k}')[f_1(\boldsymbol{k}')-f_1(\boldsymbol{k})]\mathrm{d}\boldsymbol{k}',$$

由于 f_0 只是 $E(k)$ 的函数，左端可以写成：

$$\frac{e}{h}\boldsymbol{E}\cdot\nabla_k E(k)\left(-\frac{\partial f_0}{\partial E}\right)=\frac{e}{h}\boldsymbol{E}\cdot\boldsymbol{k}\,\frac{1}{k}\left(\frac{\mathrm{d}E}{\mathrm{d}k}\right)\left(-\frac{\partial f_0}{\partial E}\right).$$

其中我们考虑了 $E(k)$只是 k 的函数.选 x 坐标沿 $\boldsymbol{E}$ 的方向,方程可以写成

$$\frac{eE}{k}k_x\,\frac{1}{k}\left(\frac{\mathrm{d}E}{\mathrm{d}k}\right)\left(-\frac{\partial f_0}{\partial E}\right)=\int\Theta(\boldsymbol{k},\boldsymbol{k}')[f_1(\boldsymbol{k}')-f_1(\boldsymbol{k})]\mathrm{d}\boldsymbol{k}'. \qquad (7\text{-}81)$$

我们注意左端的形式说明,碰撞项积分出来,必须具有 k_x 乘上一个只依赖于 k 的函数的特殊形式.我们将直接验证,如果 f_1 取这样形式的试用解

$$f_1(\boldsymbol{k})=k_x\varphi(E), \qquad (7\text{-}82)$$

其中 φ 为 E 的函数,就恰好能满足这一要求[E 是 k 的函数,因此,$\varphi(E)$实际是一个 k 的函数].

把试用解(7-82)代入碰撞项得到:

$$\int\Theta(\boldsymbol{k},\boldsymbol{k}')[f_1(\boldsymbol{k}')-f_1(\boldsymbol{k})]\mathrm{d}\boldsymbol{k}'=\int\Theta(\boldsymbol{k},\boldsymbol{k}')[\varphi(E')k_x'-\varphi(E)k_x]\mathrm{d}\boldsymbol{k}'$$

[此处 E'表示 $E(\boldsymbol{k}')$],如果 $E'\neq E$,$\Theta(\boldsymbol{k},\boldsymbol{k}')=0$,因此可以在积分中,以$\varphi(E)$代替 $\varphi(E')$而不影响结果.又由于 $\varphi(E)$与 k'无关可以提到积分之外,这样就得到

$$\varphi(E)\left[\int\Theta(\boldsymbol{k},\boldsymbol{k}')(\boldsymbol{k}'-\boldsymbol{k})\mathrm{d}\boldsymbol{k}'\right]_x$$

在这式子里我们首先考虑矢量的积分,然后取它的 x 分量,这显然不会影响结果.由于 $k'\neq k$ 时,$\Theta(\boldsymbol{k},\boldsymbol{k}')$将为 0,上面对 $\boldsymbol{k}'$的积分有贡献的实际上完全来自与 $\boldsymbol{k}$ 同一等能球面上的各点.假若我们采用以 $\boldsymbol{k}$ 为极轴的极坐标,令 η 表示夹角,如图 7-18,并且把$(\boldsymbol{k}'-\boldsymbol{k})$分解为垂直和平行 $\boldsymbol{k}$ 的分量

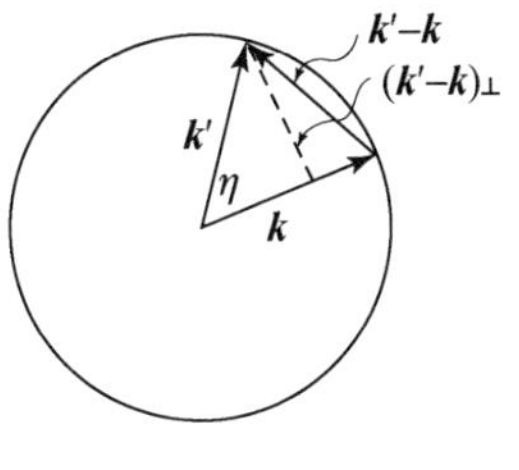

图 7-18

$$\boldsymbol{k}'-\boldsymbol{k}=(\boldsymbol{k}'-\boldsymbol{k})_\perp+(\boldsymbol{k}'-\boldsymbol{k})_{/\!/}.$$

如果环绕极轴积分,由于 $\Theta(\boldsymbol{k},\boldsymbol{k}')$不变,因它只依赖于 η,垂直分量显然将抵消.这就说明,积分中的$(\boldsymbol{k}'-\boldsymbol{k})$可以只保留平行分量.而从图中看出,平行分量数值为$(k-k\cos\eta)$,方向与 $\boldsymbol{k}$ 相反,因此可以写成

$$(\boldsymbol{k}'-\boldsymbol{k})_{/\!/}=-\boldsymbol{k}(1-\cos\eta),$$

积分中的$(\boldsymbol{k}'-\boldsymbol{k})$用这个平行分量代替,碰撞项可以最后写成

$$\begin{aligned}\int\Theta(\boldsymbol{k},\boldsymbol{k}')[f_1(\boldsymbol{k}')-f_1(\boldsymbol{k})]\mathrm{d}\boldsymbol{k}'&=-\varphi(E)\left[\boldsymbol{k}\int\Theta(\boldsymbol{k},\boldsymbol{k}')(1-\cos\eta)\mathrm{d}\boldsymbol{k}'\right]_x\\&=-k_x\varphi(E)\int\Theta(\boldsymbol{k},\boldsymbol{k}')(1-\cos\eta)\mathrm{d}\boldsymbol{k}'.\end{aligned}$$

(7-83)

首先,这个结果说明所选试用解

$$f_1(\boldsymbol{k}) = k_x\varphi(E)$$

满足了前面所指出的要求.因为(7-83)中的积分形式上虽是 $\boldsymbol{k}$ 的函数,但是,由于 $\Theta(\boldsymbol{k},\boldsymbol{k}')$实际上只依赖于 $\boldsymbol{k},\boldsymbol{k}'$的夹角 η,与它们各自的方向无关,因此,在对 $\boldsymbol{k}'$各方向积分以后,就不再依赖于 $\boldsymbol{k}$ 的方向,而只是 k 的函数.这样整个碰撞项便成为 k_x 乘上一个 k 的函数.

另一方面,(7-83)中实际上已直接给出了弛豫时间.我们注意,由于积分前的函数

$$k_x\varphi(E) = f_1 = (f - f_0) \quad (\text{在一级近似下}, f = f_0 + f_1),$$

所以,上述结果表明碰撞项可以写成

$$\int\Theta(\boldsymbol{k},\boldsymbol{k}')[f_1(\boldsymbol{k}') - f_1(\boldsymbol{k})]\mathrm{d}\boldsymbol{k}' = -\frac{f - f_0}{\tau(k)}, \tag{7-84}$$

其中

$$\frac{1}{\tau(k)} = \int\Theta(\boldsymbol{k},\boldsymbol{k}')(1 - \cos\eta)\mathrm{d}\boldsymbol{k}'. \tag{7-85}$$

这样不仅论证了弛豫时间方法的基本假定,而且具体得到了 $\tau(k)$的表达式(7-85).而引入弛豫时间(7-85)后,一级方程(7-81)成为

$$\frac{eE}{h}k_x\left(\frac{1}{k}\frac{\mathrm{d}E}{\mathrm{d}k}\right)\left(-\frac{\partial f_0}{\partial E}\right) = \frac{-k_x\varphi(E)}{\tau(k)} = -\frac{f_1}{\tau(k)},$$

得到

$$f_1 = -\frac{e\tau(k)E}{h}\frac{k_x}{k}\left(\frac{\mathrm{d}E}{\mathrm{d}k}\right)\left(-\frac{\partial f_0}{\partial E}\right).$$

这个解显然和上节所讨论的一般情况相一致,因此没有必要再进一步讨论.

对 $\tau(k)$的表达式再作一点补充说明.我们注意,如果在

$$\frac{1}{\tau(k)} = \int\Theta(\boldsymbol{k},\boldsymbol{k}')(1 - \cos\eta)\mathrm{d}\boldsymbol{k}'$$

中忽略掉$(1-\cos\eta)$因子,积分将表示在 $\boldsymbol{k}$ 状态的电子被散射的总的概率,因而上式表示弛豫时间就是电子的自由碰撞时间.$(1-\cos\eta)$因子的作用可以这样分析:如果散射是小角度的,即 $\boldsymbol{k}'$和 $\boldsymbol{k}$ 很接近,η 很小,$(1-\cos\eta)$很小,因此在积分中贡献也就很小;相反地,如果散射角很大,例如 $\eta\approx\pi$,即 $\boldsymbol{k}$ 在散射中几乎反向,这时$(1-\cos\eta)$值最大,因此,这样的散射在积分中贡献也最大.$(1-\cos\eta)$因子,实际上反映了:各种不同的散射对电阻的贡献不同,小角度散射影响小,大角度散射影响大.这一点,从最简单的电子论也是可以理解的,例如:电子遭受碰撞后,如果运动方向只有很小的改变,那么,它的定向运动可以说在碰撞中

并未完全失掉，而是在很大程度上被保留了，这样的碰撞显然对电阻的影响应该是很小的.

7-6 晶格散射和电导

前面指出，电子的碰撞（或散射）是一切输运过程的一个根本的环节. 在弛豫时间的方法中，以弛豫时间 τ 概括了电子碰撞对统计分布的影响. 在前节的重要特例中，又导出了弛豫时间和散射概率之间的具体关系式，如果我们能够了解散射的机构并计算出散射的概率，就可以计算 τ 和电导率.

前面也指出，电子散射机构是在经典理论中未能解决的问题，能带论提供了解决这个问题的前提. 在理想的完全规则排列的原子的周期场中，电子将处于确定的 $\boldsymbol{k}$ 状态，不会发生跃迁，因此，也就没有电阻可言. 但是实际上原子并不静止地停留在格点上，由于不断的热振动，原子经常偏离格点，原子偏离格点的影响，可以看作是对周期场的微扰，从而引起电子的跃迁，这种散射机构常称为晶格散射.

首先具体考查在 $\boldsymbol{R}_n$ 格点上的原子，位移为 $\boldsymbol{\mu}_n$ 时将引起怎样的微扰. 令 $V(\boldsymbol{r})$ 表示一个原子的势场，那么处于格点 $\boldsymbol{R}_n$ 上的原子的场为

$$V(\boldsymbol{r}-\boldsymbol{R}_n).$$

当它位移为 $\boldsymbol{\mu}_n$ 时，我们将假设势场本身并未改变，只是随原子位移了 $\boldsymbol{\mu}_n$，那么势场应写为

$$V[\boldsymbol{r}-(\boldsymbol{R}_n+\boldsymbol{\mu}_n)].$$

两者相减得到原子位移所引起的势场变化

$$\begin{aligned}\delta V_n &= V[\boldsymbol{r}-(\boldsymbol{R}_n+\boldsymbol{\mu}_n)]-V(\boldsymbol{r}-\boldsymbol{R}_n)\\ &\approx -\boldsymbol{\mu}_n\cdot\nabla V(\boldsymbol{r}-\boldsymbol{R}_n),\end{aligned} \tag{7-86}$$

其中，我们把 V 在 $(\boldsymbol{r}-\boldsymbol{R}_n)$ 点附近按 $\boldsymbol{\mu}_n$ 作级数展开，并保留到一级项.

在晶格振动一章中指出，原子的热振动采取格波的形式. 我们将具体考虑简单格子的情况，这种情况下只有声学波. 并以弹性波近似代替声学波. 原子的位移 $\boldsymbol{\mu}_n$ 用如下形式表示，

$$\boldsymbol{\mu}_n = A\boldsymbol{e}\cos 2\pi(\boldsymbol{q}\cdot\boldsymbol{R}_n-\nu t). \tag{7-87}$$

式中 $\boldsymbol{e}$ 是表示振动方向上的单位矢量，A 为振幅. 在各向同性的介质中，波或为横波或为纵波，即

$$\boldsymbol{e}\perp\boldsymbol{q}\ (\text{横波})$$

或

$$\boldsymbol{e}\,/\!/\,\boldsymbol{q}\ (\text{纵波}).$$

另外，弹性波具有恒定的速度：

$$\nu = c \times q,$$

c 是常数，对横波和纵波波速各有不同的值：

$$c = c_t \text{（横波）};$$
$$c = c_l \text{（纵波）}.$$

根据(7-86)和(7-87)立刻可以写出由一个格波而引起的整个晶格中的势场变化

$$\begin{aligned}\Delta H &= \sum_n \delta V_n \approx \sum_n -\boldsymbol{\mu}_n \cdot \nabla V(\boldsymbol{r}-\boldsymbol{R}_n)\\ &= -A\sum_n \cos 2\pi(\boldsymbol{q}\cdot\boldsymbol{R}_n - \nu t)\boldsymbol{e}\cdot\nabla V(\boldsymbol{r}-\boldsymbol{R}_n)\\ &= -\frac{1}{2}A\mathrm{e}^{-2\pi\mathrm{i}\nu t}\sum_n \mathrm{e}^{2\pi\mathrm{i}\boldsymbol{q}\cdot\boldsymbol{R}_n}\boldsymbol{e}\cdot\nabla V(\boldsymbol{r}-\boldsymbol{R}_n)\\ &\quad -\frac{1}{2}A\mathrm{e}^{2\pi\mathrm{i}\nu t}\sum_n \mathrm{e}^{-2\pi\mathrm{i}\boldsymbol{q}\cdot\boldsymbol{R}_n}\boldsymbol{e}\cdot\nabla V(\boldsymbol{r}-\boldsymbol{R}_n),\end{aligned} \tag{7-88}$$

ΔH 可以看作是一个微扰. 根据量子力学微扰理论的结果，这样一个随时间变化的微扰，将引起本征态之间的跃迁. 根据(7-88)，从 $\boldsymbol{k}$ 到 $\boldsymbol{k}'$ 的跃迁概率可写成：

$$\begin{aligned}\Theta(\boldsymbol{k},\boldsymbol{k}') = \frac{4\pi^2}{h}\Big\{ & \left|\langle \boldsymbol{k}'\right| -\frac{A}{2}\sum_n \mathrm{e}^{2\pi\mathrm{i}\boldsymbol{q}\cdot\boldsymbol{R}_n}\boldsymbol{e}\cdot\nabla V(\boldsymbol{r}-\boldsymbol{R}_n)\left|\boldsymbol{k}\rangle\right|^2\\ & \cdot\delta[E(\boldsymbol{k}')-E(\boldsymbol{k})-h\nu]\\ & + \left|\langle \boldsymbol{k}'\right| -\frac{A}{2}\sum \mathrm{e}^{2\pi\mathrm{i}\boldsymbol{q}\cdot\boldsymbol{R}_n}\boldsymbol{e}\cdot\nabla V(\boldsymbol{r}-\boldsymbol{R}_n)\left|\boldsymbol{k}\rangle\right|^2\\ & \cdot\delta[E(\boldsymbol{k}')-E(\boldsymbol{k})+h\nu]\Big\}.\end{aligned} \tag{7-89}$$

我们注意，式中 δ 函数说明，电子能量在跃迁中是不守恒的（或者说，电子被格波的散射不是完全弹性的）：

$$\left.\begin{aligned}&E(\boldsymbol{k}') = E(\boldsymbol{k}) + h\nu \text{（吸收声子）},\\ \text{或}\quad &\\ &E(\boldsymbol{k}') = E(\boldsymbol{k}) - h\nu \text{（发射声子）}.\end{aligned}\right\} \tag{7-90}$$

电子能量的增减显然来自晶格振动，而 $h\nu$ 正是格波振动能量的量子（声子）. 因此，我们说，晶格的散射总是伴随声子的吸收或发射.

但是，应当指出，声子的能量是极小的，例如，按德拜理论最高声子能量就等于 $k\Theta_D$，对于德拜温度 $\Theta_D=200$ K，只有 1/100 eV 的数量级，仅仅是费米面上电子能量的千分之几，因此散射接近完全弹性.

现在我们具体考虑决定吸收和发射概率的矩阵元：

$$\frac{A}{2}\left\langle \boldsymbol{k}' \left| \sum_n \mathrm{e}^{\pm 2\pi i \boldsymbol{q}\cdot\boldsymbol{R}_n} \boldsymbol{e}\cdot\nabla V(\boldsymbol{r}-\boldsymbol{R}_n) \right| \boldsymbol{k} \right\rangle$$

$$=\frac{A}{2}\frac{1}{N}\sum_n \mathrm{e}^{\pm 2\pi i \boldsymbol{q}\cdot\boldsymbol{R}_n}\int \mathrm{e}^{-2\pi i(\boldsymbol{k}'-\boldsymbol{k})\cdot\boldsymbol{r}} u_{\boldsymbol{k}'}^{*}(\boldsymbol{r}) u_{\boldsymbol{k}}(\boldsymbol{r})\boldsymbol{e}\cdot\nabla V(\boldsymbol{r}-\boldsymbol{R}_n)\mathrm{d}\boldsymbol{r},$$

其中，我们把归一化的函数写成

$$\psi_k(\boldsymbol{r}) = \frac{1}{\sqrt{N}}\mathrm{e}^{2\pi i\boldsymbol{k}\cdot\boldsymbol{r}}u_k(\boldsymbol{r}),$$

N 为我们所考虑的有限晶格的原胞数，这样归一化使 $|u_{\boldsymbol{k}}(\boldsymbol{r})|^2$ 平均值为 $1/v_0$，v_0 为原胞体积. 我们在各积分中，引入新积分变量

$$\boldsymbol{\zeta} = \boldsymbol{r} - \boldsymbol{R}_n.$$

我们注意，在积分中，周期性函数中的 $\boldsymbol{r}$ 可以直接为 $\boldsymbol{\zeta}$ 代替，只有指数函数增加一个常数因子 $\mathrm{e}^{-2\pi i(\boldsymbol{k}'-\boldsymbol{k})\cdot\boldsymbol{R}_n}$. 这样矩阵元就可以写成

$$\frac{A}{2}(\boldsymbol{e}\cdot\boldsymbol{I}_{kk'})\left[\frac{1}{N}\sum_n \mathrm{e}^{-2\pi i(\boldsymbol{k}'-\boldsymbol{k}\mp\boldsymbol{q})\cdot\boldsymbol{R}_n}\right], \tag{7-91}$$

其中 $\boldsymbol{I}_{kk'}$ 表示原来加式中各项共同的积分，

$$\boldsymbol{I}_{kk'} = \int \mathrm{e}^{-2\pi i(\boldsymbol{k}'-\boldsymbol{k})\cdot\boldsymbol{\zeta}} u_{\boldsymbol{k}'}^{*}(\boldsymbol{\zeta}) u_{\boldsymbol{k}}(\boldsymbol{\zeta})\,\nabla V(\boldsymbol{\zeta})\mathrm{d}\boldsymbol{\zeta}. \tag{7-92}$$

可以这样大致估计 $\boldsymbol{I}_{kk'}$ 的数值大小：$V(\boldsymbol{\zeta})$（即原子场）基本上限制在一个原胞大小范围内，因此，以上体积分 $\int \mathrm{d}\boldsymbol{\zeta} \approx$ 原胞体积 v_0，而 $u_{\boldsymbol{k}'}^{*}(\boldsymbol{\zeta})u_{\boldsymbol{k}}(\boldsymbol{\zeta})$ 平均讲（按所用的归一化）$\approx\frac{1}{v_0}$，指数函数 ≈ 1，所以积分 $\boldsymbol{I}_{kk'}$ 一般地代表了 ∇V 的数量大小.

特别重要的是矩阵元中的连加式

$$\sum_n \mathrm{e}^{-2\pi i(\boldsymbol{k}'-\boldsymbol{k}\mp\boldsymbol{q})\cdot\boldsymbol{R}_n}.$$

这个连加式和前章讨论微扰矩阵元时遇到的连加式完全相似. 同样的分析证明：如果

$$\boldsymbol{k}'-\boldsymbol{k}\mp\boldsymbol{q} = n_1\boldsymbol{b}_1 + n_2\boldsymbol{b}_2 + n_3\boldsymbol{b}_3 = \boldsymbol{K}_n \quad (\boldsymbol{K}_n \text{ 表示一倒格矢}), \tag{7-93}$$

则有

$$\frac{1}{N}\sum_n \mathrm{e}^{-2\pi i(\boldsymbol{k}'-\boldsymbol{k}\mp\boldsymbol{q})\cdot\boldsymbol{R}_n} = 1,$$

其他情况，连加式 $=0$.

上述结果给出跃迁概率不等于零的条件. 首先，只考虑 $\boldsymbol{K}_n=0$ 的情形，即

$$\boldsymbol{k}' = \boldsymbol{k}\pm\boldsymbol{q} \tag{7-94}$$

的情形. 我们记得, ± 符号分别对应于吸收和发射声子的跃迁. (7-94)乘上普朗克常数,得到

$$\left.\begin{aligned} h\boldsymbol{k}' &= h\boldsymbol{k} + h\boldsymbol{q} \quad (\text{吸收声子}), \\ h\boldsymbol{k}' &= h\boldsymbol{k} - h\boldsymbol{q} \quad (\text{发射声子}). \end{aligned}\right\} \tag{7-95}$$

它表示了跃迁过程中准动量守恒关系:在吸收声子的过程中,电子的准动量由 $h\boldsymbol{k}$ 变为 $h\boldsymbol{k}'$,正好增加一个声子的准动量 $h\boldsymbol{q}$;在发射声子的过程中,电子的准动量则是减少一个声子的准动量 $h\boldsymbol{q}$.

应当注意,只要存在 $\boldsymbol{q}$ 能满足(7-94), $\boldsymbol{K}_n \neq 0$ 的条件是无需考虑的. 因为把(7-94)改写成

$$\boldsymbol{k}' - \boldsymbol{k} = \pm \boldsymbol{q},$$

只要 $(\boldsymbol{k}' - \boldsymbol{k})$ 是一个在布里渊区内的矢量,满足上式的 $\boldsymbol{q}$ 是存在的. 在这种情况下, $(\boldsymbol{k}' - \boldsymbol{k})$ 再加上一个倒格矢 $-\boldsymbol{K}_n$,必然在布里渊区之外,所以,

$$\boldsymbol{k}' = \boldsymbol{k} \pm \boldsymbol{q} + \boldsymbol{K}_n, \ \boldsymbol{K}_n \neq 0$$

的条件是无从满足的.

只有当 $\boldsymbol{k}', \boldsymbol{k}$ 的数值相当大,而且散射角(即 $\boldsymbol{k}', \boldsymbol{k}'$ 夹角)也相当大,以致 $(\boldsymbol{k}' - \boldsymbol{k})$ 已经落在布里渊区之外,如图 7-19 所示,这时(7-94)已无从满足. 在这种情况下,总可以找到一定的 $\boldsymbol{K}_n$(而且是唯一的),使 $\boldsymbol{k}' - \boldsymbol{k} - \boldsymbol{K}_n$ 回到布里渊区之内(见图 7-19),从而确定满足(7-93)的 $\boldsymbol{q}$ 值.

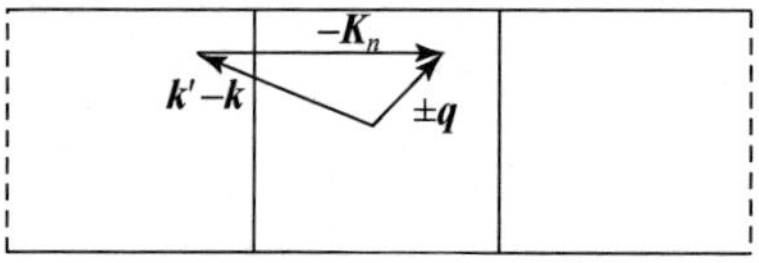

图 7-19　电子准动量的改变和声子准动量

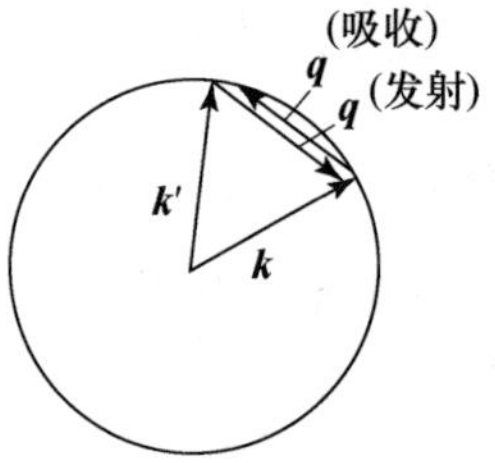

图 7-20　声子的吸收和发射

现在我们总结一下以上关于跃迁概率的结果,并进一步讨论弛豫时间和电导率. 为了明确起见,我们考虑各向同性的情况,并且,把散射近似看做是弹性的. 这样, $\boldsymbol{k}$ 状态的电子只能跃迁到同一等能面上的各状态 $\boldsymbol{k}'$,如图 7-20 所示. 每一个这样的跃迁 $\boldsymbol{k} \to \boldsymbol{k}'$,可以通过吸收也可以通过发射声子实现,声子的 $\boldsymbol{q}$ 见图[这里假设 $(\boldsymbol{k}' - \boldsymbol{k})$ 在布里渊区内,所以 $\boldsymbol{q}$ 由(7-94)决定]. 由于对应于每一个 $\boldsymbol{q}$ 实际上存在一个纵波,两个横波,因此,对于一定的跃迁 $\boldsymbol{k} \to \boldsymbol{k}'$,无论吸收或发

射声子都可以由这三个独立振动引起. 如果以 A_j 和 $\boldsymbol{e}_j$ $(j=1,2,3)$ 分别标志它们的振幅和振动方向,归纳(7-89)、(7-91)、(7-93),相应的跃迁概率可以写为

$$\Theta_{\pm j} = \frac{\pi^2 |A_j|^2}{h} |\boldsymbol{e}_j \cdot \boldsymbol{I}_{kk'}|^2 \delta(E'-E), \tag{7-96}$$

其中±表示吸收和发射的情况,由于忽略了声子的能量,所以概率的表达式对吸收和发射形式上相同,只是有关格波的 $\boldsymbol{q}$ 是相反的[$\boldsymbol{q}=\pm(\boldsymbol{k}'-\boldsymbol{k})$].

振幅的平方平均值可以由平均热振动能写出. 振动位移

$$\mu_n = A_j \boldsymbol{e}_j \cos 2\pi(\boldsymbol{q}\cdot\boldsymbol{R}_n - \nu_j t)$$

对时间求微商,可以直接写出原子的动能

$$\frac{1}{2}M|\dot{\mu}_n|^2 = \frac{MA_j^2}{2}(2\pi\nu_j)^2 \sin^2 2\pi(\boldsymbol{q}\cdot\boldsymbol{R}_n - \nu_j t),$$

M 为原子质量. 对时间求平均,正弦项等于 1/2,考虑到所有 N 个原子得到振动动能等于

$$\frac{NMA_j^2}{4}(2\pi\nu_j)^2.$$

在足够高的温度下(>德拜温度 Θ_D),应用经典的能量均分定律上式应等于 $\frac{1}{2}kT$(k 为玻尔兹曼常数),从而得到

$$A_j^2 = \frac{2kT}{NM(2\pi\nu_j)^2} = \frac{kT}{2\pi^2 NMc_j^2 |\boldsymbol{k}'-\boldsymbol{k}|^2}, \tag{7-97}$$

其中,我们把振动频率 ν 以弹性波速表示

$$\nu_j = c_j q = c_j |\boldsymbol{k}'-\boldsymbol{k}|. \tag{7-98}$$

把振幅表达式(7-97)代入概率公式(7-96),并且将吸收和发射三种振动声子的概率都加在一起,得到由 $\boldsymbol{k}\to\boldsymbol{k}'$ 的总跃迁概率

$$\Theta(\boldsymbol{k},\boldsymbol{k}') = \frac{kT}{NMh\bar{c}^2}\sum_j \left| \frac{\bar{c}}{c_j} \frac{1}{|\boldsymbol{k}'-\boldsymbol{k}|} \boldsymbol{e}_j \cdot \boldsymbol{I}_{k'k} \right|^2 \delta(E-E'), \tag{7-99}$$

其中为了下面数值估计的方便,我们引入了一个平均的弹性波速 $\bar{c}$. 上式中的加式我们用 J^2 表示,

$$J^2(E,\eta) = \sum_j \left| \frac{\bar{c}}{c_j} \frac{1}{|\boldsymbol{k}'-\boldsymbol{k}|} \boldsymbol{e}_j \cdot \boldsymbol{I}_{k',k} \right|^2. \tag{7-100}$$

如前节的一般讨论所指出,对于各向同性的晶体模型,J 表示在 E 等能面上的散射,它只决定于散射角 η. 对它的数值也可以作粗略的估计:已经指出 $\boldsymbol{I}_{kk'}$ 一般反映原子场 V 的梯度的大小,而 $|\boldsymbol{k}'-\boldsymbol{k}|$ 对于费米面上的电子,数量级 $\approx 1/a$ (a 为原胞的线度),所以

$$\frac{1}{|\boldsymbol{k}'-\boldsymbol{k}|}\boldsymbol{I}_{k'k}\approx a\nabla V$$

反映原子场在整个原胞内变化的幅度,因此粗略估计,J 应当是几个电子伏的数量级.

把概率的表达式(7-99)、(7-100)代入上节弛豫时间的公式(7-85),得到

$$\frac{1}{\tau}=\frac{kT}{NM\hbar\bar{c}^{2}}\int\delta(E-E')J^{2}(E,\eta)(1-\cos\eta)2\pi\sin\eta\mathrm{d}\eta k'^{2}\mathrm{d}k'$$

(应当注意,前节一贯地考虑 $V=1$,因此,在本节结果用于上节的公式时,也应取 $V=1$,这就是说,公式中的 N 应表示单位体积内所包含的原胞数). 在积分中,我们改换以能量 E'代替 k'为积分变数得

$$\begin{aligned}\frac{1}{\tau}&=\frac{kT}{NM\hbar\bar{c}^{2}}\int\delta(E-E')J^{2}(E,\eta)(1-\cos\eta)2\pi\sin\eta\mathrm{d}\eta k'^{2}\times\left(\frac{\mathrm{d}E'}{\mathrm{d}k'}\right)^{-1}\mathrm{d}E\\&=\frac{kT}{NM\hbar\bar{c}^{2}}k^{2}\left(\frac{\mathrm{d}E}{\mathrm{d}k}\right)^{-1}\int J^{2}(E,\eta)(1-\cos\eta)2\pi\sin\eta\mathrm{d}\eta.\end{aligned}\tag{7-101}$$

这个弛豫时间的公式包含了两个重要结论:

(i) 上式说明 $1/\tau$ 和绝对温度成正比,这就解决了在经典理论中长期得不到解释的,金属电阻与温度成正比的事实. 从前面的推导可以看到,一般金属的电阻是由于原子的热振动对电子的散射引起的,散射概率与原子位移的平方成正比,而后者在足够高的温度与 T 成正比.

(ii) 其次,我们注意,在我们所讨论的各向同性情形中,能态密度可以写为:

$$\frac{\Delta Z}{\Delta E}=\frac{8\pi k^{2}\Delta k}{\Delta E}=8\pi k^{2}\left(\frac{\mathrm{d}E}{\mathrm{d}k}\right)^{-1},\tag{7-102}$$

从$\frac{1}{\tau}$的公式看到,它和能态密度成正比. 前面曾经指出,根据能带理论,过渡金属的一个重要特征在于 d 能带有很高的能态密度,上述的结论一般地说明了过渡金属具有高电阻率的事实.

根据 J 应当是几个电子伏的数量级,不难验证由(7-101)估计的 τ 值在室温约为 10^{-13}—10^{-14} s,与从实际金属电阻率估计的值是一致的.

7-7 金属的输运性质

(1) *电流的磁效应*

考虑在磁场下的电流. 由定态玻尔兹曼方程(7-63)和(7-65)式,以及

(7-57)式得到，

$$\frac{e\boldsymbol{E}}{h}\cdot\nabla_{\boldsymbol{k}}f+\frac{e\,\boldsymbol{v}(\boldsymbol{k})\times\boldsymbol{H}}{hc}\cdot\nabla_{\boldsymbol{k}}f=\frac{f-f_0}{\tau}. \tag{Q15}$$

其中第二项，

$$\boldsymbol{v}(\boldsymbol{k})\times\boldsymbol{H}\cdot\nabla_{\boldsymbol{k}}f=\boldsymbol{v}(\boldsymbol{k})\times\boldsymbol{H}\cdot h\boldsymbol{v}(\boldsymbol{k})\frac{\mathrm{d}f_0}{\mathrm{d}E}=0. \tag{Q16}$$

物理意义是在零级近似下，磁场使得电子在等能面上运动，不能引起 f_0 的变化. 将分布函数展开，

$$f=f_0+\Delta f+\Delta f_1+\Delta f_2+\cdots. \tag{Q17}$$

则方程(Q15)可分解为

$$\left.\begin{aligned}&e\boldsymbol{E}\cdot\nabla_{\boldsymbol{k}}f_0=\frac{\Delta f}{\tau},\\&\frac{e}{c}\boldsymbol{v}(\boldsymbol{k})\times\boldsymbol{H}\cdot\nabla_{\boldsymbol{k}}(\Delta f)=\frac{\Delta f_1}{\tau}.\end{aligned}\right\} \tag{Q18}$$

在各向同性问题中的应用：霍尔效应. 作自由电子近似，

$$E(k)=\frac{h^2k^2}{2m^*},$$

可得到

$$\left.\begin{aligned}&\Delta f=\frac{\tau e}{h}\boldsymbol{E}\cdot\nabla_{\boldsymbol{k}}f_0=h^2\tau e\boldsymbol{E}\cdot\frac{\boldsymbol{k}}{m^*}\frac{\mathrm{d}f_0}{\mathrm{d}E}=\chi(k)\boldsymbol{E}\cdot\boldsymbol{k},\\&\nabla_{\boldsymbol{k}}(\Delta f)=\boldsymbol{E}\chi(k)+(\boldsymbol{E}\cdot\boldsymbol{k})\frac{\mathrm{d}\chi}{\mathrm{d}k}\left(\frac{\boldsymbol{k}}{k}\right),\\&\Delta f_1=\frac{\tau}{c}e\,\boldsymbol{v}(\boldsymbol{k})\cdot\boldsymbol{H}\times\boldsymbol{E}\left(\frac{h^2\tau e}{m^*}\right)\frac{\mathrm{d}f_0}{\mathrm{d}E}.\end{aligned}\right\} \tag{Q19}$$

电流密度

$$\begin{aligned}\boldsymbol{j}&=-2\int e\boldsymbol{v}(k)[f_0+\Delta f+\Delta f_1+\cdots]\mathrm{d}\boldsymbol{k}\\&=\sigma\boldsymbol{E}-\frac{2h^2e^3}{cm^*}\int\tau^2\,\boldsymbol{v}(k)\,\boldsymbol{v}(k)\cdot[\boldsymbol{H}\times\boldsymbol{E}]\frac{\mathrm{d}f_0}{\mathrm{d}E}\mathrm{d}\boldsymbol{k}.\end{aligned} \tag{Q20}$$

一般情况下上式右端第二项的系数为一张量，令为 ξ_{st}. 在各向同性的情况下，$\xi_{st}=\xi\delta_{st}=(1/3)(\xi_{11}+\xi_{22}+\xi_{33})$，

$$\xi=-\frac{2}{3}\frac{h^2e^3}{cm^*}\int\tau^2v^2\frac{\mathrm{d}f_0}{\mathrm{d}E}\mathrm{d}\boldsymbol{k}=-\frac{2}{3}\frac{h^2e^3}{cm^*}\int\frac{\mathrm{d}f_0}{\mathrm{d}E}\mathrm{d}E\int\tau^2v^2\frac{\mathrm{d}\sigma}{(\mathrm{d}E/\mathrm{d}k)}$$

$$=\frac{8\pi k_0^2}{3}\frac{e^3\tau_0^2}{cm^*}\frac{\mathrm{d}E}{\mathrm{d}k}. \tag{Q21}$$

其中 k_0，τ_0 等表示在费米面上的值．电流密度

$$\boldsymbol{j}=\sigma\boldsymbol{E}+\frac{ne^3\tau_0^2}{cm^*}(\boldsymbol{H}\times\boldsymbol{E}). \tag{Q22}$$

假定磁场 $\boldsymbol{H}$ 沿 z 方向，电流 $\boldsymbol{j}$ 沿 x 方向，则由(Q22)式，

$$\left.\begin{aligned}
j_x&=\sigma E_x+\frac{ne^3\tau_0^2}{cm^*}(-H_zE_y),\\
j_y&=\sigma E_y+\frac{ne^3\tau_0^2}{cm^*}(H_zE_x),\\
E_y&=\frac{-\frac{ne^3\tau_0^2}{cm^*}}{\sigma}H_zE_x=\frac{-\frac{ne^3\tau_0^2}{cm^*}}{\sigma^2}H_zj_x.
\end{aligned}\right\} \tag{Q23}$$

定义霍尔系数 R，$E_y=RH_zj_x$，则由(Q23)式得到

$$R=\frac{-\frac{ne^3\tau_0^2}{cm^*}}{\left(\frac{ne^2\tau_0}{m^*}\right)^2}=-\frac{1}{nec}. \tag{Q24}$$

与实验相比，对简单金属相符．对很多二价金属不符，甚至得出正的值．原因是二价金属费米面重叠，面积分为正．

(2) 温差电效应

因为是非平衡态，玻尔兹曼分布与地点 $\boldsymbol{x}$ 有关．定态下玻尔兹曼方程为

$$\frac{e\boldsymbol{E}}{h}\cdot\nabla_{\boldsymbol{k}}f-\boldsymbol{v}(\boldsymbol{k})\cdot\nabla_{\boldsymbol{x}}f=\frac{f-f_0}{\tau}. \tag{Q25}$$

假设是各向同性的，电场和温度梯度都沿 x 方向，则

$$\Delta f=f-f_0=\tau\left\{\frac{eE_x}{h}\frac{\partial f_0}{\partial k_x}-v_x(\boldsymbol{k})\frac{\partial f_0}{\partial x}\right\}. \tag{Q26}$$

电子的平衡分布是费米分布

$$f_0(E)=\frac{1}{\mathrm{e}^{\frac{E-E_\mathrm{F}}{kT}}+1}. \tag{Q27}$$

令 $\eta=(E-E_\mathrm{F})/kT$，则

$$\left.\begin{aligned}
&\frac{\partial f_0}{\partial k_x}=\frac{\partial E}{\partial k_x}\frac{\partial f_0}{\partial E},\quad \frac{\partial f_0}{\partial x}=\frac{\mathrm{d}T}{\mathrm{d}x}\frac{\partial f_0}{\partial T},\\
&\frac{\partial f_0}{\partial T}=\frac{\partial}{\partial T}\left(\frac{E-E_{\mathrm{F}}}{kT}\right)\frac{\partial}{\partial \eta}\left(\frac{1}{\mathrm{e}^{\eta}+1}\right)=kT\frac{\partial}{\partial T}\left(\frac{E-E_{\mathrm{F}}}{kT}\right)\frac{\partial f_0}{\partial E},\\
&\Delta f=\tau\left\{\frac{eE_x}{h}\frac{\partial E}{\partial k_x}\frac{\partial f_0}{\partial E}-v_x(\boldsymbol{k})\frac{\mathrm{d}T}{\mathrm{d}x}kT\frac{\partial}{\partial T}\left(\frac{E-E_{\mathrm{F}}}{kT}\right)\frac{\partial f_0}{\partial E}\right\},\\
&j_x=-2\int ev_x\Delta f\mathrm{d}\boldsymbol{k}\\
&\quad=2\left\{-e^2E_x\int v_x^2\tau\frac{\partial f_0}{\partial E}\mathrm{d}\boldsymbol{k}-\frac{e}{T}\frac{\mathrm{d}T}{\mathrm{d}x}\int v_x^2\tau E\frac{\partial f_0}{\partial E}\mathrm{d}\boldsymbol{k}\right.\\
&\qquad\left.-e^2T\frac{\partial}{\partial T}\left(\frac{E_{\mathrm{F}}}{T}\right)\frac{\mathrm{d}T}{\mathrm{d}x}\int v_x^2\tau\frac{\partial f_0}{\partial E}\mathrm{d}\boldsymbol{k}\right\}
\end{aligned}\right\}\qquad \text{(Q28)}$$

令

$$K_n=2\int v_x^2\tau E^n\frac{\partial f_0}{\partial E}\mathrm{d}\boldsymbol{k},$$

则

$$j_x=-e^2K_0E_x-\frac{e}{T}\frac{\mathrm{d}T}{\mathrm{d}x}K_1-e\frac{\mathrm{d}T}{\mathrm{d}x}\left[T\frac{\mathrm{d}}{\mathrm{d}T}\left(\frac{E_{\mathrm{F}}}{T}\right)\right]K_0. \qquad \text{(Q29)}$$

K_n 的计算可以将被积函数在费米能级附近展开求得(参见第 7-1 节,(3)E_{F} 的确定).

温差电效应包括两部分：接触电势差和导体内部产生的电势差.温差电效应的回路通常由两类金属组成,见图 F10.在导体内部,$j_x=0$,由(Q29)式,

$$E_x=-\frac{1}{e}\frac{K_1}{K_0}\frac{1}{T}\frac{\mathrm{d}T}{\mathrm{d}x}-\frac{1}{e}\frac{\mathrm{d}T}{\mathrm{d}x}T\frac{\mathrm{d}}{\mathrm{d}T}\left(\frac{E_{\mathrm{F}}}{T}\right). \qquad \text{(Q30)}$$

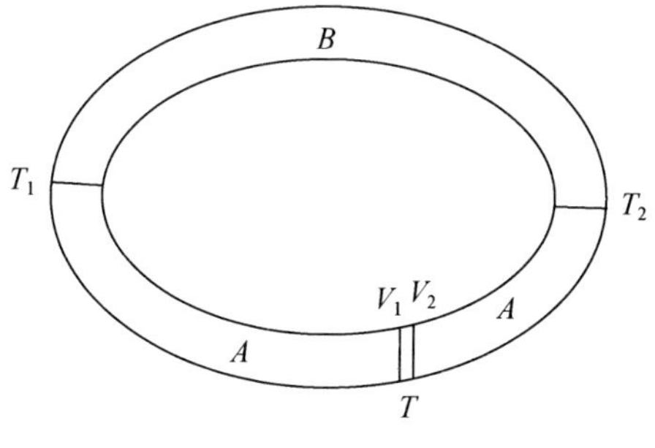

图 F10 温差电动势的产生

接触电势差是指没有温差时两种不同金属的费米能级差引起的电势差，因此

$$E_F^B - eV^B = E_F^A - eV^A. \tag{Q31}$$

温差电动势

$$\left.\begin{aligned}
\Xi = V_1 - V_2 = &\int_T^{T_1} E^A \mathrm{d}x + V^A(T_1) - V^B(T_1) \\
&+ \int_{T_1}^{T_2} E^B \mathrm{d}x + V^B(T_2) - V^A(T_2) + \int_{T_2}^{T} E^A \mathrm{d}x, \\
\int E_x \mathrm{d}x = &-\frac{1}{e}\int\left\{\frac{K_1}{K_0}\frac{1}{T} + T\frac{\mathrm{d}}{\mathrm{d}T}\left(\frac{E_F}{T}\right)\right\}\mathrm{d}T \\
= &-\frac{1}{e}\int\left\{\frac{K_1}{K_0}\frac{1}{T} - \frac{E_F}{T} + \frac{\mathrm{d}E_F}{\mathrm{d}T}\right\}\mathrm{d}T \\
= &-\frac{1}{e}\int_{T'}^{T''}\left\{\frac{K_1}{K_0}\frac{1}{T} - \frac{E_F}{T}\right\}\mathrm{d}T - \frac{E_F(T'') - E_F(T')}{e}.
\end{aligned}\right\} \tag{Q32}$$

再利用(Q31)式，得到

$$\Xi = -\frac{1}{e}\int_{T_2}^{T_1}\frac{1}{T}\left[\frac{K_1}{K_2} - E_F\right]_A \mathrm{d}T - \frac{1}{e}\int_{T_1}^{T_2}\frac{1}{T}\left[\frac{K_1}{K_2} - E_F\right]_B \mathrm{d}T. \tag{Q33}$$

通常引入温差电动势. 当 $T_1 - T_2$ 很小时，$\Xi = \alpha\Delta T$，

$$\alpha = -\frac{1}{eT}\left[\frac{K_1}{K_0} - E_F\right]. \tag{Q34}$$

它称为某一金属的温差电动势. 回路的温差电动势 $\Xi = \alpha_A - \alpha_B$.

可以证明，

$$\alpha = -\frac{1}{eT}\frac{\pi^2}{3}(kT)^2\left[\frac{\mathrm{d}}{\mathrm{d}E}\ln(\tau k^2 v)\right]_{E_F}. \tag{Q35}$$

对近自由电子，$E(\boldsymbol{k}) = h^2k^2/2m^*$，$v = hk/m^*$，

$$\begin{aligned}
\alpha &= -\frac{k_B^2}{e}T\frac{\pi^2}{3}\left[\frac{\mathrm{d}}{\mathrm{d}E}\ln\tau + \frac{\mathrm{d}}{\mathrm{d}E}\ln(k^2 v)\right]_{E_F} \\
&\approx -\frac{\pi^2}{2}\left(\frac{k_B}{e}\right)\left(\frac{k_B T}{E_F}\right)
\end{aligned} \tag{Q36}$$

(为免于混淆，改用 k_B 表示玻尔兹曼常数). 室温下，估计 α 约几个微伏/开. 实际上有的金属 α 高达几十个微伏/开，并且是正的. 这是由费米面与布里渊区边界重叠的结果.

(3) 电子热传导

比较电流和能流的公式

$$\left.\begin{aligned} j &= \int -ev_x \Delta f \mathrm{d}\boldsymbol{k}, \\ h &= \int E(\boldsymbol{k}) v_x \Delta f \mathrm{d}\boldsymbol{k}. \end{aligned}\right\} \tag{Q37}$$

可见,只需将电流的表达式中去掉$(-e)$,并将K_0换成K_1,K_1换成K_2,就得到能流公式.由(Q29)式,

$$h = eK_1 E_x + \frac{1}{T}\frac{\mathrm{d}T}{\mathrm{d}x}K_2 + \frac{\mathrm{d}T}{\mathrm{d}x}\left[T\frac{\mathrm{d}}{\mathrm{d}T}\left(\frac{E_{\mathrm{F}}}{T}\right)\right]K_1. \tag{Q38}$$

我们考虑的是h与$\mathrm{d}T/\mathrm{d}x$的关系,所以将$j\cdot(K_1/eK_0)$[(Q29)式,取$j=0$]与上式相加,得到

$$\left.\begin{aligned} h &= \left(K_2 - \frac{K_1^2}{K_0}\right)\frac{1}{T}\frac{\mathrm{d}T}{\mathrm{d}x} = -\kappa\frac{\mathrm{d}T}{\mathrm{d}x}, \\ \kappa &= -\left(K_2 - \frac{K_1^2}{K_0}\right)\frac{1}{T}. \end{aligned}\right\} \tag{Q39}$$

其中κ是电子热传导系数.经过计算,得到电子热传导系数和电导率关系的维德曼-弗兰兹定律,

$$\kappa = \frac{\pi^2}{3}\left(\frac{k_{\mathrm{B}}}{e}\right)^2 \sigma T. \tag{Q40}$$

第八章　半导体电子论

半导体科学技术是当前重要的尖端部门之一.用半导体制成的各种器件有极为广泛的用途.特别是具有各种功能的晶体管、集成电路和大规模集成电路,对于发展超小型、超高频无线电设备、高速电子计算机等具有重大的意义.另外用半导体材料可以制成探测几微米至几十微米红外线的灵敏元件,对于发展红外线科学技术,特别是红外探测技术也具有很重要的作用.

半导体科学技术是综合性的科学技术,但是,物理学的研究提供了重要的基础.在上世纪就发现了一些半导体的特殊效应,由于近几十年来科学技术发展的需要,这些半导体效应开始被用来制成各种具有特殊性能的器件,从而推动了对半导体进行系统的物理研究.半导体有极广泛的用途,简单地说是由于在半导体内部电子可以做多样化的运动.半导体物理的研究不断揭示出各种形式的电子运动,并逐步阐明了它们的规律性.现在已经在相当的范围内,特别是在半导体科学技术较为成熟的领域,建立了以能带论为基础的系统的电子理论.

本章将限于讲述半导体电子论中一些具有普遍意义的基础内容,对于半导体科学技术中的一些其它问题,只附带作些简略介绍.

8-1　概　　述

(1) 能带和杂质能级

已经在前面讲过半导体的基本能带情况:有着基本填满的满带(有时称为价带)和基本上空的导带,在两者中间有禁带.半导体的导电则是依靠导带底的少量电子或者满带顶的少量空穴.

实际半导体中除去与能带相对应的共有化状态以外,还存在一定数目的束缚状态.它们是由杂质或缺陷(空位、间隙原子、位错)引起的,也就是说电子可以为适当的杂质或缺陷所束缚,正如一般电子为原子所束缚的情况一样,束缚电子也具有确定的能级.这种杂质能级处在禁带中间(能量处在能带中的电子态,不需要能量就可以转入共有化状态,因此,不可能是稳定的),对于实际半导体的性质起着决定性的作用.

根据对导电性的影响,杂质态又可以区分为两种类型:

施主:指杂质提供带有电子的能级,如图 8-1 中(a)的情况. 电子由施主能级激发到导带远比由满带激发容易(特别是当能级离导带底很近的情形),因此主要含施主杂质的半导体,导电往往几乎完全是依靠由施主热激发到导带的电子. 这种主要依靠电子导电的半导体,称为 n 型半导体.

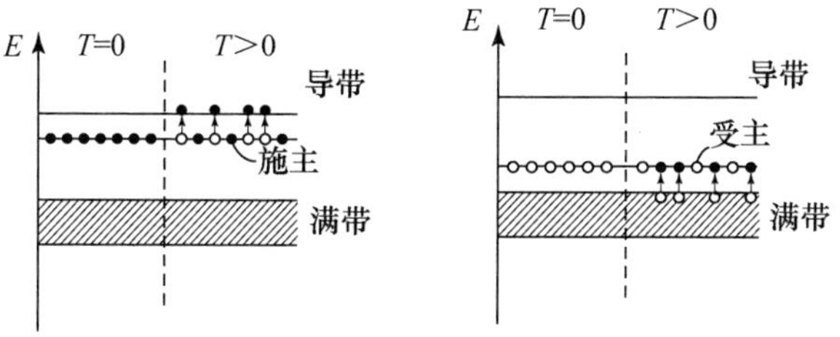

(a) n 型　　(b) p 型

图 8-1 施主和受主

受主:指杂质提供禁带中空的能级,如图 8-1 中(b)的情形. 电子由满带激发到受主能级比激发到导带容易得多,因此主要含受主杂质的半导体,由于满带中有些电子激发到受主能级而产生许多空穴,则半导体的导电性主要依靠它们. 这种主要依靠空穴导电的半导体称为 p 型半导体.

杂质或缺陷为什么能够形成施主或受主能级,以及它们如何束缚电子,其情况是很复杂的. 不同材料、不同杂质,产生束缚态的具体原因可以很不相同. 这里介绍一种最简单的也是实际上最重要的一类杂质能级. 在锗、硅、Ⅲ-Ⅴ族化合物等最重要的晶体管材料中发现,加入多一个价电子的元素(如在锗、硅中加入的磷、砷、锑,在Ⅲ-Ⅴ族化合物中加入Ⅵ族原子代替原来的Ⅴ族原子)它们成为施主;加入少一个价电子的元素(如在锗和硅中加入的铝、镓、铟,在Ⅲ-Ⅴ族化合物中加入Ⅱ族元素代替Ⅲ族元素),它们成为受主. 它们构成施主和受主能级的原理可以这样了解. 加入多一个价电子的原子,在填满满带之外尚多余一个电子,同时比原来原子也多一正电荷. 多余正电荷正好能束缚多余的电子就如同氢原子一样. 和氢原子的最主要差别在于这些半导体都有很高的介电常数 ε,数值在 10—20 之间,因此大大减弱了正负电荷的库仑引力. 氢原子的哈密顿量中库仑能

$$-\frac{e^2}{r}$$

在这里将被

$$-\frac{e^2}{\varepsilon r}$$

所代替,或者说,常数 e^2 为 e^2/ε 所代替.氢原子的束缚能(即电离能)为

$$\frac{2\pi^2 me^4}{h^2}, \tag{8-1}$$

它与 e^4 成正比,因此上述施主态的束缚能应只有氢原子电离能的 $1/\varepsilon^2$.实际上确实证明这些施主能级的束缚能一般都是百分之几电子伏的数量级(除去 ε 的影响,电子作轨道运动的有效质量也和自由电子有很大的不同,在以上材料中,m^* 一般比自由电子的质量小很多,因此束缚能并不简单地就等于氢原子电离能的 $1/\varepsilon^2$,而是更低).我们注意,在这里电子电离意味着电子摆脱施主束缚而在导带中自由运动,因此施主能级应在导带底(以下用 E_- 表示)之下,能量差就是以上所讨论的束缚能 E_i,这样给予施主电子以 E_i 大小的能量就可以使它激发到导带,如图 8-2(a)所示.

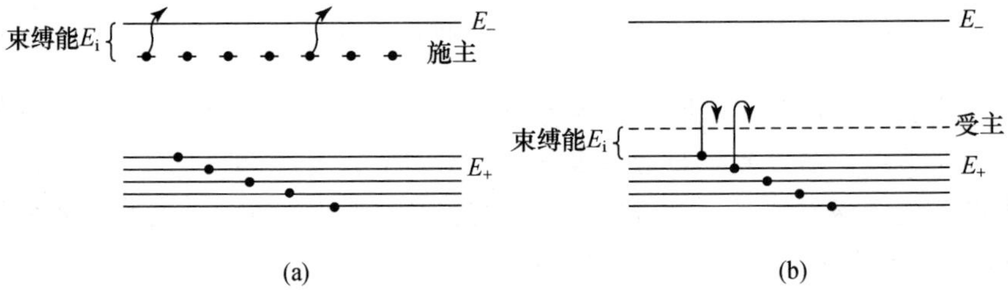

图 8-2 施主和受主电离能

加入少一个价电子的原子而构成受主的原因是相似的.由于要填满原来的电子结构(如Ⅲ族元素在锗中要与四个近邻原子组成四个共价键),必须加入一个电子,这样就使得杂质处多了一个负电荷,同时满带中取去了一个电子,亦即多了一个空穴.这个空穴可以为杂质的负电荷所束缚,亦正如同氢原子的情形,只是正负电荷对调了.这样一个束缚的空穴相当于图 8-2(b)所示的受主能级(位于满带顶 E_+ 以上 E_i 处),这是因为,空穴电离意味着产生一个在满带中自由运动的空穴,在能带中这相当于需用能量 E_i 才能使满带顶一个电子激发到受主能级而在满带顶 E_+ 留下一个自由空穴.

按以上方式所形成的施主和受主,称为类氢能级.它们的束缚能很小,因此对于产生电子和空穴特别有效,它们往往是在这些材料中决定导电性的主要杂质.

(2) 一些基本性质和它们的利用

在半导体物理学发展过程中,一些基本现象的探索往往与它们的实际应用密切相连.

很早就发现,一般半导体材料的电导率随温度升高很迅速地增大,而且,在相当宽的温度范围内,

$$\text{电导率} \propto e^{-C/T}. \tag{8-2}$$

电导随温度上升而增大,反映了半导体中导电是靠着电子(或空穴)由施主(或受主)热激发到导带(或满带),或者是靠着电子由满带热激发到导带.后者往往称为本征激发("本征"是指它决定于半导体材料本身固有的性质).一般在较低温度杂质激发是主要的,而在较高的温度,本征激发是主要的,在不同温度范围,σ(电导率)和 T 的具体变化关系也不同.后面我们还将具体讨论热激发的理论.分析 σ 和其它电学性质随温度的变化关系,已经成为研究半导体基本性质的一项最基本的方法.

利用半导体电导率随温度迅速变化的特点,发展了具有广泛用途的各种热敏电阻.它们作为测温计具有灵敏度高、体积小、反应快、可以远距离测量等特殊的优点.目前热敏电阻是采用铜、锰和各种过渡金属的氧化物材料的混合物作为原料,通过粉末烧结而制成的.这类材料的电导机构和温度的作用和我们所讨论的一般情况不相同,目前虽然已有一定的理论研究,但是还没有形成系统和成熟的理论.

光照可以引起半导体电学性质的变化是半导体最早被发现的特性.其中最简单、最普遍的是光电导现象,即光照能使半导体的电导明显地增加.图 8-3 是表示光电导和照射波长关系(光电导光谱特性)的典型图线,纵轴是光照之下电导(电阻倒数)的变化与原来电导之比.对不同材料、不同样品所得到的具体图线形状可以有很大差别.但是共同的特点是存在一定的长波限 λ_0,超过 λ_0 光电导很快下降.$h\nu_0 = hc/\lambda_0$ 相当于禁带宽度.从图 8-3 的能带图可见,只有能量大于 $h\nu_0$ 的光子才能激发满带电子到导带,产生一对电子和空穴,引起光电导的现象.光电导光谱特性的测量已经成为确定半导体禁带宽度的有效方法.

利用光电导现象,发展了各种类型的光敏电阻.灵敏度高的光敏电阻可以用来作为光电自动控制元件,CdS 光敏电阻是目前灵敏度最高的元件.用各种不同材料可以制成用于从 γ 射线直到远红外光的探测器和测量元件,光电导的光谱特性是选择材料的重要依据.红外光敏电阻要求材料禁带很窄,常用的 PbS 红外光敏电阻可以探测到约 3 μm 的红外光,使用禁带很窄的材料如 InSb,可以探测到 6—7 μm 的红外线.

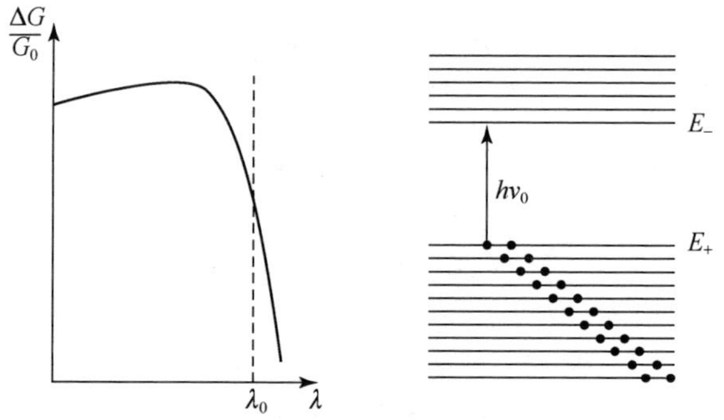

图 8-3 光电导和长波限

一般光敏电阻所利用的光电导现象是比较复杂的. 许多光敏电阻是用各种方法制成的多晶薄膜,它的电阻值主要是由晶粒的交界决定,而光电导现象就不能一般地用载流子数目增加来解释,这类比较复杂的光电导现象的机构,目前还是理论探索的课题.

以上介绍的由满带激发电子到导带所引起的光电导称为本征光电导,最近几年已开始利用激发杂质上的电子(或空穴)所引起的光电导现象(杂质光电导). 杂质光电导可以用于探测十几以至几十微米的红外光,因此它具有特殊的实际意义.

半导体具有比金属强得多的温差电效应,一般金属的温差电动势率只有几个微伏/开,特殊的温差电材料也只有几十微伏/开,但是半导体材料的温差电动势率一般为几百微伏/开. 本来温差电偶就是一个天然的发电机,它由热端得到热能,直接产生电能,但是由于金属材料温差电效应不够强,能量转换效率不高,只有在有了半导体材料的发展,利用温差电效应产生电能才成为现实. 用外电源产生与温差电动势相反的电压,可以使温差电偶作"逆循环",由冷端不断吸热,利用这个致冷效应,已发展了各种半导体的冰箱和致冷的仪器. 由于温差电效应的利用,推动了一系列半导体材料的发展(如 Sb,Bi 和 Se,Te 之间的二元合金、三元合金)和温差电、热传导等有关的理论研究.

和金属对比,半导体具有很高的温差电动势,原因在于金属的电子数目很多,处于高度简并的状况,如在前面讨论金属的费米统计和热容量理论时已经说明的. 温度差别对于电子状况的影响很小,下面具体讨论半导体电子的统计理论时将要说明半导体中电子和空穴的热运动很接近经典统计. 在这一点上,半导体和金属的情况是根本不同的.

由于杂质对半导体性质有着决定性的作用，因此可以在很大范围内改变半导体材料的性质，使半导体现象特别多样化.半导体材料既能依靠空穴导电又能依靠电子导电的特点，更导致了许多特有的性质和效应.最重要的是，在同一半导体样品中可以部分区域是 n 型，部分是 p 型，它们之间的交界区域，常称为 p-n 结.典型的通过 p-n 结的电流和电压的关系如图 8-4 所示，当电压是使带正电的空穴由 p 区至 n 区、带负电的电子由 n 区到 p 区时，电流随电压增长很快；而电压方向相反时则电流很小.利用这种现象发展了效率很高的半导体整流器.在 p-n 结的基础上发展了整个晶体管技术.p-n 结处存在一个很窄的强电场区域，由于强电场区域的存在，可以产生许多特有的现象.一个重要的现象是所谓光生伏特效应，即当光照时可以在 n 区、p 区之间产生电势差.利用这个效应发展了半导体光电池，效率可以达到 14%，提供了一条把光能直接转变为电能的有效途径.

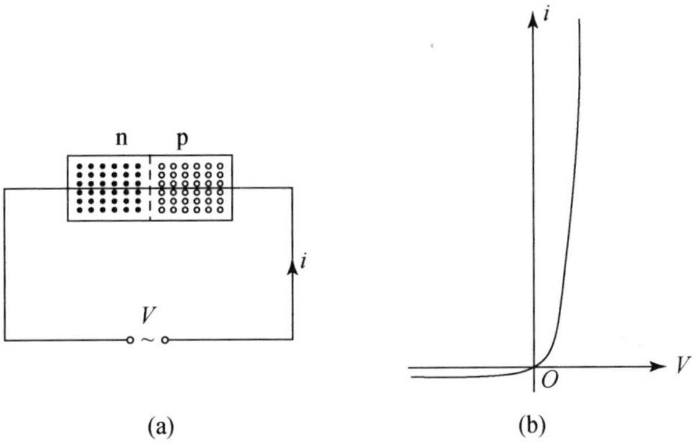

图 8-4　p-n 结

(3) 非平衡载流子

半导体中很多重要现象和所谓非平衡载流子有关，光电导现象是一个最明显的例子.在没有光照的情形下，热平衡时单位体积有一定数目的电子 n_0 和一定数目的空穴 p_0，它们由热平衡所决定.在光照下由满带激发电子至导带而产生电子空穴对，使电子和空穴密度增加 Δn 和 Δp，如图 8-5 中所示.多余的载流子称为非平衡载流子.所以光电导就是由于非平衡载流子所引起.

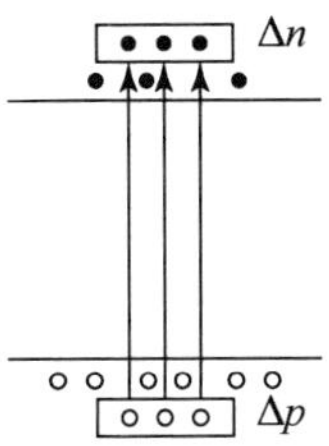

图 8-5　非平衡载流子

非平衡载流子会自发地发生所谓复合，导带电子落回满带，使一对电子和空穴消失，这是一个由非平衡恢复到平衡的自发过程. 在最简单的情形，复合以一个固定的概率发生，单位时间、单位体积复合的数目可以写成

$$复合率 = \frac{\Delta n}{\tau}. \tag{8-3}$$

如果在恒定光照下保持一定的非平衡载流子 $\Delta n_0 = \Delta p_0$，在光照撤去后，它们将按下列方程逐渐消失：

$$\frac{\mathrm{d}\Delta n}{\mathrm{d}t} = -\frac{\Delta n}{\tau}. \tag{8-4}$$

它的解是：

$$\Delta n = \Delta n_0 \mathrm{e}^{-t/\tau}, \tag{8-5}$$

可见在光照撤去后，非平衡载流子是随时间指数地衰减.

我们注意，τ 描述了非平衡载流子平均存在的时间，常称为非平衡载流子的寿命. 对于光电导现象，τ 的重要性是明显的，它决定着在变化光强下，光电导反应的快慢. 如果两个光讯号之间的间隔时间小于 τ，那么，第一个信号的效果还未消除时就来了第二个信号，使得它们不能分开. 另外，τ 越大，光电导的效应显然将愈强，因为产生一个非平衡载流子只在 τ 时间内起增加电导的作用. τ 愈大，每产生一个非平衡载流子，对增加电导的效果愈大.

实际证明，τ 的大小与材料所含的杂质有关，所以同一种材料，如制法不同，τ 可以有很大差别. 实验和理论分析证明，这是由于电子由导带落回满带往往主要是通过杂质能级，电子先落入一个空杂质能级，然后再由杂质能级落入满带中的空穴. 有些杂质在促进复合作用上特别有效，成为主要决定寿命的杂质，被称为复合中心.

我们在以下将看到，非平衡载流子在有关 p-n 结的各项效应中都有重要的作用.

8-2 半导体能谱和载流子

(1) 吸收光谱和能带结构

研究半导体的光电性质都引导到吸收光谱的研究. 实验发现，对某一种半导体，只有当光子的能量 $h\nu$ 大于一临界值 $h\nu_0$ 时，才有明显的吸收. 吸收光谱如图 F11(a)所示，由 $h\nu_0$ 值可得到半导体的禁带宽度.

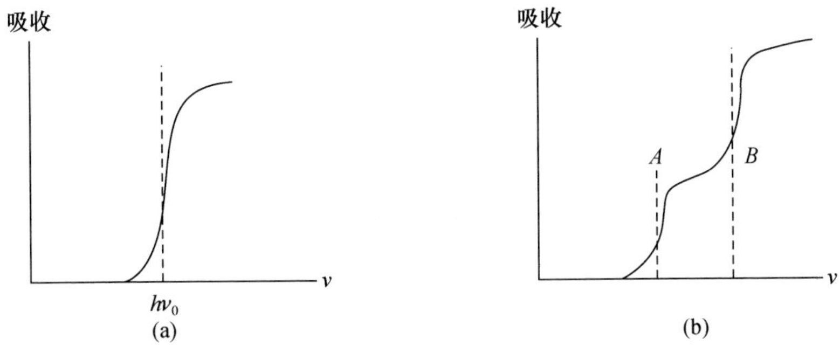

图 F11 直接带隙(a)与间接带隙(b)半导体的吸收光谱

过去长时间认为半导体的能带如图 F12(a)所示，在 $\boldsymbol{k}=0$ 处，导带能量最低，满带能量最高. 光吸收过程将电子从满带激发到导带，跃迁过程满足动量守恒，$h(\boldsymbol{k}-\boldsymbol{k}')$ = 光子动量≈0，其中 $\boldsymbol{k}$ 和 $\boldsymbol{k}'$ 分别是跃迁前后电子的动量. 因此跃迁过程中电子动量基本不变，是竖直跃迁.

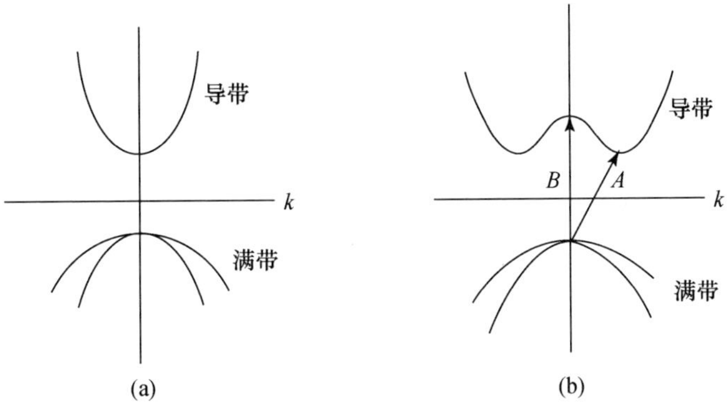

图 F12 直接带隙(a)与间接带隙(b)半导体的能带

现在研究发现，能带结构可以是相当复杂的. 这种结构从能级上看不出来，而主要是由吸收光谱得来的. 一些半导体的能带结构如图 F12(b)所示，B 相当于由满带顶竖直的跃迁，而 A 是由满带顶至导带底的跃迁，能量比跃迁 B 低，但不是竖直的. 这是二级吸收过程，一方面吸收光子，同时吸收或发射一个声子，即与晶格振动交换能量. 过程满足动量守恒，$h(\boldsymbol{k}-\boldsymbol{k}')$ = 光子动量±声子动量，因为声子动量较大，所以 $\boldsymbol{k}\neq\boldsymbol{k}'$，不是竖直跃迁. A 和 B 跃迁产生的吸收光谱如图 F11(b)所示，A 段的跃迁能量较低，由于是二级过程，吸收系数较小. B 段的跃迁能量较高,是竖直跃迁(一级过程),吸收系数较大.

由半导体的吸收光谱可以推断出半导体的能带结构.图 F11(a)和(b)的吸收谱分别对应于图 F12(a)和(b)的能带结构,前者称为直接带隙半导体,后者称为间接带隙半导体.

(2) **载流子**

(i) 满带顶电子负有效质量

满带顶附近电子的能量

$$E(k) = E_{+} - c(k_x^2 + k_y^2 + k_z^2). \tag{Q41}$$

电子的有效质量

$$m_i^* = \frac{h^2}{\left(\frac{\partial^2 E}{\partial k_i^2}\right)} = -\frac{h^2}{2c} = -m_+^* \quad (i = x, y, z). \tag{Q42}$$

(ii) 空穴

如果满带中只有 $\boldsymbol{k}$ 态是空的,满带电流 $I(\boldsymbol{k}) \neq 0$.设想在 $\boldsymbol{k}$ 态上补入一个电子,它产生电流 $-ev(\boldsymbol{k})$,总电流是填满带电流,

$$I(\boldsymbol{k}) + [-ev(\boldsymbol{k})] = 0,$$

$$I(\boldsymbol{k}) = ev(\boldsymbol{k}). \tag{Q43}$$

所以如果 $\boldsymbol{k}$ 能级是空的,满带电流好像是带 $+e$ 的粒子,以 $v(\boldsymbol{k})$ 运动. $\boldsymbol{k}$ 的变化按照电子运动变化规律,

$$\frac{\mathrm{d}\boldsymbol{k}}{\mathrm{d}t} = -\frac{eE}{h}. \tag{Q44}$$

电子的加速度等于 $\dot{v}(\boldsymbol{k})$.因为质量是负的,所以好像是正电粒子在电场中的加速.满带中存在空的 $\boldsymbol{k}$ 状态,在电场下产生电流,相当于 $+e$, $+m^*$ 的粒子在电场下的运动,称为空穴.

(iii) 导带底电子的各向异性

有些半导体的导带底不在 $\boldsymbol{k}=0$ 处,而在 $\boldsymbol{k}_i (i=1, 2, \cdots)$ 处,如图 F13 所示.在 $\boldsymbol{k}_i$ 附近电子能量

$$E(\boldsymbol{k}) = E_{-} + A(k_1 - k_{1i})^2 + B[(k_2 - k_{2i})^2 + (k_2 - k_{2i})^2].$$

其中的展开系数不相等,所以等能面不是球形.有效质量

$$m_1^* = \frac{h^2}{\left(\frac{\partial^2 E}{\partial k_1^2}\right)_{k_i}} = \frac{h^2}{2A}, \quad m_2^* = m_3^* = \frac{h^2}{2B}. \tag{Q45}$$

在一般情形,各向异性表现不出来,因为 6 个导带极小一齐起作用.

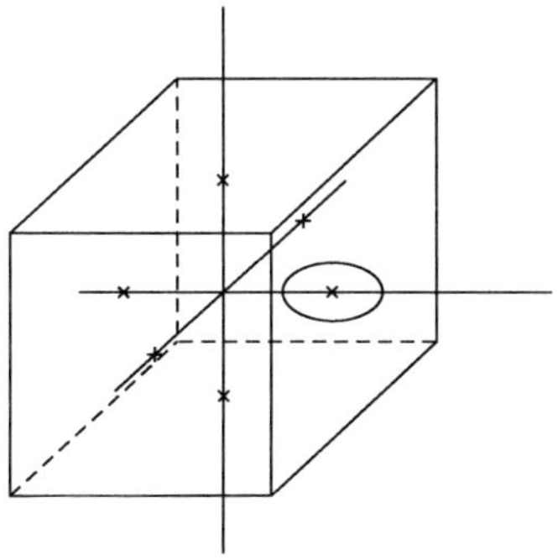

图 F13 导带底的位置和等能面

(iv) 态密度

求能量 E 以下的态总数. 令 $S(E)$＝所有 $\boldsymbol{k}$ 态所占的体积,可以证明态密度

$$\rho(E) = \frac{\mathrm{d}S(E)}{\mathrm{d}E} = \frac{4\pi(8m_1^* m_2^* m_3^*)^{1/2}}{h^3}(E - E_-)^{1/2}. \tag{Q46}$$

如果有 N 个导带底,则要乘以 N. 对满带,可以求得

$$\rho(E) = \frac{4\pi}{h^3}[(2m_+')^{3/2} + (2m_+'')^{3/2}](E_+ - E)^{1/2}. \tag{Q47}$$

其中 m_+' 和 m_+'' 分别为重、轻空穴的有效质量.

8-3 半导体电子的费米统计分布

已经多次提到,由杂质或满带激发电子,而使导带产生电子或使满带产生空穴,这些电子和空穴致使半导体导电,常统称为载流子. 根据费米统计的一般理论,成功地阐明了载流子激发的定量规律.

(1) 半导体载流子的近似玻尔兹曼统计

半导体中的电子和金属中的一样,遵从费米分布的一般规律,然而具体情况有很大不同. 在金属中,电子处于简并化的状态,费米能级 E_F 在导带中间,在 E_F 以下的能级几乎完全为电子填满,而在一般半导体杂质不是太多的情况,E_F 位于禁带内(E_F 位置具体怎样确定,见后面的讨论),而且距离导带底 E_-,或满带顶 E_+ 的距离往往比 kT 大很多:

$$E_- - E_F \gg kT,\ E_F - E_+ \gg kT. \tag{8-6}$$

导带电子在导带各能级的分布概率:

$$f(E)=\frac{1}{e^{(E-E_F)/kT}+1},$$

由于

$$E-E_F>E_--E_F\gg kT,$$

则分母中指数项远大于1,因此近似地有

$$f(E)\approx e^{-(E-E_F)/kT}. \tag{8-7}$$

这表明导带中电子很接近经典的玻尔兹曼分布. $f(E)\ll 1$ 说明,和金属的简并化情况很不相同,在导带中的能级,平均讲是很空的.

满带中空穴的情况也很类似. 满带能级为空穴占据的概率,也就是不为电子所占据的概率,可以写成:

$$1-f(E)=1-\frac{1}{e^{(E-E_F)/kT}+1}=\frac{e^{(E-E_F)/kT}}{e^{(E-E_F)/kT}+1}=\frac{1}{1+e^{(E_F-E)/kT}}.$$

由于

$$E_F-E>E_F-E_+\gg kT,$$

所以

$$1-f(E)\approx e^{-(E_F-E)/kT}.$$

因为空穴所占状态的 E 愈低,表示能量愈高,所以上式正说明空穴概率随能量增加按玻尔兹曼统计的指数规律减少.

图 8-6 的分布函数图线和能带的位置对比,说明了半导体中电子和空穴基本上按玻尔兹曼统计分布,和金属简并化情况完全不同. 导带能级和满带能级都远远离开 E_F,所以导带接近于空的,满带接近充满(空穴很少).

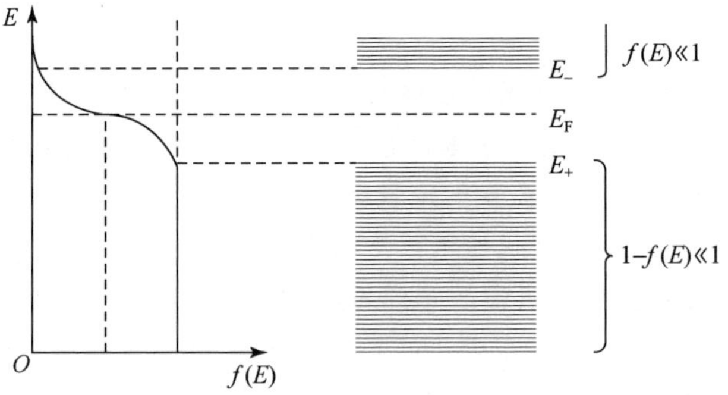

图 8-6　费米分布函数

(2) E_F 和载流子密度

导带底附近的电子和满带顶的空穴如果可以用简单的有效质量 m_-^* 和 m_+^* 描述,则可以直接引用自由电子的能态密度公式(第六章(6-68)式)写出导带底和满带顶附近的能态密度如下：

$$N_-(E) = \frac{4\pi(2m_-^*)^{3/2}}{h^3}\sqrt{(E-E_-)}, \tag{8-8}$$

$$N_+(E) = \frac{4\pi(2m_+^*)^{3/2}}{h^3}\sqrt{(E_+-E)}. \tag{8-9}$$

由于电子和空穴的概率随着能量 $E-E_-$ 和 E_+-E 按玻尔兹曼规律迅速减少，它们主要集中在导带底和满带顶附近 kT 范围之内. 因此可以用上面的能态密度直接计算电子和空穴密度：

$$\begin{aligned} n &= \int_{E_-}^{\infty} f(E)N_-(E)\mathrm{d}E \\ &= \frac{4\pi(2m_-^*)^{3/2}}{h^3}\int_{E_-}^{\infty} \mathrm{e}^{-(E-E_\mathrm{F})/kT}\sqrt{(E-E_-)}\mathrm{d}E \\ &= \frac{4\pi(2m_-)^{3/2}}{h^3}\mathrm{e}^{-(E_- - E_\mathrm{F})/kT}\int_{E_-}^{\infty} \mathrm{e}^{-(E-E_-)/kT}\sqrt{E-E_-}\,\mathrm{d}E. \end{aligned}$$

令

$$\xi = \frac{E-E_-}{kT},$$

得

$$\begin{aligned} n &= \frac{4\pi(2m_-^* kT)^{3/2}}{h^3}\mathrm{e}^{-(E_- - E_\mathrm{F})/kT}\int_0^{\infty} \xi^{1/2}\mathrm{e}^{-\xi}\mathrm{d}\xi \\ &= \frac{2(2\pi m_-^* kT)^{3/2}}{h^3}\mathrm{e}^{-(E_- - E_\mathrm{F})/kT}. \end{aligned}$$

常引入所谓有效能级密度

$$N_- = \frac{2(2\pi m_-^* kT)^{3/2}}{h^3}, \tag{8-10}$$

把 n 写为

$$n = N_-\,\mathrm{e}^{-(E_- - E_\mathrm{F})/kT}. \tag{8-11}$$

这个式子说明导带电子数就如同在导带底 E_- 处的 N_- 个能级所应含有的电子数. 同样我们可以由

$$p = \int_{-\infty}^{E_+} (1-f(E))N_+(E)\mathrm{d}E$$

得

$$p = N_+\,\mathrm{e}^{-(E_\mathrm{F} - E_+)/kT}, \tag{8-12}$$

其中

$$N_+ = \frac{2(2\pi m_+^* kT)^{3/2}}{h^3}. \tag{8-13}$$

(8-11)和(8-12)两个式子把费米能级的位置和载流子密度很简单地联系

了起来,对讨论半导体问题是很重要的.

把(8-11)、(8-12)两式相乘消去 E_F 得到:

$$np = N_- N_+ e^{-(E_- - E_+)/kT}. \tag{8-14}$$

这个式子告诉我们,一个半导体中导带电子愈多,空穴就必然愈少;或者,空穴愈多,则电子就愈少.例如一个 n 型半导体,施主愈多,电子愈多,那么空穴就愈少.

(3) 杂质激发

设想 n 型半导体主要含一种施主,能级位置为 E_D,施主密度为 N_D.在足够低的温度下,载流子将主要是由施主激发到导带的电子.在这种情况下,导带中电子数目显然和空的施主能级数目相等.因此,

$$n = N_D[1 - f(E_D)] = N_D\left[\frac{e^{(E_D-E_F)/kT}}{e^{(E_D-E_F)/kT+1}}\right] = N_D\left[\frac{1}{1+e^{(E_F-E_D)/kT}}\right]. \tag{8-15}$$

应用(8-11)式消去 E_F,

$$n = N_D\left[\frac{1}{1+\dfrac{n}{N_-}e^{(E_- - E_D)/kT}}\right],$$

其中$(E_- - E_D)$代表导带底和施主能级的能量差,显然它就是施主的电离能

$$E_i = E_- - E_D.$$

代入到上式,把分母乘到左边即得到 n 的二次方程:

$$\frac{1}{N_-}e^{E_i/kT}n^2 + n = N_D.$$

其解为

$$n = \frac{-1 \pm \left[1 + 4\left(\dfrac{N_D}{N_-}\right)e^{E_i/kT}\right]^{1/2}}{\dfrac{2}{N_-}e^{E_i/kT}}, \tag{8-16}$$

由于 n 必须是正数,两个根中应取加号的那个根.上式完全确定了导带电子如何随温度变化.在 T 很低,kT 比 E_i 小很多时,括号内指数项远大于 1,则

$$n \approx \frac{2\left(\dfrac{N_D}{N_-}\right)^{1/2}e^{E_i/2kT}}{\dfrac{2}{N_-}e^{E_i/kT}} = (N_- N_D)^{1/2}e^{-E_i/2kT}. \tag{8-17}$$

这个极限相当于只有很少部分施主电离的情形.因为在室温,$kT=0.026$ eV,在许多电离能在 0.01 eV 以上的材料中,即使是在室温甚至更高的温度,热激发

到导带的电子数基本符合上式，即主要按指数关系随温度升高(注意，N_- 与 $T^{3/2}$ 成正比，并不是常数). 下节将看到，霍尔效应的测量可以直接确定载流子密度，分析它和温度的变化是实验上确定 E_i 的一种基本方法.

由于 N_- 和 $T^{3/2}$ 成正比，温度足够高时，

$$\frac{N_D}{N_-}e^{E_i/kT} \ll 1,$$

将 n 的表达式中平方根展开为级数得

$$n = \frac{-1+\left[1+2\left(\frac{N_D}{N_-}\right)e^{E_i/kT}+\cdots\right]}{\frac{2}{N_-}e^{E_i/kT}} \approx N_D, \tag{8-18}$$

说明在这种情况下，导带电子数将接近于施主数，即施主几乎完全电离.

在受主密度为 N_A 和 p 型半导体中，根据完全相似的分析可以得到与上类似的结果：

$$p = \frac{-1+\left[1+4\left(\frac{N_A}{N_+}\right)e^{E_i/kT}\right]^{1/2}}{\frac{2}{N_+}e^{E_i/kT}}, \tag{8-19}$$

E_i 表示受主的电离能. 在足够低的温度，

$$p = \sqrt{N_A N_+}\,e^{-E_i/2kT}. \tag{8-20}$$

(4) 本征激发

在足够高的温度，由满带到导带的电子激发(称为本征激发)将成为主要的. 本征激发的特点是在每产生一个电子的同时将产生一个空穴. 因此，在本征激发为主的情况下，

$$n \approx p.$$

代入前面得到的一般关系式(8-14)，得到

$$n \approx p = \sqrt{N_-\,N_+}\,e^{-(E_- - E_+)/2kT} = \sqrt{N_-\,N_+}\,e^{-E_G/2kT}, \tag{8-21}$$

其中

$$E_G = E_- - E_+ \tag{8-22}$$

表示禁带的宽度. 由于 E_G 比以前讨论的杂质电离能 E_i 往往大很多，因此本征激发随温度上升更为陡峻. 在这个范围内，测量和分析载流子随温度的变化，可以确定禁带宽度.

8-4 电导和霍尔效应

在一般电场情况下，半导体导电也服从欧姆定律，电流密度与电场成正比：

$$j = \sigma E. \tag{8-23}$$

由于半导体中可以同时有电子和空穴，而且它们的密度随样品不同和温度的变化，可以有很大的变化. 因此，分析半导体往往把电导率与电子和空穴数目的关系写出来：

$$\sigma = ne\mu_- + pe\mu_+, \tag{8-24}$$

其中 μ_- 和 μ_+ 分别称为电子和空穴的迁移率. 代入(8-23)得

$$j = ne(\mu_- E) + pe(\mu_+ E).$$

由此可以看到，μE 表示在电场作用下载流子(电子和空穴)沿电场方向漂移的平均速度，迁移率表示单位电场下载流子的平均漂移速度. 在杂质激发的范围，主要是一种载流子导电，则

$$\sigma = \begin{cases} ne\mu_- & (\text{n 型}), \\ pe\mu_+ & (\text{p 型}). \end{cases} \tag{8-25}$$

由于载流子漂移运动是电场加速和不断碰撞(散射)的结果，迁移率一方面决定于有效质量(加速作用)，另一方面决定于散射概率. 迁移率的大小在实际问题中是很重要的. 一些离子晶体的 μ 只有几个最多几十个 $cm^2/(V \cdot s)$，锗和硅的 μ 一般为 1000 $cm^2/(V \cdot s)$的数量级. 有效质量决定于能带结构，有些金属间化合物(如 InSb，GaAs)的电子有效质量只有电子质量的1/100左右，迁移率可达到几十万 $cm^2/(V \cdot s)$. 散射可以是由于晶格振动，也可以是由于杂质. 在较高的温度晶格散射是主要的，它随温度增加而增加，杂质散射在较低温度下可以成为主要的. 图 8-7 是测量不同锗样品电导率随温度变化的结果. 我们看到不同的样品在较低温度方面 σ 是不同的. 这是由于在杂质激发的范围，载

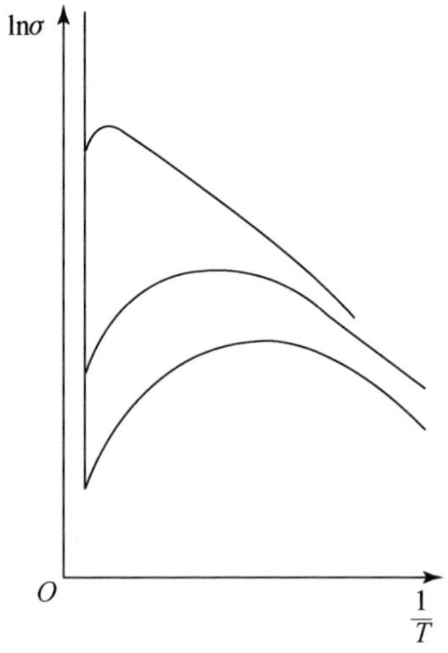

图 8-7 锗的电导率和温度的关系

流子数目随所含杂质情况不同而不同. 在高温度各样品的 σ 趋于一致,表明本征激发已成为主要的,载流子只决定于材料能带情况,与杂质无关. 值得注意的是在中间的温度,当温度升高时 σ 反而下降. 这是由于在这一范围,杂质已基本上全部电离,因此载流子数目已不大增加,而晶格散射随温度加强,使得迁移率下降.

虽然电导率的实验测量已经成为测定半导体材料规格(例如,由电导率的大小估计施主或受主的数目)和研究半导体的基本方法,但由于 σ 中包含了各种因素,仅仅依靠电导的测量作深入的分析就受到很大限制. 霍尔效应原来是在金属中发现的,但是在半导体中这个效应远远更为显著,而且对于半导体的分析能提供特别重要的依据. 因此结合半导体的研究,霍尔效应的研究有了很大的发展. 可以粗浅地说明霍尔效应如下:半导体片放置在 xy 平面内,电流沿 x 方向,磁场垂直于片而沿 z 方向. 如果是空穴导电,它们沿电流方向运动,受到磁场的洛伦兹偏转力

$$\frac{e}{c}\boldsymbol{v}\times\boldsymbol{H},$$

方向是沿 $-y$ 的方向,使空穴除 x 方向运动还产生向 $-y$ 的运动. 这种横向运动将造成片两边电荷积累如图 8-8,从而产生一个沿 y 方向的电场 E_y. 在实际测量的稳定情况中,E_y 的横向力恰足以抵消磁场的偏转力:

$$eE_y=\frac{e}{c}(v_xH_z).$$

因为电流密度为

$$j_x=pev_x,$$

所以,

$$E_y=\frac{1}{pec}j_xH_z, \tag{8-26}$$

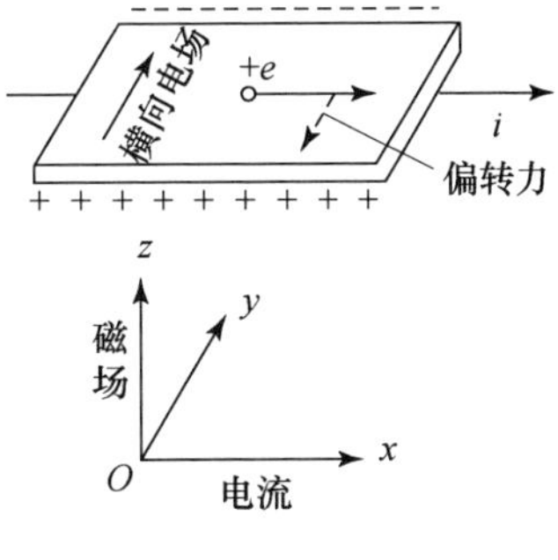

图 8-8 霍尔效应

系数 $1/pec$ 称为霍尔系数. 如果是 n 型导电,情况是类似的,只是电场沿 $-y$ 方向.

$$E_y=-\frac{1}{nec}j_xH_z, \tag{8-27}$$

因此霍尔系数是负值.

由于霍尔系数与载流子数目成反比,因此半导体的霍尔效应比金属强得多.由霍尔系数的测定可以直接得到载流子的密度,而且,从它的符号可以确定是空穴导电还是电子导电.图 8-9 是根据电导和霍尔效应测量所得到几个不同 n 型锗样品中电子数与温度的关系图线.在较低温度,各样品的图线不同,相当于杂质激发的范围.在中间有一段曲线基本上是平的,相当于温度已足以使施主基本上全部电离,高温的那一段则相当于本征激发.从图线和统计理论的结果做仔细的比较可以得到关于禁带宽度、杂质电离能、杂质浓度等基本数据.

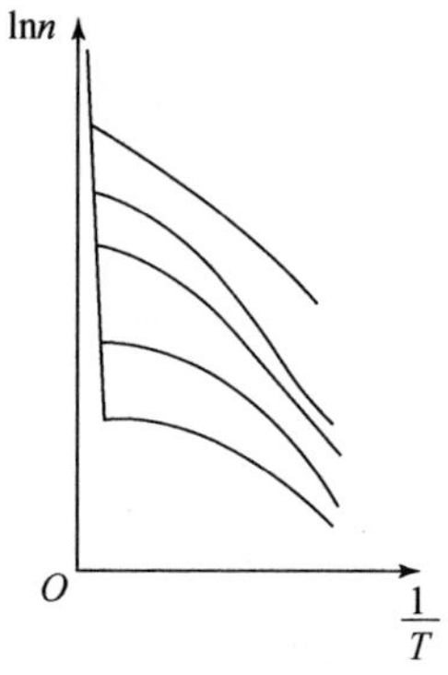

图 8-9 电子数与温度

8-5 p-n 结

(1) 费米能级和 p-n 结势垒

由前面的结果

$$n = N_- \, e^{-(E_- - E_F)/kT},$$
$$p = N_+ \, e^{-(E_F - E_+)/kT},$$

我们看到,电子和空穴的数目分别决定于费米能级与导带底和与满带顶的距离.对 n 型半导体,在杂质激发的范围,电子的数目远多于空穴,因此 E_F 应在禁带的上半部,接近导带;而在 p 型半导体,空穴数目远多于电子,E_F 将在禁带下部,接近于满带.

在讨论金属的接触电势差时,我们已经看到,接触电势差产生的原因是在于不同金属费米能级高低的不同,因而引起电子的流动,在接触面两方形成正负电荷积累.这个偶极层形成的电势差(接触电势差)使电子在两方的静电势能差别正好抵消原来费米能级的差别.在半导体内,如果一部分为 n 型,另一部分为 p 型,由于 n 型和 p 型费米能级高低不同,与金属接触的情况相似,在交界的 p-n 结处引起电荷积累,形成一定的接触电势差,这种情况在能带图中的反映如图 8-10 所示.接触电势差使 p 型相对于 n 型带负的电势 $-V_D$.在 p 区电子静电势能提高 eV_D,表现在 p 区整个电子能级向上移动 eV_D,恰好补偿 E_F 原来的差别,即

$$eV_D = (E_F)_n - (E_F)_p, \tag{8-28}$$

使两边 E_F 拉平.

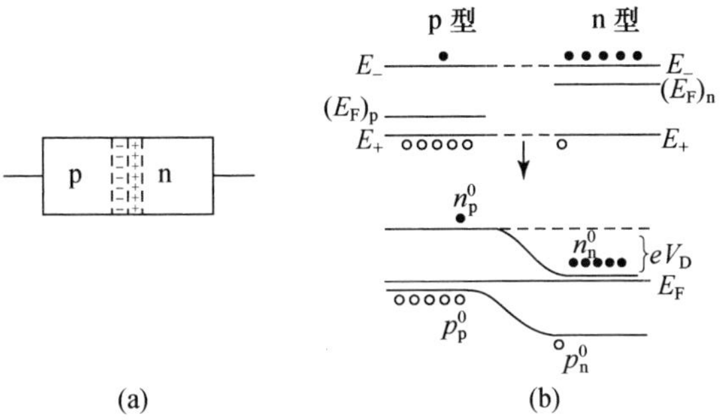

图 8-10 p-n 结势垒

能带弯曲处相当于 p-n 结的空间电荷区,其中存在强的电场,对 n 区电子或 p 区空穴来说都是一个"势垒",高度为 eV_D.

以上是就一般统计平衡规律所得到的结论. 如果从具体载流子的平衡看,势垒电场恰好能阻止密度大的 n 区电子向 p 区扩散;对于空穴来讲,由于电荷符号和电子相反,p-n 结的势垒也正好阻止空穴由密度高的 p 区向密度低的 n 区扩散.

我们注意,以上的平衡关系表现在 p 区和 n 区电子的密度 n_p^0 和 n_n^0 正好符合玻尔兹曼关于粒子在势能场中密度分布的规律. 因为

$$n = N_- \exp\left[\frac{-(\text{导带底和 } E_F \text{ 的距离})}{kT}\right],$$

从图 8-10 的能带图中可以看出,在 n 区和 p 区,导带底和 E_F 的距离正好相差 eV_D,因此根据上式有:

$$\frac{n_p^0}{n_n^0} = e^{-\frac{eV_D}{kT}}, \tag{8-29}$$

其中 eV_D 正好是电子在两处势能的差别. 同样由 E_F 和满带顶的距离可以看到,在 n 区空穴的密度 p_n^0 和 p 区空穴密度 p_p^0 之比也符合玻尔兹曼的关系:

$$\frac{p_n^0}{p_p^0} = e^{-\frac{eV_D}{kT}}. \tag{8-30}$$

(2) 外加电压和整流作用

原来 p 区相对于 n 区的电势为 $-V_D$,如果加电压 V 于 p 区,则 p 区相对于 n 区的电势将改为 $-(V_D - V)$,这时势垒高度为 $e(V_D - V)$. 如果 V 为正电压,

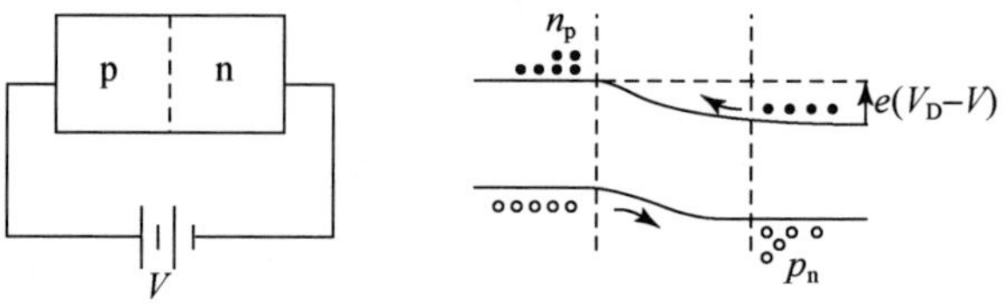

(a)　　(b)

图 8-11　p-n 结中的电子和空穴流

则能带图中势垒将降低. 这种有外加电压的情况如图 8-11 所示. 在这种情况下,势垒就不再能完全抵消电子和空穴的扩散作用,结果电子向 p 区扩散,使 p 区边界上电子密度提高到一个新的数值,我们用 n_p 表示. n_p 可以近似地用玻尔兹曼规律由 n_n^0 计算如下

$$n_p = n_n^0 e^{\frac{-e(V_D-V)}{kT}},$$

和原来平衡时的密度(8-29)比较,得到

$$n_p = n_p^0 e^{eV/kT}, \tag{8-31}$$

即由于外加电压使边界处电子积累,密度提高了 $e^{eV/kT}$ 倍. 这种多余的电子将向 p 区内部不断扩散,并且由于它们是非平衡载流子,它们一方面扩散一方面不断复合而消失. 扩散流可以写成

$$-D_- \frac{dn}{dx}, \tag{8-32}$$

其中 D_- 为电子的扩散系数. 根据连续性方程,在稳定情况下,由于扩散流不均匀而造成的积累率与非平衡载流子的复合率相等,可以用下式概括:

$$\frac{d}{dx}\left(-D_- \frac{dn}{dx}\right) = -\frac{n-n_p^0}{\tau_-}, \tag{8-33}$$

其中 τ_- 为电子在 p 区的寿命. 由于平衡载流子密度 n_p^0 是一个与 x 无关的数值,左方显然也可以用$(n-n_p^0)$代替:

$$\frac{d^2(n-n_p^0)}{dx^2} = \left(\frac{1}{D_- \tau_-}\right)(n-n_p^0).$$

方程的一般解为:

$$n - n_p^0 = Ae^{-x/\sqrt{D_-\tau_-}} + Be^{x/\sqrt{D_-\tau_-}}. \tag{8-34}$$

考虑到 x 增加时非平衡载流子将由于复合不断减少,因此上式中应取$B=0$. 另外,根据以上所得到的在边界处(即 $x=0$ 处)电子的密度为$n_p = n_p^0 e^{eV/kT}$,则得

$$n_{\mathrm{p}}-n_{\mathrm{p}}^{0}=n_{\mathrm{p}}^{0}(\mathrm{e}^{eV/kT}-1)=A,$$

所以

$$n-n_{\mathrm{p}}^{0}=n_{\mathrm{p}}^{0}\mathrm{e}^{-x/L_{-}}(\mathrm{e}^{eV/kT}-1),\tag{8-35}$$

其中

$$L_{-}=\sqrt{D_{-}\tau_{-}}\tag{8-36}$$

描述电子在复合以前平均扩散的距离,称为扩散长度,它实际上就是电子在 τ_{-} 时间内布朗运动的均方根距离.

由以上的结果,根据(8-32)可以算出进入 p 区的扩散电子电流

$$j_{x}=-e\left[-D_{-}\left(\frac{\mathrm{d}n}{\mathrm{d}x}\right)_{0}\right]=-e\left(\frac{D_{-}}{L_{-}}\right)n_{\mathrm{p}}^{0}(\mathrm{e}^{eV/kT}-1).\tag{8-37}$$

以类似的方法分析在 n 区边界空穴的积累和向 n 区内部扩散和复合,可以得到进入 n 区的空穴电流

$$j_{x}=-e\left(\frac{D_{+}}{L_{+}}\right)p_{\mathrm{n}}^{0}(\mathrm{e}^{eV/kT}-1),\tag{8-38}$$

D_{+} 和 L_{+} 分别为空穴的扩散系数和扩散长度.因此通过单位面积 p-n 结界面的总电流可以由(8-37)、(8-38)相加得到:

$$j_{x}=-j_{0}(\mathrm{e}^{eV/kT}-1),\tag{8-39}$$

其中

$$j_{0}=e\left\{\left(\frac{D_{+}}{L_{+}}\right)p_{\mathrm{n}}^{0}+\left(\frac{D_{-}}{L_{-}}\right)n_{\mathrm{p}}^{0}\right\}.\tag{8-40}$$

(8-39)式的电流和电压的关系如图 8-4(b)所示.在一个方向电流随 V 基本上按 $\mathrm{e}^{eV/kT}$ 指数地增长,在相反方向,电流密度很快地达到饱和值 j_{0}.前面已经提到,利用这种 p-n 结的整流效应,发展了高效率的新型整流器.

(3) 光生伏特效应

如果在 p 型半导体表面,用例如气态扩散的方法引进 n 型杂质,在半导体表面将形成一薄的 n 型层,在光照下可以在 p-n 结附近产生大量的电子和空穴,它们如果在 p-n 结一个扩散长度之内,就有可能在复合前通过无规则的布朗运动到达 p-n 结的强电场区域.强电场将使电子扫到 n 区,空穴扫到 p 区,使 n 区带负电,p 区带正电,如同一化学电池,见图 8-12,这种现象称为光生伏特效应.硅光电池所利用的正是这种效应.

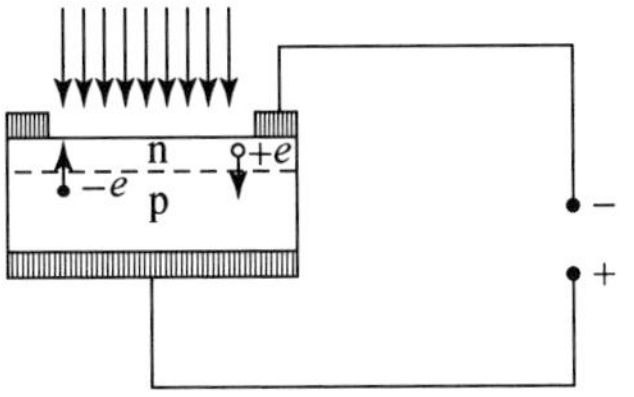

图 8-12　p-n 结光生伏特效应

8-6 半导体的应用

(1) 电导率和霍尔系数

在第七章金属电子论中得到金属的电导率(7-76)式,

$$\sigma_0 = \frac{ne^2\tau(E_F)}{m^*}.$$

和霍尔系数(7-7 节,(Q24)式)

$$R = -\frac{1}{nec}.$$

其中都用到弛豫时间 $\tau(\boldsymbol{k})$在 $\boldsymbol{k}$ 空间的平均.金属中电子服从费米分布,见(7-4)式.在对 $\boldsymbol{k}$ 空间积分式中都包含有 $\partial f_0/\partial E$,而$(-\partial f_0/\partial E)$具有类似 δ 函数的特点,见图 7-6.因此弛豫时间等物理量由它们在费米能级上的值决定.对于晶格散射,得到 $1/\tau$ 为(7-101)式,它与温度 T 和费米能级附近的态密度成正比.

对于半导体,以 n 型半导体为例,导带底能量与费米能级之差远大于 kT,

$$\frac{E_- - E_F}{kT} \gg 1.$$

因此$(-\partial f_0/\partial E)$不具有 δ 函数的特点,分布函数类似玻尔兹曼分布,

$$f_0 = e^{E_F/kT}e^{-E/kT},$$

$$\frac{\partial f_0}{\partial E} = -\frac{f_0}{kT}.$$

半导体的电导率和霍尔系数

$$\sigma = \frac{ne^2\bar{\tau}}{m^*}, \quad R = -\frac{1}{nec}\frac{\overline{\tau^2}}{\bar{\tau}^2},$$

其中 $\bar{\tau}$ 是平均弛豫时间,

$$\bar{\tau} = \frac{\int \tau(E)(E-E_-)f_0(E)\rho(E)\mathrm{d}E}{\int (E-E_-)f_0(E)\rho(E)\mathrm{d}E},$$

$\rho(E)$是态密度.对声学波散射,$\tau = c/v = AT^{-1}/v$,求得 $\bar{\tau} \propto T^{-3/2}$.因此金属电导率与 T^{-1} 成正比,而半导体电导率与 $T^{-3/2}$ 成正比.

对声学波散射,可求得

$$\frac{\overline{\tau^2}}{\bar{\tau}^2}=\frac{3\pi}{8},\quad R=-\frac{3\pi}{8}\frac{1}{nec}.$$

令 $\sigma=ne\mu$，μ 是迁移率，则

$$cR\sigma=-\frac{3\pi}{8}\mu.$$

霍尔效应早在金属中被发现，但很小. 在半导体中，由于载流子浓度比金属中的小几个量级，所以很明显，被利用来测量半导体中的载流子浓度. 由霍尔系数的符号还能确定载流子的类型是电子或空穴.

（2）温差电效应

利用温差电效应的回路如图 F14 所示. $T_1>T_0$，在产生作功的同时，在 T_1 处吸帕尔贴热 $\Pi(T_1)I$，在 T_0 处放热. 相当于热机，效率低于理想热机效率. 有热传导 $T_1\to T_2$，且有内阻，消耗了一部分功率 R^2I. 因此我们希望 R 小，α（温差电势系数，见 7-7 节(2)，(Q34)式）大.

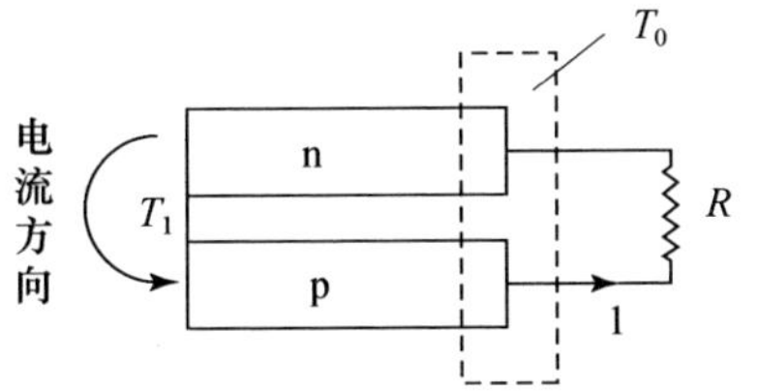

图 F14　温差电效应的回路

半导体温差发电主要是由于 α 大，特别是当 n，p 串联时. 由(Q34)式，

$$\left.\begin{aligned}\alpha&=-\frac{1}{eT}\left[\frac{K_1}{K_0}-E_{\rm F}\right],\\ K_{\rm n}&=2\int\nu_x^2\tau E^n\frac{{\rm d}f_0}{{\rm d}E}{\rm d}\boldsymbol{k}.\end{aligned}\right\}\tag{Q48}$$

半导体中电子（空穴）服从玻尔兹曼分布，所以可以直接求得. 如果各向同性，则

$$\left.\begin{aligned}&v_x^2=\frac{1}{3}v^2=\frac{2}{3}\frac{E-E_-}{m^*},\\ &f_0={\rm e}^{-(E-E_{\rm F})/kT},\quad\frac{{\rm d}f_0}{{\rm d}E}=-\frac{f_0}{kT},\\ &2\int{\rm d}k=\int\rho(E){\rm d}E=c\int(E-E_-)^{1/2}{\rm d}E.\end{aligned}\right\}\tag{Q49}$$

求得

$$\alpha=-\frac{1}{eT}\left[\frac{\int\tau(E)(E-E_-)Ef_0(E-E_-)^{1/2}\mathrm{d}E}{\int\tau(E)(E-E_-)f_0(E-E_-)^{1/2}\mathrm{d}E}-E_{\mathrm{F}}\right]$$

$$=-\frac{1}{eT}\left[\frac{\int\tau(E)(E-E_-)^{5/2}f_0\mathrm{d}E}{\int\tau(E)(E-E_-)^{3/2}f_0\mathrm{d}E}+E_--E_{\mathrm{F}}\right]. \tag{Q50}$$

对于声学波散射，$\tau(E)=c/v\propto 1/(E-E_-)^{1/2}$. 令 $\xi=(E-E_-)/kT$，则

$$\alpha=-\frac{1}{eT}\left[\frac{kT\int\xi^2\mathrm{e}^{-\xi}\mathrm{d}\xi}{\int\xi\mathrm{e}^{-\xi}\mathrm{d}\xi}-kT\ln\frac{n}{N_-}\right]=-\frac{k}{e}\left[2-\ln\frac{n}{N_-}\right]. \tag{Q51}$$

(k/e)～几百微伏/开. 与金属的 α 相比（见(Q36)式），金属的 α 多了一个因子 $kT/E_{\mathrm{F}}\sim 1/100$. 因此半导体的温差电效应要比金属大百倍.

半导体致冷 在图 F14 中将电阻换成电池，通电以后就可以在 T_1 端放热，在 T_0 端吸热. 原理与温差电效应相反，电流也是反方向的.

(3) 光电效应和光敏电阻

光敏电阻用于红外探测. 不同的半导体光敏电阻对不同波长的光灵敏，如：PbS 3～4μm，InSb 7μm. 光敏电阻的性能包括：(i) 灵敏度，即反应的强弱. 对一定的光照，引起的电阻率变化. 目前 CdS 最大. (ii) 反应速度. PbS 反应快，它与灵敏度是互相矛盾的. (iii) 噪音. 红外探测，信号很弱. 如果噪音大，就湮没了信号.

激发和复合 当光子能量 $h\nu>E_{\mathrm{G}}$，光子就可以将电子由满带激发到导带，产生电子-空穴对. 令 IK 为单位面积单位时间吸收的光子数，I 是光强，K 是光吸收系数. 但不一定每一个光子都用来激发，所以电子-空穴产生率 $=IK\beta$. β 称为量子产额. 实验上发现，$\beta\approx 1$. 光强在半导体中的衰减情况：

$$I=I_0\mathrm{e}^{-Kx}. \tag{Q52}$$

光能穿透 $1/K$ 的距离，$K=10^4\sim 10^5/\mathrm{cm}$.

复合过程 原来半导体中就有少数的电子或空穴，光照以后又多出一部分，这部分是不平衡载流子. 这些电子或空穴是要复合的，复合过程也就是恢复平衡的过程. 复合率 $=\Delta n/\tau$. τ 称为寿命. 实验发现，寿命与材料中杂质有关. 因为电子掉到满带有两种可能，一是直接，二是先掉到杂质态，再掉到满带. 而后者发生概率反而大. 不是所有杂质都有这种性质，具有这种性质的杂质称为复合中心，如镍、铜在锗中.

定态和弛豫　在光照下，半导体中的非平衡电子数随时间的变化，

$$\frac{\mathrm{d}(\Delta n)}{\mathrm{d}t}=IK\beta-\frac{\Delta n}{\tau}. \tag{Q53}$$

令 $f=\Delta n-IK\beta\tau$，则

$$\frac{\mathrm{d}f}{\mathrm{d}t}=-\frac{f}{\tau},\quad f=C\mathrm{e}^{-t/\tau}, \tag{Q54}$$

$$\Delta n=C\mathrm{e}^{-t/\tau}+IK\beta\tau.$$

当 $t=0$，光照开始，$\Delta n=0$. 定出 $C=-IK\beta\tau$，

$$\Delta n=IK\beta\tau(1-\mathrm{e}^{-t/\tau}). \tag{Q55}$$

基本上，经过 τ 时间，才建立起光电导. τ 又称为弛豫时间. 定态光电导 $=IK\beta\tau$，所以越灵敏，反应速度就越慢(τ 大).

实际情况往往复杂得多：(i) 光电导不和 I 成正比，而是 $\propto I^n$. (ii) 决定光电导的主要是一种载流子，电子或空穴，其原因就是陷阱. 光生空穴被一些杂质能级(陷阱)所俘获，经过一段时间又被激发，结果使空穴在电导中不起作用，加长了 τ(例如 CdS). 所以陷阱可以被用来改变光导电性.

(4) 三极管

三极管的结构与原理如图 F15 所示，中间是 n 型半导体，由导线引出. 两面

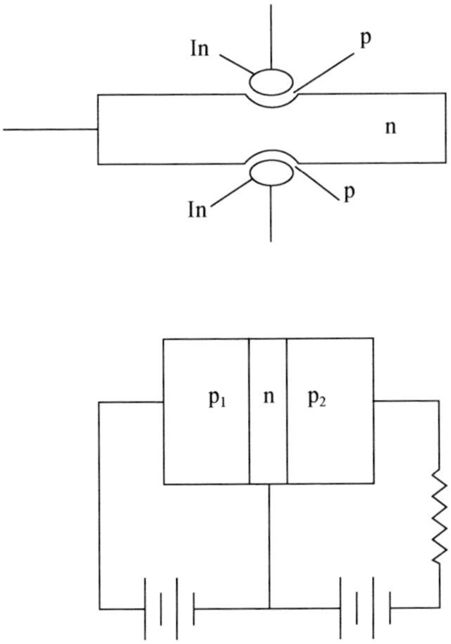

图 F15　三极管的结构与原理

由 In 组成电极和 p 区,晶体管是 pnp 型的. 左边电极是发射极,它和 n 区形成的回路是低阻. 右边电极是收集极,它和 n 区形成的回路是高阻. n 区电极是基极. 空穴由发射极进入基极,通过扩散直接进入收集极,只要输入回路电阻小于输出电路电阻,就起着信号放大作用. 通常要求基极层很薄,保证进入基极的空穴大多数不复合.

第九章　固体的磁性

关于固体磁性的一些重要的基本概念和规律，早在 19 世纪电磁学的发展中就开始建立. 安培的分子电流学说是熟知的. 在 19 世纪中期，已经以分子电流的概念为基础，提出了最初的关于磁性介质的理论. 19 世纪后半期，电磁材料开始在电工中利用，就在这个时期，发展了研究铁磁磁化现象的实验方法，并确立了关于铁磁磁化规律的一些基本要素. 关于导致铁磁性的内部相互作用（分子场）的初步假说和顺磁磁化的著名居里定律也已经提出来. 20 世纪最初十年之中，对于顺磁性（朗之万理论）和铁磁性（外斯理论）都发展了系统的理论，其中一些基本概念和方法在很大程度上仍旧保留在现代理论之中.

关于磁性的认识直接涉及物质结构的基本研究. 在原子物理学和量子理论的发展过程中，“分子电流”得到深刻的发展，成为系统的原子理论的组成部分，同时，确立了原子的自旋磁矩. 这就为固体磁性的理论提供了新的基础.

从那个时候开始，固体磁性的研究无论在广度或深度上，都是前所无可比拟的. 最近时期的重大发展是和现代技术高速发展的需要，新的物理实验技术所提供的条件，以及整个固体物理学的进展分不开的. 电子顺磁共振、核磁共振的发展，不仅推进了磁性的研究，而且在广泛领域中对物质微观结构的研究产生了重要的作用. 在无线电电子学技术发展的推动下，产生了铁氧体的科学技术领域，并从而推动了铁磁共振、亚铁磁性、反铁磁性、铁磁的量子理论等基本理论研究. 这些理论研究直接为建立和发展如微波铁氧体器件、量子无线电等尖端部门提供了基础.

固体磁学涉及十分广泛的领域，本章着重讲述一些有关的基础知识.

9-1　原 子 磁 性

本节将扼要地总结在原子物理和量子力学中关于原子磁性的一些基本结果.

(1) 轨道磁矩、自旋磁矩

先扼要概括一下关于原子磁矩的一些基础知识.

束缚电子的轨道运动产生一定的磁矩. 它和轨道运动的角动量之间存在着简单的联系. 由图 9-1 可见,在 $\mathrm{d}t$ 时间内矢径 $\boldsymbol{r}$ 扫过的三角形面积 $\mathrm{d}A$,

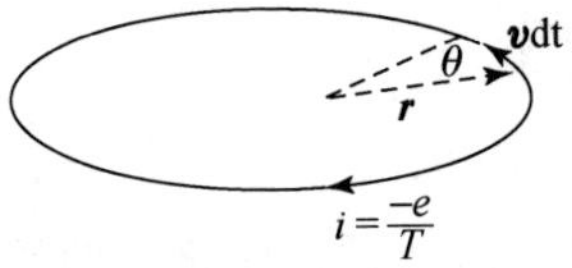

图 9-1　轨道运动的面速度

$$\mathrm{d}A = \frac{1}{2}(v\mathrm{d}t)r\sin\theta = \frac{1}{2}|\boldsymbol{r}\times\boldsymbol{v}|\,\mathrm{d}t = \frac{1}{2m}|\boldsymbol{l}|\,\mathrm{d}t, \tag{9-1}$$

其中

$$\boldsymbol{l} = m(\boldsymbol{r}\times\boldsymbol{v})\quad(m\ 为电子质量)$$

表示轨道角动量. 由于 $\boldsymbol{l}$ 为一恒量,因此,“面速度”$\mathrm{d}A/\mathrm{d}t$ 是一恒量,可以写成 (A/T),T 表示轨道运动周期,A 表示轨道所围的面积,引入矢量

$$\mathbf{A} = \boldsymbol{l}\frac{T}{2m}$$

垂直于轨道平面,其方向根据轨道运动按右手螺旋规定. 另一方面,$-e$ 的轨道运动相当于一个闭合电流

$$i = -\frac{e}{T},$$

其中负号反映电流方向与轨道运动相反. 闭合电流所产生的磁矩

$$\boldsymbol{\mu}_l = \frac{1}{c}(\mathbf{A}i) = \frac{1}{c}\left(-\frac{e}{T}\right)\left(\frac{\boldsymbol{l}T}{2m}\right) = \left(-\frac{e}{2mc}\right)\boldsymbol{l}. \tag{9-2}$$

磁矩和角动量之比值

$$-\frac{e}{2mc} \tag{9-3}$$

为一普适常数,称为电子轨道运动的旋磁比.

电子的自旋运动也同样联系一定的磁矩,但旋磁比与轨道运动不同:

$$自旋运动的旋磁比 = -\frac{e}{mc}. \tag{9-4}$$

在实际的原子中,由于电子之间库仑作用和自旋-轨道耦合作用,只有所有电子的总角动量

$$\boldsymbol{J} = \sum_i(\boldsymbol{l})_i + \sum_i(\boldsymbol{s})_i \tag{9-5}$$

守恒. 在这种既有自旋又有轨道运动的情况下,仍存在磁矩和角动量间的比例关系:

$$\boldsymbol{\mu}_J = g_J\left(-\frac{e}{2mc}\right)\boldsymbol{J}, \tag{9-6}$$

g_J 称为原子的回旋磁化率,或称 g 因子.

由于角动量具有量子化的数值

$$|\boldsymbol{J}| = \sqrt{J(J+1)}\hbar, \tag{9-7}$$

乘上旋磁比 $g_J\left(\frac{e}{2mc}\right)$,得到

$$|\mu_J| = \sqrt{J(J+1)}g_J\mu_B, \tag{9-8}$$

式中

$$\mu_B = \frac{e\hbar}{2mc} \tag{9-9}$$

称为玻尔磁子.玻尔磁子正好是轨道角动量为一个量子单位 $\hbar$ 时的磁矩,是原子磁矩的天然单位.

在一般原子中内部的满壳层角动量和磁矩都等于 0.磁矩决定于比较靠外的不满壳层,它们一般遵循 L-S 耦合的方式,在这种情况下,由量子力学理论导出

$$g_J = 1 + \frac{J(J+1)+S(S+1)-L(L+1)}{2J(J+1)}, \tag{9-10}$$

对于自旋量子数为 0 的情形:

$$J = L, S = 0, g_J = 1,$$

磁矩完全由于轨道运动;相反,对于轨道量子数为 0 的情形:

$$J = S, L = 0, g_J = 2,$$

磁矩完全由于自旋运动.

按照由洪德根据光谱实验所提出的规律,L-S 耦合的原子的基态是 S 最高各态中 L 最高的态,并且如果壳层不到半满,则 $J=|L-S|$,如果超过半满,则 $J=|L+S|$.根据洪德规律,可以直接计算出原子基态的磁矩.

以 Cr^{3+} 为例,3d 壳层中只有三个电子,不到半满,因此,自旋都可以取相同的方向.这样在 z 方向(量子化方向)的自旋分量,最大可以取

$$\frac{\hbar}{2}+\frac{\hbar}{2}+\frac{\hbar}{2}=\frac{3}{2}\hbar.$$

这就说明,最大的 S 显然为 3/2(总自旋为 S 的态,z 方向最大分量为 $S\hbar$).d 壳层轨道角动量分量的量子数(磁量子数)可取下列值:

$$m_l = 2,\quad 1,\quad 0,\quad -1,\quad -2.$$

由于泡利原理,使三个自旋相同的电子总的轨道角动量分量最大的可能值是填充 $m_l=2,1,0$ 三个态,即总轨道角动量分量最大值为

$$(2+1+0)\hbar = 3\hbar.$$

这说明，最大 L 为 3（轨道量子数为 L 的态，z 方向分量最大值为 $L\hbar$）. 对于未半满的壳层

$$J = |L - S| = \frac{3}{2},$$

因此，Cr^{3+} 基态应为 $^4F_{3/2}$（按光谱学的习惯，这里的大写字母表示轨道量子数，对于 $L=0,1,2,3,\cdots$，写为 S，P，D，F，…，右下角为量子数 J，左上角表示由自旋引起的多重态数：$2S+1$）. 这时

$$g_J = 1 + \frac{\frac{3}{2}\times\frac{5}{2}+\frac{3}{2}\times\frac{5}{2}-3\times 4}{2\times\frac{3}{2}\times\frac{5}{2}}$$

$$= \frac{2}{5}.$$

$$g_J\sqrt{J(J+1)} = 0.77.$$

表 9-1 和 9-2 列出磁性研究中最常遇到的稀土和铁族离子的电子壳层组态. 以及据洪德规律计算的 $g_J\sqrt{J(J+1)}$（即以 μ_B 为单位的磁矩值）.

表 9-1 三价稀土离子的有效玻尔磁子数

离子	电子层结构	基　态	$P_{计算}=g_J\sqrt{J(J+1)}$	$P_{实验}$
Ce^{3+}	$4f^1 5s^2 p^6$	$^2F_{5/2}$	2.54	2.4
Pr^{3+}	$4f^2 5s^2 p^6$	$^3H_4$	3.58	3.5
Nd^{3+}	$4f^3 5s^2 p^6$	$^4I_{9/2}$	3.62	3.5
Pm^{3+}	$4f^4 5s^2 p^6$	$^5I_4$	2.68	—
Sm^{3+}	$4f^5 5s^2 p^6$	$^6H_{5/2}$	0.84	1.5
Eu^{3+}	$4f^6 5s^2 p^6$	$^7F_0$	0	3.4
Gd^{3+}	$4f^7 5s^2 p^6$	$^8S_{7/2}$	7.94	8.0
Tb^{3+}	$4f^8 5s^2 p^6$	$^7E_6$	9.72	9.5
Dy^{3+}	$4f^9 5s^2 p^6$	$^6H_{15/2}$	10.63	10.6
Ho^{3+}	$4f^{10} 5s^2 p^6$	$^5I_8$	10.60	10.4
Er^{3+}	$4f^{11} 5s^2 p^6$	$^4I_{15/2}$	9.59	9.5
Tm^{3+}	$4f^{12} 5s^2 p^6$	$^3H_6$	7.57	7.3
Yb^{3+}	$4f^{13} 5s^2 p^6$	$^2F_{7/2}$	4.54	4.5

表 9-2 铁族离子的有效玻尔磁子数

离子	电子层结构	基态	$P_{计算}=g_J\sqrt{J(J+1)}$	$P_{计算}=g_J\sqrt{S(S+1)}$	$P_{实验}$
Ti^{3+},V^{4+}	$3d^1$	$^2D_{3/2}$	1.55	1.73	1.8
V^{3+}	$3d^2$	$^3F_2$	1.63	2.83	2.8
Cr^{3+},V^{2+}	$3d^3$	$^4F_{3/2}$	0.77	3.87	3.8
Mn^{3+},Cr^{2+}	$3d^4$	$^5D_0$	0	4.90	4.9
Fe^{3+},Mn^{2+}	$3d^5$	$^6S_{5/2}$	5.92	5.92	5.9
Fe^{2+}	$3d^6$	$^5D_4$	6.70	4.90	5.4
Co^{2+}	$3d^7$	$^4F_{9/2}$	6.63	3.87	4.8
Ni^{2+}	$3d^3$	$^3F_4$	5.59	2.83	3.2
Cu^{2+}	$3d^9$	$^2D_{5/2}$	3.55	1.73	1.9

(2) 磁场和原子的相互作用

首先考虑没有自旋的情况.在磁场中,哈密顿量可以一般写成

$$\mathscr{H}=\sum_i \frac{1}{2m}\left[\boldsymbol{p}_i+\frac{e}{c}\boldsymbol{A}(r_i)\right]^2+V(\boldsymbol{r}_1,\boldsymbol{r}_2,\cdots), \tag{9-11}$$

其中,V 表示原子内部的势能函数,$\boldsymbol{A}$ 为磁场的矢量势.设恒定磁场 $\boldsymbol{H}$ 沿 z 方向,则 $\boldsymbol{A}$ 可以写成

$$\boldsymbol{A}=\frac{1}{2}(-H_z y,H_z x,0). \tag{9-12}$$

代入上式得到:

$$\mathscr{H}=\sum_i\left\{-\frac{\hbar^2}{2m}\nabla_i^2+\frac{eH_z}{2mc}\left[-\mathrm{i}\hbar\left(x_i\frac{\partial}{\partial y_i}-y_i\frac{\partial}{\partial x_i}\right)\right]+\frac{e^2H_z^2}{8mc^2}-(x_i^2+y_i^2)\right\}+V(\boldsymbol{r}_1,\boldsymbol{r}_2,\cdots). \tag{9-13}$$

我们注意,H_z 的线性项中方括号内是轨道角动量的 z 分量,乘上$(-e/2mc)$便是轨道磁矩的 z 分量$(\boldsymbol{\mu}_L)_z$.所以,线性项可以写成

$$-(\boldsymbol{\mu}_L)_z H_z=-\boldsymbol{\mu}_L\cdot\boldsymbol{H}.$$

它的形式完全类似于经典的磁偶极子在磁场中的取向能.

把含 H_z 的各项看做微扰,角动量量子数为 L,M_L 的基态的一级微扰能量

$$\Delta E=-\langle LM_L\mid(\boldsymbol{\mu}_L)_z\mid LM_L\rangle H_z+\frac{e^2}{8mc^2}\left\langle LM_L\left|\sum_i(x_i^2+y_i^2)\right|LM_L\right\rangle H_z^2. \tag{9-14}$$

(9-14)的线性项可以具体写出如下:

$$-\langle LM_L \mid (\boldsymbol{\mu}_L)_z \mid LM_L\rangle H_z = \left(\frac{e}{2mc}\right)\langle LM_L \mid L_z \mid LM_L\rangle H_z = M_L\mu_B H_z. \tag{9-15}$$

我们知道,不同的 M_L 表示角动量(或磁矩)空间量子化的不同取向.没有磁场时,基态对 M_L 是简并的,表明磁矩取向是“自由的”,即不同取向不影响能量.(9-15)给出了有磁场时简并态的分裂(塞曼分裂),它表明,在磁场中,磁矩空间量子化方向不同,与磁场的相互作用能也不同,磁矩取向愈接近 $\boldsymbol{H}$,能量愈低.在后面的讨论中将看到,正是由于磁矩在磁场中的取向作用,产生了顺磁性现象.

当原子磁矩为 $\boldsymbol{\mu}$ 时,设想磁场改变 $\delta\boldsymbol{H}$,可以证明原子电流反抗感应电动势作功为

$$\boldsymbol{\mu}\cdot\delta\boldsymbol{H}.$$

它应等于原子能量的降低,因此,原子的磁矩可以由能量本征值 E 对磁场的分量的微商求得:

$$\boldsymbol{\mu}_a = -\frac{\partial E}{\partial H_a}. \tag{9-16}$$

根据这个公式,把(9-14)对 H_z 求微商可以看到,由 H_z 线性项正好得到前面所讨论的原子磁矩 $\langle LM_L|(\boldsymbol{\mu}_L)_z|LM_L\rangle$,从 H_z^2 项则得

$$\mu_z = -\frac{e^2}{4mc^2}\left\langle LM_L\left|\sum_i(x_i^2+y_i^2)\right|LM_L\right\rangle H_z. \tag{9-17}$$

(9-17)与 H_z 成比例,因此表示一定的感生磁矩.式中的负号表明感生的磁矩与磁场的方向相反.逆磁性的现象正是由于这样的感生磁矩所引起的.

原子固有磁矩在磁场中的取向能(H_z 线性项)和感生磁矩(H_z^2 项)都是和所谓拉莫尔旋进相联系的.根据经典力学,一个在轨道上作旋转运动的电子放在磁场中,将像一个在重力场中的旋转陀螺一样,产生旋进的运动,称为拉莫尔旋进.图 9-2 表示一个在磁场 $\boldsymbol{H}$ 中的轨道电子.磁场对磁矩产生力矩:

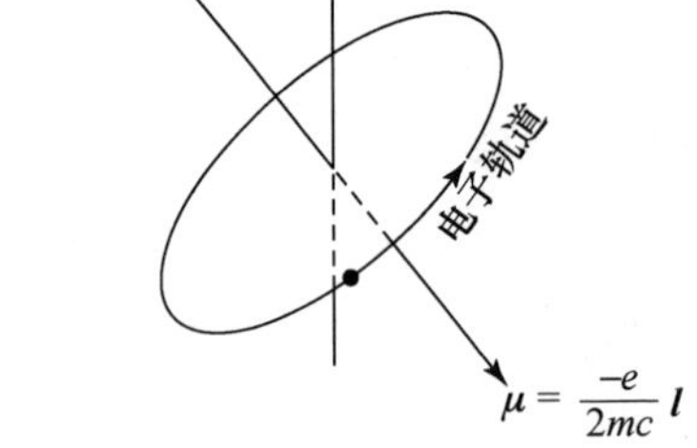

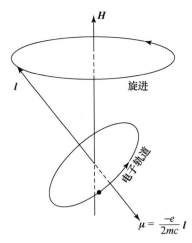

图 9-2 拉莫尔旋进

$$\boldsymbol{\mu}\times\boldsymbol{H}.$$

它引起角动量的变化

$$\frac{\mathrm{d}\boldsymbol{l}}{\mathrm{d}t} = \boldsymbol{\mu}\times\boldsymbol{H}.$$

乘以旋磁比 $-\left(\dfrac{e}{2mc}\right)$ 就可以把左端的角动量 $\boldsymbol{l}$ 也用磁矩表示,得到

$$\frac{\mathrm{d}\boldsymbol{\mu}}{\mathrm{d}t}=\left(\frac{e}{2mc}\right)\boldsymbol{H}\times\boldsymbol{\mu}. \tag{9-18}$$

这个方程式表明磁矩以固定的角速度旋转. 因为如果令 $\boldsymbol{\omega}$ 表示角速度矢量,按运动学:

$$\frac{\mathrm{d}\boldsymbol{\mu}}{\mathrm{d}t}=\boldsymbol{\omega}\times\boldsymbol{\mu}.$$

和上式对比,得到

$$\boldsymbol{\omega}=\frac{e}{2mc}\boldsymbol{H}, \tag{9-19}$$

这就是电子轨道运动在磁场中的拉莫尔旋进角速度.

拉莫尔旋进的运动加在原来轨道运动之上,使轨道运动的动能发生了一定的改变. 上述的取向能正是表示了这一能量变化. 我们注意,当轨道磁矩方向接近 $\boldsymbol{H}$ 时(如图 9-2 的情形),旋进和轨道运动的方向是相反的,使动能降低,所以,取向能是负的;相反,如果磁矩取相反的方向,旋进和轨道运动的方向是一致的,使轨道动能增加,所以相应的取向能为正值.

拉莫尔旋进是在原来轨道运动之上的附加运动,因此,引起一附加的电流,并产生相应的磁矩. 上述的感生磁矩正是表达了拉莫尔旋进所产生的附加磁矩. 我们注意,(9-19)的旋进是按右手螺旋环绕 $\boldsymbol{H}$ 进行的,而电子具有负的电荷,所以,产生的磁矩方向正好是和磁场方向相反的.

如果考虑自旋磁矩和外场的相互作用,只在哈密顿量中增加了一项:

$$\sum_i \frac{e}{mc}(\boldsymbol{\sigma}_i)_z H_z,$$

把它和轨道运动的线性相互作用项合在一起,可以写为

$$-(\boldsymbol{\mu}_J)_z H_z,$$

其中

$$(\boldsymbol{\mu}_J)_z=-\frac{e}{2mc}(\boldsymbol{L})_z-\frac{e}{mc}(\boldsymbol{\sigma})_z \tag{9-20}$$

正好表示总磁矩(包括轨道和自旋)算符. 在 L-S 耦合情况,本征态由 $LSJM_J$ 量子数确定,和以前一样,对本征值作一级微扰计算结果为

$$-\langle LSJM_J \mid (\boldsymbol{\mu}_J)_z \mid LSJM_J\rangle H_z,$$

表现了固有磁矩在磁场中的取向能. 如果具体计算出上述矩阵元的值,其结果为

$$M_J g_J \mu_B H_z, \tag{9-21}$$

g_J 即为前面已经给出的回旋磁比率，$-M_J g_J \mu_B$ 正是“固有磁矩”$\sqrt{J(J+1)}g_J\mu_B$ 沿 z 方向的分量.

9-2 一般固体磁性概述

(1) 饱和电子结构的逆磁性

只有当固体内包含具有固有磁矩的电子结构时才会引起顺磁磁化(磁矩的择优取向)，但是感生的逆磁性则是普遍的.在自由状态的原子很多都具有一定磁矩，但当它们结合成分子和固体时，往往失去磁矩.具有惰性气体结构的离子晶体以及靠电子配对耦合而成的共价键晶体，都形成饱和的电子结构，没有固有磁矩，因此是逆磁性的.

离子晶体以及它们的溶液的磁性的实验测定说明，每种离子具有基本上确定的磁化率.晶体的磁化率 χ 可以写成各种离子磁化率 χ_i(i 是标志各种不同离子)之和：

$$\chi = \sum_i n_i \chi_i,$$

n_i 表示单位体积中 i 离子的数目.为了对磁化率的数量级作一估计，可以利用(9-17)，经简单推导(对球对称的满壳层结构，$\sum_i x_i^2 = \sum_i y_i^2 = \sum_i z_i^2 = \frac{1}{3}\sum_i r_i^2$)得

$$\chi = -\frac{e^2}{6mc^2}\sum_i \overline{r_i^2}.$$

取 $\overline{r_i^2} \approx 10^{-16}\ \text{cm}^2$，原子中电子数的数量级为 10，得

$$\chi \approx -5\times 10^{-29}\ \text{cm}^3. \tag{9-22}$$

实际上常用摩尔磁化率：

$$N\chi \approx -30\times 10^{-6}\ \text{cm}^3\cdot\text{mol}^{-1}.$$

上式中的 N 是阿伏伽德罗数.表 9-3 列出一些简单离子的典型实验数据，以及近似量子力学理论计算结果.它们和上述估计符合，很清楚看到 χ 随原子序数的增加而增大.

表 9-3 摩尔磁化率($10^{-6}\ cm^3 \cdot mol^{-1}$)

		实验值	理论值
离子	F^-	−9.4	−8.1
	Cl^-	−24.2	−25.2
	Br^-	−34.5	−39.2
	I^-	−50.6	−58.5
	Na^+	−6.1	−4.1
	K^+	−14.6	−14.1
	Rb^+	−22.0	−25.1
	Cs^+	−35.1	−38.1
键	C—C	3.7	
	C—H	3.85	
	N—H	5.00	
	O—H	4.65	

表 9-3 中另外还给出由大量有机化合物的磁化率的实验结果分析比较所得到的一些关于共价键的磁化率,由于键中只含两个电子,因此,相应的磁化率比一般原子的磁化率约低一个数量级.

(2) 载流子的磁性

金属的内层电子,和半导体的基本电子结构(只有满带和空带,没有载流子和杂质缺陷)一般,也是饱和的电子结构,因此是逆磁性的. 但是另外还必须考虑载流子对磁化率的贡献.

经典的例子是金、银、铜,表 9-4 比较了它们的离子和金属元素的摩尔磁化率.

表 9-4 摩尔磁化率($10^{-6}\ cm^3 \cdot mol^{-1}$)

	离子	金属
Cu	−18.0	−5.4
Ag	−31.0	−21.25
Au	−45.8	−29.51

根据以上比较,多尔夫曼首先提出导电电子显然具有顺磁性,它们部分地抵消了内层离子的逆磁性,从而使金属的逆磁性比离子的逆磁性低.

载流子的顺磁性是由电子的自旋磁矩在磁场中的取向所引起的.

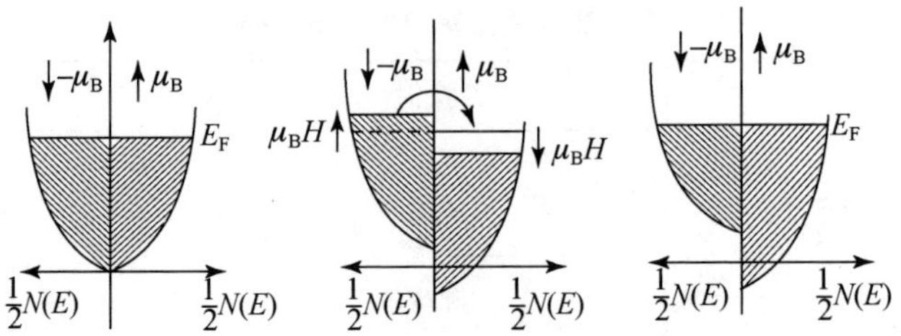

图 9-3 电子自旋顺磁性的分析

在金属的情形,电子是高度简并的,可以考虑 $T\to 0$K 的极端情况. 图 9-3(a)分别给出,没有磁场时两种自旋的电子的能量分布,其中横坐标为 $\frac{1}{2}N(E)$,因为能态密度 $N(E)$原来就同时计入了两种自旋. 阴影部分表示 E_F 以下完全被电子填充,阴影部分的面积正好代表电子的数目. 没有磁场时,自旋相反的两种电子数目相等,总磁矩为 0. 存在外加磁场 H 时,平行和反平行的自旋磁矩在磁场中的取向能分别等于 $-\mu_B H$ 和 $+\mu_B H$,所以,两种自旋的电子的能量图将移动,如图 9-3(b)所示,相应的费米能级相差 $2\mu_B H$. 显然,电子填充情况将调整,如图中箭头所表示,使两边费米能级最后相等,达到图中虚线的位置. 这就是说,原来在虚线以上的电子的磁矩将反转方向,由反平行转为平行于磁场. 这部分电子的数目可以由在图中所占面积计算得

$$n=\frac{1}{2}(\mu_B H)N(E_F)$$

(虚线近似在原来两个 E_F 的中间),而每个电子沿磁场方向的磁矩由 $-\mu_B$ 变为 $+\mu_B$,改变了 $2\mu_B$,所以产生的总磁矩为

$$\mu_B^2 N(E_F)H.$$

磁矩的方向与外加磁场是一致的,因此,是顺磁性,磁化率为

$$\chi=N(E_F)\mu_B^2. \tag{9-23}$$

对于具有恒定有效质量 m^* 的近自由电子的情况,很容易验证

$$N(E_F)=\frac{3}{2}\frac{1}{(2\pi)^3}\frac{N}{E_F},$$

N 为电子总数. 代入(9-23),得到

$$\chi=\frac{3}{2}\frac{1}{(2\pi)^3}N\frac{\mu_B^2}{E_F}\text{(近自由电子)}. \tag{9-24}$$

可以证明,在有限温度时,上述结果仍然近似成立,修正项仅仅是$(kT/E_F)^2$的数

量级. 因此,一般金属的自旋顺磁性基本上与温度无关.

一般非简并半导体中的载流子在磁场中的自旋取向基本上不受泡利原理的限制,平行和反平行于磁场 H 的相对概率分别为 $e^{(\mu_B H)/kT}$ 和 $e^{-(\mu_B H)/kT}$. 所以, N 个电子沿磁场方向的平均磁矩为

$$N\frac{\mu_B e^{(\mu_B H)/kT}-\mu_B e^{-(\mu_B H)/kT}}{e^{(\mu_B H)/kT}+e^{-(\mu_B H)/kT}}=N\mu_B\tanh\left(\frac{\mu_B H}{kT}\right)\approx\left(\frac{N\mu_B^2}{kT}\right)H. \tag{9-25}$$

在上式中,考虑到由于在一般的温度和磁场下 $\mu_B H\ll kT$,所以 $\tanh\left(\frac{\mu_B H}{kT}\right)$可以近似用($\mu_B H/kT$)代替. 由(9-25)得到顺磁磁化率

$$\chi=N\frac{\mu_B^2}{kT}. \tag{9-26}$$

我们注意,在这种情况下,磁化率遵循与 T 成反比的居里定律(见下节). 对比(9-24)和(9-26)我们还看到,由于泡利原理的限制,就每一个电子的贡献来讲,金属电子的顺磁性远远小于非简并的情况.

磁场对于载流子运动的影响还产生一定的逆磁性. 所以,载流子同时兼具顺磁性和逆磁性,实际观察到的是两者综合的效果.

(3) 包含磁性原子和离子的固体

前面曾经指出,一般具有磁矩的原子结合成固体时,往往失去了原有的磁矩. 但是,内部 d 壳层不满的过渡族元素和 f 壳层不满的稀土元素结合成固体时,它们的原子(或离子)一般仍保持这种未饱和的壳层和相应的磁矩. 包含这种磁性原子(或离子)的固体构成了主要的磁性材料,并成为磁学深入研究的对象.

磁性原子(或离子)之间可以产生很强的相互作用,使它们的磁矩不借助于外加磁场而自发地排列起来,导致了重要的铁磁性、亚铁磁性和反铁磁性现象. 在这种情况下,只有在足够高的温度,热运动破坏了磁矩之间的自发排列时,才显示出磁矩在外场中取向所产生的顺磁性.

包含少量磁性离子的所谓顺磁盐构成了另外一个重要的领域. 它的特点是,磁性离子处于较稀释的状态,相互作用很弱. 原来由于它们的情况比较单纯,为基础研究提供了特别有利的条件,因而受到重视. 后来,在低温技术发展中,发现了以它们为基础的绝热退磁获得极低温度的方法. 顺磁共振和微波量子放大器的发展又使这一领域有了新的重要性.

本章下面几节将主要介绍这些重要领域的基础知识.

(4) 杂质和缺陷的顺磁性

晶体中的杂质和缺陷往往具有未配对的电子，它们的自旋贡献一定的顺磁性. 研究它们的顺磁性对了解杂质和缺陷的电子结构可以提供重要的依据.

9-3　顺磁性的统计理论和顺磁性盐

大量的气体、液体和固体的顺磁性，近似地服从首先由居里提出的磁化率与温度成反比的经验定律：

$$\chi = \frac{C}{T}. \tag{9-27}$$

不符合居里定律的情形，往往可以在相当宽的温度范围内，较好地由所谓居里-外斯定律概括：

$$\chi = \frac{C}{T+\Delta}, \tag{9-28}$$

其中 Δ 为一常数.

(1) 自由磁矩取向的统计理论

朗之万首先(1905 年)根据磁矩在磁场中的取向作用，对于顺磁性进行了系统的理论分析，说明了居里定律，成为顺磁理论的重要基础.

在经典理论中，磁矩 μ_0 在磁场中可以取任意方向，如果磁矩与磁场间夹角为 θ，则取向能为

$$-\mu_0 H\cos\theta. \tag{9-29}$$

根据玻尔兹曼统计，沿磁场 $\boldsymbol{H}$ 方向的平均磁矩

$$\bar{\mu} = \frac{2\pi\int_0^{\pi} \mathrm{e}^{-(-\mu_0 H\cos\theta)/kT}\mu_0\cos\theta\sin\theta\mathrm{d}\theta}{2\pi\int_0^{\pi} \mathrm{e}^{-(-\mu_0 H\cos\theta)/kT}\sin\theta\mathrm{d}\theta},$$

令

$$x = \frac{\mu_0 H}{kT}, \quad \xi = \cos\theta,$$

则

$$\begin{aligned}\bar{\mu} &= \mu_0 \frac{\int_{-1}^{1}\mathrm{e}^{\xi x}\xi\mathrm{d}\xi}{\int_{-1}^{1}\mathrm{e}^{\xi x}\mathrm{d}\xi} = \mu_0\frac{\partial}{\partial x}\left(\ln\int_{-1}^{1}\mathrm{e}^{\xi x}\mathrm{d}\xi\right) \\ &= \mu_0\frac{\partial}{\partial x}\ln\left[\frac{1}{x}(\mathrm{e}^{x}-\mathrm{e}^{-x})\right] = \mu_0 L(x),\end{aligned} \tag{9-30}$$

其中

$$L(x) = \coth x - \frac{1}{x} \tag{9-31}$$

常被称为朗之万函数，图 9-4 示出$L(x)$的图线.

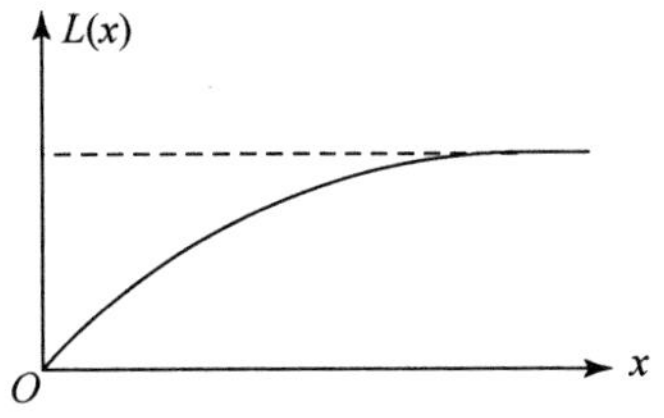

图 9-4 朗之万函数

当 $x=\frac{\mu H}{kT}\gg 1$ 时，$L(x)\rightarrow 1$，$\bar{\mu}\rightarrow\mu_0$，这时磁矩完全沿磁场方向，达到所谓顺磁饱和. 即使对于 10 000 Gs[①] 的强磁场，μH 只有约 10^{-23} J，所以在一般情况下，$x=\frac{\mu H}{kT}\ll 1$. 对于这种情况 $L(x)$的展开式

$$\begin{aligned} L(x) &= \coth x - \frac{1}{x} = \frac{1}{x}\left(1+\frac{x^2}{3}-\frac{x^4}{45}+\cdots\right)-\frac{1}{x} \\ &= \frac{1}{3}x - \frac{1}{45}x^3 + \cdots \end{aligned} \tag{9-32}$$

可以只保留最低次项，则

$$\bar{\mu} = \frac{1}{3}\frac{\mu_0^2}{kT}H. \tag{9-33}$$

相应的摩尔磁化率为：

$$\chi = \frac{N_0\mu_0^2}{3kT} \quad (\text{这里 } N_0 \text{ 为阿伏伽德罗数}). \tag{9-34}$$

这个结果不仅说明了居里定律的温度关系，而且指出，由居里定律的常数 C 可以直接给出元磁矩 μ_0. 正是在这个基础上，发展了通过磁化率的测量来确定原子磁矩的重要实验方法.

量子力学的分析和经典理论的主要区别在于磁矩取向是量子化的. 与朗之万理论的元磁矩相对应的是具有确定角动量、量子数为 J 的原子，磁矩的数值

$$\mu_J = g_J\sqrt{J(J+1)}\mu_B. \tag{9-35}$$

在外磁场中，磁矩取向的量子化表现在，角动量分量$(\boldsymbol{J})_z$ 只可以取$M_J h=-Jh$，$\cdots$，Jh 等$(2J+1)$个不同值，相应的沿磁场的磁矩分量为$(-M_J g_J \mu_B)$. 磁场中磁矩的取向能表现为原来简并的$(2J+1)$个量子态在磁场中的分裂（塞曼分裂），M_J 态的分裂能级为（见(9-21)）

$$M_J g_J \mu_B H. \tag{9-36}$$

---

① 1 Gs(高斯)$=10^{-4}$ T(特斯拉).

所以,不同磁矩取向的统计平均就归结为对$(2J+1)$个分裂能级求统计平均:

$$\bar{\mu}=\frac{\sum\limits_{M_J=-J}^{J}-(M_J g_J\mu_B)e^{-(M_J g_J\mu_B H)/kT}}{\sum\limits_{M_J=-J}^{J}e^{-(M_J g_J\mu_B H)/kT}}. \tag{9-37}$$

引入

$$x=\frac{(Jg_J\mu_B)H}{kT},$$

(9-37)可以表示成

$$\bar{\mu}=-Jg_J\mu_B\frac{\partial}{\partial x}\Big[\ln\sum_{M_J=-J}^{J}e^{-(M_J/J)x}\Big].$$

对数中的几何级数可以求和如下:

$$\begin{aligned}\sum_{M_J=-J}^{J}e^{-(M_J/J)x}&=e^x\left[1+e^{-\frac{x}{J}}+\cdots+(e^{-\frac{x}{J}})^{2J}\right]\\&=e^x\left[\frac{1-e^{-[(2J+1)/J]x}}{1-e^{-\frac{x}{J}}}\right]\\&=\frac{e^{[(2J+1)/2J]x}-e^{-[(2J+1)/2J]x}}{e^{\frac{x}{2J}}-e^{-\frac{x}{2J}}}.\end{aligned}$$

代入前式,很容易求得

$$\bar{\mu}=Jg_J\mu_B B_J(x), \tag{9-38}$$

其中,

$$B_J(x)=\left(\frac{2J+1}{2J}\right)\coth\left[\left(\frac{2J+1}{2J}\right)x\right]-\frac{1}{2J}\coth\left[\left(\frac{1}{2J}\right)x\right]. \tag{9-39}$$

$B_J(x)$常称为布里渊函数.

对于

$$x=\frac{Jg_J\mu_B H}{kT}\ll 1,$$

可以把 $B_J(x)$对 x 展开为幂级数,并只保留最低项(见(9-32)),

$$\bar{\mu}\approx\frac{Jg_J\mu_B}{3}\left[\left(\frac{2J+1}{2J}\right)^2-\left(\frac{1}{2J}\right)^2\right]x\approx\frac{Jg_J\mu_B}{3}\left(\frac{J+1}{J}\right)x.$$

代进 x 的值,并应用(9-35),可以把上式写成

$$\bar{\mu}\approx\frac{\mu_J^2}{3kT}H. \tag{9-40}$$

因此，对于 $\mu_B H \ll kT$ 的一般情况，量子理论得到和经典理论完全相似的结果.

只有对于强磁场，$x \gg 1$ 的情况，量子和经典结果的区别才显示出来. 图 9-5 中为了对比不同的 J，把$(\bar{\mu}/\mu_J)$作为$(\mu_J H/kT)$的函数表示出来，当 $J \to \infty$时，量子理论与经典理论趋于完全一致(图中虚线).

为了能验证量子力学结果，必须达到接近饱和区域，这只能在极低温度下才能实现.

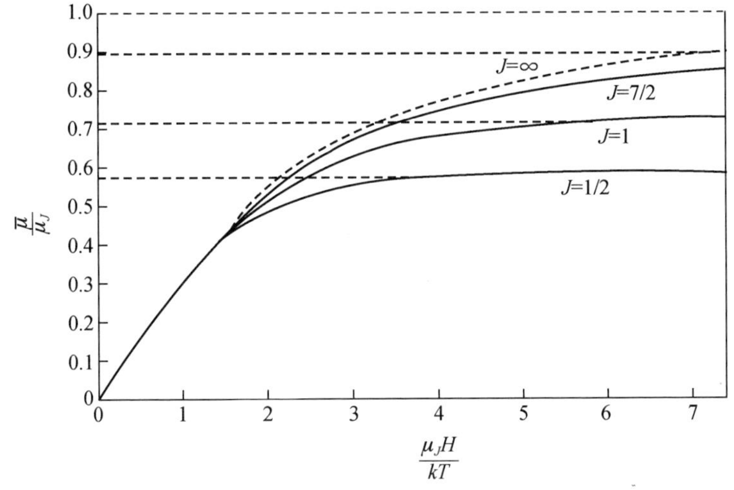

图 9-5

(2) 有关顺磁盐的一些实验结果

前节已经指出，顺磁盐的研究在顺磁性的研究中占有特别重要的地位. 顺磁盐中离子处于较稀释的状态，相互作用较弱，应比较接近上述理论所讨论的自由磁矩的情况. 实际确实证明，稀土族离子磁化率的实验结果在大多数情况下与上述的理论相符合. 根据实验磁化率所推出的磁矩 μ_J（以 μ_B 为单位）和根据洪德规律所推出的 $g_J\sqrt{J(J+1)}$都已列在表 9-1 中. 只有 Sm，Eu 离子的结果和理论不相符.

表 9-2 中还列出了由铁族离子磁化率的实验结果所确定的 μ_J，在大多数情况下，它们和洪德规律所计算的 $g_J\sqrt{J(J+1)}$没有任何明显的联系. 在发现这种矛盾以后，就有不同科学家都发现，如果只计入自旋所产生的磁矩，则大多数

情况，与实验导出的 μ_J 相符(比较表中所列 $2\sqrt{S(S+1)}$ 的值与实验值). 换一句话说，在铁族盐中原子似乎失去了全部的轨道磁矩. 这种现象称为“轨道淬灭”.

顺磁盐的磁化率和温度的变化关系，一般直到某一定的低温，都可以表为：

$$\chi = \frac{C}{T+\Delta},$$

Δ 愈小愈接近于居里定律. 表 9-5 给出了一些稀土和铁族盐的实验结果. 图 9-6 给出一些低温顺磁饱和实验的结果，Gd^{3+}，Fe^{3+}，Gr^{+} 的结果与量子理论符合很好.

表 9-5

磁盐	Δ	磁盐	Δ
$MnSO_4 \cdot 4H_2O$	0	$MnSO_4$	24
$FeSO_4 \cdot 7H_2O$	1	$Fe_2(SO_4)_3$	31
$CoSO_4 \cdot 7H_2O$	14	$FeSO_4$	31
$NiSO_4 \cdot 7H_2O$	−59	$CoSO_4$	45
$CuSO_4 \cdot 5H_2O$	0.7	$NiSO_4$	79
$CrCl_3$	−32.5	$Cr_2(SO_3)K_2SO_4 \cdot 24H_2O$	−0.2
$MnCl_2$	0	$MnSO_4 \cdot (NH_4)_2SO_4 \cdot 6H_2O$	0
FeCl	−20	$Fe_2(SO_4)_2(NH_4)_2SO_4 \cdot 24H_2O$	0
$CoCl_2$	−33	$FeSO_4 \cdot (NH_4)_2SO_4 \cdot 6H_2O$	3
$NiCl_2$	−67	$CoSO_4(NH_4)_2SO_4 \cdot 6H_2O$	22
		$NiSO_4(NH_4)_2SO_4 \cdot 6H_2O$	4
CeF_3	62	Ds_2O_3	16
$Gd_2(SO_4)_3 \cdot 8H_2O$	0.0	$Fr_2(SO_4)_3 \cdot 8H_2O$	1.9

前面的统计理论把磁性原子(或离子)看成是自由的，除去外加磁场以外，不受其它的影响. 实际上，在顺磁盐中，磁性离子处在晶格的其它离子所产生的势场(常称为晶体场)之中. 这种晶体场对于磁性离子的状态可以有重要的影响. 特别是铁族的离子，它的磁性来自未满的 3d 壳层，而 3d 壳层是比较靠外的，受到晶体场的影响较大. 正是由于晶体场的作用破坏了原来的自旋轨道耦合，导致了上述的轨道淬灭现象. 稀土族的离子的未满的 4f 壳层则较深地隐在

离子内部，而且具有更强的自旋轨道耦合作用，晶体场的作用不足以破坏自旋轨道耦合，所以离子得以保持它的磁矩 μ_J. 由于顺磁共振技术的发展，对于晶体场中磁性离子状态的研究有了很深入的发展，并且，在这个基础上产生了利用顺磁晶体的噪声极低的微波量子放大器.

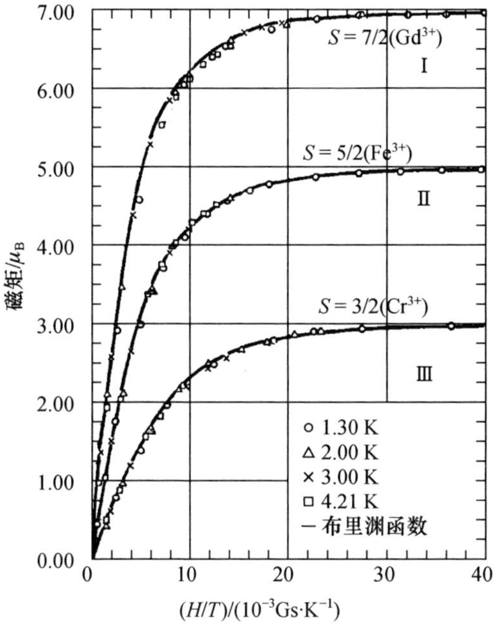

图 9-6

9-4 铁 磁 性

工业技术上广泛应用的磁性材料主要是铁磁性的材料. 实际上最主要的铁磁性的物质是铁、钴、镍等几种元素和以它们为基础的许多合金. 另外，还发现有少数其它的元素，以及一些非铁磁性元素的合金和化合物也具有铁磁性.

铁磁性和顺磁性、逆磁性比较起来是一种很强的磁性. 以硅钢软磁材料为例，在 10^{-2} Gs 的磁场下它就可以达到接近饱和的磁化强度，在同样的磁场下顺磁磁化强度 $N\mu_J^2H/(3kT)$ 则大约只有饱和强度 $N\mu_J$ 的 10^{-9}（在室温下 $kT=4\times10^{-21}$ J，$\mu_BH=10^{-29}$ J）.

铁磁材料只有在所谓铁磁居里温度以下才具有铁磁性.在居里温度以上,铁磁材料转变为顺磁性的.表 9-6 列出几种铁磁性元素的铁磁居里温度 θ_f.由于 θ_f 可以是很低的温度,严格讲,一般对铁磁物质的划分只有相对的意义.随着低温测量技术的发展才发现一些稀土元素在低温度转变为铁磁性.

表　9-6

	Fe	Co	Ni	Gd	Dy	Er	Ho
铁磁居里温度 θ_f/K	1043	1388	627	292	85	20	20
顺磁居里温度 θ_p/K	1093	1428	650				

铁磁性的另一个基本特点是在外磁场中的磁化过程的不可逆性,称为磁滞现象.图 9-7 是一个典型的磁化曲线,表示磁化过程中磁化强度和磁场的变化关系.OA 表示对于未磁化的样品施加磁场 H,随 H 增加磁化强度不断增加,当 H 增加到 H_s 时磁化强度达到饱和强度 M_s.达到饱和以后,再减小磁场,磁化强度并不是可逆地沿原始的磁化曲线下降,而是沿着图中 AB 变化.在 B 点磁场已减为 0,但磁化强度并没有消失.只有当磁场沿相反方向增加到 $-H_c$ 时,磁化才变为 0,H_c 称为矫顽力.继续增加反向磁场到 $-H_s$ 可以使磁化强度达到反向的饱和.这时如果把磁场再由 $-H_s$ 增加到 H_s,磁化强度将完成如图示的回线,称为磁滞回线.不同的铁磁材料的磁化曲线可以有很大的差别.例如,许多软磁材料的矫顽力 H_c 只有百分之几高斯,而一般硬磁材料的矫顽力则在几百高斯以上.在技术应用上,正是利用了具有各种磁化性能的材料来满足各种不同的需要.

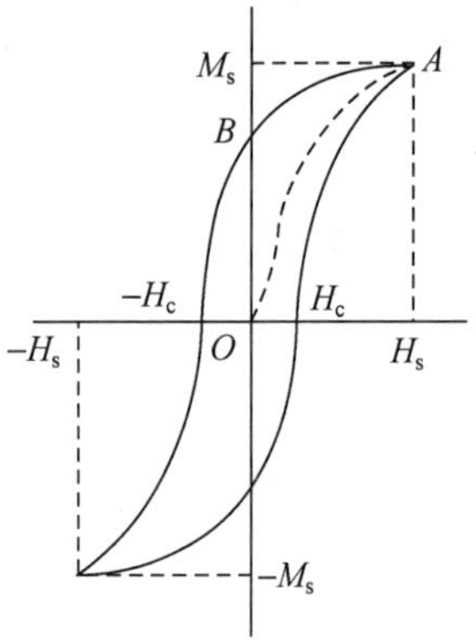

图 9-7　磁化曲线

早在 20 世纪初,由外斯提出的理论提供了对铁磁性现象的基本了解.外斯理论的基本点可以这样说明:

(i) 顺磁性是靠外加磁场的作用,使顺磁体内的元磁矩平行于外场排列,从而产生磁化.而外斯假设,铁磁体的强磁性首先是由于铁磁体内部存在一定的相互作用,使元磁矩“自发地”平行排列起来,形成所谓“自发磁化”.

(ii) 实际宏观的铁磁体内,包含许多自发磁化的区域,它们的磁化方向不同,因此,总的磁化强度为 0. 这种自发磁化的区域被称为"磁畴". 外加磁场的作用仅仅是促使不同磁畴的磁化取得一致的方向,从而使铁磁体表现出宏观的磁化强度.

以后的发展证实了外斯所提出的理论假说. 产生自发磁化的相互作用,在量子力学发展的基础上得到了适当的说明. 磁畴的存在,以及外磁场下磁畴的变化都已通过直接的实验观察得到证实.

(1) 自发磁化

外斯假设,在铁磁体内的元磁矩除去受外加磁场 H 的作用外,还受到一个内部的"分子场" γM 的作用,M 表示铁磁体的磁化强度,γ 是一个常数. 分子场以唯象的形式概括了驱使不同元磁矩平行排列的内部相互作用. 按照外斯的假设,作用在铁磁体内的元磁矩的有效场为

$$H_{\mathrm{e}} = H + \gamma M. \tag{9-41}$$

设铁磁体内单位体积有 N 个原子,原子角动量的量子数为 J. 在有效场的作用下,磁化强度可以直接引用前面关于顺磁磁化理论的结果(9-38)写出来:

$$M = N\bar{\mu} = NJg_J\mu_{\mathrm{B}}B_J(x), \tag{9-42}$$

其中

$$x = \frac{Jg_J\mu_{\mathrm{B}}}{kT}(H + \gamma M). \tag{9-43}$$

(9-42)和(9-43)之间消去 x 以后就可以得到任意外磁场 H 作用下所产生的磁场强度. 现在是要讨论不借助于外磁场的自发磁化,所以我们令 $H=0$,并把(9-42)和(9-43)写成下列以 x 为参数的方程:

$$M = NJg_J\mu_{\mathrm{B}}B_J(x), \tag{9-44}$$

$$M = \frac{kT}{\gamma Jg_J\mu_{\mathrm{B}}}x. \tag{9-45}$$

图 9-8 以图线的形式表示出以上两个方程,由两个图线的交点可以直接求得磁化强度 M. 我们注意,(9-45)是一条直线,斜率为

$$\frac{kT}{\gamma Jg_J\mu_{\mathrm{B}}}, \tag{9-46}$$

正比于温度 T. 在图中画出了高低不同的三个温度: $T_3 > T_2 > T_1$. 很容易看到,当 $T\to 0\mathrm{K}$,交点的 x 将 $\to\infty$,所得到的磁化强度将为 $NJg_J\mu_{\mathrm{B}}$,即所有磁矩完全平行排列. 随着 T 升高,交点的 x 将不断减小,相应的磁化强度将随着 $B_J(x)$ 曲线下降. 当温度升至图中 T_2 的情形,x 和 M 都趋于原点,两图线在原点相切;自

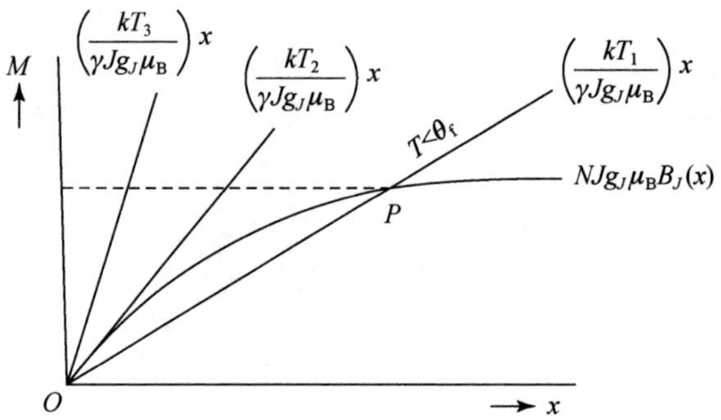

图 9-8　自发磁化图解

发磁化 M 在这时正好降为 0. 对于更高的温度如图中 T_3，两图线只有在原点的交点，所以，不再存在自发磁化.

以上的分析表明，外斯的分子场理论很自然地说明了自发磁化的现象，温度 T_2 对应于铁磁居里温度 θ_f. 根据两图线在原点相切的条件可以具体导出 θ_f 如下：在原点附近，$x \ll 1$，布里渊函数

$$B_J(x) \approx \frac{(J+1)}{3J}x, \tag{9-47}$$

(9-44)成为

$$M = \frac{1}{3}N(J+1)g_J\mu_B x. \tag{9-48}$$

在 $T=\theta_f$ 时，要求(9-45)与(9-44)在原点相切，归结为它们的斜率相同，即

$$\frac{k\theta_f}{\gamma J g_J \mu_B} = \frac{1}{3}N(J+1)g_J\mu_B,$$

或

$$k\theta_f = \frac{\gamma}{3}NJ(J+1)g_J^2\mu_B^2 = \frac{1}{3}\gamma N\mu_J^2, \tag{9-49}$$

其中 $\mu_J = \sqrt{J(J+1)}g_J\mu_B$ 为原子磁矩值.

(9-49)表明居里温度与分子场常数 γ 成正比. 从数量级来讲，(9-49)左方表示相当于居里温度的热运动能量，(9-49)的右方表示在分子场中的取向能. 所以，上述结果表明，当温度升到居里温度时，热运动已经达到可以和分子场作用相比拟，从而破坏了铁磁性.

外斯理论还具体给出了在居里温度以下自发磁化强度与温度的关系. 如果我们以

$$M_0 = NJg_J\mu_B \tag{9-50}$$

为表示 M 的单位,以居里温度 θ_f 为表示温度的单位,自发磁化强度和温度的关系将具有普适的形式,因为引用(9-49)和(9-50)可以把决定 M 的两个方程(9-44)和(9-45)改写成

$$\left.\begin{aligned} \frac{M}{M_0} &= B_J(x), \\ \frac{M}{M_0} &= \frac{1}{3}\left(\frac{J+1}{J}\right)\left(\frac{T}{\theta_f}\right)x. \end{aligned}\right\} \tag{9-51}$$

消去 x 以后,显然将得到(M/M_0)作为(T/θ_f)的函数.图 9-9 给出几个不同 J 值的$(M/M_0)\sim(T/\theta_f)$的函数.在同一图上还给出铁、钴、镍的实验值.我们看到,实验值较好地与 $J=\dfrac{1}{2}$的理论曲线符合.自发磁化的实验值是由如图 9-7 的磁化曲线的饱和磁化强度 M_s 确定的,因为这种情况表示所有磁畴的磁化趋于一致,宏观的磁化直接表现了磁畴的磁化强度.当然,这时候还有外加磁场的作用,但它远远低于分子场的作用,基本上不影响自发磁化的强度.例如以 $\gamma N\mu_J$ 估计分子场的数量级,应用(9-49),根据一般的 θ_f 值计算,将得到分子场≈10^7 Gs,远远大于外加的饱和磁场值 H_s.

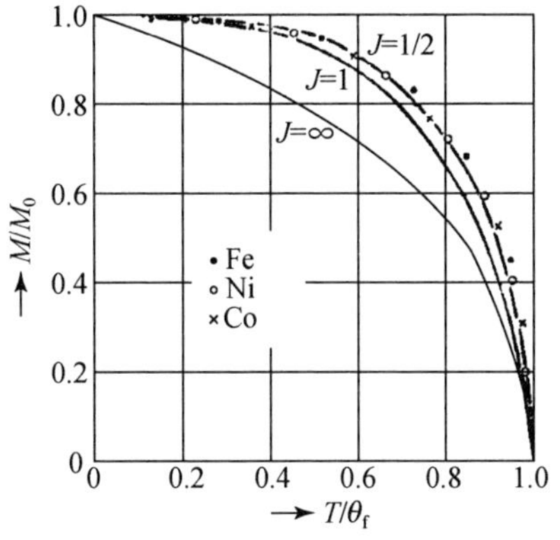

图 9-9 自发磁化和温度

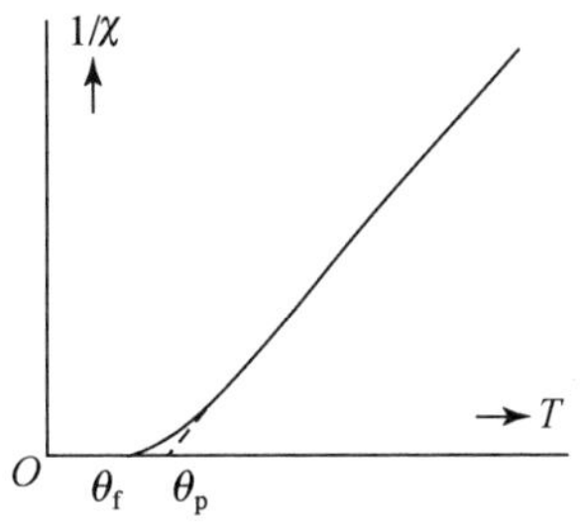

图 9-10 高温顺磁性

(2) 高温顺磁性

实验表明,在居里温度以上,铁磁体失去了铁磁性而转变为顺磁性.图9-10示意地表示出,实际铁磁体在铁磁居里温度以上顺磁磁化率 χ 和温度的关系.

在高温方面，$1/\chi$ 和 T 近似为直线关系，表明 χ 遵循居里-外斯定律：

$$\chi = \frac{C}{T - \theta_p}. \tag{9-52}$$

式中 θ_p 是图 9-10 中高温直线部分外插到横轴上的截距，通常称为顺磁居里温度. 我们看到由于在 θ_f 附近图线的上凹形式，θ_p 略高于 θ_f，在表 9-6 中已经列出几种元素的 θ_p 值.

外斯理论对于铁磁体的高温顺磁性也给予了适当的说明.

前面看到，在 θ_f 以上，不再存在自发磁化. 这时必须有外加磁场才能产生磁化. 为了讨论外磁场引起的顺磁磁化现象，可以和在讨论一般顺磁性时的情形一样，对(9-42)中的布里渊函数采用 $x \ll 1$ 的近似形式：

$$M = \frac{1}{3} N(J+1) g_J \mu_B x, \tag{9-53}$$

代入(9-43)得

$$M = \frac{N}{3} \frac{J(J+1) g_J^2 \mu_B^2}{kT} (H + \gamma M) = \frac{N\mu_J^2}{3kT}(H + \gamma M). \tag{9-54}$$

(9-54)实际上就是一般的顺磁居里定律，但是，外磁场 H 被有效场 $H+\gamma M$ 所代替. (9-54)右端的第二项可以根据(9-49)用 θ_f 表示，得到

$$M = \frac{N\mu_J^2}{3kT} H + \frac{\theta_f}{T} M,$$

从而求出磁化率

$$\chi = \frac{M}{H} = \frac{N\mu_J^2/3kT}{(1 - \theta_f/T)} = \frac{N\mu_J^2}{3k(T - \theta_f)}. \tag{9-55}$$

这样，外斯的分子场理论也说明了高温顺磁性服从居里-外斯定律这一事实. 按照这个理论，居里-外斯定律将一直适用到铁磁居里温度 θ_f，因此，θ_p 和 θ_f 是相同的；这是和实际情况不完全相符的.

(3) 交换能

外斯分子场的假设虽然成功地说明了自发磁化，但是，在量子力学发展以前，磁矩之间怎样会产生这样强的相互作用($\approx 10^7$ Gs!)是难以理解的. 氢分子的量子力学理论提供了解决这个问题的线索.

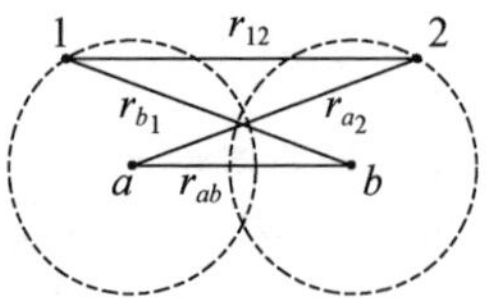

图 9-11　氢分子

先扼要说明一下氢分子的理论. 图 9-11 表示两个氢原子 a 和 b. 虚线示意地表示它们的 1s 轨道，我们分

别以波函数 φ_a 和 φ_b 表示. 先不考虑自旋,设两个电子 1 和 2 分别各处于一个轨道上,当考虑了两个原子之间的相互作用时,可以得到以下两个能量不同的状态:

$$\left.\begin{aligned} \Phi_S &= \frac{1}{\sqrt{2}}[\varphi_a^{(1)}\varphi_b^{(2)} + \varphi_a^{(2)}\varphi_b^{(1)}],\ 能量 = K + J, \\ \Phi_A &= \frac{1}{\sqrt{2}}[\varphi_a^{(1)}\varphi_b^{(2)} - \varphi_a^{(2)}\varphi_b^{(1)}],\ 能量 = K - J, \end{aligned}\right\} \tag{9-56}$$

K 表示两个原子之间的库仑相互作用能,而

$$J_e = \int \varphi_a^{*(1)}\varphi_b^{*(2)} V_{ab}\varphi_a^{(2)}\varphi_b^{(1)}\,d\tau_1 d\tau_2, \tag{9-57}$$

其中 V_{ab} 为两原子之间的相互作用函数,

$$V_{ab} = e^2\left(\frac{1}{r_{ab}} - \frac{1}{r_{a2}} - \frac{1}{r_{b1}} + \frac{1}{r_{12}}\right), \tag{9-58}$$

各 r 表示核 a,核 b,电子 1,电子 2 之间的距离. J_e 常称为交换能.

Φ_S 和 Φ_A 对两个电子的空间坐标分别是对称和反对称的. 考虑到自旋以后,由于泡利原理,Φ_S 只能和反对称的自旋函数

$$\downarrow\uparrow \qquad \frac{1}{\sqrt{2}}[s_+(1)s_-(2) - s_+(2)s_-(1)] \tag{9-59}$$

相乘以得到反对称化的波函数(s_+,s_- 表示正反自旋函数);Φ_A 则只能和对称的自旋函数

$$\uparrow\uparrow \qquad \begin{cases} s_+(1)s_+(2) \\ \dfrac{1}{\sqrt{2}}[s_+(1)s_-(2) + s_+(2)s_-(1)] \\ s_-(1)s_-(2) \end{cases} \tag{9-60}$$

相乘以得到反对称化的波函数. 正如(9-59)和(9-60)中所标明,它们分别代表两个电子自旋相反和相互平行的状态,前者为单态(自旋量子数 $s=0$),后者为三重态(自旋量子数 $s=1$,$M_s=1,0,-1$).

上面扼要引述的氢分子理论的结论表明,两个氢原子合在一起时,能量依赖于两个电子的自旋取向:自旋相反时,能量为 $K+J_e$;自旋平行时,能量为 $K-J_e$;它们的差别决定于交换能 J_e. 我们知道,氢分子中 $J_e<0$,自旋相反的状态能量更低,所以氢分子的基态正是采取这个状态. 如果设想交换能具有正值 $J_e>0$,那么自旋平行时能量将更低. 也就是说,在这样的条件下,原子之间的相互作用将促使它们的自旋相互平行. 因此原子之间正的交换能正好提供了一种

如外斯所设想的使磁矩平行排列的相互作用.

一般情况下的交换能和氢分子是相似的. 如两个原子 i 和 j 的自旋角动量用 $\boldsymbol{S}_i\hbar$ 和 $\boldsymbol{S}_j\hbar$ 表示,它们之间的交换能一般地可以写成

$$-2J_e\boldsymbol{S}_i\cdot\boldsymbol{S}_j, \tag{9-61}$$

J_e 为相应的交换积分. 因为 J_e 决定于两个原子轨道之间的重叠,所以在晶体中可以只考虑近邻之间的交换能. 一个原子在它 z 个近邻中的交换能可以写成

$$-2J_e\boldsymbol{S}_0\cdot\sum_{j=1}^{z}\boldsymbol{S}_j, \tag{9-62}$$

$\boldsymbol{S}_0\hbar$ 是所考虑的原子的自旋,$\boldsymbol{S}_j\hbar(j=1,2,\cdots,z)$表示近邻原子的自旋. $\boldsymbol{S}_0$,$\boldsymbol{S}_j$ 乘上 $g_S\mu_B$ 就成为它们的磁矩 μ_0,μ_j,所以上式也可以用原子磁矩表示为

$$-\left(\frac{2J_e}{g_S^2\mu_B^2}\sum_j\mu_j\right)\cdot\mu_0. \tag{9-63}$$

我们注意,(9-63)具有 μ_0 在一个外场中的取向能的形式;也就是说,对于 μ_0 讲,交换能的作用相当于一个有效场:

$$\frac{2J_e}{g_S^2\mu_B^2}\sum_j\mu_j. \tag{9-64}$$

它决定于各近邻的磁矩 $\mu_j(j=1,2,\cdots,z)$.

磁化强度为 $\boldsymbol{M}$ 时,铁磁体内各原子磁矩可以取各种不同的值,但是,它们的统计平均值显然是

$$\bar{\mu}=\frac{\boldsymbol{M}}{N}, \tag{9-65}$$

N 为单位体积内的原子数目. 如果我们把(9-64)中各 μ_j 都简单地用统计平均值代替,结果就得到外斯分子场的形式:

$$\gamma\boldsymbol{M},$$

其中分子场常数

$$\gamma=\frac{2J_e z}{Ng_S^2\mu_B^2}. \tag{9-66}$$

这样,就为外斯的唯象理论提供了一定的说明,并且给出了对分子场常数的估计.

将(9-66)代入(9-49)得到(这里假设只有自旋有贡献,(9-49)中$J=S$)

$$k\theta_f=\frac{2z}{3}[S(S+1)]J_e. \tag{9-67}$$

(9-67)表明 $k\theta_f$ 应具有交换能 J_e 的数量级. 对于 $\theta_f \approx 1000$ K, $k\theta_f \approx 0.1$ eV,这和交换积分的一般数量级是一致的.

值得注意,虽然交换能导致了磁矩之间的相互作用,但是从氢分子的例子可以看到,它起源于原子之间的库仑相互作用 V_{ab}. 交换能与磁矩之间的联系完全是泡利原理的结果. 由于泡利原理自旋取向的不同决定了电子空间分布的不同(对称或反对称),从而影响了库仑相互作用. 分子场当作一个磁场作用来看具有难以理解的巨大强度(10^7 Gs),但在这样一个量子力学效应中得到了很自然的解释.

(4) 磁畴和技术磁化

在经过仔细抛光的铁磁体表面上,滴上含有细铁磁粉末的胶体液后,由于磁化方向不同的磁畴界面处,存在强的局部磁场,吸引磁粉集中到畴界附近,因此,在显微镜下面可以直接观察到由磁粉勾画出的磁畴图形. 图 9-12 是一个多晶硅钢样品的粉末图形. 粉末图形方法的发展不仅以直接的实验证实了磁畴的存在,并且对磁畴的深入研究起了十分重要的作用.

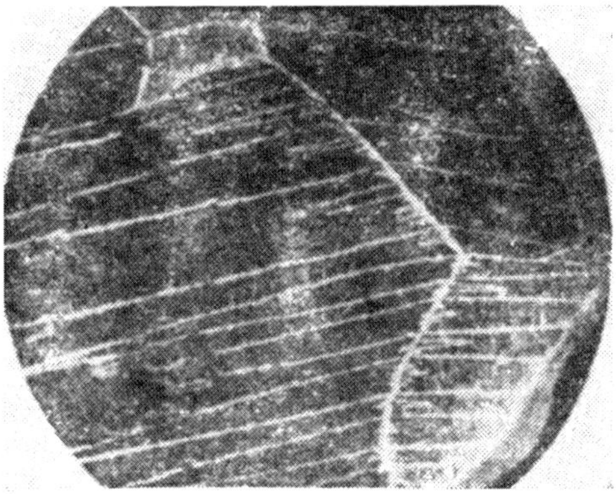

图 9-12 多晶硅钢的粉末图

促使铁磁体的自发磁化分割成为磁畴的根本原因是自发磁化所产生的静磁能:

$$\frac{1}{8\pi}\int H^2\,\mathrm{d}\tau.$$

图 9-13(a)示意地表示整个铁磁体均匀磁化而不分磁畴的情形. 在这种情况下,正负磁荷分别集中在两端,所产生的磁场分布在整个铁磁体附近的空间内,因而有较高的静磁能. 图 9-13(b)表示分割成为两个磁化相反的磁畴以后的情况,

这时磁场主要局限在铁磁体两端附近. 图 9-13(c)表示磁场的范围随着磁畴的再分割而不断缩小,从而使静磁能不断降低. 所以从静磁能来看,自发磁化将趋向于分割成为磁化方向不同的磁畴,以降低静磁能,而且分割愈细,静磁能愈低.

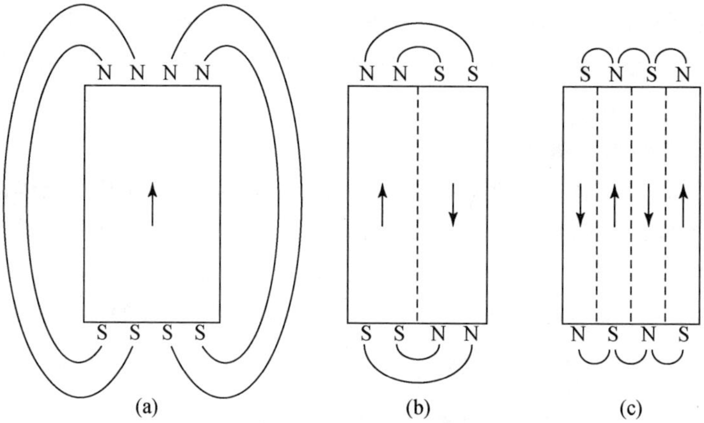

图 9-13 磁畴的分割和静磁能

但是,同时应当看到,由于磁畴之间的界壁(畴壁)破坏了两边磁矩的平行排列,使交换能增加,所以畴壁本身具有一定的能量. 磁畴的分割意味着在铁磁体中引入更多的畴壁,使畴壁能增加. 由于这个缘故,磁畴的分割并不会无限地进行下去,而是进行到再分割所增加的畴壁能将超过静磁能的减少.

一个磁畴本身的自发磁化方向与晶体的方向密切有关. 每一种晶体都有它的"易磁化方向",沿易磁化方向自发磁化的能量最低,所以一般磁畴的自发磁化倾向于沿着晶体的易磁化方向. 铁和镍都是立方对称晶体,铁的易磁化方向是沿立方轴的方向,而镍的易磁化方向,则是沿立方对角线. 钴是六角对称的晶体,它的易磁化方向就是六角对称轴. 如对单晶的铁磁体,沿着它的难磁化方向施加外磁场而达到饱和,就意味着自发磁化最后都转到难磁化的方向上来,因此需要相当大的磁场. 图 9-14 对比了实验所测得的铁、镍、钴沿难磁化和易磁化方向的磁化曲线. 从图上很清楚地看到,沿难磁化方向达到饱和需要较强的外磁场.

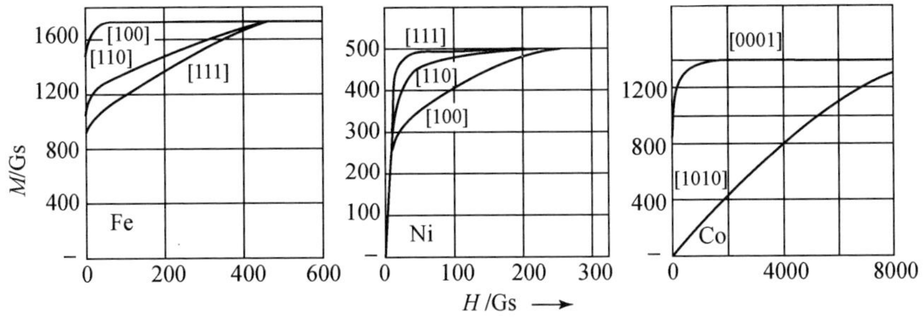

(a) 铁　(b) 镍　(c) 钴

图 9-14　磁化的各向异性

宏观的铁磁体在外磁场下的磁化，常称为技术磁化，以区别于自发磁化. 前面已经指出，技术磁化是以磁畴的自发磁化为基础的. 概括地讲，技术磁化的过程便是靠了外磁场的作用，使愈来愈多的自发磁化取得外场的方向，表现为宏观磁化强度随着外磁场增强而增长. 现在知道，这个过程是通过所谓畴壁移动和畴磁化的转动两种不同机构来实现的. 图 9-15 示意地表示出这两种机构. 图 9-15(a)表示，未加外磁场时，四个磁化方向不同的畴，总的磁矩为 0. 图 9-15(b)表示畴壁移动的机构，我们看到，畴壁的移动使磁化方向与外场一致的畴扩大，磁化方向相反的畴缩小，从而产生了沿外磁场的总磁矩. 图 9-15(c)表示畴磁化转动的机构，畴磁化在外磁场的作用下偏离原来的易磁化方向转向外磁场的方向，从而产生沿外场的磁化.

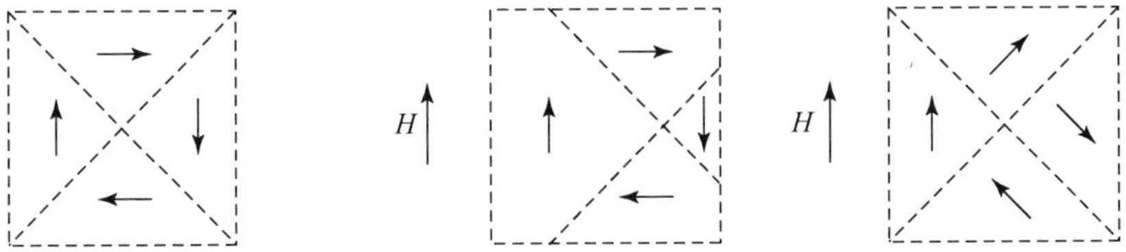

(a)　(b)　(c)

图 9-15　技术磁化机构

仔细的研究表明，如图 9-16 所示的整个磁化过程可以基本上划分为三个特点不同的阶段. 在弱场的范围，磁化过程基本上是可逆的，在这个范围内，磁化往往主要是依靠畴壁的移动. 在更强的磁场中，我们看到，磁化曲线陡峻地上升，这一部分，磁化基本上是不可逆的，而且仔细的实验证明，磁化的增长并不是平滑的，而是由微小的跃变组成的. 这个范围内的磁化主要仍旧是靠畴壁移动，但是畴壁显然采取了大幅度突然移动的方式，移动具有不可逆的性质. 再继续提高磁场，磁化曲线变为比较缓慢地上升直到饱和. 这一部分磁化主要是靠了畴磁化的转动.

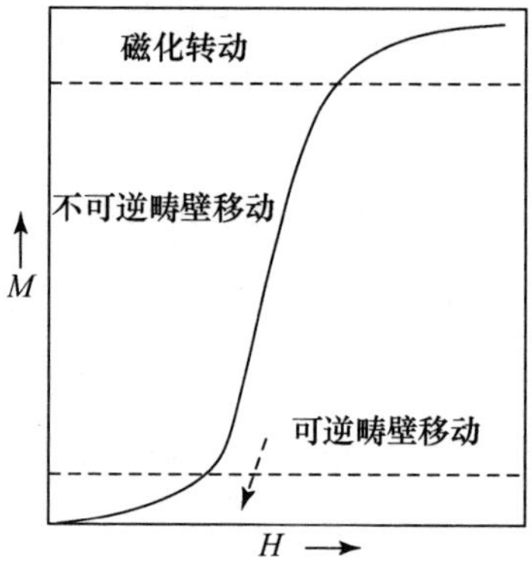

图 9-16　磁化过程的分析

技术磁化的特征灵敏地依赖于实际晶体的状态. 晶体的内应力、杂质、合金中的沉淀相等都可以对技术磁化的特征有决定性的影响. 这是由于晶体中的不均匀性可以直接影响着畴壁移动的机构. 我们可以用图 9-17 对这个问题作粗浅的说明. 图中示意地表示，由于晶体内存在不均匀性，畴壁处在不同位置时，它的能量起伏不一. 平常畴壁将处在某一相对能量极小点，如图中 A 点. 当施加外磁场时，畴壁将发生移动，使方向与外磁场方向一致(或接近)的畴扩大以降低自发磁化和外场的相互作用. 在弱场的范围，畴壁移动比较小，畴壁仍旧在极小值 A 点附近，当撤去外场时，畴壁将回到 A 点，因此畴壁的移动是可逆的. 一旦磁场加大到使畴壁可以超越如图示的峰点 C 或 B 时，畴壁将作大幅度的移动，这种移动显然是不可逆的. 根据这样的了解，就不难看到晶体状态和技术磁化特征之间的联系. 例如，能使畴壁超越能量峰值而作大幅度不可逆移动的磁场强度密切地联系着材料的矫顽力，因为矫顽力可以看作是能够致使一半体积的磁畴反向的磁场强度. 所以晶体中不均匀性愈强烈，矫顽力就愈高. 实际制造高矫顽力的硬磁材料的工艺，常常是靠了引入能抑制畴壁运动的不均匀性，如利用杂质和适当的制造工艺产生强烈的晶格畸变，利用合金中沉淀第二相等.

相反，如果材料中抑制畴壁移动的不均匀性比较弱，图 9-17 中能量图线起伏不很显著，则在外磁场作用下畴壁将作较大的可逆移动，在这种情况下，将得到较高的磁导率和较低的矫顽力. 例如，铁作为软磁材料，经过高度的纯化和高温退火消除内应力，可以达到很高的磁导率和很低的矫顽力.

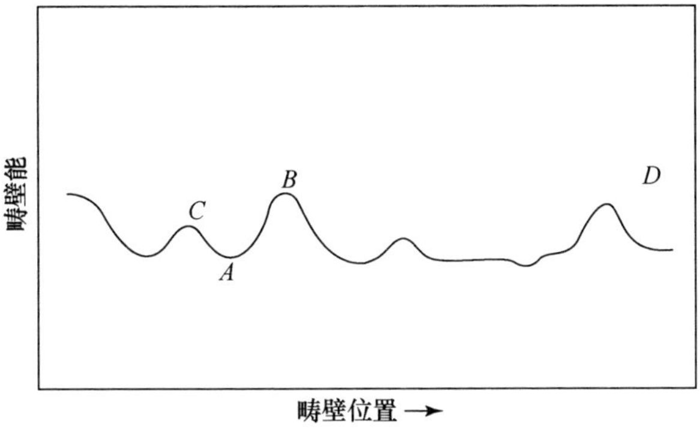

图 9-17 晶体的不均匀性和畴壁能的示意图

9-5 反铁磁性和亚铁磁性

根据磁矩相互作用的交换能理论，当交换能是负值时，磁矩将倾向于采取反平行的排列. 在铁磁性的交换能理论提出以后，有人就从理论上探讨了这种可能性. 后来发现的反铁磁性和亚铁磁性正是以这种磁矩反平行的排列为基础的. 图 9-18(a)和(b)示意地表示反铁磁性和亚铁磁性磁矩反平行排列的特点. 图 9-18 表示，相邻近的磁矩反平行的排列和铁磁自发磁化相似，可以导致整个晶体中磁矩的自发的有规则的排列. 但在反铁磁性的情形，两种相反的磁矩正好抵消，总的磁矩为 0；而在亚铁磁性的情形，两种磁矩大小不同，反平行排列导致了一定的自发磁化. 所以亚铁磁性和铁磁性相似，同样具有以自发磁化为基础的强磁性和磁滞等类似的技术磁化特征.

由于反铁磁体的磁矩排列并不产生自发磁化，所以表现为顺磁性. 反铁磁体的磁化率随温度变化具有图 9-19 所示的共同特点，磁化率具有一个尖锐的峰值. 在峰值的低温一方，其磁矩基本上保持着上述的反平行排列，类似于铁磁体居里温度以下的平行排列. 在这个范围内，磁化率是随温度而增加的，这是由

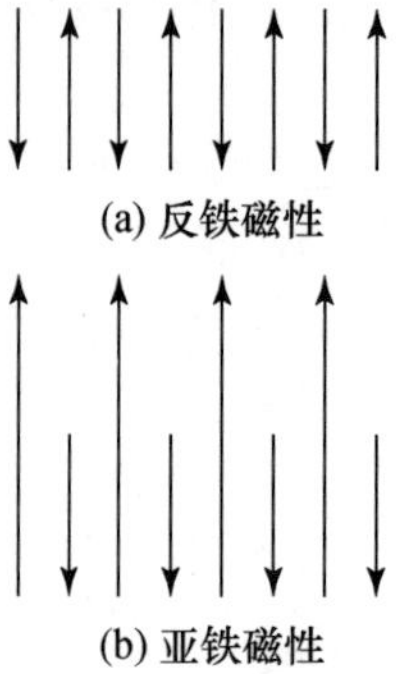

图 9-18　反铁磁性和亚铁磁性的磁矩排列

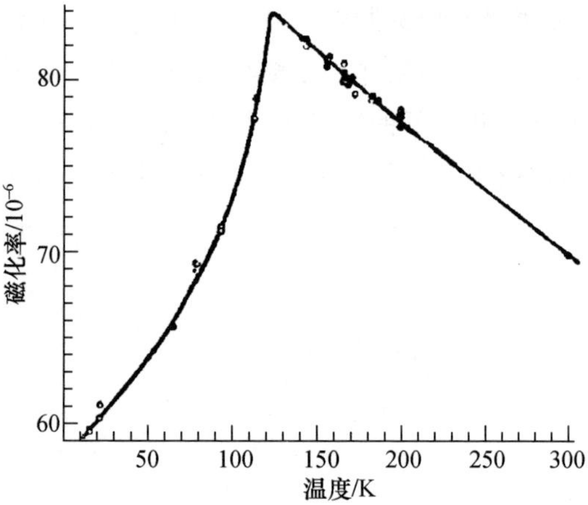

图 9-19　反铁磁体 MnO 的磁化率和温度

于磁矩的反平行排列作用起着抵制磁化的作用，随着温度提高，反平行排列的作用逐步减弱，因而磁化率不断增加. 峰值反映了自发的反平行排列消失的温度，常称为奈尔温度. 在奈尔温度以上，顺磁磁化的机构和前面讨论的一般顺磁性相似，因此磁化率随温度升高而下降，磁化率在高温遵循居里-外斯定律

$$\chi = \frac{C}{T+\theta}. \tag{9-68}$$

值得注意，分母中常数 $\theta>0$，符号和铁磁体高温顺磁性正好相反，显然它反映了反平行排列作用的影响.

中子进入晶体除去受原子核的散射作用外，还受到原子磁矩的作用. 利用这个事实，反铁磁体中磁矩的规则排列通过中子衍射得到了直接的证实. 图 9-20 是反铁磁的 MnO 晶体中 Mn 离子磁矩反平行排列的情形. MnO 具有 NaCl 结构，Mn 离子可以看成由(111)密排面叠成的面心立方结构，我们看到，同一(111)面上，磁矩相互平行，相邻面的磁矩是反平行的.

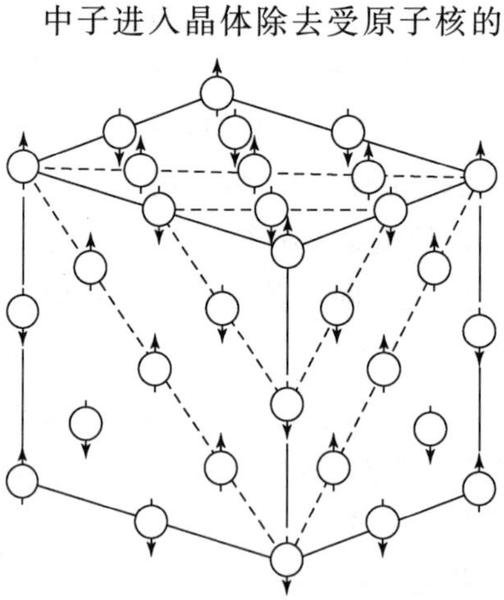

图 9-20　MnO 晶体反铁磁排列

从一般磁性来讲，铁氧体大体类似于金属铁磁材料，但是具有高电阻率的特点. 铁氧体的发展提供了在高频率应用的磁性材料，并且为微波和电子计算机技术

提供了一系列有重要作用的新元件. 下面对铁氧体的亚铁磁性作一些扼要的说明.

磁铁矿 Fe_3O_4 实际上是一种典型的铁氧体. 过去把它当作铁磁物质,它的饱和磁矩值曾经是一个很难解释的疑问. Fe_3O_4 是一种离子晶体,可以写成 $(Fe^{2+}Fe_2^{3+}O_4)$,即每个分子中有一个二价 Fe 离子,两个三价 Fe 离子. Fe^{2+} 和 Fe^{3+} 分别有 4 个和 5 个未配对的 3d 电子. 只考虑自旋磁矩,则 Fe^{2+} 应当是 $4\mu_B$,每个 Fe^{3+} 应当是 5 个 μ_B,所以,作为铁磁体看,每个分子对饱和磁矩应贡献

$$(4+2\times5)\mu_B = 14\mu_B,$$

但实际实验测量值是 $4.08\mu_B$.

奈尔根据反平行排列的作用解决了这个疑难.

Fe_3O_4 具有所谓反尖晶石结构. 尖晶石的化学式是

$$Mg^{2+}Al_2^{3+}O_4,$$

晶体原胞如图 9-21 所示. 图中大的立方是晶体原胞,如图所示,原胞可划分为 8 个小的立方,小立方中离子排列有图示的两种形式. 图中大的圆圈表示氧的位置,金属离子的位置区分为 A,B 两种,分别用空白和阴黑的小圆表示. 在原胞中共有 32 个氧,8 个 A 位,16 个 B 位. 在尖晶石中,二价离子 Mg^{2+} 占 A 位,三价离子 Al^{3+} 占 B 位,所以每个原胞正好容纳 8 个 $MgAl_2O_4$ 分子. 晶体学的研究表明,Fe_3O_4 具有类似尖晶石的结构,但二价的 Fe^{2+} 占据 B 位,三价离子 Fe^{3+} 一半占 A 位,一半占 B 位,这种把尖晶石结构中二价和三价离子调换的结构称为反尖晶石结构. 奈尔假设在 A 位和 B 位之间存在最强的反平行排列作用,从而使 A 位上的磁矩和 B 位上的磁矩取反平行的排列. 既然 Fe^{3+} 离子一半在 A 位,一半在 B 位,它们的磁矩正好抵消,所剩下的只是 Fe^{2+} 的磁矩,这样正好得到每个 Fe_3O_4 分子贡献 $4\mu_B$,与实验基本上一致.

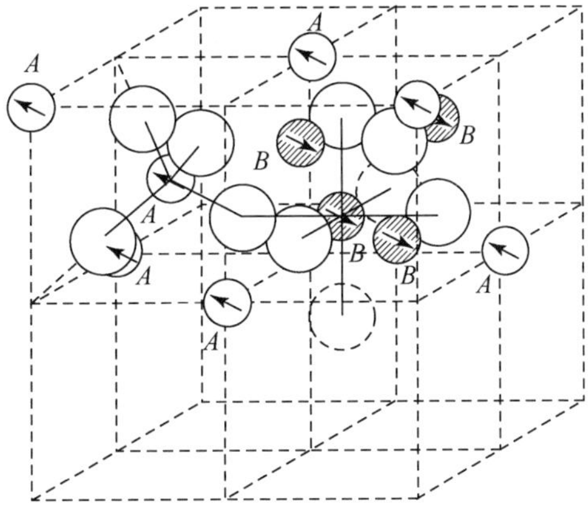

图 9-21 尖晶石结构

若 Fe_3O_4 中两价铁离子用其它两价金属离子代替,可以得到各种所谓尖晶石型的铁氧体,如 $MnFe_2O_4$,$CoFe_2O_4$,$CuFe_2O_4$,$NiFe_2O_4$,$MgFe_2O_4$,$ZnFe_2O_4$ 等以及它们之间的固溶体如 $Mn_{1-x}Zn_xFe_2O_4$,$Ni_{1-x}Zn_xFe_2O_4$ 等.它们都是以反平行排列为基础的亚铁磁物质.它们的饱和磁矩值直接反映了它们的亚铁磁性.$MnFe_2O_4$,$CoFe_2O_4$,$NiFe_2O_4$,$CuFe_2O_4$ 都是反尖晶石结构,因此,和 Fe_3O_4 相似,饱和磁矩应由两价离子决定.Mn^{2+},Co^{2+},Ni^{2+},Cu^{2+} 分别有 5,7,8,9 个 3d 电子,相应地,未配对电子数为 5,3,2,1,所以,自旋磁矩应当是 $5\mu_B$,$3\mu_B$,$2\mu_B$,$1\mu_B$.与实验测定的值:

$MnFe_2O_4$	$CoFe_2O_4$	$NiFe_2O_4$	$CuFe_2O_4$
$(4.6—5.0)\mu_B$	$3.7\mu_B$	$2.3\mu_B$	$1.3\mu_B$

基本上一致.

除去 A 位和 B 位之间存在反平行排列的作用,A 和 A,B 和 B 之间也存在着反平行排列的作用,但是由于 A 和 B 间的反平行排列的互作用最强,所以迫使 A 和 B 位上的离子磁矩各自平行排列.$ZnFe_2O_4$ 具有正尖晶石结构,Zn^{2+} 的磁矩正好为 0,所以实际只有完全在 B 位上的 Fe^{3+} 离子起作用,实验证明,它是反铁磁性的,表明了处于 B 位的铁离子间也是存在反平行排列作用的.

第十章　固体的介电性

10-1　弹性偶极子的强迫振动

固体的介电极化的两个最基本的类型是所谓电子极化和离子极化，这两种极化的性质都具有一个弹性束缚电荷在强迫振动中所表现的基本特征. 设想一个质量为 m，带电为 $-e$ 的粒子，为一带正电 $+e$ 的中心所束缚，弹性恢复力为 $-kx$，这里 k 是恢复系数，x 表示粒子的位移，如图 10-1 所示.

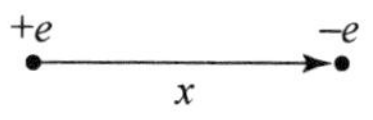

图 10-1　弹性偶极子

我们考虑它在交变电场作用下的运动. 电场用复数表示

$$E = E_0 e^{i\omega t}. \tag{10-1}$$

电荷的运动方程为：

$$m\ddot{x} = -kx - eE_0 e^{i\omega t}. \tag{10-2}$$

这种振动的解显然是：

$$x = \left(\frac{-e}{k - m\omega^2}\right) E_0 e^{i\omega t}. \tag{10-3}$$

由此得到电场感生的电偶极矩

$$p = -ex = \frac{e^2}{m}\left[\frac{1}{\left(\frac{k}{m}\right) - \omega^2}\right] E_0 e^{i\omega t}. \tag{10-4}$$

由于以上弹性偶极子的固有振动频率

$$\omega_0 = \sqrt{\frac{k}{m}}, \tag{10-5}$$

因此，电偶极矩可以写成

$$p = \alpha E, \tag{10-6}$$

其中 α 称为极化率，

$$\alpha = \frac{e^2}{m}\left(\frac{1}{\omega_0^2 - \omega^2}\right). \tag{10-7}$$

令 $\omega \to 0$，得到在静电场中的静态极化率

$$\alpha_0 = \frac{e^2}{m\omega_0^2} = \frac{e^2}{k}. \tag{10-8}$$

它表明极化与束缚强弱成反比关系.

(10-7)中 α 与 ω 的关系反映了极化的惯性. 我们注意,只要 $\omega \ll \omega_0$,则 α 基本上为一常数,等于 α_0. 在这个范围内,极化完全可以跟上电场的变化,惯性没有显著的影响. 相反地,当 $\omega \gg \omega_0$ 时,α 的绝对值很快地减小,这时由于惯性,极化已完全跟不上迅速变化的电场,因此极化效果很微弱. 以后我们将看到,电子极化和离子极化都有相应的固有振动频率. 一般讲电子极化的频率主要在紫外光的范围,而离子极化的频率一般在长红外波段(10 μm 以上). 因此在一般电磁学范围(包括微波),这两种极化都几乎是无惯性的. 然而在可见光频率的范围,离子极化已经由于惯性太大,基本上已经不能产生极化效果.

电场对偶极子作功的功率为

$$-eE\dot{x} = E\dot{p}. \tag{10-9}$$

而以上讨论的极化 p 和电场完全同相位,E 和 $\dot{p}$ 相位差为 $\pi/2$,因此在一个周期中,电场对偶极子平均作功为 0. 但是实际的极化总是或多或少和一定的能量消耗相联系的. 因此可以简单地在上述模型中加一个阻尼力 $-m\gamma\dot{x}$(γ 是常数,它的量纲与频率相同,引用 γ 便于反映阻尼力影响的大小)来概括极化消耗能量的一般特点,存在阻尼力时的运动方程是:

$$m\ddot{x} = -m\omega_0^2 x - m\gamma\dot{x} - eE_0 e^{i\omega t}, \tag{10-10}$$

其解为

$$p = -ex = \frac{e^2}{m}\left\{\frac{1}{\omega_0^2 - \omega^2 + i\omega\gamma}\right\}E_0 e^{i\omega t}. \tag{10-11}$$

如果仍用复数表示

$$p = \alpha E. \tag{10-12}$$

α 为一复数,

$$\alpha = \alpha' - i\alpha'', \tag{10-13}$$

其中

$$\alpha' = \frac{e^2}{m}\frac{\omega_0^2 - \omega^2}{(\omega_0^2 - \omega^2)^2 + \omega^2\gamma^2},$$

$$\alpha'' = \frac{e^2}{m}\frac{\omega\gamma}{(\omega_0^2 - \omega^2)^2 + \omega^2\gamma^2}.$$

α''表示与 E 相位差 $\pi/2$ 的极化,这一部分导致能量的消耗. 为了具体计算功率,取复数(10-1)及(10-12)的实部表示实际的电场和极化,

$$E = E_0\cos\omega t, \tag{10-14}$$

$$p = \alpha' E_0\cos\omega t + \alpha'' E_0\sin\omega t. \tag{10-15}$$

从而得到在一个周期中电场作功功率的平均值

$$\frac{1}{T}\int_0^T E\dot{p}\,\mathrm{d}t = \frac{\omega\alpha''}{2}E_0^2.$$

称为介电吸收.由于实际中$\gamma \ll \omega_0$,因此α''在$\omega \approx \omega_0$附近有一突出的峰值,表明能量消耗主要集中在$\omega \approx \omega_0$的附近,称为共振吸收.图10-2表示α',α''与ω的变化关系.

电子极化和离子极化也都具有上述的特点,在它们的极化现象和集中在固有频率附近的共振吸收之间也存在完全相似的内在联系.

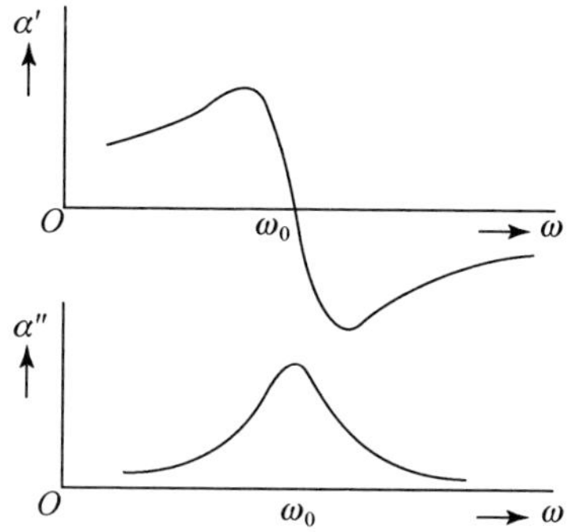

图10-2 弹性偶极子的复数极化率

10-2 电子极化

(1) 原子的极化率

电子极化是固体中普遍的极化现象.电子极化是由于电场影响电子的轨道运动,使电子的平均电荷分布(电子云)发生畸变所引起的.分析固体的电子极化往往以分析原子的极化为基础.

考虑原子中一个电子在沿x方向的静电场作用下的变化.由电场所引起附加的势能

$$V(x) = Eex \tag{10-16}$$

可以看做一个微扰项.令$\varphi_1,\varphi_2,\cdots$表示电子的本征态波函数,并设电子原来处于$i$状态.根据微扰论的一般结果,电子的波函数将改变为

$$\varphi = \varphi_i + eE\sum_j \frac{\langle j \mid x \mid i\rangle}{E_i - E_j}\varphi_j + \cdots, \tag{10-17}$$

计算平均偶极矩至E的线性项得

$$\begin{aligned}&\int\varphi^*(-ex)\varphi\mathrm{d}\tau\\ =&\int\varphi_i^*(-ex)\varphi_i\mathrm{d}\tau + eE\sum_j\frac{\langle j \mid x \mid i\rangle}{E_i - E_j}\int\varphi_i^*(-ex)\varphi_j\mathrm{d}\tau\\ &+ eE\sum_j\frac{\langle j \mid x \mid i\rangle^*}{E_i - E_j}\int\varphi_j^*(-ex)\varphi_i\mathrm{d}\tau\end{aligned}$$

$$=-e\langle i\mid x\mid i\rangle-2e^2E\sum_j\frac{|\langle j\mid x\mid i\rangle|^2}{E_i-E_j},\tag{10-18}$$

其中第二项表示在电场中的感生电偶极矩，由此得到静态极化率

$$\alpha=-2e^2\sum_j\frac{|\langle j\mid x\mid i\rangle|^2}{E_i-E_j}.\tag{10-19}$$

在一般情况下，原子中的电子处于最低的状态 i，而 j 表示未占据的激发态. 在原子光谱的理论中，我们知道，对于每一个 $\langle j|x|i\rangle$ 不为零的激发态 j，可以由 i 态吸收光子跃迁到 j 态，这对应于一吸收谱线，频率 ω_{ji} 由下式决定：

$$\hbar\omega_{ji}=E_j-E_i,\tag{10-20}$$

而且吸收的强度就相当于

$$f_{ij}=\frac{2m\omega_{ji}|\langle j|x|i\rangle|^2}{\hbar}\tag{10-21}$$

个频率为 ω_{ji} 的简谐振子，f_{ij} 称为振子强度（$f_{ij}<1$，为一分数）.（10-19）用振子强度表示，可以写成：

$$\alpha=\frac{e^2}{m}\sum_j\frac{f_{ij}}{\omega_{ji}{}^2}.\tag{10-22}$$

我们看到，其中每一项的形式和上节的弹性偶极子的静态极化率完全相同. 前面指出，极化和一定的能量共振吸收相联系. 这里我们看到与原子中电子极化相联系的共振吸收 ω_{ji} 就是我们熟悉的原子吸收光谱线，对应于各激发态 j，电子的共振吸收和极化都有如 f_{ij} 等效的简谐振子. 在上式中 $m\omega_{ji}^2$ 相当于恢复系数 k，它描述弹性束缚的强弱. 一般原子中，处在外层的价电子束缚最弱，跃迁到激发态需要的能量最少，ω_{ji} 最低. 因此一般原子的极化主要来自价电子.

由上述极化和吸收谱线的内在联系，很自然地会推想出，反映电子极化惯性的频率就是原子的吸收频率 ω_{ji}，价电子的 ω_{ji} 一般主要在紫外光的范围，因此如前面已经指出，一直到红外光的频率，电子极化都可以看作是无惯性的，极化率基本上就等于以上所导出的静态极化率（（10-22）式）.

用微扰论方法计算在交变场微扰下随时间变化的波函数及平均偶极矩，将得到同在交变场下弹性偶极子完全相似的在交变场下的极化率公式：

$$\alpha=\frac{e^2}{m}\sum_j\frac{f_{ij}}{(\omega_{ji}^2-\omega^2)}.\tag{10-23}$$

（2）极化的有效场问题

在一些较为简单的情况下，往往认为，固体的电子极化基本上可以归结为组成固体的各原子或离子的极化，同时还必须考虑它们极化之间的相互影响（事实上经过比较系统的分析，表明主要限于它们之间的静电库仑作用）.

具体讲，就是在分析固体中的一个原子(或离子)极化时，不仅需要考虑外界所产生的电场，而且，还必须考虑到，固体中其它原子极化所产生的电场. 为了具体起见，我们结合平行板电容器中电介质的极化来说明这一问题及解决问题的方法. 我们把所研究的原子 A 的周围以半径为 R 的球形内部的原子与其它原子区分开，如图 10-3 所示，R 远大于原子间距，这样计算在 A 点所产生的场时，可以不考虑 R 以外的原子极化的微观细节，R 以外的原子极化的影响可以当作连续的极化介质，用宏观的方法来处理. 我们知道，均匀极化介质的作用相当于分布于表面的束缚面电荷 $P_n\mathrm{d}S$(P_n 表示极化强度垂直表面向外的分量，$\mathrm{d}S$ 表示面积元)，因此，R 以外介质的作用就相当于介质两个平行外表面的束缚电荷以及在半径为 R 的球形内表面的束缚面电荷所产生的，在图 10-3 中 θ 方向的面电荷密度为 $-P\cos\theta$. 我们以 $\boldsymbol{E}_1$，$\boldsymbol{E}_2$ 分别表示这两部分在 A 产生的电场. 另以 $\boldsymbol{E}_0$ 表示由电容器板上电荷所产生的外电场，$\boldsymbol{E}_3$ 表示 R 球以内各原子偶极矩在 A 所产生的电场. 这样，实际作用于 A 的"有效电场"$\boldsymbol{E}_\mathrm{e}$ 可以写成

$$\boldsymbol{E}_\mathrm{e} = \boldsymbol{E}_0 + \boldsymbol{E}_1 + \boldsymbol{E}_2 + \boldsymbol{E}_3. \tag{10-24}$$

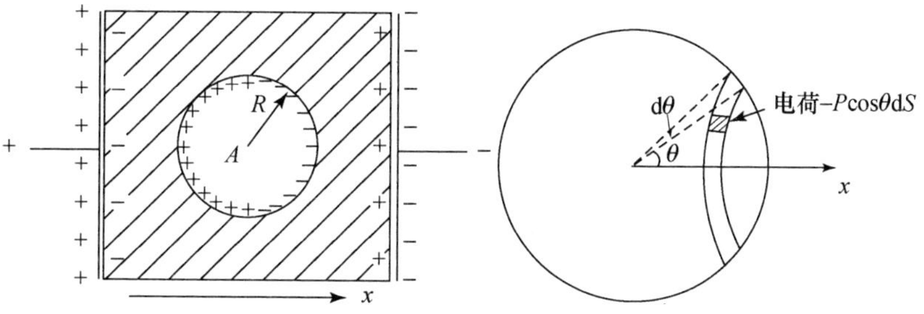

图 10-3 有效场的分析

但是我们知道一般所谓的宏观电场就等于把介质看作宏观连续极化介质所产生的连续电荷分布以及外电荷二者所产生的库仑电场，在我们讨论的具体情况中，介质极化是均匀的，因此介质极化的效果相当于外表面的束缚电荷，由此可见，

$$\boldsymbol{E}_0 + \boldsymbol{E}_1 = A\text{ 点的宏观电场 }\boldsymbol{E}. \tag{10-25}$$

球内原子极化所产生的场 $\boldsymbol{E}_3$ 与原子的分布情况有关，一般必须结合具体情况进行计算. 但是在 $\boldsymbol{E}_3$ 原子分布具有立方对称的条件下，可以证明，极化原子看成处于立方分布的格点上的点偶极子，它们在 A 的电场恰好抵消，即 $\boldsymbol{E}_3=0$. 如

果只考虑这种最简单的情况,有效场

$$\boldsymbol{E}_{\mathrm{e}}=\boldsymbol{E}+\boldsymbol{E}_2, \tag{10-26}$$

其中 $\boldsymbol{E}_2$ 是上述由球面 R 的表面电荷 $-P\cos\theta\mathrm{d}S$ 所产生的场 $\boldsymbol{E}_2$. 由对称性,很明显 $\boldsymbol{E}_2$ 沿 x 方向,计算表面电荷在 A 产生电场沿 x 的分量得到:

$$\iint\left(\frac{-P\cos\theta\mathrm{d}S}{R^2}\right)(-\cos\theta)=\frac{P}{R^2}\int_0^{\pi}\cos^2\theta 2\pi R^2\sin\theta\mathrm{d}\theta=\frac{4\pi}{3}P.$$

因此,有效场

$$\boldsymbol{E}_{\mathrm{e}}=\boldsymbol{E}+\frac{4\pi}{3}P. \tag{10-27}$$

以上讨论平行板电容器只是为了具体起见,然而这样分析问题的方法和结论对于一般情况也同样适用.

(3) 固体的介电常数

用有效场适当概括了原子极化之间的库仑作用后,便可以很直接地在原子极化的基础上分析固体的电子极化. 如果固体包含几种不同的原子,令 n_i 表示单位体积中各种原子的数目,α_i 表示它们的极化率,则

$$P=\sum_i n_i\alpha_i\left(E+\frac{4\pi}{3}P\right), \tag{10-28}$$

或写成

$$P=\left(\frac{\sum_i n_i\alpha_i}{1-\frac{4\pi}{3}\sum_i n_i\alpha_i}\right)E=\kappa E, \tag{10-29}$$

$$\kappa=\frac{\sum_i n_i\alpha_i}{1-\frac{4\pi}{3}\sum_i n_i\alpha_i}. \tag{10-30}$$

(10-29)给出宏观极化与原子极化率的具体关系.

由于

$$D=\varepsilon E=E+4\pi P,$$

代入(10-29),得到介电常数

$$\varepsilon=1+\frac{4\pi\sum_i n_i\alpha_i}{1-\frac{4\pi}{3}\sum_i n_i\alpha_i}. \tag{10-31}$$

由于在固体中原子极化的相互影响，它们的效果并不是简单相加的，因此，ε 具有以上比较复杂的形式.

系统验证以上结果的研究工作还不是很广泛. 有些人对碱金属的卤化物作了比较仔细的分析，发现只有适当选择各种离子的极化率，按照上式确实可以得到与各种化合物的介电常数相符的结果. 表 10-1 和表10-2给出了他们的结果.

表 10-1　离子极化率(10^{-24} cm^3)

Li^+	Na^+	K^+	Rb^+	Cs^+
0.045	0.28	1.13	1.79	2.85
F^-	Cl^-	Br^-	I^-	
0.86	2.92	4.12	6.41	

表 10-1 所列各种离子的极化率的数值很明显地说明，负离子的极化率比正离子大，重的离子极化率比轻的离子极化率大.

表 10-2　介电常数(电子极化)的计算值和实验值的比较

(横线下为实验值)

	Li^+	Na^+	K^+	Rb^+	Cs^+
F^-	$\frac{1.93}{1.92}$	$\frac{1.72}{1.74}$	$\frac{1.85}{1.85}$	$\frac{1.99}{1.93}$	$\frac{2.21}{\cdots}$
Cl^-	$\frac{2.72}{2.75}$	$\frac{2.30}{2.25}$	$\frac{2.13}{2.13}$	$\frac{2.18}{2.19}$	$\frac{2.50}{2.60}$
Br^-	$\frac{3.20}{3.16}$	$\frac{2.62}{2.62}$	$\frac{2.34}{2.33}$	$\frac{2.34}{2.33}$	$\frac{2.76}{2.78}$
I^-	$\frac{4.00}{3.80}$	$\frac{3.13}{2.91}$	$\frac{2.69}{2.69}$	$\frac{2.62}{2.63}$	$\frac{3.08}{3.03}$

10-3　离子极化

很多非导体都是离子晶体. 离子晶体在电场作用下，正负离子将发生位移，产生相应的偶极矩，称为离子极化.

为具体起见，我们考虑 A^+B^- 型离子晶体. 我们将直接考虑交变电场作用下极化的一般情况. 在均匀电场下，显然所有的正离子和所有负离子的运动是一致的. 令 μ_+ ,μ_- 表示正负离子的位移. 它们受到的弹性恢复力显然只决定于它们的相对位移,一个正离子所受的恢复力可以一般写成

$$-k(\mu_+ - \mu_-);\tag{10-32}$$

由于正负离子处在完全相似的情况,负离子受力可以写成

$$-k(\mu_- - \mu_+).\tag{10-33}$$

(我们注意,这里的恢复力一方面包括离子间的重叠排斥力,另一方面还包括库仑作用. 对于一种离子讲,另一种离子位移所产生的库仑作用,正如一个偶极矩. 它们的影响正如同前节考虑的有效场 $\frac{4\pi}{3}P$. 也就是说,在这里我们把离子位移所引起的有效场的作用,包括在恢复力之内,不需要另外再做考虑.)运动方程用复数形式可以写成:

$$\left.\begin{aligned} M_+\ddot{\mu}_+ &= -k(\mu_+ - \mu_-) + eE\mathrm{e}^{\mathrm{i}\omega t}, \\ M_-\ddot{\mu}_- &= -k(\mu_- - \mu_+) - eE\mathrm{e}^{\mathrm{i}\omega t}, \end{aligned}\right\}\tag{10-34}$$

其中 M_+ ,M_- 为正、负离子的质量. 两式分别除以 M_+ ,M_- ,相减以后引入形容相对运动惯性的约化质量

$$M^* = \frac{M_+ M_-}{M_+ + M_-},\tag{10-35}$$

得到

$$\frac{\mathrm{d}^2}{\mathrm{d}t^2}(\mu_+ - \mu_-) = -\frac{k}{M^*}(\mu_+ - \mu_-) + \frac{e}{M^*}E\mathrm{e}^{\mathrm{i}\omega t}.\tag{10-36}$$

如果去掉电场项,方程化为简谐振动的运动方程,描述两种离子所构成的晶格之间的固有相对振动,其频率

$$\omega_0 = \sqrt{\frac{k}{M^*}}.\tag{10-37}$$

在交变场下强迫振动解为

$$(\mu_+ - \mu_-) = \frac{e}{M^*}\left(\frac{1}{\omega_0^2 - \omega^2}\right)E\mathrm{e}^{\mathrm{i}\omega t}.\tag{10-38}$$

如果单位体积包含 N_0 对正负离子,极化强度可以写成

$$P = N_0 e(\mu_+ - \mu_-) = \left[\frac{N_0 e^2}{M^*}\left(\frac{1}{\omega_0^2 - \omega^2}\right)\right]E_0\mathrm{e}^{\mathrm{i}\omega t},\tag{10-39}$$

它具有和弹性偶极子极化完全相似的形式.

我们注意,这里考虑的两种离子的相对运动,正是以前讨论过的晶格振动光学模,由于这里考虑的是均匀电场,所有正离子或负离子都以同相位振动,因此,所对应的是光学波的长波极限. 如果像在弹性偶极子的情形一样,引入一个

简单的阻尼项,就会得到在 ω_0 附近的能量吸收.这种离子振动所引起的共振吸收,早已在实验中发现,频率一般是在较长的红外波段.图 10-4 表示与这种共振吸收相联系的选择性反射的实验结果与适当选择阻尼系数 γ 的理论计算结果的比较.

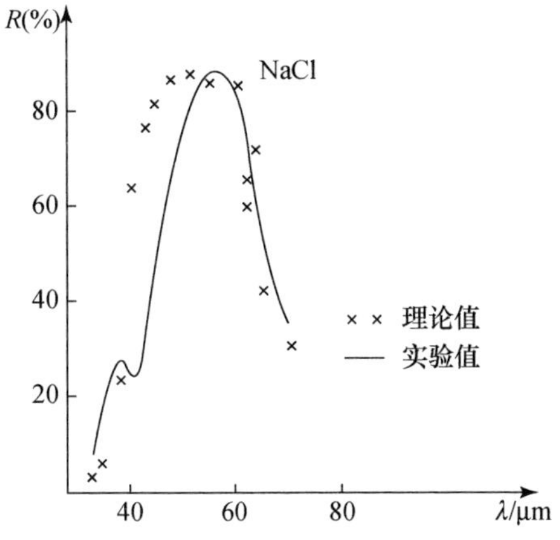

图 10-4 红外选择反射

这种选择性反射的现象被用于产生单色的长红外线.离子晶体的红外吸收是关于离子晶体的重要基本现象,目前正在得到日益广泛的研究.在表 10-3 中列出了一系列离子晶体的 ω_0 值和相应的波长 λ_0.

表 10-3

	ω_0	$\lambda_0/\mu m$	ε_0	ε_∞
LiF	5.8×10^{13}	32.6	8.9	1.9
NaF	4.5×10^{13}	40.6	5.1	1.7
NaCl	3.1×10^{13}	61.1	5.9	2.25
NaBr	2.5×10^{13}	74.7	6.4	2.6
KCl	2.7×10^{13}	70.7	4.85	2.1
KI	1.9×10^{13}	102.0	5.1	2.7
RbI	1.4×10^{13}	129.0	5.5	2.6
CsCl	1.9×10^{13}	102	7.2	2.6
AgCl	1.9×10^{13}	97	12.3	4.0
AgBr	1.5×10^{13}	131	13.1	4.6
MgO	7.5×10^{12}	24.9	9.8	2.65

由于离子极化的振动频率在红外波段,对于电磁学范围的频率,这种极化几乎是没有惯性的,基本上可以看作是静态极化.

离子晶体除去以上所讲的离子极化以外还存在电子极化.因此,如令 α_+,α_- 表示两种离子的电子极化率,根据上节的结果,可以把介电常数写成:

$$\varepsilon = 1 + \frac{4\pi N_0 e^2}{M^*}\left(\frac{1}{\omega_0^2 - \omega^2}\right) + \frac{4\pi N_0(\alpha_+ + \alpha_-)}{1 - \frac{4\pi}{3}N_0(\alpha_+ + \alpha_-)}. \tag{10-40}$$

由可见光范围所测得的折射率所导出的介电常数常用 ε_∞ 表示（∞表示频率极高），它和静态介电常数 ε_0 都在表 10-3 中列出. 我们注意 ε_0 和 ε_∞ 有显著的差别，这是由于在可见光的频率，离子极化由于它的惯性已基本上没有贡献，极化几乎全部是由于电子极化. ε_0 比 ε_∞ 的多余部分（$\varepsilon_0-\varepsilon_\infty$）就表示离子极化对于静态介电常数的贡献：

$$\frac{4\pi N_0 e^2}{M^*}\left(\frac{1}{\omega_0^2}\right). \tag{10-41}$$

应当指出，我们以上只考虑了由于外电场直接引起的电子极化，实际上，离子极化本身也将引起一定的电子极化. 前面已提到，离子位移将产生一定的有效场，它对离子极化的影响已包含在恢复力 $k(\mu_+-\mu_-)$ 之中，然而它使每个离子的电子产生的极化则未予考虑. 如果把这个效果考虑在内，离子极化的贡献将由(10-41)式改变为

$$\left(\frac{\varepsilon_\infty+2}{3}\right)^2\frac{4\pi N_0 e^2}{M^*\omega_0^2}. \tag{10-42}$$

10-4 介电弛豫

在一般电磁学的频率范围，电子极化和离子极化惯性都很小，介电常数基本上和频率无关，能量损耗也很小. 固体中还可以存在一种与上述极化性质完全不同的极化，在电磁学频率范围内，可以显著地依赖于频率，并产生介电损耗. 电子极化和离子极化本质上是一种机械运动现象，涉及如弹性位移、机械惯性、共振等典型的力学概念. 而这里所讲的极化则是统计性质的现象.

属于这一类型最重要的极化机构，是具有固有偶极矩的极性分子在电场中的取向作用，这种极化机构和顺磁体的磁化是相似的. 例如，在一些最简单的情况，偶极分子相互作用比较弱，则偶极矩为 μ 的分子的极化率为

$$\frac{\mu^2}{3kT}, \tag{10-43}$$

和顺磁磁化率的公式相似. 这种极化表现出很明显的弛豫现象，成为决定它的频率特性和介电损耗的基本特点.

这里弛豫的涵义，和平常一样，指达到统计平衡状态需要一定的时间. 如果用 ΔP 表示由于这种机构所产生的极化强度，则在一些较简单的情况下，极化的弛豫规律可以具体用下列方程概括：

$$\frac{\mathrm{d}\Delta P}{\mathrm{d}t}=-\frac{(\Delta P)-(\Delta P)_0}{\tau}. \tag{10-44}$$

$(\Delta P)_0$ 表示在该瞬间的电场下，极化假想已达到统计平衡所应具有的数值. τ 为具体概括弛豫过程快慢的参数，称为介电的弛豫时间. 由以前讨论类似的弛豫问题可知，上述规律表示，在加一恒定电场后，极化将指数地按

$$\Delta P=(\Delta P)_0(1-\mathrm{e}^{-t/\tau}) \tag{10-45}$$

接近最后的稳定值 $(\Delta P)_0$；而在撤去电场后，极化将按

$$\Delta P=(\Delta P)_0\mathrm{e}^{-t/\tau} \tag{10-46}$$

指数地消灭.

在交变电场的情形，$(\Delta P)_0$ 本身是随时间变化的. $(\Delta P)_0$ 与时间变化的具体关系应写为：

$$(\Delta P)_0=\left[\frac{(\Delta\varepsilon)_0}{4\pi}\right]E=\frac{(\Delta\varepsilon)_0}{4\pi}E_0\mathrm{e}^{\mathrm{i}\omega t}. \tag{10-47}$$

$(\Delta\varepsilon)_0$ 表示在恒定电场下，这种极化对介电常数的贡献，代入(10-44)得

$$\frac{\mathrm{d}\Delta P}{\mathrm{d}t}=-\frac{\Delta P}{\tau}+\frac{(\Delta\varepsilon)_0E_0}{4\pi\tau}\mathrm{e}^{\mathrm{i}\omega t}. \tag{10-48}$$

随交变场变化的解为

$$\Delta P=\left(\frac{1}{\frac{1}{\tau}+\mathrm{i}\omega}\right)\frac{(\Delta\varepsilon)_0}{4\pi\tau}E_0\mathrm{e}^{\mathrm{i}\omega t}. \tag{10-49}$$

从而得到在这一频率下，对介电常数的贡献，

$$\Delta\varepsilon(\omega)=\frac{4\pi\Delta P}{E}=\frac{(\Delta\varepsilon)_0}{1+\mathrm{i}\omega\tau}. \tag{10-50}$$

或写为

$$\Delta\varepsilon=\Delta\varepsilon'-\mathrm{i}\Delta\varepsilon'', \tag{10-51}$$

其中实部

$$\Delta\varepsilon'=\frac{1}{1+\omega^2\tau^2}(\Delta\varepsilon)_0, \tag{10-52}$$

虚部

$$\Delta\varepsilon''=\frac{\omega\tau}{1+\omega^2\tau^2}(\Delta\varepsilon)_0. \tag{10-53}$$

所以，当电场的周期远小于 τ 时，即 $\omega\tau\gg1$ 时，这种极化便基本上不再发生作用. 另外，特别值得注意的是，决定损耗的 $\Delta\varepsilon''$，在高频低频都趋于零，在 $\omega\tau=1$ 具有峰值. 因此 τ 的大小决定着极化和损耗的频率特性. τ 的数值大小，决定于

弛豫的具体微观机构，在不同的材料、不同的温度，可以有很大的差别. 在各种不同情况，实际测定的特征频率 $\omega_0=\frac{1}{\tau}$ 遍及整个电磁学的范围.

在固体里面一般的极性分子不能够自由转动，只有在熔化时，极性分子取向的极化才能发生作用，使介电常数有陡然的增长. 但是在有些情况下(决定于分子形状的对称程度和晶体结构)，极性分子可以较自由地改变方向. 现在已经在许多含极性分子的固体中，发现并系统地研究了由于极性分子取向所产生的介电性，其中很多是较复杂的有机化合物，化合物中包含较大的极性的基. 图 10-5 所示是低温下 HCl 晶体的低频介电常数随温度的变化. 晶体在 98.7 K 由正交晶系转变为立方晶系，这时介电常数发生如图示的陡然增长. 从这个温度直到熔点，介电常数基本上按 $1/T$ 的线性函数逐渐下降. 在这个例子中由于晶体结构改变使 HCl 分子可以在晶体中比较自由地取不同方位，而成为介电极化的主要机构.

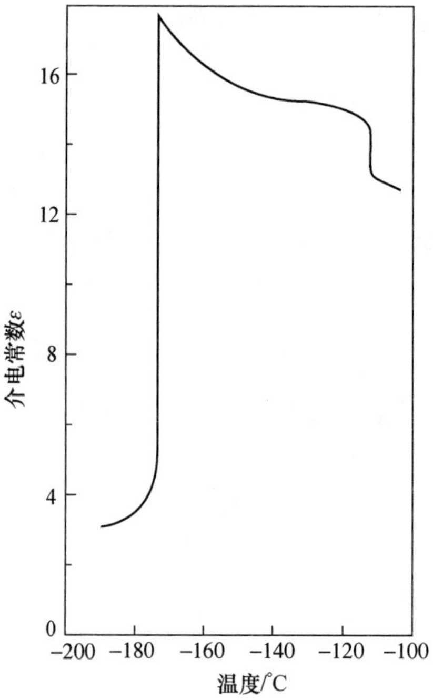

图 10-5　HCl 低频介电常数

如果我们设想，分子在晶体中可以取某几个能量最低的方位，在它们之间分子靠热涨落不时发生跃迁，那么弛豫时间基本上就是这种热跃迁概率的倒数. 这个问题和扩散原子在不同格点间跃迁十分相似. 这种情况下弛豫时间和温度有密切的关系，随着温度提高，τ 将会很快地下降，实验完全证实了这一点.

极性分子的取向，并不是这一类极化的唯一机构. 晶体中的缺陷也可以引起这种类型的极化. 例如，A^+B^- 型离子晶体中如果加入两价的正离子(如 NaCl 中加入 Cd，Mn)，在两价离子附近将产生 A^+ 的缺位，以保持电性中和. 杂质离子代表一个多余正电荷，而 A^+ 缺位代表一个负电荷，因此从电性上看，它们相当于一个偶极子. 缺位环绕杂质跳跃就相当于偶极子的转动. 这种由于杂质引起的极化现象，已经在加入杂质的晶体中被实验所证实.

这一类型极化的研究，不仅对于了解介电性，而且在揭示分子结构(如偶极矩,分子形状)、分子的运动、晶体的微观结构等方面也都有重要的作用.

在本章的最后,用示意图 10-6 形象地概括了上述几种极化的频率特性和它们在不同频率范围内对介电极化(实部)的贡献.

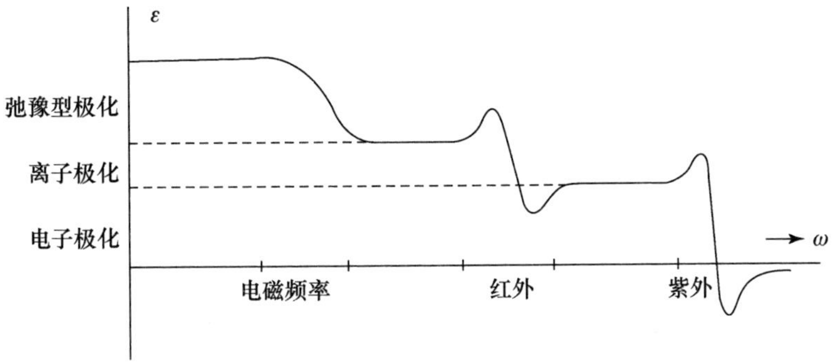

图 10-6 不同极化机构对介电常数的贡献

第十一章　超导电的基本现象和基本规律

超导电是在低温下具有相当广泛性的现象,现在已经知道,有二十多种元素,大量的化合物和合金,都在一定的临界温度以下,转入所谓超导电状态,表现出特有的超导电性. 表 11-1 列出已经发现超导电现象的元素在周期表中的分布和它们的临界温度. 超导电现象自 1911 年初次发现以后,由于它的一系列异于寻常的性质,而成为长期以来物理学中基本理论研究课题之一,在推动低温物理学的发展中起了重要的作用. 经过大量的实验和理论研究,在愈来愈多的物质中发现了超导现象,总结了关于超导电的基本现象和规律. 微观理论有了重大进展,找到了产生超导电现象的主要原因,并且建立了初步的系统理论. 另一方面,已经开始发展在技术上的利用,如超导强磁场、超导电子学元件、红外探测元件等.

本章将主要讲述超导电的基本现象和规律.

11-1　超导体的基本电磁学性质

(1) 零电阻

1911 年翁纳氏研究在极低温下各种金属电阻变化时,首先在 Hg 中初次发现了超导电现象. 电阻是按平常的方法以灵敏电位计测量通过一定电流的样品上的电压降,样品本身则是浸在液态氦中. 当时发现 Hg 的电阻在 4.2 K 左右陡然下降. 图 11-1 是当时一个样品的实验结果. 实验证明,测量电流愈小,电阻变化愈尖锐,用足够小的测量电流,能使电阻的下降集中发生在 0.01 K 的窄小范围内. 在这个转变温度以下,电阻完全消失.

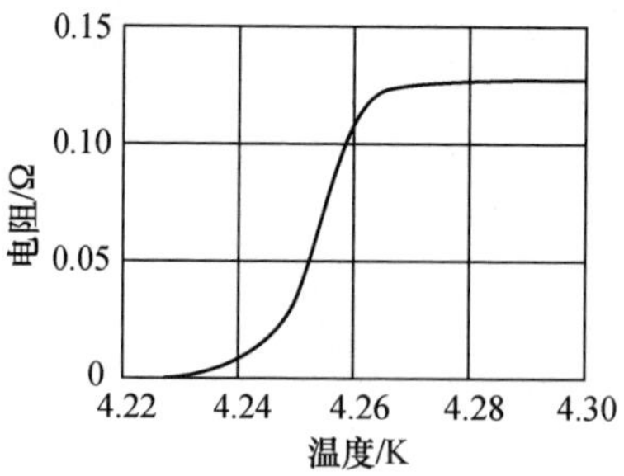

图 11-1　Hg 的电阻

另外一类检验发生转变后的电阻的实验,是利用环状的样品,在垂直于环平面的磁场中,降低温度,使样品发生上述转变,然后撤去磁场,这时在环内产生感生电流. 如果样品仍存在电阻,感生电流当然将会不断衰减,

表 11-1 超导元素的临界温度T_c/K

Li	Be											B	C	N	O	F	Ne
Na	Mg											Al 1.140	Si	P	S	Cl	Ar
K	Ca	Sc	Ti 0.39	V 5.38	Cr	Mn	Fe	Co	Ni	Cu	Zn 0.875	Ga 1.091	Ge	As	Se	Br	Kr
Rb	Sr	Y	Zr 0.546	Nb 9.50	Mo 0.92	Tc 7.77	Ru 0.51	Rh	Pd	Ag	Cd 0.56	In 3.4035	Sn 3.722	Sb	Te	I	Xe
Cs	Ba	La 6.00	Hf 0.12	Ta 4.483	W 0.012	Re 1.4	Os 0.655	Ir 0.14	Pt	Au	Hg 4.153	Tl 2.39	Pb 7.193	Bi	Po	At	Rn
Fr	Ra	Ac															
			Ce	Pr	Nd	Pm	Sm	Eu	Gd	Tb	Dy	Ho	Er	Tm	Yb	Lu 0.1	
			Th 1.368	Pa 1.4	U 0.68	Np	Pu	Am	Cm	Bk	Cf	Es	Fm	Md	No	Lr	

用这种方法可以十分精确地检验电阻. 例如翁纳氏最初以铅做实验，用磁针在低温容器之外检验感生电流，结果在几小时之内，完全不能发现任何变化. 温度提高到转变温度以上，电流立即消失.

总结大量的实验，可以认为已经完全确立，许多物质在一定的转变温度(见表 11-1)下，电阻完全消失，物质转变到所谓超导状态.

(2) 迈斯纳效应

由于超导态的零电阻，在超导态的物体内部不可能存在电场，因此根据电磁感应定律，磁通量不可能改变. 施加外磁场时，磁通量将不能进入超导体内，这类特殊的磁性是零电阻的结果. 1933 年迈斯纳等为了判断超导态的磁性是否完全由零电阻所决定，进行了一项实验，实验的结果揭示了超导态的另一项最基本的特征. 实验是把一个圆柱形样品在垂直轴的磁场中冷却到超导态，并以小的检验线圈检查样品四周的磁场分布. 结果证明，经过转变，磁场分布发生改变，磁通量完全被排斥于圆柱体之外，并且在撤去外磁场后，磁场完全消失. 在以后几年中，不同的人以柱形以及球形样品作了更精确的实验和分析，完全肯定了在磁场中发生超导转变时，磁通量完全被排斥于体外的结果. 这个重要的效应说明，超导态具有特有的磁性，并不能简单由零电阻导出. 如果超导态仅仅意味着零电阻，只要求体内的磁通量不变，那么在上述实验中，转变温度以上原来存在于体内的磁通量将仍然存在于体内不会被排出，当撤去外磁场后，则为了保持体内通量将会引起永久感生电流，在体外产生相应的磁场. 图 11-2 对比了这种单纯由零电阻所导出的结论和超导转变的实际情况.

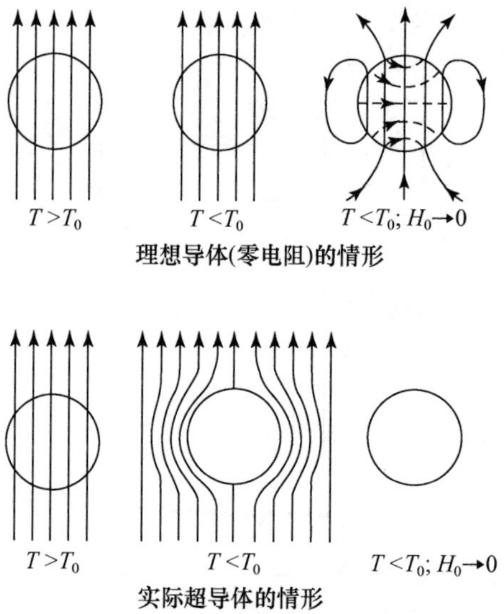

图 11-2 迈斯纳效应

以上实验所确定的所谓迈斯纳效应，往往采取以下的方式概括：超导体具有“完全的逆磁性”. 即在超导体内保持

$$\boldsymbol{B}=0. \tag{11-1}$$

应当知道，完全逆磁体不是说磁化强度 $\boldsymbol{M}$ 和磁场 $\boldsymbol{H}$ 等于 0，而仅仅表示 $\boldsymbol{M}=$

$-\frac{\boldsymbol{H}}{4\pi}$. 除去一些特殊情况，例如样品为圆柱体，而外磁场 $\boldsymbol{H}_0$ 平行于轴线；或样品为无限大平面，$\boldsymbol{H}_0$ 平行于表面，外磁场 $\boldsymbol{H}_0=\boldsymbol{H}$，其他形状的样品都因有退磁场的作用而使 $\boldsymbol{H}\neq\boldsymbol{H}_0$. 我们以球形样品为例来分析. 球形样品在均匀的外磁场中将沿磁场方向均匀极化(根据电磁学，均匀的椭球形样品在沿一个主轴方向的磁场中，磁化将是均匀的并沿磁场方向). 如果磁化强度为 $\boldsymbol{M}$，则各处磁场强度可以根据 $\boldsymbol{M}$ 所引起的表面"磁荷"分布计算，这样磁荷应在球内产生均匀磁场(所谓退磁场)

$$\boldsymbol{H}'=-\frac{4\pi\boldsymbol{M}}{3}. \tag{11-2}$$

加上外磁场，得到球内磁场

$$\boldsymbol{H}=\boldsymbol{H}_0-\frac{4\pi\boldsymbol{M}}{3}. \tag{11-3}$$

根据完全逆磁性

$$\boldsymbol{M}=-\frac{\boldsymbol{H}}{4\pi}=-\frac{\boldsymbol{H}_0}{4\pi}+\frac{\boldsymbol{M}}{3},$$

由此得到与外场成比例的磁化强度

$$\boldsymbol{M}=-\frac{3\boldsymbol{H}_0}{8\pi}. \tag{11-4}$$

同时，体内的场强为

$$\boldsymbol{H}=\boldsymbol{H}_0-\frac{4\pi\boldsymbol{M}}{3}=\frac{3}{2}\boldsymbol{H}_0. \tag{11-5}$$

球外的磁场就等于外磁场再加上等于整个球体的磁矩的磁偶极子的磁场. 很多精确的检验迈斯纳效应的实验是靠直接测量物体的磁矩.

11-2 伦敦的电磁学方程

按照一般磁化的概念，磁化是由微观的分子电流所构成，如以上述均匀磁化的球体为例，宏观场则应归之于在球面未补偿的分子电流. 但是在超导体的情况，既然可以保持永久的宏观传导电流，因此可以设想，迈斯纳效应实质上是由于在表面形成适当的永久电流分布，而不是由于微观分子电流. 按照这一看法，在磁场中的超导体只是在表面上发生永久电流以保持内部

$$\boldsymbol{B}=\boldsymbol{H}=\boldsymbol{M}=0, \tag{11-6}$$

从唯象的意义上讲，这种看法是和完全逆磁体的看法一致的，差别在于对磁效

应的根源解释不同.

如果按这样理解,迈斯纳效应虽然是独立于零电阻的基本特征,然而又和零电阻的特征存在着不可分割的内在联系.根据这个精神,伦敦提出了一个唯象理论,从统一的观点概括了零电阻和迈斯纳效应,并且相当成功地预言了有关超导体电磁学性质的一些进一步的规律性.

(1) 伦敦方程

就如同在一般导体的问题中一样,除了麦克斯韦方程外,还需要方程

$$\boldsymbol{j} = \sigma \boldsymbol{E}$$

来概括导体本身的特殊规律,伦敦也提出一定的方程来概括超导态的基本电磁学性质.我们用 $\boldsymbol{j}_s$ 表示超导电流密度.由于没有电阻效应,电场和电流的关系将和欧姆定律完全不同,在一定电场下并不会形成稳定的电流,相反,电场对电荷的作用力将使电流的变化正比于电场,即

$$\frac{\partial}{\partial t}(\boldsymbol{j}_s) = \frac{1}{\Lambda}\boldsymbol{E}, \tag{11-7}$$

Λ 为一常数.如果设想超导电流是由于单位体积有 n_s 个完全不受阻力的电子所引起的,则

$$\frac{\partial}{\partial t}(\boldsymbol{j}_s) = -n_s e \frac{\partial}{\partial t} v = \frac{n_s e^2}{m}\boldsymbol{E},$$

所以

$$\Lambda = \frac{m}{n_s e^2}. \tag{11-8}$$

在麦克斯韦方程(由于在这个理论中超导体基本上没有磁化,$\boldsymbol{B}=\boldsymbol{H}$)

$$\nabla \times \boldsymbol{E} = -\frac{1}{c}\dot{\boldsymbol{H}}$$

左方代入(11-7)得到

$$\nabla \times \left[\Lambda \frac{\partial}{\partial t}\boldsymbol{j}_s\right] = -\frac{1}{c}\dot{\boldsymbol{H}},$$

也可以写成

$$\frac{\partial}{\partial t}\left[\nabla \times (\Lambda \boldsymbol{j}_s) + \frac{1}{c}\boldsymbol{H}\right] = 0. \tag{11-9}$$

我们注意,这个式子主要是考虑了零电阻的效应.上式说明如果

$$\nabla \times (\Lambda \boldsymbol{j}_s) = -\frac{1}{c}\boldsymbol{H} \tag{11-10}$$

在任何时刻成立,则将永远保持成立.我们将看到,这个条件和其它麦克斯韦方程一起将使 $\boldsymbol{H}(=\boldsymbol{B}!)$ 在超导体内由于受到超导电流的屏蔽而迅速降为 0.伦敦

便假设超导态永远符合上式，并且以上式和

$$\frac{\partial}{\partial t}(\Lambda \boldsymbol{j}_s) = \boldsymbol{E} \tag{11-11}$$

一起，概括零电阻和迈斯纳效应，作为决定超导态电磁性质的基本方程.

我们注意，在伦敦理论中，迈斯纳效应是靠了超导电流的屏蔽作用，因此是以零电阻为条件的. 然而已经指出，零电阻本身不能产生迈斯纳效应. 伦敦方程实际上是在所有零电阻所容许的解中，又选择了符合额外条件(11-10)的解来概括超导态.

(2) 迈斯纳效应和穿透深度

考虑恒定场的情况. 在这种情况下，显然在超导体内，$\boldsymbol{E}=0$(否则根据伦敦方程 $\boldsymbol{j}_s$ 将无限制地增长). 取麦克斯韦方程

$$\nabla \times \boldsymbol{H} = \frac{4\pi}{c}\boldsymbol{j}_s$$

的旋量，并用伦敦方程消去 $\boldsymbol{j}_s$，得到

$$\nabla \times (\nabla \times \boldsymbol{H}) = -\frac{4\pi}{\Lambda c^2}\boldsymbol{H}, \tag{11-12}$$

由于

$$\nabla \times (\nabla \times \boldsymbol{H}) = \nabla(\nabla \cdot \boldsymbol{H}) - \nabla^2 \boldsymbol{H},$$

而$\nabla \cdot \boldsymbol{H}=0$，因此上式归结为

$$\nabla^2 \boldsymbol{H} = \frac{4\pi}{\Lambda c^2}\boldsymbol{H}. \tag{11-13}$$

可以普遍地证明上述方程要求在超导体内部 $\boldsymbol{H}$ 从表面很快地下降. 在这里，作为一个特例，我们注意上述方程的一维解是指数函数$\exp\left[\pm\sqrt{\frac{4\pi}{\Lambda c^2}}x\right]$，表明向超导体内部衰减按指数规律，即按

$$\exp\left(-\frac{x}{\sqrt{\frac{\Lambda c^2}{4\pi}}}\right) \tag{11-14}$$

衰减.

如果取 n_s 等于一般导体中导电电子密度的数量级，即 $n_s \approx 10^{23}/\mathrm{cm}^3$，

$$\Lambda \approx 4\times 10^{-32}\ \mathrm{s}^2 \cdot \sqrt{\frac{\Lambda c^2}{4\pi}} \approx 2\times 10^{-6}\ \mathrm{cm},$$

因此伦敦理论不仅说明了迈斯纳效应，并预言磁场的屏蔽需要一个有限的厚度，磁场穿透的深度应为 10^{-6} cm 的数量级.

由于磁场穿透效应,超导体中超导的区域应比样品体积小.因此可以测量细小样品在超导态的磁矩来验证这个理论.实验结果证实了这种效应的存在,对穿透深度一般得到与上述估计相一致的数量级.另外,在不同温度下测量的结果,还说明穿透深度随温度下降而不断减小,图 11-3 表示由胶体状态的汞的磁化测量,所得到穿透深度倒数的平方(和 n_s 成比例)对温度的变化关系.穿透深度的变化实际上说明超导电流的电子数 n_s 并不是固定的,n_s 在接近 0K 时最大,随温度增加而减小,到转变温度时 n_s 减到 0.

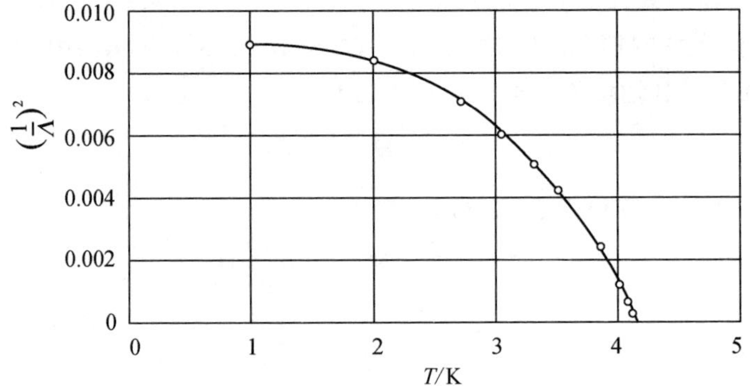

图 11-3 穿透深度和温度

(3) 正常电流和高频的电阻效应

在伦敦理论中还假设超导体中除去超导电流还可以存在正常电流,服从欧姆定律,

$$\boldsymbol{j}_{\mathrm{n}} = \sigma \boldsymbol{E}.$$

在上节考虑的定态情况下,$\boldsymbol{E}=0$,所以正常电流不存在.然而在交变场的情况下,正常电流可以起重要的作用.根据伦敦方程,并且在麦克斯韦方程

$$\nabla \times \boldsymbol{H} = \frac{4\pi \boldsymbol{j}}{c} + \frac{1}{c}\dot{\boldsymbol{E}}$$

中,把 $\boldsymbol{j}$ 写成 $\boldsymbol{j}_{\mathrm{s}}+\boldsymbol{j}_{\mathrm{n}}$ 可以系统地分析在交变场中的问题.这里不再进行系统分析.但是可以粗略说明正常电流在高频问题中的作用.由于磁场穿入超导体表面以内(穿透深度),在交变情况下,将感生相应的电场,从而引起正常电流和相应的电阻能耗.在低频情况下,由于穿透深度极小,这个电阻效应和正常导体比较将是微乎其微的.但是在高频时,正常导体由于趋肤效应,电流和电阻实际也

将集中于表面层，则情况就不同了．当趋肤效应的深度缩短到比磁场穿透深度还小时，超导态和正常态的差别就将逐渐消失．超导体将开始表现出显著的电阻．根据穿透深度的数量级和导体在超导的极低温范围的一般电阻值，上述转变的频率应在超高频的范围．图 11-4 表示在不同频率和温度下，测得的锡在超导态的表面电阻和正常态之值的比．

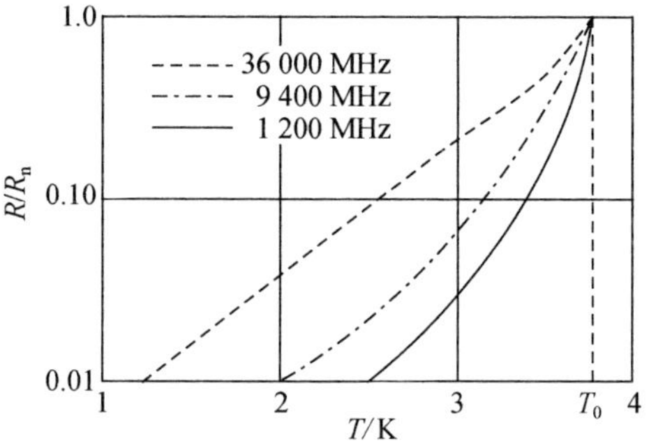

图 11-4 超导态表面电阻和正常态电阻比值

11-3 超导转变和热力学

(1) *磁场中的相转变*

研究在磁场中的超导转变，对于了解超导态起了很重要的作用．在发现了超导现象以后几年就发现了强的磁场可以破坏超导状态，使物体恢复正常状态．对于一般形状的物体，由于物体本身的磁矩，各处磁场并不简单地等于外加磁场 H_0，即使在均匀的外加磁场中，实际的磁场也是不均匀的．在这种情况下，磁场破坏超导态的过程具有复杂的性质．但是，如果用很长的圆柱体，沿柱长方向施加外磁场 H_0 平行轴线，则各处的磁场基本上都等于 H_0．实验证明，在这种情况下，原来处在超导态的物体，当 H_0 增加到一定的临界值 H_c 时，就突然转入正常态；降低磁场，当 H_0 降到 H_c 时，物体又恢复到超导态．图 11-5 是实验所测定的一个汞柱在 3.1 K 的磁化曲线，斜线表示超导态的磁矩与外场的比例关系，在 $H_0>H_c$ 磁矩突然减为 0，表示物体已转入正常态．图 11-5 还反映了转变的可逆性．

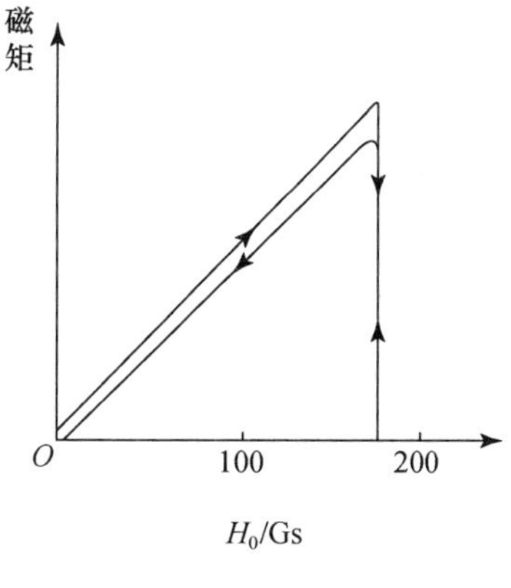

图 11-5 磁场中的超导转变

临界场 H_c 是温度的函数．图 11-6 给出实验所测的一些元素的 $H_c(T)$ 函

数,发现 $H_c(T)$ 曲线一般可以近似地表示为抛物线,即

$$H_c = H_a\left[1-\left(\frac{T}{T_c}\right)^2\right], \tag{11-15}$$

图 11-7 是这个函数的图线. T_c 是没有外磁场时的转变温度. 在 T_c 以下,随温度下降 H_c 不断增加,在接近 0K 时,H_c 接近最大值 H_a. 实际上,$H_c(T)$ 把 H-T 图划分为超导态和正常态两个区域,如图 11-7 所示,在 $H_c(T)$ 线上发生超导态和正常态间的可逆相变.

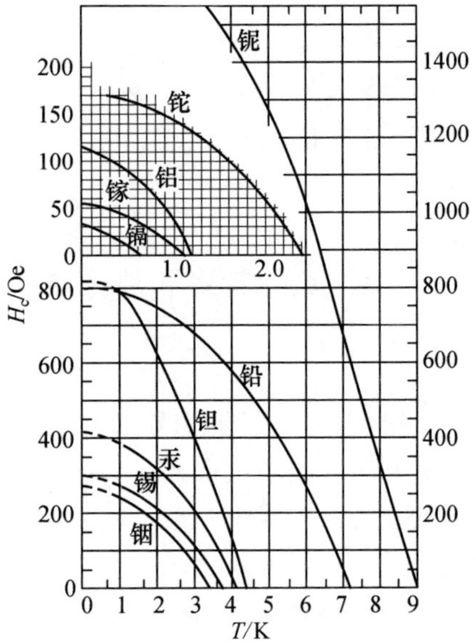

图11-6　临界场和温度(Oe 为高斯制中磁场强度的单位,1 Oe=1 $cm^{-1/2}\cdot g^{1/2}\cdot s^{-1}$)

绝大多数元素超导材料的磁化曲线如图 11-5 所示,称为第一类超导体. 而有另外一类超导材料,包括一些合金和少数过渡金属,它们的磁化曲线与图 11-5不同,而表现出如图 11-8 的形式. 在磁化曲线上存在有两个临界磁场:下临界磁场 H_{c1} 和上临界磁场 H_{c2}. 当外磁场 $H_0<H_{c1}$ 时,样品处于超导态;当外磁场 $H_0>H_{c2}$ 时,样品处于正常态;而当 $H_{c1}<H_0<H_{c2}$ 时,样品处于混合态,这时磁通量并不是全部被排出体外,而是有部分磁通穿过,这一类超导材料称为第二类超导体. 理想的第二类超导体的磁化过程也是可逆的. 与第一类超导体相似,上、下临界磁场的温度曲线一般也近似有

$$H_{ci}(T) = H_{ai}\left[1-\left(\frac{T}{T_c}\right)^2\right] \quad (i=1,2)$$

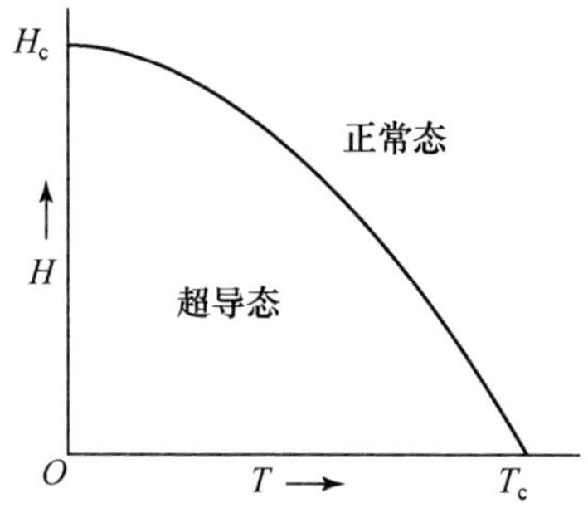

图 11-7 在磁场中的超导态和正常态

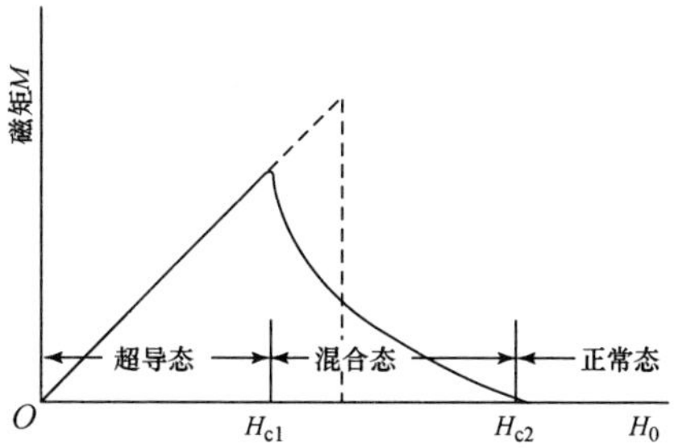

图 11-8

的形式. 图 11-9 是它们的函数图线. 两条曲线把 H-T 平面分成三个区域, $H_{c1}(T)$以下的区域为超导态, $H_{c2}(T)$以上的区域为正常态; $H_{c1}(T)$与 $H_{c2}(T)$之间的区域为混合态.

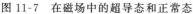

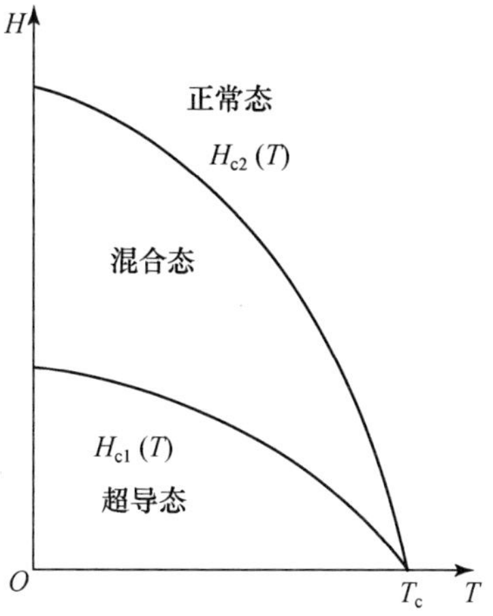

图 11-9

(2) 熵和比热

磁场中超导转变的研究有助于分析超导态的热力学性质. 根据完全逆磁性, 可以简单地导出在磁场中超导态的吉布斯函数. 平常我们熟悉的吉布斯函数

$$G = U - TS + pV \qquad (11\text{-}16)$$

的微分关系:

$$dG = -SdT + Vdp \qquad (11\text{-}17)$$

是根据体积变化 dV 时压力对系统作功

$$-pdV \qquad (11\text{-}18)$$

导出的. 现在我们不是考虑在压力作用下体积的变化, 而是考虑在磁场中的磁化, 与(11-18)相对应的是磁化作功

$$HdM. \qquad (11\text{-}19)$$

因此可以直接对照(11-16)和(11-17)的形式, 引入在磁场中的吉布斯函数

$$G = U - TS - HM, \qquad (11\text{-}20)$$

相应的微分关系为

$$dG = -SdT - MdH. \qquad (11\text{-}21)$$

令 $G_n(T)$表示温度 T 时正常态的吉布斯函数; 正常态的磁化可以忽略, 因此正常态的吉布斯函数可以认为与磁场无关. 我们令 $G_s(T)$表示没有外磁场时超导态的吉布斯函数. 存在磁场时的吉布斯函数可以根据

$$\left(\frac{\partial G}{\partial H}\right)_T = -M$$

一般地写成

$$G_s(T,H) = G_s(T) + \int_0^H (-M)\mathrm{d}H. \tag{11-22}$$

引用超导态的完全逆磁性：

$$M = -\frac{H}{4\pi},$$

由(11-22)得到

$$G_s(T,H) = G_s(T) + \frac{H^2}{8\pi}. \tag{11-23}$$

我们看到超导态的吉布斯函数是随磁场而增加的. 在磁场中超导转变的解释是明显的：在 $T<T_c$ 时，超导态的吉布斯函数 $G_s(T)$ 比正常态的 $G_n(T)$ 低，因此超导态是稳定的. 但是存在磁场时，随着磁场的加强，超导态的吉布斯函数不断增大，在磁场达到一定临界场 H_c 时，超导态的吉布斯函数将与正常态的吉布斯函数相等：

$$G_s(T) + \frac{H_c^2}{8\pi} = G_n(T). \tag{11-24}$$

磁场再加强，超导态的吉布斯函数将超过正常态，所以在临界场下，将发生由超导态到正常态的相变.

我们看到，相变的条件(11-24)表明临界场 H_c 直接联系着超导态和正常态的吉布斯函数之差：

$$G_n(T) - G_s(T) = \frac{H_c^2}{8\pi}. \tag{11-25}$$

根据微分关系(11-21)，熵 $S=-(\partial G/\partial T)_H$，所以超导态和正常态的熵可以用 $G_n(T)$ 和 $G_s(T)$ 表示如下：

$$S_n = -\frac{\partial G_n(T)}{\partial T}, \quad S_s = -\frac{\partial G_s(T)}{\partial T}. \tag{11-26}$$

因此，对(11-25)求对温度的微商，得到

$$S_n(T) - S_s(T) = -\frac{1}{4\pi} H_c \frac{\mathrm{d}H_c}{\mathrm{d}T}. \tag{11-27}$$

从(11-27)可以直接得到超导转变的潜热. 不存在磁场时的相变发生在超导转变温度 T_c，这时 H_c 为 0(见图 11-7)，所以根据(11-27)，潜热 $T(S_n-S_s)=0$. 参见图 11-7，存在磁场时的相变发生在 $T<T_c$，由(11-27)及 $H_c(T)$ 的图线得到正值的潜热. 因此存在磁场时的转变是一级相变.

对(11-27)求对温度的微商，可以得到比热之差

$$c_{\mathrm{n}}-c_{\mathrm{s}}=T\frac{\mathrm{d}(S_{\mathrm{n}}-S_{\mathrm{s}})}{\mathrm{d}T}=-\frac{T}{4\pi}\left[H_{\mathrm{c}}\frac{\mathrm{d}^2H_{\mathrm{c}}}{\mathrm{d}T^2}+\left(\frac{\mathrm{d}H_{\mathrm{c}}}{\mathrm{d}T}\right)^2\right].\tag{11-28}$$

对于没有磁场的转变，$T=T_{\mathrm{c}}$，$H_{\mathrm{c}}=0$，

$$c_{\mathrm{n}}-c_{\mathrm{s}}=-\frac{T_{\mathrm{c}}}{4\pi}\left(\frac{\mathrm{d}H_{\mathrm{c}}}{\mathrm{d}T}\right)^2_{T_{\mathrm{c}}}.\tag{11-29}$$

由于在 $T=T_{\mathrm{c}}$ 时，$\mathrm{d}H_{\mathrm{c}}/\mathrm{d}T$ 不为 0. 这个转变中，比热有一个突变，说明没有磁场下的转变是一个二级相变. 图 11-10 是实验测得的锡在超导态和正常态的比热(在 T_{c} 以下正常态的比热是在高于 H_{c} 的磁场中测定的).

熵和比热对于了解超导态的本质提供了一定的线索. 在 T_{c} 以下，超导态的熵更低，表明超导态的电子处于一种更有秩序的状态. 这一点和超导态的电学性质结合起来，使人相信，超导态是由于电子以某种方式组织和结合起来，使它们可以不受散射. 超导态具有比正常态更高的比热(熵随温度的增加更快些)，说明这种超导电子的有组织状态随温度增加，是在不断瓦解着. 而这点和前节所引述的超导电子数 n 随温度上升不断下降的结果显然一致.

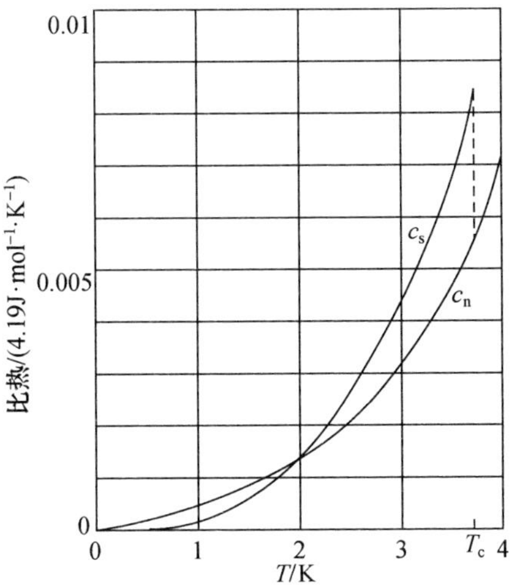

图 11-10　锡的比热曲线

索 引

三画

四画

五画

六画

七画

八画

九画

十画

十一画

十二画

十三画

十四画

其它

重排后记

本书稿最初是由黄昆先生根据他1964年以前在北京大学讲授固体物理学时的讲义手稿修改而成。曾由高等教育出版社1966年排版、人民教育出版社1979年付印。此次在国家出版基金的资助下,“中外物理学精品书系——经典系列”将本书收入,使用更先进的技术对其重新排版,使这本名著以新的面貌重回人们的视野。

在重排过程中,中国科学院半导体研究所的夏建白先生对照其保留的当年的听黄昆先生讲课的笔记,对书稿进行了校订,特增加了书上没有列入而课上讲到过的部分内容,更能再现黄昆先生讲课的精湛、透彻和深刻,并更正了原来版本中的一些排版差错,在此表示诚挚的谢意。

我们希望重排本的出版,能给如今的读者们提供领略老一辈物理学家的风采,学习其严谨态度和探索精神的良机,同时又是对他们最好的纪念。

北京大学出版社
2014年8月

中外物理学精品书系

本书出版得到“国家出版基金”资助